ED-7273을 이용한

지능형 로봇공학

남상엽 · 정완균 · 김진현 · 홍성호 공저

도서출판 상 학 당

머리말

로봇 산업을 차세대 신성장 동력원으로 육성하려면 기존 산업용 로봇뿐만 아니라 지능형 서비스 로봇으로 통칭하는 비산업용 로봇에 대한 산업화와 대중화를 위한 획기적인 발상의 전환이 필요한 시점에 와 있다.

산업용 로봇이 일반인의 접근이 통제된 고정된 환경에서 미리 순서가 정해진 일을 반복 수행하는 것과는 달리 지능형 서비스 로봇은 일반 대중과 접촉하며 변화하는 환경에 맞게 적절한 일을 선택적으로 수행할 수 있어야 한다. 이러한 지능형 서비스 로봇을 산업화 및 대중화하려면 일반인이 로봇에 대하여 현재 가진 기대치를 어느 정도 충족시켜 주면서도 값싸게 제작하여 널리 보급할 수 있어야 한다.

지능형 로봇이란, 외부환경의 변화를 인식하고 스스로 상황을 판단하여, 자율적으로 동작하거나 인간과 상호작용을 하는 로봇을 의미한다. 초창기의 단순히 인간과 인간의 움직임을 모방하는 기계들을 제외하고 최근의 로봇의 역사만 살펴보면 왕성한 인간의 상상력과 그 당시의 공업상황, 사회적 이슈, 수치적 컴퓨터에 의한 기계제어 분야의 발전, 우주탐사 분야와의 밀접한 관계를 알 수 있다.

지능형 로봇의 구성요소는 기구(메커니즘, Mobility), 지능 및 제어(지능, 제어&알고리즘 HRI), 부품(센서, 액추에이터) 및 시스템(시스템, 네트워크 기반기술)으로 구성되어 있다. 로봇의 분류는 용도별, 형태별 등 여러 가지 방법으로 분류할 수 있으나, "지능형 로봇"은 국제로봇연맹(IFR : International Federation of Robotics) 및 ISO/TC-184(International Organization for Standardization의 로봇담당 Technical Committee)의 분류를 참고하고 국내 로봇 산업화 방향설정에 따라 개인서비스용, 전문서비스용, 제조업용, 네트워크 기반 로봇 등 4분야로 구분한다. 이러한 지능형 로봇 시대에 기초적인 지능형 로봇시스템 기술력이 필요해짐에 따라 《ED-7273을 이용한 지능형 로봇공학》을 이론과 실습 중심으로 구성하여 발간하게 되었다.

특히 이 교재는 각 과정의 핵심적인 기본이론을 숙지하고, 기초적인 지능형 로봇시스템 설계방안 및 환경설정을 이해를 통하여 이론을 검증하는 데 주안점을 두었다.

또한, 컴퓨터, 전자, 제어, 통신 분야 관련 학생 및 초보 개발자를 대상으로 한 지능형 로봇시스템에 대한 기본학습을 위한 교재로서, 처음 지능형 로봇시스템을 접하는 학생에게 쉽고 빠르게 접근할 수 있도록 하는 데 초점을 맞추어 편찬되었다.

따라서 지능형 로봇시스템 개발 및 환경 구축에 대한 이론을 통해 지능형 로봇시스템의 작동원리에 대한 이해와 감각을 키우는 데 부족함이 없을 것이라 생각된다.

이 지능형 로봇시스템은 지능형 로봇에 사용되는 각종 제어기 및 센서를 모듈 형태로 공급하여, 각 모듈을 베이스 모듈에 결합하여 지능형 로봇시스템을 구현할 수 있다. 로봇의 각 모듈에 대하여 직접 조립을 통한 로봇시스템을 구현할 수 있으며 각 모듈의 결합만으로 로봇시스템을 구현할 수 있도록 함으로써 설계의 검증 시간을 단축할 수 있다. 로봇 초기 제작의 초기 입문 단계에 많은 학생에게 쉽게 로봇에 대한 흥미를 느낄 수 있도록 해주는 창의적인 교육적 효과가 있다. 지능형 로봇을 처음 접하는 개발자 또는 학생에게 로봇 동작 원리 등을 직접적인 조작을 통한 체험 학습으로 확인할 수 있도록 함으로써 창의력 계발에 도움을 줄 수 있는 효과가 있다. 단지 전반적인 이해를 통하여 해당 지능형 로봇시스템 실습대상 시스템인 ED-7273을 통해 구현과 응용을 접목해보면 더욱 많은 이해 및 능력향상에 도움이 될 것으로 판단된다.

이 교재의 주요 구성은 다음과 같다.

Part Ⅰ은 지능형 로봇시스템의 이해로서 1장은 지능형 로봇의 개요, 2장은 지능형 로봇의 분류 및 기술동향, 3장은 지능형 로봇 기술, 4장은 지능형 로봇 구동기, 5장은 지능형 로봇 제어 시스템, 6장은 지능형 로봇 시각 시스템, 7장은 지능형 로봇의 센서 퓨전, 8장은 지능형 로봇의 위치인식으로 구성되어 있다.

Part Ⅱ는 지능형 로봇시스템의 실습으로서 9장은 지능형 로봇시스템의 구성 및 특징(ED-7273), 10장은 IRES를 이용한 지능형 로봇시스템의 응용실습, 11장은 MFC를 이용한 지능형 로봇시스템의 구현, 12장은 MFC를 이용한 지능형 로봇시스템의 DC모터 제어, 13장은 MFC를 이용한 지능형 로봇시스템의 RC모터 제어, 14장은 MFC를 이용한 지능형 로봇시스템의 센서 제어, 15장은 MFC를 이용한 지능형 로봇시스템의 자율주행 및 기타 제어, 16장은 MFC를 이용한 지능형 로봇시스템의 응용실습으로 구성되어 있다.

끝으로 이 책을 집필하는 데 많은 도움을 주신 (주)ED의 박용후 사장님, 그리고 기술연구소의 김석중 본부장님 등 관계자 여러분, 도서출판 상학당의 관계자 여러분에게 감사의 마음을 전한다.

이 교재를 집필하면서 지능형 로봇시스템 관련 기존 도서를 출판하신 교수님들, 기존 지능형 로봇시스템 업체 관계자 여러분 및 지능형 로봇시스템 관련 분야 전문가의 조언과 자료제공에 대하여 깊이 감사드린다. 이 교재는 지능형 로봇시스템의 이론과 실습 구현을 위한 솔루션으로 이 책이 더 많은 지능형 로봇시스템의 인력 양성에 힘이 되어주기 바란다.

저 자 씀

차 례

Part I 지능형 로봇시스템의 이해

Part I 지능형 로봇시스템의 이해

Chapter 01

지능형 로봇의 개요

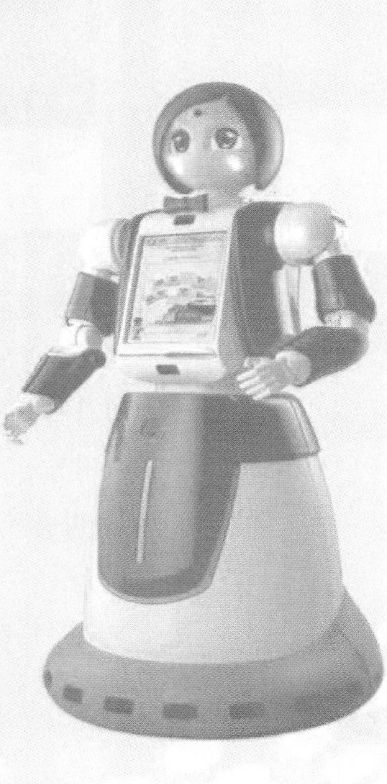

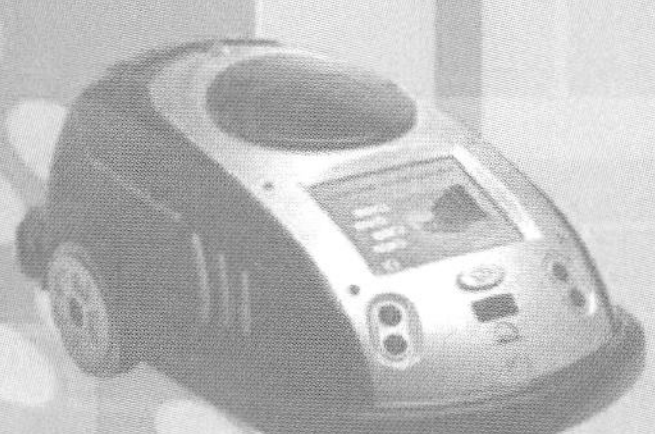

1.1 지능형 로봇의 정의

지능형 로봇이란 외부환경의 변화를 인식(Perception)하고 스스로 상황을 판단(Cognition)하여, 자율적으로 동작(Mobility & Manipulation)하거나 인간과 상호작용을 하는 로봇을 의미한다. 그러기 위해서는 기계와 전기적 구조 이외에 주변을 인식하고 외부에 작용을 할 수 있도록 하는 인간의 오감을 모방한 각종 센서기술, 음성인식 기술, 물체인식 기술, 수평감지 및 가속도 감지기술이 필요하다.

판단기능으로는 인공지능 기술이 필요하며 신경망이론, 퍼지이론, 진화 알고리즘 등의 제어기술이 또한 필요하다. 그리고 통신기능이 첨가되어 상호로봇 간의 의사전달이 가능하도록 첨단화되고 있다.

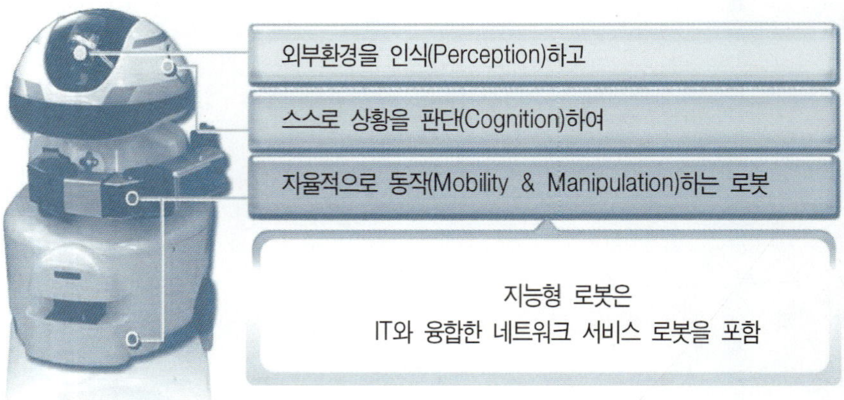

[그림 1-1]
지능형 로봇의 정의

지능형 로봇은 인공지능, 네트워크 등 IT 기술을 바탕으로 인간과 서로 상호작용하면서 가사지원, 교육, 엔터테인먼트 등 다양한 형태의 서비스를 제공하는 인간지향적인 로봇을 말한다.

지능형 로봇은 IT와 융합한 네트워크 서비스 로봇을 포함하므로 궁극적으로 "유비쿼터스 개념의 로봇이 언제, 어디서나, 나와 함께 하며 나에게 필요한 서비스를 제공하는 로봇"의 개념을 접목시켜 URC(Ubiquitous Robotic Companion)로 정의하고 있다.

기존의 로봇 개념에 네트워크를 부가한 URC의 개념을 도입함으로써 다양한 고도의 기능이나 서비스 제공이 가능하고 이동성(Mobility)과 휴먼 인터페이스(Human interface)가 향상된 로봇시스템으로 진화함을 의미하며 URC 개념의 도입은 사용자 측면에서는 보다 저렴한 가격으로 다양한 서비스와 즐거움을 제공받을 수 있는 가능성이 확대됨을 의미한다.

결국은 지능형의 로봇인 소프트 로봇, 정보 콘텐츠 로봇, 임베디드 로봇, 공공 도우미 로봇 등이 유비쿼터스 네트워크로 연결되어 서비스하고 있다는 의미이다.

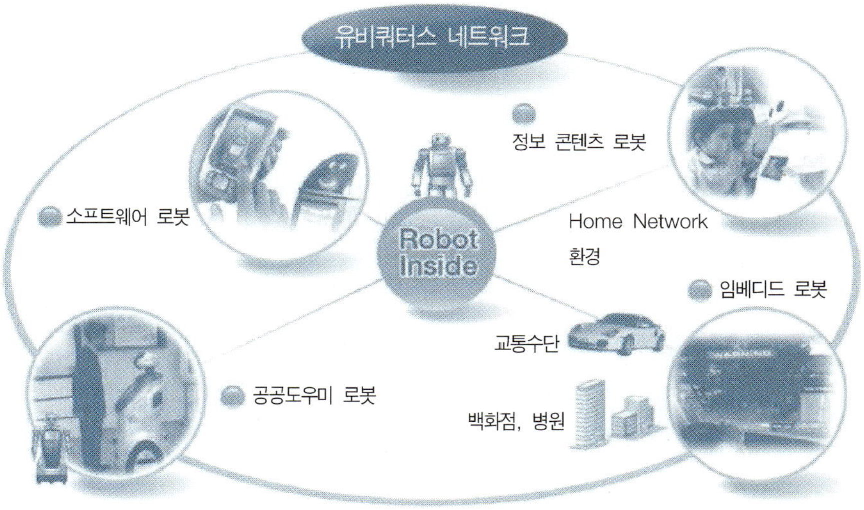

[그림 1-2]
지능형 로봇의 구성

1.2 지능형 로봇의 발전

초창기의 단순히 인간과 인간의 움직임을 모방하는 기계들을 제외시키고 최근의 로봇의 역사만 살펴보면 왕성한 인간의 상상력과 그 당시의 공업상황, 사회적 이슈, 수치적 컴퓨터에 의한 기계의 제어 분야의 발전, 우주탐사 분야와의 밀접한 관계를 알 수 있다.

칼렐차펙의 저서인 Rossum's Universal Robots에서부터 시작하여 Flash Gordon, Metropolis, Lost In Space, The Day The Earth stood still, I Robot 등의 영화까지 살펴보면 R2D2, C3PO, 로보캅, I Robot 등에 등장하는 로봇과 같은 기계가 인간의 작업을 수행하는 단계까지 와 있다.

다음은 산업발전 및 사회적 흐름에 따라 로봇의 발전 방향에 대하여 요약한 로봇(Intelligence Robot)의 역사이다.

1) 지능형 로봇의 역사

(1) 창세기~1800년대의 로봇

인류역사의 태동과 함께 진화해온 로봇은 '신에 의해 창조된 인간', 아담과 이브에서 그 근원을 찾을 수 있다.

초혼적 곡선을 거쳐 SF문화의 태동과 함께 본격적으로 전개된 로봇의 진보는 레오나르도 다빈치의 '인체 황금 분할도'를 통해 비로소 개념적 정립이 전개되며, 인간의 모습을 닮은 최초의 동화 로봇 '피노키오'의 탄생으로 이어진다.

그 후 중세가 되고 나서도 많은 사람들이 건물의 문을 열든가, 악기를 연주하는 자동인형을 만들었다. 이들 자동인형은 장식용이었거나 또 사람들을 놀라게 하거나 또는 신과 결부시켜 지배자의 권위를 과시하는 데 이용되었는데, 한편으로 기계 기술자들의 장난이기도 하였다.

[그림 1-3]
창세기~1800년대의 로봇 유형

(2) 1900년~1930년의 로봇

[그림 1-4]
1900년~ 1930년의 로봇 유형

1900년 '오즈의 마법사'에 나오는 최초의 양철 로봇 '틴맨(Tin Man)'은 인텔리젠트 로봇의 본격적인 성장을 주도하기 시작한다. 독일, 미국을 중심으로 발전하기 시작한 로봇 문화는 최초의 SF영화 '달나라 여행A', '로섬의 만능 로봇' 등 다양한 문화를 자양분으로 '슈퍼맨'이라는 미국의 시대적 영웅을 탄생시킨다.

(3) 1940년~1960년의 로봇

[그림 1-5]
1940년~ 1960년의 로봇 유형

1940년대 세계를 경악하게 만든 2차 대전은 세계 로봇 산업의 새로운 패러다임(Paradigm)을 보였다. 일본이 패전국의 열등감을 치유하고, 로봇 산업의 강국으로 세계시장을 석권하는데 결정적인 역할을 한 '아톰(ATOM)'을 창조해낸 것도 바로 이 시기이다.

(4) 1970년~1980년의 로봇

일본의 마징가 Z가 히트하던 1970년대에 들어서서 로봇 연구 개발의 황금기로 본격적으로 연구가 시작되었다. 이 세대의 로봇은 미리 결정된 범위나 궤적을 따라서 작업 대상물을 이동시키거나 용접이나 도장을 반복하는 정도였다.

이때에 사용한 제어는 기구의 위치 제어를 주제로 한 것으로 로봇은 자동적이지 못한 수준이었다. 그러나 자동차 등의 대량 생산공장에 작업라인의 생산성과 신뢰성의 향상에 커다란 역할을 하였지만 실질적인 보급은 1980년대 전후에 절정에 달했다.

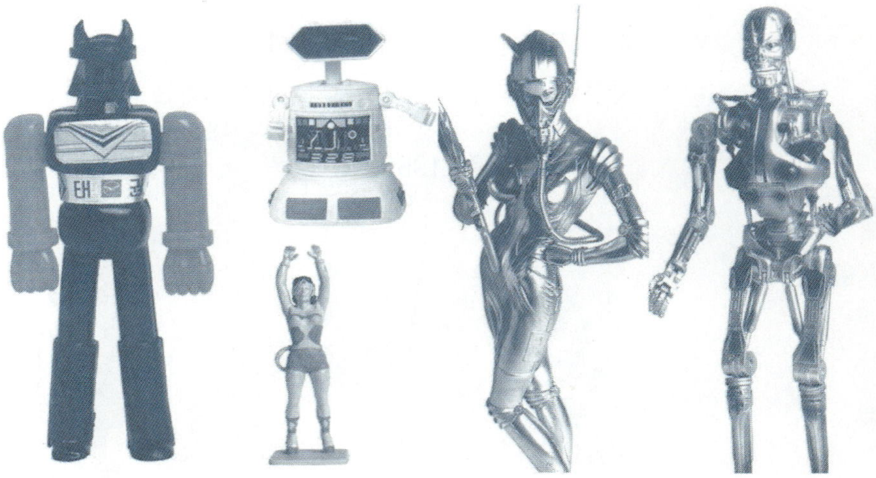

[그림 1-6]
1970년~1980년의
로봇 유형

(5) 1990년~현재의 로봇

이제 로봇의 진화는 인간을 닮은 첨단 지능로봇의 등장으로 발빠른 행보를 거듭하고 있다. 영화 '터미네이터'와 '스타워즈'를 통해 만난 첨단 로봇이 어느새 우리생활에 가까이 다가왔다. 특히 일본은 엔터테인먼트 분야의 장난감 로봇과 휴머노이드 로봇 분야인 2족보행 로봇에서 상당한 기술력 인정을 받았으며, 일부 상품의 경우에 연구 수준에 이어서 시장화에 성공을 거두고 있다.

1999년에 처음 출시된 소니의 강아지 로봇인 AIBO를 비롯하여 혼다의 아시모가 본격적인 로봇시대를 열고 있다. 국내에서는 국내 벤처기업에서 가정용 청소로봇과 공공도우미 로봇의 상품화가 진행되고 있으며, 청소로봇의 경우에는 현재 일반인이 직접 구매할 수 있는 1가구 1대 로봇의 시대를 열고 있다.

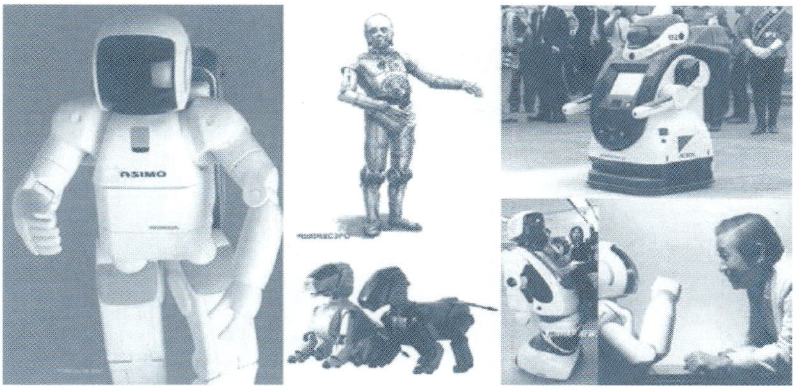

[그림 1-7]
1990년~ 현재의 로봇 유형

2) 지능형 로봇의 변천

(1) 피노키오의 변화

[그림 1-8]
피노키오의 변화 유형

1881년에 출간된 이태리 작가 카롤로 콜로디가 탄생시킨 '피노키오'는 인간을 닮은 최초의 동화 로봇이자 목각인형이다. 1세기가 지나도록 전 세계 어린이들에게 변함없는 사랑을 받고 있는 피노키오는 진화를 거듭하여 21세기 첨단 로봇 '피노(PINO)'로 재탄생되었다.

(2) 아톰의 변화

전쟁의 상처를 치유하기 위해 데스카 오사무에 의해 탄생한 국민적 캐릭터 '아톰'은 다양한 진화를 거듭해왔다. 마치 슈퍼맨과 미키마우스를 합성한 듯한 형상으로 1980년대에는 절정기를 보여준다. 그러다가 검은색과 흰색으로 채색되어 장기불황을 반영하듯 휴면기에 들어가더니 최근에 다시 모습을 보여주고 있다.

[그림 1-9]
아톰의 변화 유형

(3) 모바일 로봇의 변화

1980년대는 인간의 생명체와 유사한 안드로이드 로봇의 출현과 함께 로봇 캐릭터 산업 또한 절정기를 가진다. 1982년 영화 'ET'는 엄청난 파장을 몰고 온다. 그 후 1984년 '터미네이터', 1987년의 '로보캅' 등이 사이버 로봇의 상징이 되었다. 그리고 SF의 대명사인 '스타워즈'는 모든 로봇의 교과서가 되었다.

[그림 1-10]
모바일 로봇의
변화 유형

(4) 휴머노이드 로봇의 변화

세계최초 인간형(휴머노이드) 로봇 '아시모'는 일본의 혼다가 2000년 11월 세계 최초로 걸어 다니는 '자율2족보행' 로봇으로 만들면서 세계의 주목을 받았으며, 2004년 12월엔 걷는 것은 물론 시속 6km로 달릴 수 있는 기능까지 갖춘 차세대 아시모가 선을 보였다. 차세대 아시모는 음성인식 기능과 함께 물컵을 집거나 전기 스위치 작동, 문을 열고 닫는 동작 등 30여 가지 몸동작 기능까지 갖췄다. 이후 한국과학기술원(KAIST)에서는 아시모보다 세밀한 동작이 가능한 휴보를 개발하였으며, 이후 휴보 2세를 개발을 하고 있다.

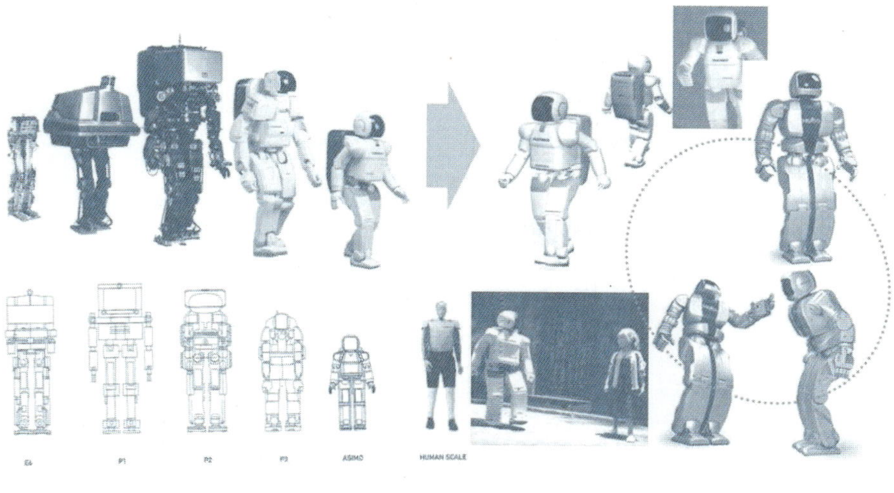

[그림 1-11]
휴머노이드 로봇의
변화 유형

〈표 1-1〉
휴머노이드 비교

항 목		아시모	휴보	마루-1	마루-2
플랫폼	개발자/연도	일본 Honda/2005	KAIST/2005.12	KAIST/2005.1	KAIST/2006.1
	신장/무게	120cm/53kg	125cm/55kg	150cm/67kg	150cm/70kg
	자유도	총 26자유도 (팔10 + 다리12 + 손2 + 머리2)	총 41자유도 (팔12 + 다리12 + 손10 + 머리6 + 몸통1)	총 35자유도 (팔12 + 다리12 + 손8 + 머리2 + 몸통1)	총 32자유도 (팔12 + 다리12 + 손4 + 머리3 + 몸통1)
	센서	F/T 센서, 자세 센서, 스테레오카메라	F/T 센서, 경사 센서, 스테레오카메라	F/T 센서, 경사 센서, 스테레오카메라	F/T 센서, 경사 센서, 스테레오카메라
동작	기본보행	0～6.0km/h 가변속도, 가변보족, 계단보행, 곡선달리기	최대 1.2km/h 고정속도, 고정보족	최대 10.9km/h 고정속도, 고정보족	최대 1.2km/h 고정속도, 고정보족
	전방향보행	○	×	×	대각선보행
	계단보행	○	×	×	×
	팔유연제어(악수)	○		○	○
	시각기반물체조작	×	×	×	○
인식	음성/음원인식	○	×	○/×	○
	목표물감지 · 추적	○		○	○
	물체인식(삼차원)	×	×	○	○
	얼굴인식	×	×	○	○
	제스처 인식	○(40)	×	○(60)	○(80)
	장애물감지(시각)	×	×	○	○
	장애물회피	○	×	×	○
	자기위치인식	○	×	×	○
응용	사람을 알아보고 악수	?	×	○	○
	물건을 집어 전달	○	?	×	○
특징	주요 특징 (동작 및 지능)	유연한 동작 원격제어	보행/손가락 동작 원격제어	네트워크 기반지능	네트워크 기반지능

〈표 1-2〉
소형 휴머노이드 비교

항 목		QRIO	SNBH-1
플랫폼	개발자/연도	일본 Sony/2004사양	2006.1
	신장/무게	58cm/7kg	60cm/7kg
	자유도	총 26자유도 (팔10 + 다리12 + 손2 + 머리2)	총 25자유도 (팔8 + 다리12 + 허리1 + 손2 + 머리2)
	센서	스테레오비전, 압력 센서(각 발에 4개씩), 기울기 센서, 마이크 7개(음원추적), 터치 센서	컬러카메라 1대, 압력 센서(각 발에 4개씩), 기울기 센서
동작	직진보행 속도 (변속능력)	최대 0.9km/h 가변속도, 가변보폭	최대 0.3km/h 고정속도, 가변보폭
	전방향보행	○	○
	비평지/계단보행	○/○	×/×
	달리기속도	최대 1.6km/h	최대 0.6km/h
인식 및 상호작용	얼굴 인식	○	×
	제스처 인식/사람추적	×/×	×/○
	장애물감지/회피	○	×
	단어 인식	○	×
	감정 표현	×	×
	환경모델링 및 자기위치 추정	○	×
특징	연산처리 방식	내장형 제어기 (64비트 RISC 프로세서)	네트워크 기반
	사업화 전략	완제품으로 일반대상 (시스템 비공개)	연구용 플랫폼으로 1차 상품화

1.3 지능형 로봇의 구성

지능형 로봇의 구성요소는 기구(메커니즘, 이동성(Mobility)), 지능 및 제어(지능, 제어&알고리즘 HRI), 부품(센서, 액추에이터) 및 시스템(시스템, 네트워크 기반기술)으로 구성되어 있다.

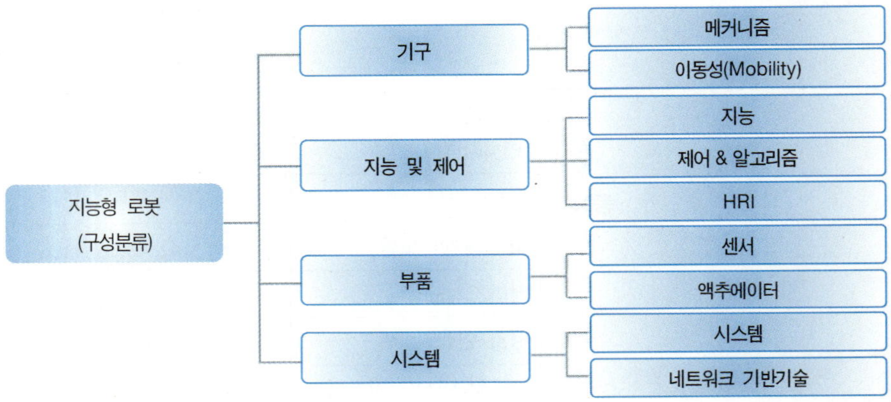

[그림 1-12] 지능형 로봇의 구성별 분류

1) 조 건

외부의 조건을 각종 센서를 통해 받아들이는 부분이다. 카메라로 비전인식을 하고 마이크 등 소리 센서로 소리를 받아들이는 등 사람으로 보면 감각기관에 비교할 수 있을 것이다.

2) 프로그래밍

외부의 조건을 받아들이면 다양한 조건에 맞는 행동을 로봇에게 알려주는 부분이다. 사람으로 비교하면 학습이라고 할 수 있을 것이다. 로봇이 해당 조건에 맞는 올바른 행동을 할 수 있도록 미리 적절한 행동을 지정하는 것이다. 섬세한 행동을 하는 로봇일수록 프로그래밍이 매우 복잡할 것이다.

3) 동 작

실제로 로봇이 행동을 취하는 부분이다. 사람으로 비교하면 뇌에서 각 근육으로 명령을 전달하여 움직이는 것이라 볼 수 있다. 로봇에서는 각종 전선, 모터, 스피커, 프레임 등이 몸체에 해당한다.

① 머니퓰레이터 : 운동이 실제 행해지는 부분인 관절, 관절과 관절을 연결해 주는 링크로 구성된 로봇의 주 몸체에 해당한다.

② 로봇의 손에 해당하는 부분(End effector) : 조작하고 다른 시스템과의 연동이 가능하게 한다.

③ 구동기 : 관절을 움직이는 장치로 머니퓰레이터의 근육에 해당하며 모터, 유공압 실린더 등으로 이루어졌다.

④ 센서 : 로봇의 감각기관에 해당하는 부분으로 로봇의 상태나 외부 환경에 대하여 정보를 수집한다.

⑤ 제어 시스템 : 로봇의 뇌에 해당하여 센서에서 들어온 정보를 처리하여 로봇으로 하여금 적절한 동작을 하게 한다.

Chapter

02

지능형 로봇의 분류 및 기술동향

2.1 지능형 로봇의 분류

1) 지능형 로봇의 분류 방안

로봇의 분류는 용도별, 형태별 등 여러 가지 방법으로 분류할 수 있으나, "지능형 로봇"은 국제로봇연맹(IFR : International Federation of Robotics) 및 ISO/TC-184(International Organization for Standardization의 로봇담당 Technical Committee)의 분류를 참고하고 국내 로봇 산업화 방향설정에 따라 개인서비스용, 전문서비스용, 제조업용, 네트워크 기반 로봇 등 <표 2-1>처럼 4분야로 구분한다.

〈표 2-1〉
로봇의 분류

분류	서비스 로봇		제조업용 로봇	네트워크 기반 로봇
	개인서비스	전문서비스		
정의	인간의 생활범주에서 제반서비스를 제공하는 인간 공생형 대인지원 로봇	불특정 다수를 위한 서비스 제공 및 전문화된 작업을 수행하는 로봇	각 산업의 제조현장에서 제품생산에서 출하까지 공정 내 작업을 수행하기 위한 로봇	로봇과 네트워크가 융합되어 언제 어디서나 서비스 제공이 가능한 유비쿼터스형 로봇

일본공업협회분류	비산업용(개인용)	산업용	
		비제조업용	제조업용
IFR 분류	Service Robot for Personal Use	Service Robot for Professional Use	Industrial Robot

2) 지능형 로봇 산업별 분류

지능형 로봇 산업의 주요 분야는 독립형 로봇 외에 네트워크 활용 로봇을 추가하여 개인서비스용 로봇, 전문서비스용 로봇, 제조업용 로봇 산업, 네트워크 기반 로봇 산업 등 4분야로 구분한다.

[그림 2-1]
지능형 로봇의 응용 분야별 종류

〈표 2-2〉
지능형 로봇의 응용 분야별 종류

구분	서비스 로봇		제조업용	네트워크 기반 로봇
	개인서비스	전문서비스		
종류	• 청소 및 경비 • 여가지원용(오락, 애완, 헬스케어, 게임 등) • 노인/재활지원용 (간병, 장애자 보조, 재활훈련 등) • 교육용(연구용, 가정교사) • 가사지원(심부름, 조리, 제초 등)	• 재난극복 (소방, 인명구조) • 군사용/사회안전 • 활선작업용 • 건설작업용 (건축, 고소, 관로) • 원전용 • 해양수산용 • 의료용 • 농업/임업/광업 • 우주	• 자동차제조용 • 초소형 전자제품 제조용 • 디스플레이 제조용 • 반도체제조용 • 바이오신약용 • 조선산업용	• 정보콘텐츠 • 공공도우미 (공공업무지원) • 임베디드 로봇 • 소프트웨어 로봇

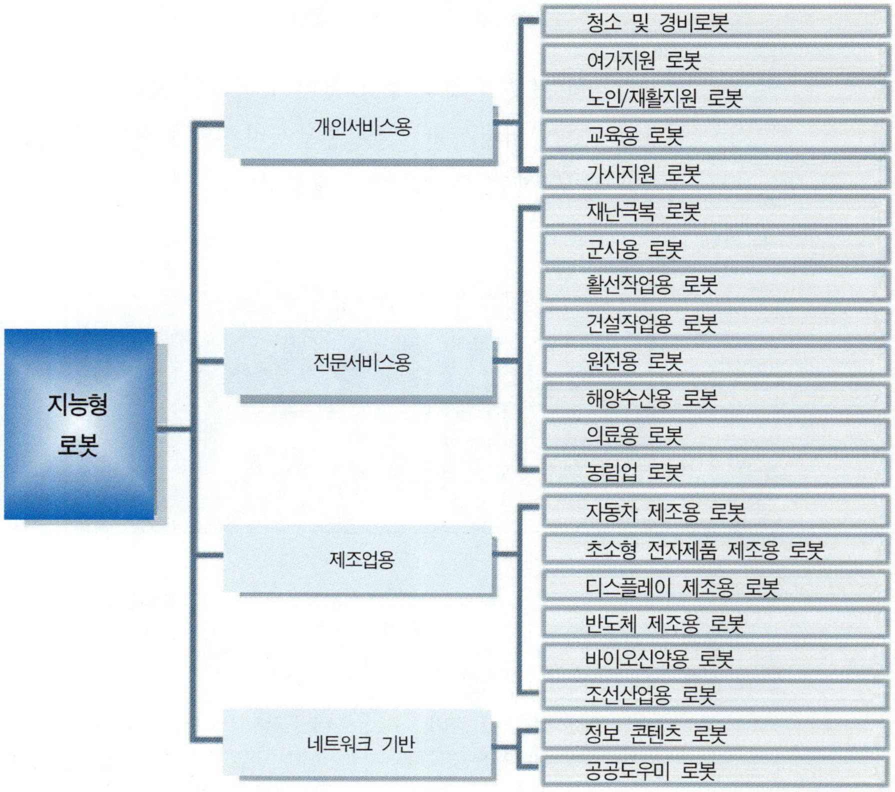

[그림 2-2]
지능형 로봇 제품군

3) 지능형 로봇 분류별 정책

(1) 개인서비스용 로봇

개인서비스용 로봇은 새로이 창출되는 시장 분야로서 국내의 발달된 IT기술과 접목되어 국가적 차세대 성장 동력 산업으로 성장할 것으로 예상된다.

로봇기술은 전자 및 기계기술의 융합기술 분야이며, 특히 개인서비스용 로봇은 기계, 전자, 소프트웨어 기술 등의 발달과 더불어 강력한 제품개발 정책 및 시범사업 전개 등 조기시장 진입정책을 통하여 효과적으로 시장을 창출할 수 있는 분야이다.

로봇에 대한 사용자의 높은 기대수준에 도달할 기술혁신 전략과 현재 수준의 로봇기술에 IT기술을 융합하여, 서비스콘텐츠를 개발하는 제품화 전략을 동시에 추진하는 것이 바람직하다.

개인서비스용 로봇의 시장 장애요인은 다음과 같다.

- 개인서비스용 로봇에 대한 영업, 기술개발, 제조, 품질관리, 판매에 대한 인력/지원이 미흡하다.
- 개인서비스용 로봇은 저가 청소기 위주로 형성되어 있으며, 중국의 복사품에 대한 제재 조치가 낮다.
- 절대적인 시장규모가 적어 대기업 관망 차원이거나 홍보용에 연구 치중하고 있다.

개인서비스용 로봇의 기술 장애요인은 다음과 같다.

- 고객이 기대하는 기술 수준보다 낮은 단순기능 위주의 로봇제품들이 전세계적으로 출시하고 있다.
- 지능형(Intelligent) 로봇 플랫폼(platform) 기능 정의 및 구현이 미흡하다.
- 중요 부품(actuator, sensor)의 수준이 시장이 원하는 수준보다 낮은 상대이며, 부품의 대외 의존도가 지나치게 크다.
- 제품의 신뢰성이 매우 낮다.

① 청소 및 경비 로봇

청소 로봇의 경우 가장 먼저 세계적인 시장이 형성되었으며, 경비 로봇의 경우에도 많은 선진업체들의 기술개발이 이어지고 있다.

- 청소용 로봇 : 현재 50만 원대 이하의 단순기능 위주의 제품과 200만 원 이상 고급 기능 위주의 제품으로 극심한 양극화(bi-polar) 현상이 벌어지고 있다.

  국내외 업체들은 단순기능 제품에서 벗어나 점차 사용 편리성 및 향상된 성능을 지닌 고급형을 모델을 개발하는 추세에 있어 다양한 제품이 출시되고 있다.

영상정보를 통한 가정 모니터링 및 네트워크 이용 원격제어, 홈네트워크와의 연동기능 등이 향후 주된 기술개발 방향이 될 것이다. 다양한 형태의 청소 로봇(유리창 닦기, 잔디깍기 로봇 등)이 출현될 것이다.

실내환경 인식 및 적응도가 높아져 활동 범위가 집에서 사무실까지 포함할 수 있을 것이다.

청소용 로봇을 개발을 위한 기술은 다음과 같다.

- 바닥상태에 따른 최적의 청소성능을 유지하는 고성능 청소 모듈을 장착한 청소 로봇 기술
- 단계별 고성능 청소 모듈 기술(건식, 습식, 카펫(Carpet) 전용, 살균, 세척, 공기정화)
- 고성능 배터리(battery) 모듈 기술
- 자율주행 S/W 모듈 기술(장애물감지, 회피용 센서 시스템, 위치인식 시스템 및 S/W, 환경정보 구축 및 경로계획 S/W)

〈표 2-3〉 국내 청소 로봇의 제품 현황

제조사	유진로봇틱스	삼성전자	한울로보틱스	LG전자
제품명	iClebo	Crubo	Ottoro	ROBOKING
이미지				
주요 기능	적외선 센서 기반 자율주행 충돌감지(범퍼 센서) 2.5hr충전/ 90분 이상 사용 자동충전 없음 리모컨 기능	적외선 센서 기반 자율주행 충돌감지(범퍼 센서) 2hr충전/50분사용 영상기반 자동충전 Web기반 원격제어/모니터링	초음파 및 영상 센서 기반 자율주행 충돌감지 2hr충전/50분사용 영상기반 자동충전 리모컨 기능	적외선 센서 기반 자율주행 충돌감지(범퍼 센서) 3hr충전/70분사용 Gyro센서 기반 자이로메트릭스 주행 RF리모컨 기능 예약기능

② 경비 로봇

주 5일 근무제 확산으로 아파트 등 일반 주택에 무인경비 서비스 이용이 급증하면서 로봇을 이용한 보안시장이 새롭게 부상할 것이다.

이동기능을 가지며 집안 내 모니터링이 가능한 제품 등의 시장 출시가 되고 경비전문업체가 가지고 있는 보안 및 개인생활보호 문제가 기술적으로 해결만 된다면 시장성장 잠재력이 매우 클 것이다.

이동 중 침입감지, 지능형 자기방어, 로봇 기반 실내경비 담당의 순으로 발전할 것이다.

경비용 로봇의 개발을 위한 기술은 다음과 같다.

- 경비 센서 또는 영상 센서 기반의 침입자 감시가 가능하며 지능형 자기방어 기능을 가진 경비 로봇 기술
- 임베디드(Embedded) 시스템 기술(임베디드 H/W 설계 및 안정화, 임베디드 S/W)
- 무력화 대응 기술(로봇마스킹 대응기술, 능동적 자율극복 기술)
- 센서 시스템 기술(침입감지 경비 센서 시스템, 주야간 자율주행 기술)
- 기능별 자가진단 기술
- 경비 네트워크 연동 기술

[그림 2-3]
경비 로봇

- 홈네트워크 연동기술(제어 데이터 통합, 영상 데이터 통합)
- 가정 내 통합 네트워크 기술
- 다양한 콘텐츠 기술
- 개인의 감정상태를 파악하여 편안하게 할 수 있는 상태의 환경을 제공하며 개인의 특성을 파악하여 새로운 변화를 주어 오락의 재미를 향상하는 SW 및 HW기술
- 감정인식 기술
- 인간 행위 모방 기술

(2) 여가지원 로봇

오락용 로봇을 중심으로 먼저 시장이 형성되고 기술의 발달에 따라 헬스케어 등의 시장이 전개될 것으로 예상되는 분야이다.

여가활동 및 건강에 대한 관심증가로 여가관련 상품 및 이와 관련한 시장의 부상이 될 것이다.

2000년 전후로 AIBO와 같은 단순기능의 여가지원(Entertainment) 로봇이 상품화, 2004년에는 춤추는 휴머노이드 QRIO 등이 발표되었으며, 일부 마니아들 중심으로 여가지원(Entertainment) 로봇의 시장이 형성되고 있다.

초기에는 게임 및 오락 등 단순기능 중심의 여가지원 로봇이 시장을 형성하고, 향후 현대인의 관심사항인 웰빙(Well being) 및 운동지원 로봇 출현이 될 것이다.

여가지원을 위한 다양한 로봇 플랫폼(Platform)으로는 동물, 사람 형태 등이 주류를 이루고 있다. 단순동작 기반의 스포츠 상대자로 가상현실 상태로 서비스를 제공하다가 점차 실제 세계(Real World) 출현을 통해 자세교정 등을 통한 서비스 제공 등으로 발전할 것이다.

(3) 노인/재활지원 로봇

세계적으로 노인의 비율이 빠르게 증가하고 있고, 특히 국내도 고령화 사회로 진입함에 따라 향후 5년 내에 시장수요가 크게 높아질 것으로 예상된다.

노약자/재활치료 필요자의 감각 및 자세균형 기능 증진용 특수 치료/도움 로

봇 병원에서 사용하다가 개인용으로 확대할 것이다.

비접촉식으로 노약자/재활자의 상태를 파악하고, 전문의와 연결하여 의료 서비스를 제공한다. 인지 과학적, 심리학적 기술들이 융합되어 HRI 기능이 강화하고 노약자/재활자가 자유롭게 다양한 장소로 이동할 수 있도록 이동보조 기능을 한다. 이 로봇은 주변상황 변화에 능동적으로 적응하는 자율주행하고 일상생활에서 지속적으로 생체정보를 접촉식으로 계측하여 전문의와 연결 가능한 휴대형 초소형 무선 센서시스템 개발하여 후에 인공지능이 추가되어 실시간으로 환자상태 분석 및 진단하는 휴대형 전문가 시스템으로 발전할 것이다.

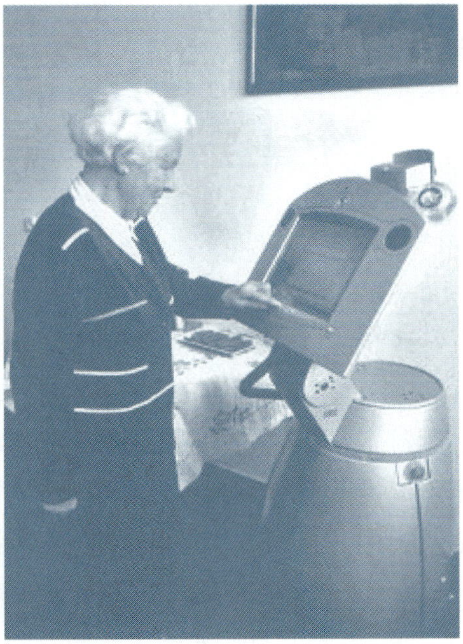

[그림 2-4]
노인/재활지원용 로봇

노인/재활지원용 로봇을 개발을 위한 기술은 다음과 같다.

- 노약자와 같이 움직이면서 영상 및 음성신호를 통해서 감정 및 건강상태를 파악하고 이에 부흥하는 치료를 도울 수 있는 로봇 기술
- 주변환경 이해를 통한 일상적 조명변화/가려짐에 의해 불완전한 정보에 강인한 실시간 3차원 물체인식기술(인식률 95% 이상, 0.5초/view)
- 미지의 실내환경에 대한 자연 랜드마크(natural landmark) 기반의 실

시간 3차원 환경지도 작성 및 자기위치추정 기술(실내환경에서 조명 및 시점변화에 강인한 자연 랜드마크 인식성공률 90% 이상)

- 조명 및 자세변화에 강인한 얼굴 및 감정인식(20인 이상 90% 얼굴인식 및 6가지 감정인식, 0.5초/view)
- 환경잡음에 강인한 원거리 음성인식(거리 2m, 55dB SPL 잡음, 5000단어급 대화, 단어인식률 90% 이상)
- 인간의 조작행위를 모방하는 학습진화 기술과 안전을 보장하는 dependable mobile manipulation 기술(충격력 50N 이하)
- 미세 촉각을 갖는 로봇용 인공피부(곡률반경 1cm 이하, 공간분해능 1mm 이하)

(4) 교육용 로봇

초기 시장이 형성되어 있으며, 향후 로봇을 이용한 멀티미디어 교육에 소비자의 관심이 점차 커질 것으로 판단되는 분야이다. 컴퓨터의 보급과 함께 학문연구용이 실생활의 필수품으로 자리매김 해나가는 시장이 전개될 것이다.

초기에는 학교에서 로봇원리를 배우는 '교육연구용 로봇'이 시장을 형성하여 학생이 개방형/모듈형으로 개발된 툴 키드를 사용하여 로봇 관련 학습을 하고 주행 메커니즘, 운영체제 및 응용 프로그램 등 체계화된 교육 프로그램을 개발하고 전문교육/연구용 로봇은 유무선통신 기술, 다양한 변형 및 확장이 가능한 기구모듈 및 전장을 제공하는 다기능/다목적 로봇 플랫폼으로 발전할 것이다.

향후에는 가정교사 로봇은 다양한 콘텐츠 및 학습교과 기능을 보유한 개인용 '학습지원 교육 로봇'으로 발전할 것이다.

초기 무선 네트워크를 통해 사용자가 필요한 정보를 Key/display를 통해서 입력 및 출력을 하는 등 대화형 기능과 향후 얼굴인식, 자연어 인식이 가능한 HRI 기술의 발전과 감성인식 및 표현기능이 강화되면서 개인용 학습지원 로봇으로 발전할 것이다.

교육용 로봇을 개발을 위한 기술은 다음과 같다.

- 표준화, 규격화되어서 호환 및 병렬 사용이 가능한 모듈화 개념의 로봇 기술

[그림 2-5]
교육 로봇(리베로)

- 사용자가 추가 학습이 가능하도록 사용자 인터페이스 기술
- 내비게이션 등 지능형 로봇의 학습 분야를 모듈 단위로 개발, 디바이스 기술
- 다양한 변화와 확장이 가능한 레고 타입의 H/W 모듈 기술
- 기존의 학습교과목(과학, 컴퓨터 등)과 연계되는 학습보조 기능 기술
- 학교안내 등 기본 지능형 로봇 기능 모듈 기술

세계 교육용 로봇의 동향은 아직 가정교사용 로봇은 제품화가 시도되지 않으며, 주로 연구용 로봇 및 교육기자재 로봇이 주류를 이루고 있다.

① AAI CANADA사(캐나다, http://www.aai.ca)

지능형 서비스 로봇(인앤아웃도어 모바일 로봇, 로봇 휠체어 등), WEBOTS(컴퓨터 시뮬레이션 로봇), 산업용 로봇팔 등의 다양한 로봇을 제작하고 있으며, 연구용 로봇으로 판매될 수 있는 다양한 모바일 플랫폼을 개발하였다.

[그림 2-6]
AAI CANADA사의 지능형 서비스 로봇과 로봇팔

② Mospeng사(일본, http://www.mospeng.net)

서비스 안내로봇인 mospeng kun 1호, 2호를 출시하여 판매하고 있다.

[그림 2-7]
Mospeng사의 mospeng kun

③ TMSUK사(일본, http://www.tmsuk.co.jp)

사무 및 안내용 모바일 서비스 로봇과 각종 엔터테인먼트 로봇, 2족보행로봇 등을 개발하였으며, 교육용 로봇으로의 시장을 갖고 있다.

[그림 2-8]
TMSUK사의 2족 보행 로봇

④ iRobot사(미국, http://www.irobot.com)의 로봇 제품현황

- 군용 로봇 : 카타펄트 형태의 7모델 군용탐사 및 경비 로봇
- 업무보조용 로봇(구모델) : coworker, iRobot-LE 등의 원격업무보조용 로봇
- 토이로봇 : Genghis(6족 로봇), My Rea Baby(인공지능놀이용 로봇)
- 산업용 로봇 : 광산에서의 장애를 극복하기 위한 로봇, Ariel

[그림 2-9]
iRobot사의 폭발물 처리 로봇

⑤ Probotics사(미국, http://www.personalrobots.com)

- Cye : 청소, 심부름, 방범, 놀이 등 다양한 기능을 프로그램으로 작동하도록 제작, 교육용으로 분류 가능

[그림 2-10]
다양한 로봇을 제작하는 Probotics사

⑥ Mr Robot사(미국, http://www.mrrobot.com)의 제품 현황

- Robot KIT : 모바일형 교육용 로봇키트(내비게이션 기능, 노트북 탑재 가능)
- Robobug : 6족형 교육용 로봇키트(단순 센서감지 기능)
- BattleBugs Battling Robotic Insects : 간단한 놀이용 배틀게임 로봇(6족 형태)
- 기타 사항 : 전문교육용 로봇 회사로 소프트웨어까지 지원

[그림 2-11]
Mr Robot사의 Robot KIT와 Robobug

⑦ ActivMedia Robotics사(미국, http://www.activerobots.com)의 제품 현황

MobileRobot을 기반으로 한 로봇(내비게이션 기능)

[그림 2-12]
ActivMedia Robotics사의 walking robot과 휴머노이드 로봇

⑧ Evolution Robotics사(미국, http://www.evolution.com)

연구용 로봇 관련 세계 선두 회사로 North Star, ERSP, ER1 등의 다양한 제품군이 있다.

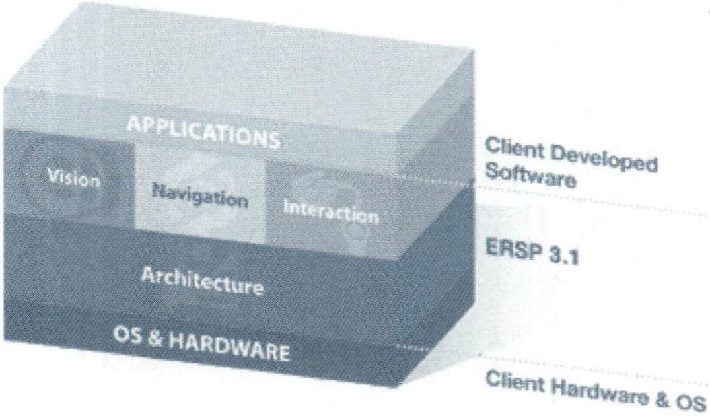

[그림 2-13]
ERSP 3.1(로봇 제품 제작을 위한 종합적 개발 플랫폼)

⑨ LEGO사(덴마크, http://www.lego.com)

교육기자재용 로봇 관련 세계 선두업체로서, 로봇 전문기업은 아니지만 로봇 교육기자재에 대한 소비자의 선호도를 바탕으로 관련 시장을 지배하고 있다.

[그림 2-14] LEGO사의 다양한 상품들

전체적으로 거의 모든 회사가 교육용 로봇 전문업체라고 볼 수 없으나, 연구용 로봇 및 교육기자재 로봇 시장을 바탕으로 가정용 로봇으로의 시장진출을 시도하고 있다.

기술적으로는 내비게이션 및 비전 기술을 기반으로 하고 있으나, 교육기자재 로봇 및 가정교사용 로봇으로서의 중요 기술인 콘텐츠 연계, 감정 관련 기술 등의 수준은 초기 단계이다.

(5) 가사지원 로봇

소비자의 수요가 특히 높아 사용자의 기대수준과의 기술적인 격차만 줄이면 실생활에 바로 적용될 수 있는 성장잠재력이 높은 품목이며, 장기적으로 기술개발을 추진하면서 기술의 성숙도를 고려하여 제품화를 추진하는 전략이 필요하다.

가전기기들의 중앙 인터페이스 역할을 수행하는 중앙관리 기능, 실내 환경을 일정하게 유지하는 공기청정 및 온도제어 기능, 가정환경을 원격제어 하는 기능 등을 수행한다.

방문자를 인식하고 대처/관리하는 단순기능에서부터, 집안 물건들의 정리, 정돈, 식기정리 및 세척, 의복분류 및 세탁관리 등 가사노동의 보조, 잔디깎기 등의 정원유지정리 보조 기능을 수행한다.

가사지원용 로봇을 개발을 위한 기술은 다음과 같다.

- 주어진 가사를 명령에 의해 정해진 프로세스(process)에 의해 작동되는 로봇 기술
- 정리/정돈 보조 기능 : 물체 인식을 통한 위치탐지 및 이송 기능
- 식기세척 보조 기능 : 식기인식 및 분류/이송기능, 세척제어 기능
- 정원관리 보조 기능 : 잔디깎기 기능, 수목 성장관리 기능
- 세탁의류관리 보조 기능 : 세탁물 인식 및 분류/이송 기능, 세탁제어 기능

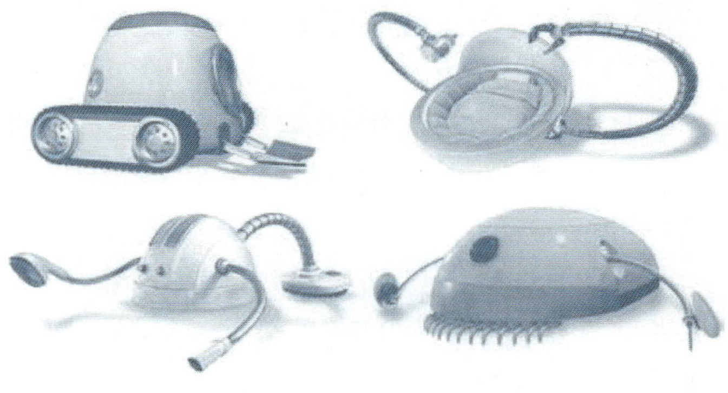

[그림 2-15]
정원관리 로봇

4) 전문서비스용 로봇

전문서비스용 로봇 분야는 2000년 들어서 서서히 시장을 형성하고 있으며 기술의 발전에 따라 전문서비스용 로봇은 지속적으로 적용을 확대할 것이며, 향후 20년 동안 급격한 성장을 가질 것으로 전망이다.

이 분야에 대해 세계로봇연맹(IFR)은 각국의 생산 실적을 바탕으로 보수적인(Conservative) 전망을 하고 있으며, 일본의 미쓰비시 연구소는 혁신적 제품의 출현과 사회의 욕구변화에 근거하여 좀더 공격적인(Aggressive) 전망이다.

재난극복, 군사용/사회안전, 활선작업, 건설작업, 병원지원 등 로봇의 사용 영역이 넓어지고, 사람이 기피하는 환경이나 접근이 불가능한 극한환경에서 사용할 수 있는 로봇의 응용이 증가하고 있다.

전문서비스용 로봇은 구조화되지 않은 작업환경(Unstructured environment)에서 사용되므로 인공지능과 자율기능을 크게 요구하며 극한환경(Hostile environment)에서 사용되므로 높은 내환경성, 안전성, 안정성을 요구된다. 이러한 기술들은 최첨단을 요구하므로 타 산업에 미치는 효과가 매우 클 것이다.

전문서비스용 로봇의 시장 장애요인은 다음과 같다.

- 출시 경험이 적어 제품 기획 능력이 낮다.
- 선진국의 기술 장벽 강화로 인하여 시스템 및 요소 기술 확보가 어렵다.
- 고급 기술의 해외 기술협력이 불가하다.

전문서비스용 로봇의 기술 장애요인은 다음과 같다.

- 선진국의 높은 기술 장벽으로 인해 시스템 및 요소 기술 확보가 어렵다.
- 700℃ 이상 온도의 화재현장에서 로봇이 정상적인 성능을 발휘할 수 있도록 하는 내화기술이 부족하다.
- 초고온 환경에서 작동 가능한 전자부품, 센서, 구동기 기술 등이 부족하다.
- 비평탄 평지 고속주행 기술, 장거리 원격조정 기술, 고밀도 자체 동력 기술, 자율판단 기능 부족하다.
- 초고압 선로의 전선주위에서는 매우 높은 전계 및 자계강도가 나타나게 되어 선로 주위에서 작업하는 로봇에게 심각한 영향을 미칠 수 있기 때문에 이에 대한 절연설계 기술이 필요하다.
- 다양하고 복잡한 작업환경 적응 기술 부족하다.
- 수술 로봇의 경우 환자의 생명과 직결되므로, Human Robot Interaction에 있어 시스템의 안전성이 보장되어야 한다.
- 미세침습 로봇의 설계를 위한 초소형 정밀 액추에이터 및 센서의 개발이 우선되어야 한다.

(1) 재난극복 로봇

각종 자연재해로 인한 재난, 건물붕괴사고, 테러 등 각종 재난사고는 증가하는 반면, 재난구조업무를 3D업종으로 여겨 신규 종사자는 줄어드는 추세이므로 방재용 로봇의 시장규모가 현저히 성장할 것으로 전망한다.

재난극복 로봇의 초기 수요처는 소방서를 비롯하여 대형 백화점들이나 지하철 역사 등으로 전망된다.

재난극복용 로봇을 개발을 위한 기술은 다음과 같다.

- 장애물 회피 기능과 계단 승하강 기능
- 8km/h(실외 화재용), 3km/h(실내 화재용), 자율주행 1~4시간
- 다중신호(영상, 음성, 각종 sensor 신호)의 무선통신 및 실시간 처리
- 농연 내 화점 탐사 및 인명탐사 기능
- 자체냉각 기능
- 매분 3톤의 물 또는 거품분사 기능(실외 화재용)
- 초기 화재진압 기능(실내 화재용)
- 밸브나 도어 조작 기능 및 인명구조 기능
- 1시간 이상 비행 가능(Hovering 로봇)

(2) 군사용/사회안전 로봇

군사용/사회안전 로봇은 전투용 로봇, 전투지원용 로봇, 전투근무 지원용 로봇, 스마트 경비 로봇으로 분류한다.

① 전투용 로봇

- 경계감시 및 타격 로봇
- 첩보수집 로봇
- 대전차 공격 로봇
- 근접 전투지원 로봇

② 전투지원용 로봇

- 화생방 정찰 및 제독 로봇

- 개활지 연막살포 로봇
- 목표관측 및 공격피해 판정보고 로봇
- 폭발물 탐지/제거 로봇
- 지뢰 및 유기탄탐지/제거 로봇

③ 전투근무 지원용 로봇

- 물자운반 및 환자수송 로봇

④ 스마트 경비로봇

- 네트워크 인프라와 연계하여 범죄예방, 치안유지용 스마트 경비로봇

미국을 중심으로 다양한 형태의 연구가 스행중이며, 무인 지상이동 로봇(차량), 무인항공기, 무인잠수정, 미래병사 로봇 등으로 분류한다.

특히 무인 지상이동 로봇을 중심으로 한 연구가 가장 활발히 진행하고 있고 세계적으로 20여개의 제품이 상용화되어 판매되고 있고, 약 50여개의 로봇 신제품이 개발이 완료되어 시험중이고 국내 지정학적 특수성에 따라 국방수요가 크며, 미래 전쟁에 대비한 군사용/사회안전 로봇이 필요하다.

군사용/사회안전 로봇은 타 산업으로의 기술적 파급효과가 큰 군산복합체 산업이며 향후 시장성이 뛰어난 부문이므로 정부차원의 집중적 투자와 육성이 필요하다.

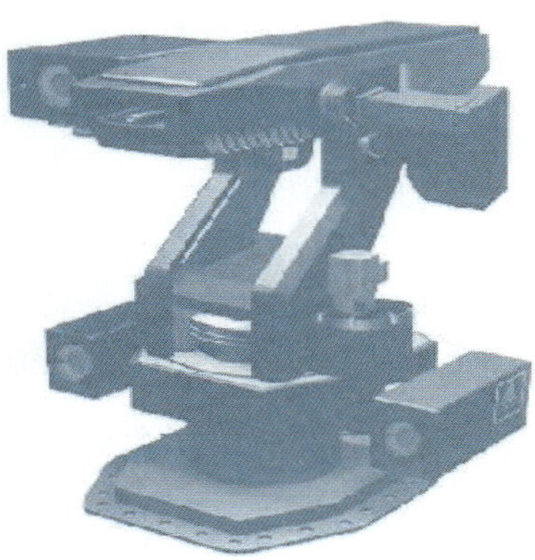

[그림 2-16]
군사용 로봇

군사용/사회안전용 로봇을 개발을 위한 기술은 다음과 같다.

- 지뢰 및 폭발물처리 기술 : 지뢰감지 깊이 30cm, 감지시간 0.5분/평방미터 이하
- 초소형(곤충형) 첩보 로봇 기술 : 길이 5cm/폭 2cm/최소높이 1cm 이내, 도약높이 30cm 이상, 최고속도 30cm/초 이상, 정지운용 시간 48시간 이상
- 자세 안정화 및 전복방지 구조설계 : 40도 경사 강하 4G감속시 무전복 및 2초 이내 자세 안정화
- 야지 고속 주행 기술 : 최대 경사 40도를 주행속도 1m/초 이상, 비평탄 평지 주행(주행속도 60km/시간 이상)
- 3차원 위치 매핑 및 자율이동 기술 : 100m × 100m 영역 내 위치 오차 1m 이내, 위치 매핑 주기 100msec 이내
- 레이저 거리측정 : 측정거리 500m 이상, 측정오차 1m 이내, 측정시간 50msec 이내
- 고속 무선통신 및 암호화 기술 : 통신거리 10km 이상, 통신속도 100Mbps 이상

(3) 활선작업용 로봇

산업발전에 따라 전기는 필수불가결한 자원이며 현대사회에서는 전력설비의 점검이나 보수 교체에 따른 정전도 용납되지 않을 정도로 중요하다.

선진외국에서는 오래 전부터 활선작업과 관련한 연구를 추진하여 왔으며, 현재에는 일반화된 기술로서 많은 작업내용을 활선작업으로 추진한다. 특히 활선작업 관련 기술이 캐나다, 미국, 프랑스, 러시아를 중심으로 크게 발전되어 있고 일본 등은 로봇을 이용한 활선작업을 적용한다. 대부분의 송/배전선로의 유지보수를 로봇을 이용한 활선작업에 의해 수행될 것이며 기술의 발전에 따라 활선작업 로봇의 시장규모가 현저히 증가할 것이다.

활선작업용 로봇을 개발을 위한 기술은 다음과 같다.

- 국내 환경을 고려한 활선작업 기준설정

- 765kV 선로 접근 및 전기적 절연기능
- 교체 가능한 압착기, 피박기, 절단기 등 로봇용 활선작업 공구
- 스페이서 댐퍼 점검/보수 로봇 플랫폼
- 송전/배전탑 애자 점검/청소 로봇 플랫폼
- 힘반영 마스터 탑재형 스테이션

〈표 2-4〉 활선작업용 로봇의 작업범위 및 개요

분류	유지 보수 항목
철탑 주변 유지 보수	애자 및 애자련 교체
	금구류 교체
	댐퍼교체
	애자련 청소
	점퍼선/점퍼장치 교체
	철탑의 부재/암 교체
	항공장애 등/표시찰 교체
	철탑 도장
경간 내 유지 보수	전선 보수
	가공지선 보수
	항공장애 표시구 교체
	스페이스 댐퍼 교체
기 타	전선/가공지선 재가선
	비상복구 철탑 가설

① 세계 활선작업용 로봇의 동향

일본의 활선작업용 로봇은 작업자를 보조하는 보조암 형태와 양 팔을 이용하여 작업자가 원격조작에 의하여 활선작업을 수행하는 양팔형 머니퓰레이터로 구분한다.

로봇의 명칭과 제조업체 및 기관 : 활선작업용 자동화장비(미국, EPRI), Mechanical Arm(일본, 북해도전력), Super Arm2(일본, 중부전력), Power Manipulator(일본, 구주전력), 활선작업 로봇(일본, 동경전력) 등이다.

② 국내 활선작업 로봇의 동향

국내에서는 배선선로의 활선작업이 일반화되어 있지만 활선작업을 위한 로봇 및 공구에 대한 개발은 활발하지 않으며 대부분 외국의 기술이 그대로 반

아들여진 경우이며 작업자를 보조할 수 있는 로봇은 현재 활용되지 않고 있다.

한국전기공사협회 부설 기술경영연구소에서 전선의 절단, 전선피박, 핀애자교체 등의 배전선로 활선작업시, 필요한 용도의 공구를 끝단에 부착 설치한 후 전선을 직접 접촉하지 않고 전선을 지지하거나 잡아주는 역할 등 보조적인 작업을 수행하는 배전선로 활선작업용 보조암을 개발한다.

(4) 건설용 로봇

세계적으로 건설공사가 대규모, 복잡화 경향을 보이면서 공사현장의 안전성을 확보하고, 생산성을 제고하며, 품질을 향상하기 위한 방법으로 건설의 자동화가 도입되기 시작하였으며, 최근 들어 위험하고 열악한 환경의 건설현장에서 사람이 직접 수행하기 힘든 작업에 로봇이 사용되기 시작하였다.

건설용 로봇을 개발을 위한 기술은 다음과 같다.

- 소형 고효율 흡착 모듈
- 수직이동형 로봇 플랫폼
- 안정된 수직벽 주행제어기
- 친환경 세척 모듈
- 도장용 로봇 모듈
- 피검사물 표면상태(두께, 균열, 누설 등)의 검사 모듈
- 차량흐름을 방해하지 않는 터널 검사/청소 메커니즘
- 검사/청소 path 생성기능
- 상/하수로관 자율검사용 PIG 모듈
- 관로 내 장애물 회피 기능

① 세계 건설작업용 로봇의 기술동향

전반적으로 볼 때 건설작업용 로봇의 개발은 단일 공종인 토공, 터널공, 철근공, 콘크리트공, 조적/미장공, 강구조물공, 검측공 등의 단일 작업으로부터 시스템화된 복합공정 수행용 로봇으로 발전하였다.

자동화 빌딩 건설 시스템인 SMART System, ABCS, T-UP System,

Lift-Up Method 등은 고층빌딩 시공에 활용되기 시작하였다.

- 로봇의 명칭과 제조업체 및 기관 : Mighty Hand(일본, Kajima), 다케나카 로봇(일본, 다케나카 공무점), 통신선 보수 로봇(일본, NTT), HRP-1/2(일본, AIST)

② 국내 건설작업용 로봇의 기술동향

1980년대부터 건설자동화의 필요성에 따라 정부주도의 연구가 이루어졌으며, 1990년대 한국건설기술연구원과 대학을 중심으로 연구가 진행하고 있다.

지붕구조물 조립용 로봇, 관 매설용 로봇, 교량 안전진단용 로봇, 도로표면 검측 로봇이 실용화하고 있다.

대우조선해양은 지난 1997년 이후 고등기술연구원과 공동개발한 선박용접용 로봇(상품명 단디) 22대를 제작해 선박조립에 사용한다.

철판 가공용 그라인딩 로봇이 개발 완료되어 상용화 중이고, 선박의 청소와 도장에 사용될 외판 클라이밍 로봇도 상용화 단계이다.

(5) 의료용 로봇

고관절 수술과 같은 일반외과 수술로부터 흉부외과 영역에서 미세침습수술, 안과영역의 마이크로 단위의 미세정밀수술, 방사선 뇌수술까지 수술 로봇의 적용 범위가 확대하고 있다.

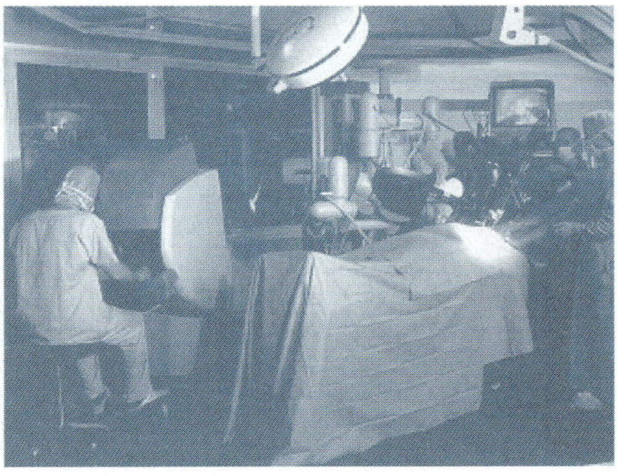

[그림 2-17]
의료용 로봇

인간의 건강과 생명에 직결되어 있으므로 가격보다는 수술효과나 안전성이 더욱 중요하며 고가 장비인 로봇을 상용화하기 적합한 분야이다.

의료용 로봇을 개발을 위한 기술은 다음과 같다.

- 대형 검사장비의 검사 신뢰도 유지
- 시약의 경제적 사용
- 검사항목의 다양화 및 집적화
- 장비의 소형화 및 가격절감
- 새로운 검사방식의 적용 용이성
- 추가 인력투입이 필요 없는 지능형 시스템
- 지능형 수술 내비게이션 시스템의 개발
- 지능형 수술 유도시스템을 위한 AR 기술연구
- 인간보조(Human assistive) 수술 로봇의 요소기술 및 시스템 개발

① 세계 의료용 로봇의 동향

- ROBODOC사(미국)
  - 캘리포니아 대학과 함께 개발
  - 고관절 교체 수술용 로봇인 ROBODOC은 미국의 세 곳의 병원에서 100회 이상의 엉덩이 교체수술
  - 독일에서는 1400회 이상의 ROBODOC을 이용한 수술
  - Integrated Surgical Systems에서는 뇌수술시 극도의 정확도를 가지고 위치안내를 하는 NeuroMateTM을 개발
  - 일본과 프랑스에서 1500명 이상의 뇌수술 환자의 집도에 사용
  - 1997년 5월에는 미국의 FDA에 공인
- Computer Motion사(미국)
  - AESOP(Automated Endoscopic System for Optim Positioning) 시리즈를 개발 생산 중
  - 자유도에 4개의 능동관절(Active Joint)
  - ZEUS라는 Microsurgery 시스템 개발
- Accuray사의 CyberKnife(미국)

- 로봇은 뇌수술에 적용하도록 만들어졌으며 6자유도를 가지고 컴퓨터에 의해서 제어
- 환자의 미세한 움직임을 감지하고 자체적으로 위치를 보정

• U.C. Berkely의 수술 로봇시스템(미국)
- Telesurgical 이 가능한 복강경 수술 시스템을 연구
- Master 시스템으로 원격에 위치한 workstation을 사용
- 그립이 달려 있는 6자유도의 slave manipulator는 MIS가 가능
- tactile feedback 가능

• Intuitive Surgical System(미국)
- 심장수술에 응용되는 Microsurgery가 가능한 da Vinci Surgical System을 개발 판매
- 집도의는 3차원 영상을 통한 미세조정 기능을 이용하여 미세침습수술(Minimally Invasive Surgery)이 가능

• BrainLab(미국)
- 전 세계적으로 100개 이상이 설치되어 상용중인 시스템
- 적외선 스테레오카메라를 이용한 실시간 Navigation
- 3차원 영상의 도시가 가능한 소프트웨어 포함하고 있는 시스템
- CT, MRI, PET, SPECT 등의 영상을 automatic image fusion
- 위험지역을 피할 수 있는 Functional Mapping이 가능하게 구현
- landmarker가 필요 없이 Laser point를 이용한 Patient Registration
- 무선 영상 보조수술 시스템(Wireless Image-Guided Surgery System)
- MRI나 CT영상을 촬영한 후에 수술 전 계획(Preoperative Planning) 수립 기능
- 마이크로스코프(Microscope), 형광투시경(Fluoroscope), ExactTract 라는 위치 가이드(Position Guidance) 시스템 사용으로 무선으로 영상을 통해 수술보조

• MIT AI Lab(미국)
- 피부 모델과 CT, MRI 등의 진단영상을 합하는 기술을 연구

  - 삼차원 레이저 스캐닝 기술을 이용
  - 다양한 진단영상의 분석과 3D 시각화 등의 다양한 연구
- 도쿄대(일본)
  - 인터넷을 이용한 원격수술 시스템
  - 약 700km 떨어진 오카야마 의대 정형외과 사이에서 지름 1mm의 혈관을 봉합하는 원격 미세수술 실험을 시연
  - 7자유도(3 : 병진운동 +3 : 회전운동 +1 : 수술도구)를 갖는 마스터와 병렬구조의 슬레이브
  - 슬레이브는 움직일 수 있는 현미경과 0.4mN의 분해능을 갖는 3축의 힘센서를 부착
- NASA & MDS의 RAMS
  - NASA Jet Propulsion LAB와 MIDS(Micro Dexterity Systems, Inc)
  - 코, 귀, 목, 얼굴, 손, 뇌 등과 같은 초정밀 위치제어가 필요한 수술을 위하여 6자유도의 Manipulator을 개발
  - Workstation을 통하여 원격제어가 가능
  - 힘반향 필터를 통하여 미세조정이 가능
- UNC(미국)
  - 초음파를 기반으로 증강현실 기법을 이용하여 바늘의 위치를 의사에게 보여주는 진단보조 시스템을 연구
- UPMC Shadyside Hospital(미국)
  - 정확한 위치에 implant를 삽입하고 Optical tracking Camera를 사용하여 실시간으로 정확한 위치를 탐지하는 로봇
- Armstrong사의 EndoAssist(영국)
  - 복강경 수술을 위한 보조 로봇
  - 의사가 착용한 헤어밴드의 센서를 위하여 lararoscopic telescope의 카메라의 움직임을 제어
  - 카메라 보조원 없는 수술을 가능
- Forschungszentrum Karlsruhe(독일)

- 네트워크 기반의 내시경 수술 시뮬레이터 구현
- MIS 가상현실 기반의 훈련 시뮬레이터 구현
- 실시간 endoscope view 지원

- Stereotaxis사 catheter
  - 심장과 동맥질환에 적용 가능한 시스템을 개발
  - navigation 장치와 CT 촬영영상을 이용하여 제어가 가능
  - cathter가 환부의 조직과 접촉하여 생성되는 힘을 느낄 수 있다.
- Northern Digital Inc.(캐나다)
  - 현재 추적 시스템으로 가장 많이 쓰이고 있는 POLARIS를 판매
  - 적외선 스테레오 카메라를 이용하는 실시간 추적 시스템
  - Active 마커와 Passive 마커 두 가지 종류
- 스탠포드 SRI 연구소(미국)
  - 원격지 수술환경 시스템 구현의 선도적인 그룹
  - 힘반향(Force-reflecting) 제어가 가능한 머니퓰레이터, 전송된 3D 영상, 스테레오 사운드 등의 장비를 이용하여 원격지 수술환경 구현
  - Remote Slave Unit 사용
  - Console에 있는 작업자의 손동작에 따라 움직이는 슬레이브 머니퓰레이터와 그 말단에 장착되어 있는 수술도구로 구성
- The Hebrew university of Jerusalem(이스라엘)
  - Fluoroscopy와 Ultra-Sound를 이용한 영상유도 시스템 연구
  - CT 영상을 이용한 정형외과 컴퓨터 보조수술 시스템 연구
- Harvard Medical School(미국)
  - 실시간 MR Images와 수술 전의 영상을 이용하여 surgical planning이 가능한 Navigation 시스템 연구
  - 이를 종양이나 AVM을 제거하는 뇌정위 수술에 사용
- Humboldt 대학의 Surgical Navigation Robotics Lab(독일)
  - 수술용 내비게이션 시스템과 로보틱스 디바이스의 개발에 관한 연구
  - 현재는 치과용 영상유도수술 시스템을 개발중
  - 치과용 영상유도수술 시스템

- ZEISS(독일)
  - STN(Surgical Tool Navigator)이라는 형식의 platform으로 Navigation System을 구성 판매
  - 자사에서 개발되어진 Microscope 등을 손쉽게 adaption 가능
  - Instrument of LED Technology로서 Active tracking을 구현
  - 원격에서 Remote controller를 이용한 시스템 제어가 가능
- Radionics(미국)
  - Optimal surgical planning and Navigation을 위한 합성기능을 갖춘 정밀한 tracking 기술
  - CT, MRI와 같은 삼차원 단면영상을 Volume rendering하여 삼차원 영상으로 재구성
  - Universal Instrument Registration 기능으로 정확하게 수술 전에 다양한 insrument의 위치를 2차, 3차원 영상에 적용가능
- MIT Human Machine Systems LAB.(미국)
  - Haptic 인터페이스 사용 암(arm)을 사용한 원격수술 시스템을 개발
  - 슬레이브 수술 로봇을 복강경 수술에서 사용
  - 영상과 소리를 통해 의사와 인터페이싱하는 구조
  - 기초적인 동작 구현하는 수준에 불과
- Voxar사(미국)
  - 3D Visualization 관련 소프트웨어를 개발 및 판매하는 회사
  - 다양한 신체부위의 단면영상을 볼륨 렌더링하여 삼차원으로 재구성
  - 기능면에서는 문제가 없으나 속도면에서 실시간 렌더링이 불가능하여 수술 시스템에의 적용이 어렵다.

② 국내 의료용 로봇의 기술동향

- CAS(Computer Aided Surgery) 분야에 해당되는 신경외과 수술로는 뇌항법장치를 사용하여 단순히 수술자가 수술하는 위치를 알아보는 정도
- 보건복지부 선도기술 · 의료공학 기술개발 사업지원으로 뇌항법장치 개발
- 보건복지부 의료공학 융합 기술개발 사업으로 지능형 수술 로봇시스

템 개발

- 국내 몇몇 병원에서 외국제품을 고가에 수입하여 사용
- 햅틱기구는 수준급으로 발전했으나 의학 로봇으로 구현되지는 못함
- CISS(한양대학교, 포항공대)
  - 수술보조 로봇 구현
  - 원격제어수술 로봇 구현
  - 3차원 위치인식 Bi-Fluoroscope 구현
  - Augmented Reality 구현

5) 제조업용 로봇

제조업용 로봇의 시장은 로봇이 생산하는 제품의 시장과 밀접한 관계가 있다.

국가경제의 중요한 역할을 하는 제조업을 중심으로, 로봇의 시장과 기술적 파급효과가 크다고 판단되는 자동차, 선박, 초소형 전자제품, 디스플레이, 반도체, 바이오 및 신약제조에 관련된 로봇을 제조업용 로봇의 제품군으로 제시되고 있다.

제조업용 로봇의 시장은 일반소비자가 아니라 제조업체를 대상으로 하므로 자체제품의 시장 및 관련 제품의 부가가치를 고려하여 시장규모를 추정한다.

제조업용 로봇 기술은 매크로에서 마이크로를 포괄하는 스케일의 시스템과 관련된 기술이며, 핵심기술을 기반으로 다양한 응용 분야를 위한 맞춤형 로봇 시스템 기술이 개발될 것으로 예상된다.

제조업용 로봇의 시장장애요인은 다음과 같다.

- 산업용 로봇 기술의 시장은 이미 포화상태이다.
- 매우 중요한 산업의 핵심기술임에도 불구하고 일본과 같은 선진국 업체와 경쟁하여 시장에 진입하는 것이 매우 어렵다.
- 근본적으로 국내시장보다는 세계를 대상으로 경쟁해야 한다.
- 일반소비자가 아닌 생산자를 대상으로 하는 시장이다.

제조업용 로봇의 기술적 장애요인은 다음과 같다.

- 활용도 높은 주력산업으로 대기업 중심의 기술개발이 진행되고 있으며

다양한 제조업용 로봇시스템 제작 및 응용경험을 확보하고 있으나 경쟁력 있는 제품화를 위한 기술력이 미흡하다.

- 최적 로봇 기구설계 및 제어알고리즘의 소프트웨어에 의한 지원 시스템 개발에 있어서 현재 정적인 해석방법들은 가지고 있으나, 동적 해석방법에 대한 기술이 부족하고, 기구설계뿐만 아니라 동작제어까지 포함한 시뮬레이션 툴(Tool)의 통합 기술이 미흡하다.
- 단순 선형 Tailored Blank 레이저 용접기술을 개발하여 일부 양산 적용 중이나 일직선 하향 용접수준으로 3차원 레이저 용접기술이 필요한 TB 용접기술을 구현하는 문제 및 레이저빔의 모니터링과 용접불량 검지방법에서의 기술이 부족하다.
- 센서기반 지능형 로봇의 성능과 기능이 제약되어 있고, 2차원 검사의 경우는 실용화 단계이나 3차원 시각 센싱, 시각 서보, 역각 센싱 등의 분야는 초보단계이다.
  - 산업용 로봇에 지능형 센서를 장착하고 조정하는 작업이 용이하지 않으며, 대부분 영세한 로봇 SI업체에 맡기고 있고, 지능형 로봇을 적용한 공정이 매우 적고, 지능화에 대한 인식부족, 기술결핍 등으로 지능형 공정개발 의욕이 취약하다.
- 핵심부품, 기반기술의 부족과 수입의존에 따라 산업용 로봇의 부가가치가 저하되었다.
- 국내 초정밀 로봇 산업에서의 가장 큰 취약점은 초정밀 로봇 및 초정밀 스테이지에 관련된 핵심 부품기술 및 요소기술이 크게 부족하다.
- 나노 현상에 대한 기초 투자 부족으로 나노단위의 광학, 물리 등에 대한 기초과학기술이 부족하다.
- 초정밀 로봇뿐만 아니라 미래 IT 산업의 기반이 되는 초정밀 센서/구동기/메커니즘/광학 기술 전반에 걸친 국내 기술을 일정 수준으로 끌어올리기 위해서는 지속적인 대규모의 투자가 필요하다.
- 7, 8세대 FPD의 대형화 고중량의 평판 처짐에 대한 대형 글라스 핸들링을 위한 진동, 고강성 설계기술이 필요하다.

- 10^{-6}pa의 진공환경 및 Class1 수준의 고청정 환경에서 사용시 내진공도 달성을 위한 Sealing 구조, Particle 발생억제 기술, 진공과 대기압 사이의 동력 전달, 진공유지를 위한 핵심 요소기술에 대한 전반적인 기술의 미성숙되어 있다.
- 진공 로봇은 진공환경 및 고청정 환경에서 사용되기 때문에 로봇의 베어링이나 벨트 등에서 생길 수 있는 분진을 최소화하도록 특수 재료를 사용하고, 또 진공도 유지를 위하여 관절부에 자성유체 Seal를 설치하는 등 특수한 설계기술이 필요하다.
- 마이크로, 나노 크기의 부품의 핸들링, 조립이 어렵다.
  - 부품의 크기가 마이크로, 나노급으로 작아짐에 따라 중력보다는 표면장력, 분자력 등의 영향이 커서 부품의 거동 특성이 달라지며 핸들링, 조립이 어렵다.
- 마이크로, 나노 구조물(MEMS 소자, 나노 튜브 등)의 제작이 어려움
  - 작업 대상이 되는 마이크로, 나노 크기의 부품, 구조물의 신뢰성 있는 제조방법이 개발이 어렵다.
- 선박제조용 로봇의 경우 작업이 매우 다양하고 선박에 특화된 기술이 필요하다.

(1) 자동차 제조용 로봇

시장 및 기술의 발전이 점진적이나 자동차 제조의 필수적인 장비이며 "산업의 쌀"이라고 할 만큼 기본적으로 갖추어야 할 기술이며, 기술적 파급효과가 매우 큰 국가적 기간산업이다.

자동차 제조용 로봇을 개발을 위한 기술은 다음과 같다.

- 로봇시스템 : Pose Repeatability ± 0.1mm, Pose Accuracy ± 1.5mm, speed 0.28sec/50mm, MTBF 7만 시간, 소음수준 76dB
- 요소기술 : 구조해석의 경량화 설계도입, Color GUI기반, Web기반 모니터링, 제어기 방열/소음 정도 30K/65dB, 진동감쇠율 0.3, 3D 위치계측 기술 ±1mm(측정범위 : $150\times150mm^2$), 혼재부품 인식기술 10ea

〈표 2-5〉
국내 기술개발 현황

회 사	기술개발 내용	주요 생산품목
현대중공업	• 수직다관절형 로봇 및 제어기 6kg～400kg급까지 평행링크형 수직 다관절 로봇을 자체 개발하여 판매중. Embedded형 CPU를 탑재한 주제어보드, 다축형 서보제어 보드 등 제어기를 자체개발하여 국내외 3000대 이상 적용. 제어기 안전관련 부분의 설계기술, Off-Line 프로그래밍 기술, 내장 PLC기술, 필드 네트워크 응용기술, 로봇 간 협조제어기술 보유	스폿용접, 아크용접, 핸들링, 기타
대우조선해양	• 수직다관절형 소형 로봇 및 제어기 3kg, 6kg급 소형 아크용접용 로봇 및 제어기를 고등기술연구원과 공동 개발하여 자사에 적용중	조선용 아크용접
두산메카텍	• 수직다관절형 소형 로봇 및 제어기 6kg급 아크용접용 로봇 개발, 국내시장에 공급중	아크용접, 핸드링
다사테크, 로보스타, 로보테크	• 스카라 로봇 및 제어기 소형 스카라 로봇 및 상용 서보드라이브를 장착한 제어기를 개발, 판매중	조립, 검사, 이동

- 최적 설계지원 시스템 : 동해석 처리속도 20분 이내, 해석정밀도 80%, 입출력편의성 5분, 모델DB 각 5종, 요소DB 각 5종
- 레이저 용접기술 : visual servo 기술(Gap/ Profile)의 gap 오차 0.1mm 이내, 3차원 path생성, 용접자세제어(wrist 제어) 정밀도 ±0.2°, 용접속도 0.02sec/mm 이상, seam tracking 속도 > 5m/min(3차원), 용접강도 $50kgf/mm^2$
- 로봇 감각지능 모듈 : 시각지능 모듈 위치측정 분해능(측정범위 : X, Y 150mm) 300μm, 시각지능 모듈 자세 측정 분해능 1°, 부품분리 인식률 97%, 선별 부품개수 10ea, 위치 상대오차 1%, 시각지능 처리속도 400 msec

(2) 초소형 전자제품 제조용 로봇

마이크로 및 나노급의 초소형 이송 및 조작기술을 기반으로, 초정밀 IT제품(정밀 광응용 제품, 초소형 회로기판, 휴대폰의 카메라모듈), MEMS 관련 제품 조립 등 초소형 제품 생산에 널리 적용한다.

초소형 전자제품 제조용 로봇을 개발을 위한 기술은 다음과 같다

- 초정밀 IT제품 핸들링 로봇 : 지능형 대면적 초정밀 정렬 로봇, 극초정밀 지능형 클린 로봇시스템 기술개발
- 초정밀 IT제품 조립 로봇 : 초정밀 IT제품 조립용 고속 이송, 초정밀 정렬 시스템 설계 제작 제어기술 개발
- 초정밀 IT제품 검사 로봇 : 나노급 극초정밀 3차원 구동 로봇시스템 기술개발
- 다자유도 지능형 힘제어 접촉 시스템 기술개발
- 초정밀 로봇 구동 및 측정 기술 : 나노급 초정밀 머니퓰레이터를 설계기술, 다중 센서 구성을 이용한 위치/속도/힘 제어 기술개발, 시스템 성능 평가기술

〈표 2-6〉
초소형 전자제품 제조 로봇의 국내 기술개발 현황

구분	파라메타	실용화	과제	개발주체
초정밀 IT제품 핸들링 로봇	반도체, FPD, 저장장치, 전자제품	O	초정밀 위치제어	ANORAD(미국)
			고속병렬 검사 시스템	
초정밀 IT제품 조립로봇	통신기기, 시스템, 소프트웨어, 정보서비스	O	다중영상 시스템을 이용한 오차보정 시스템	
			3차원 구동 시스템	
초정밀 IT제품 검사로봇	광통신기기, 광응용기기, 광정밀기기,	O	광 픽업 시스템	Kleindiek Nanotechnik(독일)
			초정밀 머니퓰레이션	
초정밀 로봇 구동 및 측정기술	의약, 식품, 농업/해양, 화학, 환경/에너지 등	–	힘 제어 시스템	
			접촉식 검사기술	

(3) 디스플레이/반도체 제조용 로봇

디스플레이/반도체 제조용 로봇은 기술 및 시장의 변화가 매우 급격하다는 측면에서 자동차 제조용 로봇과는 상이하며, 부가가치가 매우 큰 시장 지배 제품이다.

디스플레이용 로봇을 개발을 위한 기술은 다음과 같다.

- 7, 8세대 Glass를 진공 하에서 반송할 수 있는 진공용 로봇 기술

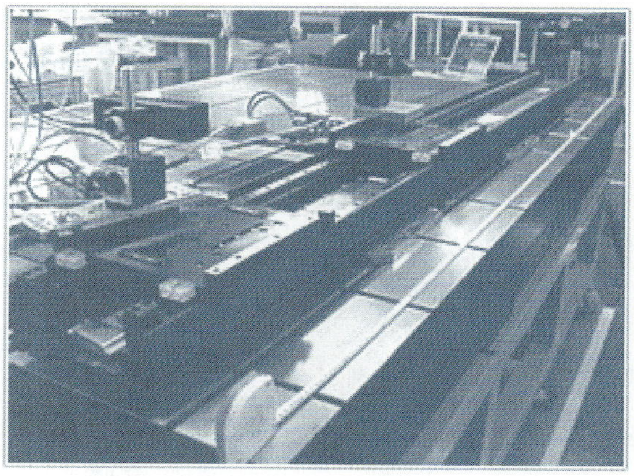

[그림 2-18]
반도체, LCD
제조용 로봇

- 유기 EL, LCD, PDP 및 항공우주의 진공환경에서 작업이 가능한 중형/대형 로봇 기술
- Feed through, 자기유체 Seal, Steel Belt, Bellows, 기계부 Sealing 등의 요소기술
- 차세대 핵심 산업 기반기술 확보
- 내진공도(10^{-6}pa) 달성을 위한 Sealing구조 기술
- 분진발생을 억제하기 위한 설계기술
- 진공과 대기압 사이의 동력 전달 설계기술
- 진공유지를 위한 기술(재료선정, 표면처리)
- 고청정 기술(Class1 환경 유지)

〈표 2-7〉
디스플레이 제조용
로봇의 국내 기술개발 현황

구분	파라메터	실용화	과제	개발주체
대기용 FPD 핸들링 로봇	저진동, 경량화	O	경량화 기술	야스카와(일본)
			진동저감기술	산쿄(일본)
진공용 FPD 핸들링 로봇	내진공도	O	차세대 Gate Type	로보스타(한국)
			차세대 수직다관절	삼성(한국)
클린용 FPD 핸들링 로봇	고청정도	O	고청정 기술(Class1급)	
			분진억제 설계기술	
FPD 검사/ 조립용 로봇	포지셔닝	–	위치정밀도	
			클린도	

반도체 제조용 로봇을 개발을 위한 기술은 다음과 같다.

- 웨이퍼를 진공 및 대기 하에서 반송할 수 있는 진공용 및 클린 로봇 기술
- 진공환경에서 작업이 가능한 소형 로봇 기술
- Feed through, 자기유체 Seal, Steel Belt, Bellows, 기계부 Sealing 등의 요소기술
- 차세대 핵심 산업 기반기술 확보
- 내진공도(10^{-6}pa) 달성을 위한 Sealing 구조기술
- 분진발생을 억제하기 위한 설계기술
- 진공과 대기압 사이의 동력 전달 설계기술
- 진공유지를 위한 기술(재료선정, 표면처리)
- 고청정 기술(Class1 환경 유지)

(4) 바이오신약용 로봇

아직 시장이 형성되어 있지 않은 기술이나 바이오 연구개발이나 실험용, 병원의 진단용 등과 관련된 잠재적인 시장은 매우 크다고 판단되며 향후 나노기술과의 융합을 통한 새로운 응용 분야의 개발이 예상된다.

바이오신약용 로봇을 개발을 위한 기술은 다음과 같다.

- 마이크로-나노소자 조작용 로봇 : 서브 μm 수준부터 서브 나노의 정밀도를 가지는 다자유도 머니퓰레이터 및 측정 시스템 기술
- 바이오소자 조작용 로봇 : 서브 μm 수준의 분해능을 가지는 세포 및 DNA 조작을 위한 구동 및 측정 시스템 기술
- 하이브리드 머니퓰레이터 및 end-effector : 100nm~10nm의 크기의 대상물을 조작하는 복합운동 구현용 하이브리드 머니퓰레이터의 기술(1nm 위치정밀도, 10~8 degree 회전정밀도, 6 D.O.F 이상)
- 머니퓰레이션 모니터링 시스템 : 광주사 현미경 및 촉침형 주사현미경을 조합한 1nm급 고속 모니터링 시스템 기술(분해능 : 1nm, 속도 : 1 frames/sec, 측정영역 : 50×50μm)

① 국외 기술개발 현황

- 마이크로-나노 로봇시스템 통합기술 분야
  - 마이크로-나노소자 조작 로봇시스템 기술개발의 현황
    - · 동경대의 Hatamura 교수팀은 SEM을 이용하여 진공상태에서 나노 스케일의 부품을 가공, 생산하기 위한 시스템 연구 개발 수행
    - · 스위스 Institute of Robotics에서 1996년에 개발한 Nanorobot은 1μm 이하 정밀도의 압전소자를 이용한 3축 로봇으로 비전 시스템을 통해 현미경의 화상을 보며 사용자가 원격으로 조종
  - 바이오소자 조작 로봇시스템 기술개발의 현황
    - · 미국이 바이오 조작 로봇 분야에서 선두 국가로 자리매김하고 있으며, 세계 바이오 조작 로봇 시장의 60%를 내수 시장으로 보유
    - · 미국 Cell Robotics International 사에서는 단일 세포를 조작할 수 있는 통합 로봇시스템을 상품화하고, 다수 선행 특허 보유
    - · 독일의 MINIMAN 프로젝트에서는 부피가 수 cm^3이고 압전소자로 구성된 5자유도의 로봇, 현미경을 사용한 비전 시스템 등을 개발. SEM 내부에서 작업이 가능하고 힘센서가 부착된 소형 집게로 20μm 크기의 쥐 뇌세포의 조작을 수행
- 로봇 메커니즘 기술 분야
  - 하이브리드 머니퓰레이터 기술의 현황
    - · 기존의 단순한 운동만이 가능한 형태의 머니퓰레이터에서 최근에는 복합적인 운동이 가능한 하이브리드 운동용 머니퓰레이터에 대한 연구가 대학 연구기관과 첨단 로봇 생산업체를 중심으로 연구되고 있다.
    - · 일본 Nagoya대와 Tokyo대에서는 병렬형의 머니퓰레이터를 개발하고 있으며, 독일의 Klocke Nanotechnik에서도 소형의 머니퓰레이터를 개발하였다.
  - 초정밀 제어기술의 현황
    - · 국외에서도 마이크로-나노 로봇을 위한 초정밀 제어기술은 연구의 단계에 있으며 대학 연구기관을 중심으로 지속적인 연구가 수행되

고 있다.

· 반도체용 리소그래피, 디스플레이 등의 적용을 위한 대변위 초정밀 위치제어 알고리즘 개발, 듀얼 서보 제어의 연구가 부분적으로 KAIST, 포항공대 등에서 부분적으로 진행중이다.

- End-Effector 및 머니퓰레이션 기술개발 분야

－마이크로-나노 End-Effector 기술의 현황

· 독일 Klocke Nanotechnik사에서 개발된 나노미터 단위의 해상도와 수 밀리미터의 작업영역을 가지는 압전 구동방식의 마이크로 그리퍼를 이미 상용화.

· 독일의 Stuttgart 대학에서는 여러 국가와의 공동 연구를 통해서 수 nm 두께의 수 마이크로 길이의 CNT sheet를 사용하여 액추에이터를 개발했고 나노 조작에 응용

· NEC 연구소는 Electrostatic force를 이용한 thin film 이송용 장치 연구

· 미국 Berkeley 대학에서는 MEMS 기술을 이용하여 Comb 드라이브 정전력 방식의 마이크로 그리퍼를 개발

－마이크로-나노 머니퓰레이션 기술의 현황

· 미국의 North Carolina대의 “NanoManipulator 프로젝트”에서는 carbon nanotube의 전기적 특성측정과 함께 DNA 조작을 위한 NanoManipulator 및 휴먼 인터페이스 등을 개발하는 연구가 진행

· Stanford, Berkeley, Northwestern, Florida 등 수많은 대학에서 CNT를 적용한 AFM 혹은 STM을 이용하여 나노 조작에 응용하는 연구를 수행. 특히 Stanford에서는 CNT를 기계적인 센서로 사용하여 수직 변위를 컨덕턴스 값으로 측정 가능함을 실험으로 보임

- 머니퓰레이션 모니터링 기술개발 분야

－광주사 현미경 기술의 현황

· 1990년대에 Zeiss와 Bio-Rad와 같은 회사에서 광주사 기술을 상용화하였다.

· 광주사 현미경 기술 관련 주요 회사는 Zeiss와 Bio-Rad, Leica,

Olympus 등이 있다.

－촉침형 주사현미경 기술의 현황

· 쮜리히 IBM의 Vettiger 그룹

▸ 32×32 프로브 어레이를 구성

▸ 각각의 프로브가 독립적으로 표면의 형상을 패터닝, 측정할 수 있게 한다.

· 미국 Stanford 대학의 Quate group

▸ 1×10 프로브 어레이 각각에서는 센서 및 액추에이터를 장착하여 일반적인 constant deflection 방식의 이미징을 한다.

▸ 각 프로브에는 제어 Electronics 모듈이 장착되어야 하기 때문에 다차 어레이로의 확장에 제한이 있다.

② 국내 기술개발 현황

국가에서 많은 IT-BT-NT 관련 투자비가 대부분 외국산 장비를 구매하는데 사용되고 있으며, 일부 벤처 기업과 중소기업 위주로 제품 개발을 하고 있으나 영세한 수준이다.

- 마이크로-나노 로봇시스템 통합 기술 분야

－마이크로-나노소자 조작 로봇시스템 개발의 현황

· KIST의 원격조종과 자동조립 기능을 겸한 micro assembly cell (비전/위치/힘 피드백 정보를 이용한 마이크로 머니퓰레이터, 마이크로 그리퍼, 제어 시스템 통합)

· 포항공대의 3자유도 마이크로 머니퓰레이터와 듀얼 서보 제어를 통한 마이크로 원격조종 시스템 개발(100㎛급의 마이크로 대상체 조작)

－바이오소자 조작 로봇시스템 개발의 현황

· 국내에서는 아직 단일 세포 조작 로봇을 개발하거나 생산하고 있는 업체가 전무한 상태. 바이오 칩 생산 자동화 시스템에 대한 제품개발은 활발히 진행중이다.

· 바이오니아(주)에서 RoboPrep 등의 장비를 국산화 개발

· Proteogen(주)에서 DNA Arrayer를 국산 개발하는 데 성공

· 로봇앤드디자인(주)에서 생명공학연구소와 자동전기영동시스템을 개발하였고, DNA Arrayer, Protein Arrayer, Scanner 등의 개발을 진행하며 전문 바이오 장비업체로 발전하고 있다.

- 로봇 메커니즘 기술 분야

－하이브리드 머니퓰레이터 기술의 현황

· 일부 벤처 기업과 대기업 연구소에서 마이크로-나노급 정밀도의 머니퓰레이터를 개발하였으나 대부분 병진운동만이 가능한 직교형 테이블의 형태이다.

· 복합운동이 가능한 마이크로-나노 로봇에 대한 하이브리드 머니퓰레이터에 대한 연구와 개발은 미미하다.

－초정밀 제어기술의 현황

· 국내에서의 연구는 현재 시작단계이며 몇 개의 대학연구소에서 원격제어를 이용한 미세 조립/조작용 로봇의 제어 연구를 진행하고 있다.

- End-Effector 및 머니퓰레이션 기술개발 분야

－마이크로-나노 End-Effector 기술의 현황

· 서울대학교의 MEMS 마이크로 그리퍼(가변구조 관측자 제어기법과 이산시간 가변 구조 제어기법 이용)

· 포항공대의 힘센서 내장형 마이크로 그리퍼(힘 피드백을 이용한 제어)

· 서울대학교의 정전기력을 이용한 마이크로 그리퍼(표면미세가공 이용)

· KIST의 전자기력을 이용한 초탄성 NiTi alloy 탄성 Flexure Hinge 구조의 마이크로 그리퍼

－마이크로-나노 머니퓰레이션 기술의 현황

· KIST의 마이크로 원격조종 기술을 이용한 optical fiber의 V-groove 자동 정렬 및 비전 정보를 이용한 3차원 마이크로 조립 연구

- 머니퓰레이션 모니터링 기술개발 분야
  - 국내 광주사 현미경 기술의 현황
    - 광주사 현미경 기술을 이용한 고속 나노스캐닝 장비는 그 우수성과 적용성에도 불구하고, 국내에서는 일부 대학을 제외하고는 광주사현미경 원천기술을 연구하고 있는 연구기관이나 회사가 없다.
  - 국내 촉침형 주사현미경 기술의 현황
    - 국내 일부 중소기업을 중심으로 제품이 개발되고 있으며 대학과 연구기관에서도 지속적인 연구가 진행중이나 실시간 모니터링이 가능한 시스템은 아직 상용화된 바가 없다.

(5) 조선산업용 로봇

기본적인 기능 및 기술은 자동차 제조용 로봇과 많은 부분을 공유하나 사용환경이나 조건이 조선산업 고유의 특징을 보유하고 있으므로 이와 관련된 별도의 기술개발이 필수적이다.

특히, 조선산업은 작업자가 수행하기에는 매우 열악한 환경조건이므로 이를 보완하기 위한 로봇 기술은 경제적인 목적과 아울러 생명을 보호하고 재해를 예방하는 측면에서도 매우 시급한 기술이다.

조선산업용 로봇을 개발을 위한 기술은 다음과 같다.

- 선박 밀폐 블록용 용접, 도장, 그라인딩 로봇 : 선박 밀폐 블록 내에서 용접, 도장, 그라인딩 작업이 가능한 로봇 기술
- 선체 외벽용 고효율 열가공 로봇 : 고주파 열원을 이용한 고효율 열가공 로봇 기술
- 선체 외벽용 용접 로봇 : 선체 외판의 용접작업을 로봇에 의해 자동으로 수행할 수 있는 시스템 기술
- 선체 외벽용 Blasting 로봇 : 선체 외판의 Blasting 작업을 로봇에 의해 자동으로 수행할 수 있는 시스템 기술
- Hybrid 레이저 용접 로봇 : 선체 하이브리드 레이저 용접용 지능로봇시스템 및 부재 절단 시스템 기술

- 고속 형강 절단 로봇 : 다관절 로봇에 의한 Plasma 절단 로봇의 개발
- 고효율 열원을 이용한 전자세 자율주행 열곡직 로봇 : 고효율 열원을 이용한 전 자세 자율주행 열곡직 로봇 기술

6) 네크워크 기반 로봇

네트워크 기반 로봇은 기존의 로봇 개념에 네트워크 기반을 부가함으로써, 다양한 고도의 기능이나 서비스 제공이 가능하고, 이동성(Mobility)와 휴먼인터페이스(Human Interface)가 향상된 로봇시스템이다.

네트워크 기반 개념의 도입은 사용자 측면에서는 보다 저렴한 가격으로 다양한 서비스와 즐거움을 제공받을 수 있는 가능성을 확대한다.

로봇 산업을 차세대 신성장 동력원으로 육성하기 위해서는 기존 산업용 로봇뿐만 아니라 지능형 서비스 로봇으로 통칭되는 비산업용 로봇에 대한 산업화와 대중화를 위한 획기적인 발상의 전환이 필요한 시점에 와 있다.

산업용 로봇이 일반인의 접근이 통제된 고정된 환경에서 미리 순서가 정해진 일을 반복수행하는 것과는 달리 지능형 서비스 로봇은 일반 대중과 접촉하며 변화하는 환경에 맞게 적절한 일을 선택적으로 수행할 수 있어야 한다. 이러한 지능형 서비스 로봇을 산업화 및 대중화하기 위해서는 일반인이 로봇에 대하여 현재 가지고 있는 기대치를 어느 정도 충족시켜 주면서도 값싸게 제작하여 널리 보급할 수 있어야 한다.

기존의 독립형 로봇을 유무선 네트워크 통하여 각종 외부 디바이스와 상호연동할 수 있도록 확장할 경우 다음과 같은 두 가지 장점을 취할 수 있다. 기존 인터넷 서버에 연동하여 날씨나 교통정보와 같이 로봇 단독으로는 획득할 수 없는 정보를 활용하여 보다 다양한 서비스를 할 수 있다.

음성인식이나 환경인식과 같이 로봇이 수행해야 할 기능을 외부 디바이스에 분담시킴으로써 로봇의 하드웨어 구성을 단순화시켜 제작원가를 절감할 수 있다.

네트워크 기반 로봇은 기존 독립형 로봇보다 향상된 서비스를 지원하면서도 더 싸게 제작할 수 있다. 네트워크 기반 로봇을 통하여 실용화에 가장 큰 걸림돌이라 할 수 있는 가격 대비 성능을 획기적으로 높일 수 있는 기반을 마련함으로써, 지능형 서비스 로봇 시장창출에 결정적인 역할을 할 수 있다. 방대한 지

식공간인 인터넷과 연계하여 언제 어디서나 다양한 서비스를 제공할 수 있으므로 기존 독립형 로봇 시장의 한계를 뛰어넘는 고부가가치의 비즈니스 모델을 제시하여 로봇 산업의 규모를 급격히 증대시킬 수 있다. 기존 로봇에 네트워크를 접목함으로써 기존 로봇의 5배 이상에 달하는 새로운 부가가치 창출할 것이다.

네트워크 기반 로봇 기술은 로봇 자체 시장뿐 아니라 관련 분야와의 연계성이 큰 분야이다. 한국의 앞선 IT 인프라와 연계하여 새로운 비즈니스 모델을 창출할 때 지능형 서비스 로봇뿐만 아니라 연계된 산업(광대역통합망(BcN), 디지털홈, 텔레매틱스 등)도 동반 성장할 수 있는 시너지 효과를 거둘 수 있을 것이다.

기존의 독립형 로봇에 네트워킹 기능을 확장하여 차세대 신성장 동력원으로서 역할을 하는데 가장 유력한 분야로 가정용 '네트워크 기반 정보 콘텐츠 로봇'을 통하여 1가구 1로봇 실현하고 IT 인프라와 아파트 주거환경이 IT 기반 지능형 서비스 로봇 활용에 매우 유리한 국내시장에서 디지털 홈과 연계된 정보콘텐츠 로봇은 초기 시장창출에 매우 적합하고 적용범위가 광범위하며 응용 분야의 지속적 창출이 가능한 분야이다.

일반인의 접촉이 많은 공공용 '네트워크 기반 공공도우미 로봇'을 통하여 로봇 대중화에 기여할 수 있다. 비즈니스 바이어(Business Buyer)를 대상으로 제공해야 할 타깃 기능이나 서비스 도출이 비교적 명확하고 구체적이어서 초기 시장창출에 적합하고 전 세계적으로 초기 단계인 글로벌 공공서비스 로봇 시장 진출을 위한 기반·마련이 가능한 분야이다.

네트워크 기반 로봇의 시장 장애요인은 다음과 같다.

- 소비자의 로봇 성능에 대한 기대와 실제 로봇 성능사이에 간격(gap)이 존재
- 이로 인한 초기 로봇 시장 부재
- 초기 시장창출을 위한 killer application의 부재

네트워크 기반 로봇을 개발을 위한 기술은 다음과 같다.

- 언제 어디서나 필요한 서비스를 다양한 형태의 단말기에 능동적으로 전이되어 제공하는 소프트웨어 로봇 기술

–희로애락 감정을 95% 정확도로 표현 및 인식기술
–50가지 경험과 추론 기반으로 95% 정확도의 상황 인식기술
–수 십대 로봇 간 협업 및 수백만명 동시 서비스 지원
–시범서비스 : 가사 분담, 보건복지 도우미 등

- 로봇의 주요한 센싱 기능을 분산형 센서 네트워크를 통해 사물 및 환경에 내장함으로써, 상황에 맞는 서비스를 제공하는 분산 센서형 로봇 기술

–액추에이션, 멀티 spectal, 로봇 추적 및 환경 정보처리 지원 초소형 센서노드 기술
–고정밀 서비스 제공을 위한 cm 수준의 3차원 위치, 2.5도 이내 방위각 에러 제공 scalable 측위 네트워크 및 지능형 관리기술

- 분산 센서형 로봇 환경에서 자율형 서비스를 지원하는 지능형 서비스 플랫폼 기술

–객체의 위치 및 속성에 대한 object-aware 기반 로봇 서비스 기술 및 비즈니스 모델 기술
–분산 센서 환경 모델링 및 컨텍스트 해석기술
–분산 센서형 로봇 간 서비스 경험기반 학습기술
–로봇 간, 로봇 그룹 간 협업 및 모니터링 기술

네트워크 기반 로봇의 기술적인 장애요인은 다음과 같다.

[그림 2-19]
KT의 네트워크 기반
정보 콘텐츠 로봇

- 로봇 기술은 IT 기술의 종합 형태의 기술로, 특히 네트워크 기반 로봇이 신개념이라는 관점에서 관련 핵심기술 및 전문인력 부족
- 선진국(미국, 일본 등) 기술금수 및 정보차단에 따른 기술적 벤치마킹(Benchmarking) 제한
- 이미 개발된 기술의 상용화 및 사업화에 대한 선행연구 미비

〈표 2-8〉
네트워크 로봇의 기능

기능분류	기능명칭	기능정의	선택사유
로봇 기본 기능	정보제공 (비서기능)	네트워크상의 data mining에 의한 뉴스, 주식, 날씨 등의 정보제공 기능	로봇의 이동성과 지능성을 이용한 anywhere/anytime 형태의 차별화된 정보제공 기능
	영상메시지 기능	비디오 메신저 등과 같이 다른 가정의 구성원에게 영상 메시지를 전송할 수 있는 기능	네트워크와 로봇의 이동성, 영상인식 기술을 이용한 지정된 사람에 대한 영상 메시지 전달 서비스 기능
	홈모니터링 기능	가정 외부에서 능동적으로 집안을 모니터링할 수 있는 기능	로봇의 이동기능과 인식기능을 이용하여 사용자가 네트워크상으로 지정한 지점으로 이동하여 모니터링 할 수 있는 기본 서비스 기능
	방문자 확인기능	집안 출입자의 신분확인 기능	얼굴인식 기술을 이용한 방문자 확인 서비스 기능
네트워크 연동 기능	보안기능	수동 장치인 CCD 카메라에 의한 보안문제를 능동 장치로서 해결할 수 있는 기능	로봇의 mobility, 인식기능, 사용자 I/F를 고려한 차별화 기능
	교육 및 오락기능	네트워크를 통한 교육 및 오락 기능	로봇의 mobility, 지능형 Reaction을 이용한 사용자편리 교육/오락의 가능성
	영상채팅 기능	언제 어디서나(일하면서도 또는 이동하면서도) 화상인식 기반 화자추적에 의한 상대방과 chatting이 가능한 차별화된 기능	로봇의 이동성을 이용한 임의의 위치에서 영상 채팅을 가능하게 함으로써 노약자/지체장애자를 위한 지능형 시스템
	건강체크 기능	현대인의 바쁜 생활 속에서 잊어버리기 쉬운 부분을 active하게 알려주고 사용자에게 능동적으로 다가가서 건강 체크에 필요한 서비스를 제공해 줄 수 있는 기능	로봇의 이동성, 사용자인식 기능 등을 이용한 노약자/지체장애자/어린 아기를 위한 건강체크
	고령인력이 IT 기술에 친숙하게 되는 기술	고령화 사회의 고령인력이 IT 기술로부터 멀리함으로써 얻게 되는 불이익과 이로 인한 사회 전반에 미치는 영향을 감소시킬 수 있는 기능	로봇의 능동적 접근성, 인식기반한 사용자 편리성 기능 등에 의한 노인을 위한 IT 기술 접근성 용이
	말동무 기능	로봇과 사용자 사이의 인터액션을 통한 대화기능	로봇의 음성인식 기능과 사람얼굴에 대한 감정인식 기능에 의한 로봇과 사람의 인터액션의 쌍방향성

〈표 2-9〉
국내 네트워크 기반 정보 콘텐츠 로봇

로봇명	개발단체(국가)	주요 특징
ETRO	ETRI (한국)	• 영상인식, 문자인식, 음성합성 기술과 결합된 네트워크 기반 정보 콘텐츠 로봇 • 무선 랜을 탑재하여 원격 제어 및 네트워크 기반 로봇 서비스 개념 기반 구축
Wever-R1	ETRI (한국)	• 네트워크 기반 정보 콘텐츠 로봇의 연구용 버전 • 네트워크를 이용한 주인인식 / 화자인식 / 화자추종
Wever-C1	ETRI (한국)	• 네트워크 기반 정보 콘텐츠 로봇의 상업용 버전 • 네트워크를 이용한 원격조정, 경비, 센서 상태 보고 등
마루/아라	KIST (한국)	• 네트워크 기반의 휴머노이드 로봇 • 네트워크를 이용한 주인 얼굴인식, 단어인식 등
ISSAC	우리기술 (한국)	• 네트워크를 이용해 증권/교통/날씨 등의 정보를 음성으로 알려줌 • 인터넷 접속을 통한 가전기기제어 및 카메라를 통한 집안 확인 가능
Mybot	KAIST (한국)	• 외부에서도 인터넷을 통해 자유로운 조정이 가능 • 로봇 주위의 지도정보와 함께 영상 및 음성정보를 보내 사용자가 원거리에서도 로봇을 통해 특정 지역이나 건물의 내부를 현장에서 보는듯한 가상체험을 할 수 있음
쥬피터	유진컨소시움 (한국)	• 서버에서 날씨정보 등 다양한 정보를 받아 전송하는 기능 • 휴대폰을 통해 실내 위험환경(켜진 가스렌지 등)을 확인 가능
네트로	한울컨소시움 (한국)	• 청소기능을 가진 네트워크 기반 로봇 : 자율/수동 청소가능 • 학교와 연계해 학교 선생님과 인터넷 의사소통 가능 • 네트워크를 통해 모닝콜, 날씨, 뉴스 등의 정보제공
로보이드	아이오테크 컨소시움 (한국)	• 정보 콘텐츠 기능이 강화된 네트워크 기반 로봇 • 모든 명령을 네트워크상의 서버를 통해 수신함 • 전자메일을 수신하면 그 이모티콘을 해석해 감정표현을 나타냄
네스팟-루	KT (한국)	• 네트워크 기반의 지능형 경비 로봇 • 센서와 카메라를 이용해 외부인 침입, 화재, 가스누출 상황을 탐지해 네트워크로 주인에게 통보

〈표 2-10〉
해외 네트워크 기반 정보 콘텐츠 로봇

로봇명	개발단체(국가)	주 요 특 징
AriAlpha	Toshiba (일본)	• 분산 객체기술에 기반을 둔 네트워크 기반 로봇 • 디지털 텔레비전을 비롯한 홈네트워크로 연결된 가정 내의 각종 기기제어 가능(예정)
R-100	NEC (일본)	• 사용자의 요구에 따라 TV, 전등 등 가정 내 기반 시설 제어 및 감시 기능 • 내장된 인터넷을 이용한 Email 전송 가능
Wakamaru	미쓰비시 (일본)	• 혼자 사는 노인의 친구로서 1만여 단어를 알아들으며 기본적 자연어 대화가 가능한 로봇 • 도둑의 침입이나 화재 등이 발생하면 복부에 내장된 무선 랜을 통하여 주인에게 통보
Marron-1	Fujutsu (일본)	• 인간 로봇 상호작용에 초점을 맞춘 네트워크 기반 로봇 • 집안에 사람이 침입한 경우 핸드폰으로 침입자의 정보를 전송함
iRobot-LE	iRobot (미국)	• 경비, 애완동물 돌보기, 브모 감시, 노인 간호 등을 목적으로 개발된 네트워크 기반 응용 로봇 • 네트워크를 이용한 웹 기반 원격조작, 화상전송 등
Cye	Persernalrobot (미국)	• 자율주행, 경로 생성, 자율 청소 로봇 • 인터넷에 연결된 감시/방법 기능

〈표 2-11〉 국내 네트워크 기반 공공도우미 로봇

로봇명	개발단체(국가)	주 요 특 징
u-포스트메이트	삼성전자 컨소시움 (국가)	• 우체국 업무안내, 우편번호 검색, 주소인쇄 등이 가능한 남성형 공공도우미 로봇 • 원격제어를 통해 외부인 침입시 경고 • 필요시 침입자 제압 가능
PRG	로보테크 컨소시움 (국가)	• 우체국 업무안내, 우편번호 검색, 주소인쇄 등이 가능한 남성형 공공도우미 로봇 • 네트워크를 통해 고객들이 우체국 상황을 모니터로 확인
Gudardrobot-1	Sohgo (일본)	• 사무실, 쇼핑몰, 은행 등의 강도침입 및 각종 사고대비 경비 로봇 • 상황발생시 네트워크를 통해 현장정보를 전송한 후 상황제어
Care-O-Bot	IPA (독일)	• 환자를 돌보아 주는 간호원 로봇 • 의사/간호사와 원격대화 가능
시스테 메리	St. Mary Hospital (영국)	• 세계 어떤 곳에서든 의사가 환자를 진찰할 수 있는 원격진료 로봇 • 네트워크를 통해 환자가 어디에 있든지, 의료기록, 검사결과 등을 살펴볼 수 있음
Minerva	CMU (미국)	• 미국 Smithsonian's National Museum에 설치된 박물관 안내로봇 • 인터넷을 통해 로봇의 주행을 조절할 수 있음

Chapter

03

지능형 로봇 기술

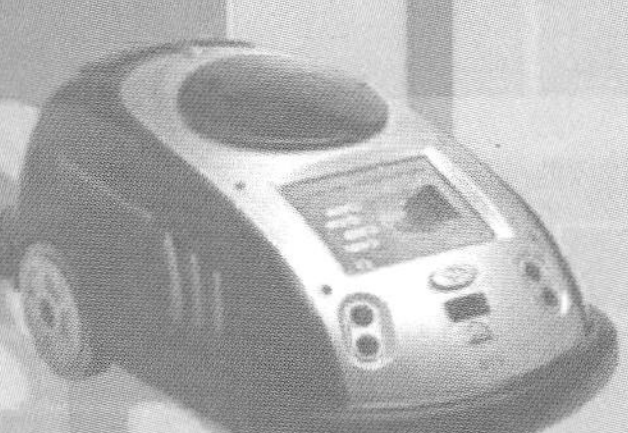

3.1 지능형 로봇의 공통 기술

지능형 로봇의 공통 기술은 다양한 로봇에 공통적으로 활용될 수 있는 기술과 앞으로 미래 원천기술로 개발하여야 되는 기술이다.

지능형 로봇 제품군별 세부 기술과 공통 기술과 연계하여 공통 기술은 다음과 같다.

① 머니퓰레이션 : 로봇의 머니퓰레이터가 주위환경과 물리적인 상호작용을 통하여 환경에 물리적 변화를 일으키며, 이러한 변화는 작업대상 물체의 이동, 두 개 이상의 물체의 결합, 물체의 기하학적 형상의 변경 등을 포함하는 기술이다.

② 주행 : 환경을 인식하여 지도를 작성하고, 지도를 기반으로 로봇의 위치를 추정하고, 원하는 목표지까지 최적경로를 계획하고, 장애물들을 회피하면서 이동하는 기술이다.

③ 지능 : 로봇의 감지기능과 동작기능을 연결하여 자율적 및 효율적으로 임무를 정의하고 수행하는 집적된 인지, 추론 및 학습기술이다.

④ 인간 - 로봇 상호작용(HRI) : 인간-로봇 상호작용은 다양한 의사소통 채널을 통해 인지적/정서적 상호작용을 할 수 있도록 로봇 및 상호작용 환경을 설계, 구현 및 평가하는 기술이다.

⑤ 센서 및 구동기 : 로봇이 외부환경의 정보를 획득하기 위해서 필요한 시각, 청각, 촉각 등의 센서 등과 마이크로 나노 액츄에이터, 인공근육 등 신소재 구동기 설계기술이다.

⑥ 시스템 : 로봇의 지능과 기능이 구현될 하드웨어 및 소프트웨어 모듈들을 효과적으로 통합시키는 시스템 기술이다.

⑦ 네트워크 : 로봇을 디지털 홈네트워크, 센서 네트워크 등과 연동하는데 필요한 네트워크 기반기술과 이를 바탕으로 음성인식이나 환경인식과 같이 로봇이 수행해야 할 기능을 외부 서버에 분담시켜서 처리하기 위한 분산처리/제어 기반기술이다.

〈표 3-1〉 지능형 로봇 공통 기술 분류

<table>
<tr><th></th><th>대분류</th><th>중분류</th><th>소분류</th></tr>
<tr><td rowspan="15">제어</td><td rowspan="10">머니퓰레이션
(Manipulation)</td><td>머니퓰레이터</td><td>경량화, 모듈화, 유연화, 시각기반 조작, 센서 기반 조작, 하이브리드 힘/위치제어, 수동/능동 컴플라이언스</td></tr>
<tr><td>로봇 손</td><td>3지/5지 손, 센서 기반 스마트 핸드</td></tr>
<tr><td>햅틱장치</td><td>웨어러블 햅틱장치, 햅틱 암마스터, 햅틱 핸드컨트롤러, 햅틱 글러브, 촉각제시기</td></tr>
<tr><td>마이크로/
나노로봇 기술</td><td>마이크로 액추에이터, 마이크로센서, 마이크로 위치/힘측정, 마이크로/나노 평면부품용 그리퍼</td></tr>
<tr><td>작업도구 메커니즘</td><td>청소 메커니즘</td></tr>
<tr><td>구조설계</td><td>경박구조설계, 전복방지, 내열, 방수설계</td></tr>
<tr><td>조작제어</td><td>여유자유도 제어, 양팔협조, 작업/모션/파지 planner 개발, mobile manipulation, 학습기반 머니퓰레이션, 비쥬얼서보잉, 센서융합, 시각기반조작, 인체 핸들링, 다개체군 제어, 원격제어</td></tr>
<tr><td>작업 알고리즘</td><td>청소 알고리즘</td></tr>
<tr><td>고등제어 알고리즘</td><td>가상환경연동제어, 행위기반제어</td></tr>
<tr><td colspan="2" style="display:none"></td></tr>
<tr><td rowspan="5">주행</td><td>휠구동 메커니즘</td><td>무한궤도형, 바퀴형, 전방향 바퀴, 카펫주행</td></tr>
<tr><td>특수이동 메커니즘</td><td>문턱극복, 계단승월, 비행, 벽면이동</td></tr>
<tr><td>보행 메커니즘</td><td>보행 메커니즘, 2족보행, 자세제어, 4족보행, 운동예측, 안전 메커니즘</td></tr>
<tr><td>주행 알고리즘</td><td>지도작성, 위치추정, 경로계획, 장애물회피, 영상기반 주행, SLAM</td></tr>
<tr><td>보행 알고리즘</td><td>ZMP 제어, 자세제어, 모션 시뮬레이션</td></tr>
<tr><td rowspan="11">지능
및
인식</td><td rowspan="4">지능</td><td>환경인식</td><td>3차원 물체인식, 실시간 인식, 조명변화/가려짐에 강인한 인식</td></tr>
<tr><td>학습 및 추론</td><td>작업환경의 모델링, 작업계획, 지능형 에이전트, 학습추론기반 인터페이스, Social Intelligence</td></tr>
<tr><td>Context/
Semantics</td><td>Context/Semantics 모델링 및 학습기술, ontology 기반 지식기반 시스템, 대화 및 의사소통</td></tr>
<tr><td>센서융합</td><td>칼만 필터링</td></tr>
<tr><td rowspan="7">HRI</td><td>시각인식</td><td>얼굴인식, 표정인식, 제스처 인식, 이동물체의 실시간 추적, 조명/포즈에 강인한 인식, 문자인식</td></tr>
<tr><td>음성인식</td><td>대화음성인식, 음원 감지/추적, 대화음성 생성, 잡음에 강인한 음성 전처리</td></tr>
<tr><td>촉각인식</td><td>촉각제시, 힘반영 원격제어, 시간지연 대처기술</td></tr>
<tr><td>감정표현</td><td>감정 모델링, 얼굴표정, 자세생성, 가상인성</td></tr>
<tr><td>감성인식</td><td>인간-로봇 상호작용 모델링, 사용자의도 인식, 멀티모달 매개 인터페이스, 지능형 사용자 HRI, 학습자 상황인식</td></tr>
<tr><td>생체인식</td><td>운동측정, 생체상호작용, 무구속인체 모니터링, 수면모니터링, 바이오피드백</td></tr>
<tr><td>센서 인식</td><td>센서 기반 인지 모듈</td></tr>
</table>

	대분류	중분류	소분류
부품	센서	시각 센서	CCD/CMOS, 스테레오 비전, Depth map
		청각 센서	마이크로폰
		촉각 센서	3축힘(수직력, 전단력) 감지, 인공피부로서의 유연성, 신호처리, 질감/물체인식
		거리 센서	초음파 센서, 레이저스캐너, IR 센서
		운동 센서	자이로 센서, 가속도 센서
		힘 센서	6축 힘/토크 센서, 촉각 센서
		생체 센서	근육경직부위 탐지센서, 사용점 측정 위치 센서
		특수 센서	먼지 센서, 물체감지 센서
	액추에이터	모터	소형 고출력 모터
		인공근육	Dielectric elastomer actuator, Conducting polymer actuator
		감속기	Harmonic drive, RV감속기
		에너지	고효율 배터리, 자동충전
시스템	시스템	제어구조	Deliberative control, Reactive control, Hybird deliberative/reactive control, 실시간 제어, 원격제어
		하드웨어	회로안정화, SoC 설계, 모듈 설계, 컴포넌트 설계
		미들웨어	Interoperability, 분산 미들웨어, 임베디드 미들웨어, 실시간성, 이종 네트워크 간 통신, RTOS, Linux, 실시간 분산제어, 임베디드 OS
		언어	로봇 언어
		표준화 및 평가	초정밀 로봇 표준화기술, 초정밀 로봇 평가기술
		진단 알고리즘	자기 고장/진단, 능동적 자율극복
		시스템 통합	비주얼 서보잉, 접촉탐색 기술, 개방형 분산제어 시스템 전투로봇 설계기술, 건축로봇 설계기술
		시뮬레이션	3차원 가시화, 운동상태모사
		콘텐츠	교육, 오락, 재활
	네트워크	네트워크 인프라 기술	종단간 QoS 보장을 위한 네트워킹 기술, 디지털 홈네트워크 연동기술, 센서 네트워크 연동기술, 실시간 멀티미디어 스트리밍 기술, 실시간 원격제어 프로토콜 처리기술, 로봇 및 서버 네트워크 보안기술, 로봇과 서버간 응용 프로토콜 표준화 기술, 로봇과 서버간 유무선 통신품질 진단 및 분석기술, 실시간 음성/영상/제어/센서 정보처리를 위한 고성능 서버 기술, 로봇을 이용한 실시간 원격 모니터링 기술, 로봇 위치원격 인식기술
		시스템 프레임워크 기술	분산 컴포넌트 기반의 행위/태스크 모델링 및 개발 기술, 네트워크 기반 실시간 제어 프레임워크 기술, 휴대 가능한 초소형 네트워크 로봇에 대한 제어 프레임워크 기술, 네트워크 기반 멀티-로봇 제어 프레임워크 기술, 가변우선순위 기반의 로봇 행위선택 프레임워크 기술, 하드웨어 및 소프트웨어 컴포넌트의 Plug & Play 기술, 네트워크 기반 로봇 고장 자가진단 및 복구 프레임워크 기술, 분산 컴포넌트 기반의 지능형 S/W 에이전트 프레임워크 기술

3장

3.2 머니퓰레이션 기술

1) 머니퓰레이터 기술의 정의

머니퓰레이션이란 로봇의 머니퓰레이터가 주위환경과 물리적인 상호작용을 통하여 환경에 물리적 변화를 일으키는 작업을 말하며, 이러한 변화는 작업 대상 물체의 이동, 두 개 이상의 물체의 결합, 물체의 기하학적 형상의 변경 등을 포함하는 기술이다.

2) 머니퓰레이터 기술개요

(1) 여유자유도 제어기술

① 7자유도 이상의 여유자유도 머니퓰레이터(redundant manipulator)의 능숙조작 제어, 이동베이스 장착용 머니퓰레이터에 적용되는 이동 머니퓰레이션(mobile manipulation)도 중요한 여유자유도 제어기술이다.

② 특이점(singularity) 문제, 장애물 회피를 위한 여유자유도 부가 및 이에 따른 해석, 제어 필요하다.

③ 조작 및 파지를 위한 물체 및 환경의 인식을 위한 추론 및 학습기술 필요하다.

④ 물체 및 환경이 인식된 상태에서 작업 실행을 위한 작업(task), 경로(path), 궤적(trajectory) 계획기술이다.

(2) 머니퓰레이션 학습을 위한 지능 알고리즘

조작(파지 작업포함)의 실행단계에서 능숙도 향상을 위한 학습기술 필요하다.

신경망, 퍼지, 강화학습, 유전자 알고리즘 등을 활용한 다양한 학습 알고리즘의 활용한다.

(3) 다중 센서 정보의 융합기술

시스템의 센싱 능력 극대화 및 안정화를 위하여 상호보완적인 이종 센서 정보를 이용하여 추론, 실행, 제어 등에 활용하는 기술(예 로봇 머니퓰레이터의 문 열기 작업시 비전 정보와 손의 촉각정보의 동시 활용)이다.

(4) 인간의 팔과 유사한 크기 및 동작범위를 가지는 머니퓰레이터의 설계 기술

- 여유자유도를 통한 다양한 작업의 수행능력의 개발한다.
- 컴팩트한 설계 : 동력전달부의 경량화와 효율성을 위한 와이어 구동방식의 구동기술이다.
- 베이스에 탑재 가능한 인간친화형 외관 설계기술이다.
- 조인트 모듈화된 머니퓰레이터 설계기술 : 독일의 DLR은 각 관절별로 구동기, 감속기, 관절 토크센서, 제어기가 통합된 모듈을 이루도록 설계한 머니퓰레이터를 개발하였다.

(5) 신뢰성 있고(dependable) 안전성을 보장하는(safe) 조작의 구현

- 인간과의 상호작용시 안전을 보장할 수 있는 능동/수동 컴플라이언스(active/passive compliance) 설계 및 제어기술이다.
- 수동 컴플라이언스를 위한 로봇 관절의 개발기술 : 안전을 위한 스프링 유닛의 채용 및 가변 강성이 가능한 관절의 설계기술이다.
- 능동 컴플라이언스를 위한 관절 토크센서의 설계 : 개발된 로봇 관절의 변위 측정 및 액추에이터 출력단에 부착된 구조물의 미세변위를 통한 토크 측정기술이다.
- 유효 관성을 줄이는 방법을 통한 충돌 안전성 보장기술이다.

(6) 차세대 액추에이터인 고분자 액추에이터(EAP)를 사용하여 인간의 근육을 모방한 구동체계를 구성하는 설계기술

- 경량, 유연성을 가진 고분자 재료를 이용하여 인간의 근육과 흡사한 성질을 가진 구동장치 개발
- 인간과 같은 agonistic-antagonistic 구동 구현함으로써 강성제어와 위치제어를 동시에 구현하였다.

(7) 머니퓰레이터의 모듈화 설계

- 분산탑재형 관절제어기 하드웨어와 모듈화된 관절(혹은 링크) 메커니즘을 이용하여 머니퓰레이터를 구성하는 기계, 전기부품을 분해, 조립, 교체가 용이하도록 설계, 제작한다.
- 모듈화를 통한 고집적도 다중 머니퓰레이터 설계 및 제어기술
- 분산탑재형 관절제어기에 적합한 단순하고, 고속의 통신방식(CAN, RS-232C)의 채용이 필요하다.

3) 머니퓰레이터의 기술개발 동향 및 전략

머니퓰레이터의 개발동향은 다음과 같다.

미국 NASA에서 개발한 Robonaut 핸드는 우주공간에서 로봇 비전을 사용한 원격작업을 수행하기 위해 개발되었다.

- 5개 손가락이 총 14자유도이고, 각 손가락은 3자유도 및 1자유도의 두 종류이다.
- 구동력은 설계목표로 최대 80N이고, 구동방식은 BLDC모터, 유성기어, 와이어의 순서로 연결되어 있다.
- 위치센서, F/T센서, 촉각센서가 장착되어 있고, opposable thumb이 가능하다.
- 원격작업용이므로 지능적인 조작기능이 불필요하고, 도구(전동 드릴, 고정 훅)를 사용한 단순한 작업은 가능하다.

일본 ATR(Advanced Telecommunications Research Institute)에서는 인간지능을 연구하기 위한 작업의 일환으로 Dynamic Brain이라 명명된 휴머노이드 로봇을 제작하고, 이 로봇을 이용하여 여러 학습지능 알고리즘을 개발하고 있다.

독일의 DLR의 핸드는 12자유도의 4개 손가락으로 구성되며, 각 손가락은 3자유도, 구동력은 최대 30N이고, 구동방식은 BLDC모터, 베벨기어(링크 일체형)의 순서로 연결되어 있다.

- 위치센서, 조인트 토크센서, F/T센서(끝단)가 장착되어 있고, opposable thumb이 가능하다.

일본 도쿄대학과 하모닉드라이브 시스템의 고속 핸드는 로봇 비전을 이용한 동적인 고속작업(catching, hitting)을 수행하기 위해 개발하였다.

- 3지의 총 8자유도이고 손가락은 3자유도 및 2자유도의 2종류이다.
- 구동력은 최대 28N이고, 구동방식은 BLDC모터, 베벨기어의 순서로 연결되어 있다.
- 모터는 0.25Nm/25g과 1.71Nm/60g의 2종류가 있고, 하모닉 기어와 직결된 고밀도 권선형 구조이다.
- 위치센서, 조인트 토크센서가 장착되어 있고, opposable thumb이 가능
- 지능적 조작에 관한 기능은 미비하며, 도구를 사용한 단순한 작업이 가능하리라고 예상한다.

미국 Stanford 대학의 Khatib 교수 연구팀은 2개의 구동기를 병렬로 사용하여 인간과의 안전한 접촉을 하면서도 신속한 구동이 가능한 머니퓰레이션 기술을 개발하고 있다.

- 대용량 및 소용량 액추에이터가 각각 저주파 및 고주파 운동을 담당하는 구조이다.
- 올해 6자유도가 가능한 머니퓰레이터를 이 개념으로 제작할 것으로 발표하였다.

미국 CMU의 로봇연구소에서는 dynamic task에 대한 학습기반의 머니퓰레이션 기술에 대한 연구가 진행되고 있다.

현재까지의 연구는 대부분 산업용 머니퓰레이터에 대한 연구개발이 중심이었으나, 현재 프론티어 사업 등을 비롯한 로봇 관련 국책사업의 진행으로 차세대의 안전한 머니퓰레이터 및 학습기반의 지능형 머니퓰레이션에 대한 연구개발 체계가 형성되고 있다.

다른 요소기술에 비하여 미개발된 기술이 많으며, 기술에 따라 일부 차이는

있지만 선진국들도 최근에 들어와 본격적인 연구를 착수하고 있어 선진국과의 기술격차가 그리 크지 않고, 집중투자가 요구되는 분야이다.

머니퓰레이션 기술트리 중 미래의 주된 추세는 사용자의 조작 편리성을 증대하기 위한 머니퓰레이션의 자율화와 지능화이며, 이는 인공지능 기술과 머니퓰레이션 기술의 유기적 결합을 통해 달성될 수 있다.

전세계 유수의 연구기관에서 진행되고 있는 행위기반 지능로봇과 진화형 로봇에 관한 기술은 정적 또는 동적 환경에 자율적으로 적응하여 작업을 수행하며, 또한 진화하는 로봇의 개발을 목표로 하고 있다. 그러나 이러한 연구는 아직도 산적한 기술적 장애를 안고 있으며, 기술개발의 초기단계에 머물고 있다.

복잡한 수학적 모델링 및 여유자유도 문제를 갖는 파지와 물체 핸들링 문제 해결을 위해서 인간의 동작을 모방하는 자유자재의 머니퓰레이터의 개발에도 많은 노력이 이루어질 것으로 예상된다.

미래 머니퓰레이션 연구의 또 다른 주요 추세는 인간공존 환경에서의 작업 안전성을 확보하기 위한 소프트 머니퓰레이션 성능의 추구이며, 이러한 성능의 달성을 위해 신속한 센서 정보의 융합 기술의 개발과 함께 컴플라이언스 제어, 유연한 조인트 사용 등에 대한 연구가 관심을 끌고 있다.

머니퓰레이터의 경우에 대학과 연구소의 연구는 이미 산업용 머니퓰레이션에서 지능형 머니퓰레이션으로 전환되어 있다.

머니퓰레이터는 경량화 및 모듈화 방식으로 발전될 것으로 예상되고 있으며, 현재의 기술수준은 자중대비 중량이 1 : 2 수준이다.

현재 모터를 사용한 머니퓰레이션 기술은 그 한계점에 다다르고 있다고 판단되며, 인간근육형 구동기를 사용한 머니퓰레이터 설계 및 제어기술이 앞으로의 큰 과제 중 하나가 될 것이다.

미래에는 신속하고 정확한 머니퓰레이션보다 인간과의 공존 환경에서 안전하게 작동 가능한 기술이 필요할 것으로 판단되며, 안전 작동 기준 및 이를 위한 머니퓰레이터 설계기술의 개발이 필요하다.

3.3 주행기술

1) 주행기술의 정의

주행기술은 환경을 인식하여 지도를 작성하고, 지도를 기반으로 로봇의 정확한 위치를 추정하고, 원하는 목표지까지 최적의 경로를 계획하고, 이 경로상의 장애물들을 회피하면서 이동하는 기술이다. 주행은 이동 로봇의 가장 기본적인 기능으로 지난 20여 년간의 많은 연구에도 불구하고 아직 만족할 만한 주행기술이 개발되지 못하였다.

현재 ICRA(International Conference on Robotics and Automation) 및 IROS(International Conference on Intelligent Robots and Systems) 등 국제학술회의에서 가장 많은 연구결과가 발표되는 분야이다.

2) 주행기술의 개요

(1) 지도작성(map building)

① 격자지도(grid map) : 환경을 동일한 크기의 셀로 나누어 각 셀의 물체에 의한 점유 여부를 표현하는 방식으로 격자지도를 기반으로 한 환경의 모델링은 거의 완성 단계에 있으며, 대규모 환경의 모델링을 위해서 위상지도 작성 기술에 대한 연구가 활발히 진행되고 있다.

② 위상지도(topological map) : 지하철 지도와 같이 환경을 특징을 나타내는 노드와 이들 노드 간을 연결하는 에지로 표현하는 방식이다.

③ 특징지도(feature map) : 환경에서 코너 및 문 등과 같은 특징만을 나타내는 방식이다.

④ 하이브리드 지도(hybrid map) : 국부적으로는 격자지도나 특징지도로 환경을 표현하지만 이들의 전체적인 연결성은 위상지도로 표현하는 방식이며, 현재 다양한 거리 센서를 활용하고 있으며 각 센서의 특성에 맞는 적절한 알고리즘이 개발되고 있다.

전역 환경은 위상지도로, 국부적인 환경은 격자지도 또는 특징지도로 표현하는 하이브리드 지도작성 기술에 대한 연구가 진행되고 있다.

거리센서 또는 영상센서를 사용하여 환경을 3차원적으로 모델링하는 연구가 활발히 진행되고 있다.

(2) 위치추정(localization)

① 국부 위치추정(local localization or position tracking) : 로봇의 초기위치를 알고 있는 경우에 추측항법(dead reckoning) 및 센서 기반의 지도 매칭을 통하여 로봇의 현재 위치를 추정하는 방식이다.

② 확장 칼만필터(extended Kalman filter) 방식이 주로 사용한다.

③ 전역 위치추정(global localization) : 로봇의 초기위치를 모르는 경우에 센서 기반의 지도 매칭만으로 주어진 지도상에서 자신의 절대적인 위치를 추정하는 방식이다.

④ 현재는 Particle filter를 사용하는 Monte Carlo Localization 방식이 주로 사용한다.

격자지도를 기반으로 하는 환경에 대하여 로봇의 초기위치를 알고 있는 경우에는 확장 칼만필터 기반의 위치추정 방식이 초기위치를 모르는 전역 위치추정의 경우에는 몬테카를로 위치추정 방식이 주로 사용되고 있다.

위상지도를 통한 효율적인 위치추정의 구현을 위해 위상수학적 매칭 기법에 대한 연구가 활발하게 수행되고 있다.

동적 환경 및 불확실성에 대처할 수 있는 강인한 알고리즘을 개발하려는 연구가 수행되고 있다.

현재 실내 환경과 더불어 실외환경에서의 위치추정 분야에 많은 연구가 진행되고 있다.

레이저 스캐너와 같은 거리 센서 외에 영상 센서를 사용하여 위치추정을 수행하는 영상기반 주행 알고리즘에 대한 연구가 활발히 진행되고 있다.

다수의 로봇이 주행하면서 정보를 공유하여 위치추정을 수행하는 방식에 대한 연구가 진행되고 있다.

(3) 경로계획(path planning)

① 로드맵(roadmap) 방식 : visibility graph, Voronoi diagram

② Cell decomposition 방식 : Trapezoidal decomposition, Generalized delaunay triangulation.

③ Potential field 방식 : Potential field method, Gradient method.

수학적 모델링에 기인한 많은 경로계획 방법이 구현되어 있다. 더 이상 활발한 연구는 진행되고 있지 않으며, Gradient method 등을 일반적으로 사용하고 있다. 기존의 potential field 기법과 같은 고전적인 수학적 방식의 문제점을 보완하기 위하여 퍼지, 신경망, 진화연산과 같은 각종 지능 알고리즘을 도입하는 연구가 활발히 진행중이다.

지능적인 경로계획의 구현에 대한 연구는 로봇축구 분야를 중심으로 많은 연구가 수행되었으나, 현재는 초보단계이며 실재 인간과 공존하는 환경에서의 활용을 위해서는 많은 연구가 수행되어야 한다.

인간의 행동 패턴을 분석하여 이를 주행에 반영함으로써 로봇이 인간을 수행하거나 인도할 때 안전하면서도 인간과의 상호작용을 잘 수행할 수 있다.

(4) 장애물 회피 및 추적(obstacle avoidance and tracking)

① 거리 센서 또는 영상 센서의 정보로부터 동적 장애물을 탐지하여 회피하는 기술이다.

② 거리 센서 또는 영상 센서의 정보로부터 동적 장애물의 이동경로를 추적하여 로봇이 정지하지 않고도 목표점으로 신속하게 이동할 수 있도록 하는 기술이다.

거리 센서 또는 영상 센서 중 어느 한 종류만의 센서에 의한 장애물 회피는 어느 정도 한계가 있으므로, 여러 센서들과의 융합을 통한 정확한 정보를 추출하여 회피 작업을 수행하고 있다. 사용 가능한 영상 센서 기반의 자율주행 시스템이 개발되었으나, 많은 양의 입력정보에 의한 처리문제 및 조명변화에 강인한 알고리즘을 통한 인식률 보완 등에 대한 연구가 활발히 수행되고 있다.

(5) 주행용 센서

① 거리 센서 : 레이저 센서, 초음파 센서, IR 센서
② 영상 센서 : 카메라, optical flow 센서
③ 관성 센서 : 자이로 센서, 가속도 센서, 경사 센서(tilt sensor)
④ 센서 융합 기술

대부분 레이저 센서와 초음파 센서 등의 거리 센서 정보에 기반하여 주행의 연구가 수행한다. 자이로 센서 등의 관성 센서를 이용하여 위치추정의 정확성을 향상시키는 기술에 대한 연구가 수행되고 있다.

영상 센서 기반의 SLAM에 대한 연구가 수행되고 있으며, 일부 상용화되어 시판되고 있으나 아직 개선할 여지가 많은 것으로 판단한다.

여러 센서의 정보를 융합하여 신뢰성을 갖는 정보를 추출할 수 있는 기술개발에 대한 연구가 활발히 진행중이다.

영상 센서 등 상대적으로 저가인 센서를 이용한 주행기술개발에 대한 연구가 활발히 진행중이다.

(6) 신뢰성(Dependability) 기술

① 에러 및 장애 극복(Error/Fault recovery) 기술
② 장시간 생존(Long-time survival) 기술

3) 주행기술의 개발현황 및 전략

주행기술은 서비스 로봇을 포함한 모든 이동로봇에 있어서 기본적인 핵심 기술 중의 하나이므로, 많은 관심과 투자를 통해 원천기술 및 국제경쟁력 확보에 노력하여야 한다.

특히, 주행기술은 전산학 및 수학 등의 지식이 많이 필요하며, 여러 종류의 센서의 융합을 위한 수학적인 처리가 필요하므로, 학교나 연구소를 중심으로 알고리즘 개발에 대한 학문적인 연구가 요구되며, 이렇게 개발된 알고리즘을 산업체에 전파하는 방식으로 연구개발이 수행되는 것이 바람직하다.

인간의 주행방식과 같이 영상정보에 기반하여 환경을 모델링하고, 자신의 위

치를 추정하는 방식이 가장 이상적인 방향이다.

현재 영상기반 주행에 많은 연구개발이 진행되어 일부 회사에서 상품화에 성공하였지만, 영상기반의 주행이 실제 환경에 본격적으로 적용되기 위해서는 아직 해결하여야 될 많은 문제가 있으며 이의 해결에는 상당히 많은 시간이 소요되리라 예상된다.

따라서 영상 센서와 거리 센서의 정보를 융합하여 서로의 장점을 택할 수 있는 방안이 가장 현실적인 주행전략이라 판단한다.

현재 가장 정확한 거리 센서는 레이저스캐너이며, 가격을 제외하고는 다른 어느 거리 센서보다도 우수한 성능을 보이고 있다. 그러나 너무나 고가이므로 실제로 홈 로봇에 적용하기에는 어려움이 있다. 궁극적으로는 레이저스캐너의 가격이 점진적으로 하락하겠지만, 상당 기간 동안은 다른 센서에 비해서 가격 경쟁력을 갖지 못할 것으로 판단되므로, 기존의 초음파 센서와 IR 센서를 잘 활용하는 현실적인 대안에도 관심을 가져야 하리라 판단한다.

유비쿼터스 환경이 예상보다 일찍 도래할 가능성이 있으므로, 이 환경에 기반한 주행기술도 개발하여야 한다. RFID 태그 등을 활용하면 이동 로봇의 위치 추정에 많은 진전을 가져올 수 있지만, 유비쿼터스 환경이 갖추어지지 않은 환경에서의 주행을 위해서 기존의 자연표식 기반의 주행기술과 융합하는 기술개발이 필요하다.

3.4 지능기술

1) 지능기술의 정의

로봇의 지능기술은 로봇의 감지기능과 동작기능을 연결하여 자율적 및 효율적으로 임무를 정의하고 수행하는 집적된 인지, 추론 및 학습기술로 정의한다.

최근 서비스 로봇, 특히 인간의 일상생활 지원을 위한 고품질 서비스를 지원하는 서비스 로봇의 연구개발 및 실용화에 대한 관심이 높아진다.

서비스 로봇이 인간의 육체적·정신적 또는 감성적 보조자로서 또는 동료로서 인간을 돕기 위해서는 현재의 수준보다 한 단계 높은 수준의 인지능력 및 자율성을 보장하는 강건한 실시간 지능을 요구된다. 따라서 차세대 지능형 서비스 로봇의 핵심 기능을 구현하기 위한 기본기술로서 실시간 구현가능하고 다양한 환경변화에 강인하게 적용될 수 있는 로봇 지능에 대한 수요의 지속적 증가 요구와 함께 기술의 급속한 발전이 예상된다.

2) 지능기술의 개요

(1) 인지(Perception)기술

시각, 촉각을 포함한 다수의 감지 형상 신호로부터 환경을 모델링하거나 물체를 인식하거나 나아가서는 상황을 이해하는 기술을 총칭한다.

① 3차원 감지기술

광학적 3차원 측정에는 삼각법의 원리가 가장 많이 연구되어 왔으며, 특히 초점조절법, 구조광에 의한 능동적 삼각법, 스테레오 비전 등에 관한 연구가 활발하다.

최근에는 시간측정법에 기반하여 실시간으로 3차원 형상을 측정하는 카메라가 개발되고 있다(스위스 CSEM).

하드웨어 성능의 향상으로 수동형 스테레오 비전에서의 대응점 계산을 실시간으로 수행하는 Point grey의 Bumblebee 카메라 시스템이 가능해졌으나, 텍스처가 존재하지 않는 영역에 대해서 대응점을 결정하기 곤란하기 때문에 다양한 환경에 대하여 강인하게 3차원 형상을 얻기는 어려운 상황이다.

② 센서 융합 및 필터링 기술

여러 센서의 입력을 융합하고 신호 처리하여 더 정확한 상태정보나 더 정밀한 환경정보를 습득하는 기술로 센서 입력은 언제나 불확실성과 잡음을 포함하고 있기 때문에 이를 최소화하는 필터링 기술이 필요하다.

일반적으로 센서 융합과 필터링을 응용하면 사용한 센서들 중 가장 높은 분해기능을 가진 센서보다 더 정밀한 정보를 얻을 수 있으며, 센서 오동작에 의한 영향을 줄여 강인성도 향상된다.

Kalman Filter, Particle Filter 등 다양한 필터들이 개발되어 널리 활용되고 있으나, 각 필터마다 특정 문제영역에 국한되게 적용되고 있어 범용적으로 사용 가능한 통합된 필터의 개발이 필요한 상황이다.

선형 시스템을 다루는 Kalman 필터에 이어 비선형 시스템을 다룰 수 있도록 확장한 Extended Kalman 필터, 반복연산으로 추정하는 Iterative Kalman 필터 등이 개발되어 왔다.

스탠포드의 Artificial Intelligence Lab이나 시드니 대학의 ACFR(Australian Centre for Field Robotics) 등을 중심으로 기존 센서 융합 및 필터링 방법의 단점을 보완하는 기법들이 개발되고 있으며, 이를 로봇의 주행 및 다양한 센서 정보융합 등에 성공적으로 적용하고 있다.

③ 3차원 모델링 기술

다양한 3차원 및 2차원 센서를 통하여 입력되는 자료의 처리 및 인식을 통하여 3차원 공간정보를 추출하고, 이를 이용하여 로봇의 주행 및 조작에 필요한 주변환경 및 물체들을 모델링하는 기술이다.

기존의 레이저 센서와 같은 3차원 정보에 의존한 기술들이 주로 개발되어 왔으나, 최근에는 2차원의 영상정보와 3차원의 거리정보를 함께 획득할 수 있는 스테레오와 같은 센서를 통하여 영상정보와 거리정보를 융합하여 3차원 정보의 모델링뿐만 아니라 영상정보에 기반한 인식 등에 함께 적용하고 있다.

3차원 거리정보에 기반한 영상의 정합기술은 ICP 알고리즘으로 개발되어 모델링뿐 아니라 3차원 물체의 인식 등에 효과적으로 적용되고 있다.

3차원 공간상의 선, 평면 등을 기반으로 하는 모델링 기술들이 로봇의 주행을 위해 활용되고 있으며, 2차원 영상의 불변특징들을 3차원 거리정보와 결합하여 로봇 주행을 위한 위치추정(Localization) 문제를 해결하는 데 적용하고 있다.

④ 물체인식 기술

물체인식(object recognition)이란 시각 센서로부터 입력받은 영상 또는 다양한 센싱 모달리티의 입력으로부터 어떤 물체가 어떤 자세(pose)로 있는지를 컴퓨터 알고리즘을 통해 추정하는 것이다.

좁은 의미에서는 CCD 카메라 등의 영상센서 혹은 스테레오 비전 등의 3차원 센서와 같은 시각센서로부터 획득한 영상에 담겨 있는 물체들 중에서 데이터베이스화된 물체를 검색하고 그 자세를 추정하는 기술이다.

3차원 물체인식을 위한 컴퓨터 비전의 원론적 방법은 2차원과 3차원 방식으로 분류한다. 2차원 방식은 3차원 물체의 2차원 영상에서 특징 추출 후 그 특징의 2차원 분포와 데이터베이스의 모델 물체 특징 분포간의 유사관계에 의거하고 3차원 방식은 3차원 모델과 3차원 센싱에 의한 데이터를 비교하여 정합한다.

제스처 인식은 피부 색상이나 움직임 정보 등의 초보적인 단서를 사용하는 방법, 윤곽선의 추출 및 추적, 신체모형과의 정합, 스테레오 영상을 이용하는 방법, 특정한 마커를 신체에 부착하는 방법 등 다양한 접근 방법들이 시도한다.

그러나 가정환경의 지능로봇에 적합한 제스처 인식 방법은 아직 연구가 많이 필요한 상황이다. 최근에는 스테레오 카메라, 컬러 구조광, 적외선 구조광 등의 다양한 3차원 거리영상 획득기술과 결합하여, 3차원의 입력영상을 대상으로 한 얼굴인식에 관한 연구가 활발히 이루어지고 있다. 이와는 달리 2차원 영상이 입력되는 경우에서도 자세변화 및 조명변화를 해결하려고 하는 연구도 꾸준히 진행되고 있다.

⑤ 동작추적 기술

로봇의 주변 작업환경 속에서 발생하는 다양한 움직임을 분석하고, 이를 추적함으로써 다양하게 변화하는 환경에 로봇이 적응할 수 있도록 지원하는 기술이다.

2차원 영상을 기반으로 움직이는 사람, 자동차 등을 추적하기 위한 기술들이 오랜 기간 동안 연구개발되어 왔으며, 주로 카메라가 이동하지 않는 제약사항을 내포하고 있다.

최근에는 카메라가 움직이는 상황에서의 2차원 위치추적에 대한 연구가 시작되었고, 특히 로봇 환경에서 움직이는 로봇 환경에서 움직이는 대상에 대한 추적에 대한 연구가 활발히 진행되고 있다.

Kalman Filter, Particle Filter 등의 다양한 필터링 기술을 활용하여 가려짐이 발생할 수 있는 상황에서의 안정적으로 추적할 수 있는 기술에 대한 연구가 진행되고 있다.

⑥ 상황이해 기술

시스템이 갖고 있는 지식을 사용하여 현재의 센서(주로 비전) 정보로부터 장면과 상황을 영상특징 등의 Sub-symbol과 알고 있는 환경의 Symbolic Knowledge와의 연계(Anchoring)를 통하여 환경을 기호적 추상화(Symbolic Abstraction)하여 학습/추론 등을 통하여 인지하고, 인지된 결과를 Symbol Logic, 지식 Frame, 그래프, 혹은 Context Vector 등으로 표현하여 사용자에 맞게 출력하는 도구이다.

Context/Semantics 이해 기술은 각종 분야(로봇, 유비쿼터스 컴퓨팅, 모바일 컴퓨팅 등)의 센서 및 상황인지의 기반기술로 미래 지능관련 산업에 꼭 필요한 기술이다.

Context-based Vision 기술은 미국의 MIT가 국방성에서 지원받아 최근 2년 전부터 연구를 해오고 있으며, EU에서는 4년 전 CogVision이란 이름으로 독일의 함부르크 대학을 중심으로 연구를 해왔고, 스웨덴의 Orebro 대학에서는 연계를 제안하여 관련 연구를 2~3년 전부터 지속적으로 관련 연구를 하고 있다.

이 연구 분야는 미국, EU, 일본 등에서 중요성을 인식하여 2004년부터 새로운 로봇 프로젝트에 핵심 개발 항목으로 선정되어 진행중이며 앞으로도 지속적인 연구 투자가 될 것으로 예상된다.

⑦ 환경 데이터베이스 기술

3차원 감지 및 모델링을 통하여 획득된 3차원 환경 모델과 관련된 정보들을 함께 저장 및 관리하고, 이를 필요로 하는 모듈들이 실시간으로 손쉽게 접근하여 사용할 수 있도록 지원하는 표준화된 데이터베이스 기술이다.

(2) 추론(Reasoning) 및 학습(Learning) 기술

저장된 지식과 행위 규칙을 바탕으로 임무수행이나 문제해결을 위한 구체적

방안을 수립하는 기술과 이를 바탕으로 저장된 지식을 확장하거나 임무수행 또는 문제해결 능력을 향상시키는 기술이다.

① 동작 및 조작계획 기술

동작기술이란 로봇 전체 또는 일부(팔, 손 등)의 동작을 목적에 맞게, 예를 들면 충돌을 회피하면서 목적지에 도달한다든가 물체를 파지한다든가, 움직이는 경로(path) 또는 시간상의 경로(trajectory)를 결정하는 기술이다.

조작계획 기술은 물체를 파지하여 이동하거나 물체에 힘을 가하여 변형시키기 위한 로봇의 일련의 동작에 관한 계획을 수립하는 기술이다.

② 작업계획 수립 기술

작업계획 수립 기술은 로봇이 임무를 완수하기 위하여 필요한 작업의 순서를 로봇의 행동 또는 행위와 결합하여 계획하는 기술이다.

③ 환경에 대한 기하학 및 물리적 추론 기술

로봇이 환경을 이해하기 위하여 환경과 물체의 기하학적 관계 또는 물리적 상호작용 관계를 추론하는 기술이다.

④ 문제해결 기술

로봇이 환경에 적응하여 임무를 수행하는 과정에서 야기되는 문제를 이해하고 이를 해결하기 위한 일련의 행동 또는 행위를 추론하는 기술이다.

⑤ 교사학습(Supervised) 및 비교사학습(Unsupervised) 기술

로봇의 문제해결 능력, 상황을 이해하는 능력 또는 환경에 대한 지식을 외부로부터 전수를 받거나 경험에 의하여 스스로 개발함으로써 점진적으로 기능을 증가시키는 기술이다.

3) 지능기술의 동향 및 전략

Univ. of Southern California의 Interaction Lab에서는 인간의 모방 뉴런의 원리를 응용하여 휴머노이드 및 각종 로봇의 학습을 위한 방법을 제안하고 실험을 수행하고 있다.

또한, 다중 로봇의 행동학습을 위한 강화학습 방법을 제안하였으며, 전체 로봇에 대한 보상을 분배하는 credit assignment 문제를 해결한다.

Karl Sims는 진화를 통해 로봇의 행동을 생성하는 방법을 제안하였다. 진화 알고리즘은 외부환경과 개체 사이의 상호작용을 통해 얻은 적합도를 기초로 개체의 생존을 결정하고 그의 실험은 특별한 전문적 지식 없이 생명체와 유사한 형태의 행동을 만들어 낼 수 있다.

CMU의 로봇 학습팀은 Tom Mitchell을 포함한 우수한 연구진을 바탕으로 박물관 가이드 로봇 등 실용적인 로봇을 개발. 그들의 연구는 확률을 기반으로 하는 학습기법으로 대표한다.

Dario Floreano는 신경망을 이용하여 목적지를 돌아오는 로봇 행동의 학습을 연구했다.

일반적으로 많은 전문지식이 요구되는 신경망 설계과정에 진화 알고리즘을 접목하여 구조를 자동 결정하는 방법을 제안하였다.

호주 UNSW 대학의 연구팀은 결정트리(decision tree)를 이용하여 로봇축구 상황에서 발생하는 불확실성을 해소하였다.

Vanderbilt 대학의 연구팀은 수년간 인간의 모습을 한 서비스 및 의료보조 용 로봇 ISAC을 개발하였다. 최근 연구에서 새로운 행동을 기존의 behavior sequence로부터 k-nearest neighbor 학습을 통해 생성하는 방법을 제안하였다.

일본의 ATR 연구소를 중심으로 로봇 행동을 모방하여 생성하는 방법을 연구한다. 이 연구소에 있는 DB2 HUMANOID를 대상으로 인간의 지속적인 시범을 바탕으로 로봇이 지속적으로 행동을 고쳐서 최종적인 목표 상태에 다다르는 것을 보여준다.

MIT 미디어 연구소의 Brooks 연구실에서는 HUMANOID COG를 개발하여 다양한 실험을 수행한다. 일본의 경우와 유사하게 모방학습 알고리즘을 개발하였다.

미국의 경우나 일본의 경우 모두 로봇 학습기술에 대한 대학의 연구는 활발하나 아직까지 실용화 부분에 있어서는 해결해야 할 많은 문제점을 가지고 있다.

로봇의 경우 온라인 학습이 중요하다. 그 이유는 일반적으로 수집될 수 있는 데이터의 양이 많지 않고 매우 동적이며 변화가 큰 상황이기 때문에 사전에 수집된 데이터의 신뢰성이 낮기 때문이다. 이러한 이유로 온라인 학습을 수행하여야 하지만, 작동과정에서 수집된 적은 수의 데이터로 일반화 성능을 얻기란 쉽지 않다. 이러한 문제점을 해결하기 위해 K-nearest neighbor 기법이나 강화학습 등이 사용될 수 있다. 현재까지 개발된 학습기법들은 실내환경에서는 좋은 성능을 보여 왔지만, 불확실성이 높은 실외환경에서 좋은 성능을 내는 것에는 미치지 못하고 있으며 실험결과도 많지 않다. 앞으로의 연구방향은 실외에서도 안정적인 성능을 지원할 수 있는 학습 알고리즘의 개발에 두고 있다.

일본의 대표적인 HUMANOID인 ASIMO나 SDR 로봇은 아직까지 전적으로 프로그래밍에 의존한다. 새로운 행동을 배우는 것이 아니라 처음부터 끝까지 모든 행동을 사전에 계획해 놓고 사용하는 형태이다. 하드웨어적인 측면에서는 매우 우수한 수준에 도달했지만 일반적인 상황에 적용되기에는 한계가 많다. 이러한 문제를 해결하기 위해 학습기능에 대한 연구가 필요하다.

Evolution Robotics 사에서 개발한 ERSP 소프트웨어는 로봇 개발자들에게 표준을 제공한다. Navigation, 환경인식 등에 있어 로봇 개발자들이 손쉽게 소프트웨어를 개발하도록 지원한다. 하지만 학습에 대한 부분은 일일이 사용자가 작성해야 하는 문제가 있다. 즉, 사용자의 전문적인 지식에 의존하여 모든 것을 설계하는 수준에 머물러 있는 것이다. 이러한 과정을 단순화하기 위해 학습 알고리즘 소프트웨어에 대한 지원이 필요하다.

3차원 감지의 원기술확보 및 이에 기반한 컴포넌트 기술의 상용화를 통하여 로봇, 의료, 문화, 게임, 기계, 의류, 보안, 자동차 등 산업 전반에 응용 확대해야 한다. 특히 지능 로봇과 관련하여 아래의 요소기술을 개발해야 한다.

컬러 정보의 획득이 가능하며, 반사체, 반투명체에 대한 2차원 물체인식이 가능한 수동적 스테레오 비전과 텍스처가 전혀 없이도 3차원 형상을 얻을 수 있는 능동적 방식을 상호 보완하는 센서의 개발해야 한다. MEMS 기술에 기반한 초소형 3차원 센서를 개발하고, 근적외선 광에 가장 높은 효율을 갖는 고속 이미지 센서 및 영상처리와 신호처리를 동시에 수행하는 센서의 개발이 필요하다.

인간이 3차원 환경을 모델링하는 과정을 최대한 분석하여 효율적으로 3차원 환경을 모델링할 수 있는 기술을 개발해야 한다. 새롭게 개발되는 최신 3차원 센서들을 적극적으로 활용하여 기존 3차원 자료의 불완전성과 불확실성 보완해야 한다. 로봇이 스스로 물체를 모델링하고 학습하여 환경모델링에 사용할 수 있는 기술을 개발해야 한다.

실시간의 3차원 물체를 인식하기 위해 기존의 2차원 인식 알고리즘들을 3차원 정보와 결합할 수 있는 기술을 개발해야 한다. 3차원 공간상에서의 불변특징을 개발하고 이를 적용하여 빠르고 안정적인 물체인식을 구현해야 한다. 다양한 환경의 변화에 강건하게 적용할 수 있는 3차원 물체인식 기술을 개발해야 한다.

기존의 2차원의 추적 알고리즘에 3차원 정보를 결합하여 3차원 공간상에서의 이동물체의 좌표추적 기술을 개발하고, 물체의 가려짐에 강건한 추적을 위하여 필터링을 통한 동작의 예측 기능을 활용해야 한다.

3.5 로봇-인간 상호작용 기술

1) 로봇-인간 상호작용 기술의 정의

인간-로봇 상호작용(HRI : Human-Robot Interaction)은 다양한 의사소통 채널을 통해 인지적/정서적 상호작용을 할 수 있도록 로봇시스템 및 상호작용 환경을 디자인, 구현 및 평가하는 기술이다.

인공지능은 인간의 지적인 능력을 로봇이나 계산도구(computing device)에 직간접적으로 구현하는 기술이라면, HRI은 두 에이전트 간의 상호작용 및 의사소통 연결고리를 형성하는 것이다. 또한, 로봇이 가지는 자율성, 상호작용의 양방향성, 상호작용 또는 제어 수준의 다양성(자동제어-반자동제어-수동제어) 등에서 인간-컴퓨터 상호작용(HCI)과는 근본적인 차이가 있다. 또한, 주행, 제어, 머니퓰레이터 등 로봇의 하드웨어적 또는 외부 환경적 요인을 고려하는 기술과는 달리, HRI 기술은 인간요인(human factor)에 대한 고려가 그 중점이 된다는 측면에서 차이가 있다.

인간과 로봇의 효과적인 상호작용을 위해서는 우선, 시각, 청각, 촉각, 매개 인터페이스(mediate interface) 등 인간의 다양한 의사전달 매체를 지원할 수 있는 멀티모달 상호작용 기법과 다양한 상호작용 채널을 통해 들어오는 정보를 통합하는 멀티모달 통합(multimodal integration) 기술의 개발이 수행되어야 한다.

통합된 멀티모달 정보로부터 로봇이 어떤 상황에 있는지를 판단하고, 사용자의 의도를 파악하여 로봇은 특정 과제를 수행해야 한다. 사용자 및 상황적 요구에 적절한 과제를 수행하기 위해서는 상황인식(situation awareness), 추론(reasoning), 의사결정(decision making), 계획(planning) 등의 일련의 인지적 과정과 이러한 인지적 과정을 지원할 수 있는 절차와 외부 환경에 대한 지식 데이터베이스를 다루는 기술이 필요하다.

또한, 음성, 표정 등의 다양한 인간의 정서적(emotional) 반응을 인식하여 로봇의 성격 모형(personality model)과 상황에 맞는 적절한 정서적 행동을 생성하는 기술이 요구된다.

[그림 3-1]
인간과 로봇

2) 로봇-인간 상호작용 기술의 개요

(1) 얼굴인식 기술

얼굴인식을 이용해서 출입문 통제, 실시간 감시 시스템, 인터넷 사용자 인증, 얼굴인식 완구 등 다양한 분야에 사용 가능하다.

[그림 3-2]
얼굴인식 기술을 이용한 출입문 통제

(2) 음성/화자인식 기술

음성인식 기술을 이용한 응용시스템은 다양하며, 사용자의 말을 받아 적는 받아쓰기 시스템이 한 예이며, 이러한 시스템은 여행사 항공권 발권, 안내 서비스 등 다양한 분야에 응용한다.

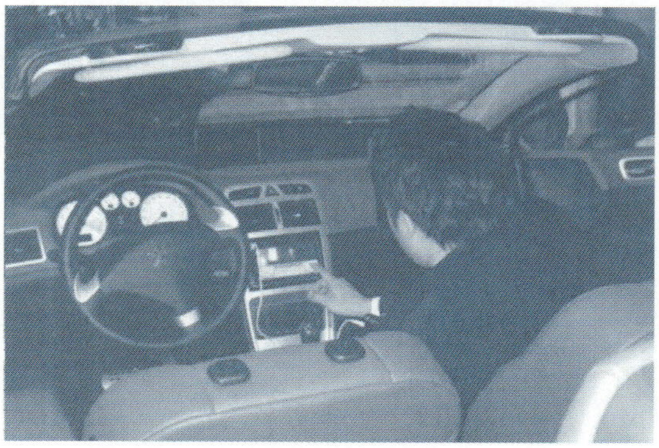

[그림 3-3]
음성인식을 하는 차량용 PC

화자인식은 음성 내에 포함된 화자의 신원정보를 파악하여 이용하는 기술로서 출입통제 시스템, 범죄자 신원확인 및 감시, 비밀번호 재발급 등 다양하다.

(3) 촉각 인터페이스 기술

피부감각(tactile sensation)과 역감(force sensation) 등을 이용하여 통각, 온도, 표면 재질감 등을 사용자에게 전달한다. 이러한 기술을 이용하여 가상현실(virtual reality) 분야에 이용할 수 있다. 또한 초소형 촉각 센서 설계 기술은 반도체 공정 기술, 검출회로 설계 기술, 재료 기술, 신호 디스플레이 기술, 초소형 기계전자 기술 등에 응용 가능하다.

(4) 매개 인터페이스 기술

원거리 로봇 제어 또는 직접적 상호작용 기술의 한계를 보완하는 기술이다. PDA, mobile 통신 기술, 유비쿼터스 기술 등에 응용 가능하다.

(5) 표정 표현 기술

로봇이 자신의 감정(기쁨, 슬픔, 유쾌, 불쾌, 즐거움, 웃음, 난처함 등)을 나타내는 얼굴 표정을 두상의 근육 구동기를 이용하여 표현하는 기술이다. 이러한 기술을 안구 및 피부 구동 기술 영역에 이용한다.

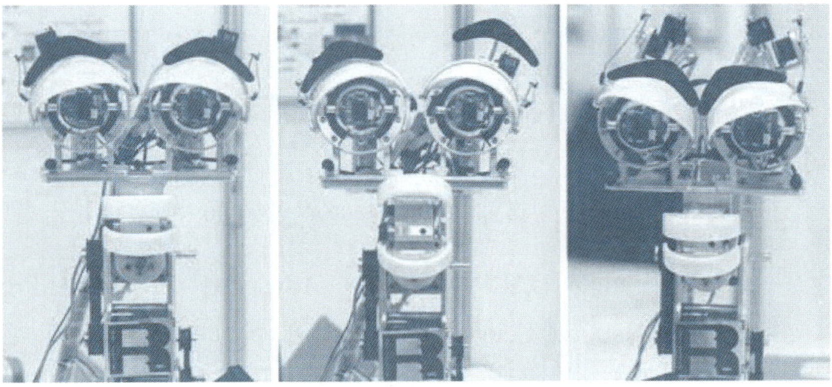

[그림 3-4]
로봇의 표정 표현

3) 기술의 동향 및 전략

최근 들어 로봇 집단으로부터 상호작용 기술은 로봇의 무선 운영보다 더 중요하다는 견해가 인식되기 시작했다.

- 로봇 연구의 중요한 분야로서 등장하기 시작했다.
- DARPA/NSF에서 인간-로봇 상호작용에 대한 지원을 한다.
- 주요 로봇 및 인지과학/공학 conference에서 중요 이슈로 다룬다.
- IEEE Robotics and Automation Society에서 HRI에 관한 Technical committee 구성하였다.

HRI 기술은 개인용/가정용 로봇을 선도할 핵심 기술로서 등장할 것으로 예상된다. 또한, 로봇을 일반 사용자가 사용하기 위해서는 이러한 기술의 발전이 시급하다.

로봇이 인간 사용자와 함께 효과적으로 과제를 수행할 수 있는지, 사용자와 친밀한 관계를 지속하며 사회-정서적 상호작용을 유지할 수 있는지에 대한 연구가 활발하게 진행되리라 전망된다. 하지만, 인간과 로봇은 근본적으로 지적/정서적 측면에서 그 능력의 차이가 존재한다. 이러한 차이를 고려한 효과적인 상호작용을 어떻게 설계할 것인가가 중요한 이슈 중 하나이다.

인간-로봇 상호작용 기술개발을 방해하는 요소로써 다음과 같은 것들이 있다.

- 기존의 연구는 로봇에 한정, HRI에서 H(human)부분과 I(Interaction) 부분에 대한 연구가 부족하다.
- 심리학/human factor 연구 등이 로봇 연구 분야로 도입이 필요하다.

미국 DARPA(Defense Advanced Research Projects Agency)/NSF (National Science Foundation) 주도하에 대형 국책 프로젝트로서 인간-로봇 상호작용에 대한 연구를 진행하고 있다.

- NASA는 우주 및 해저 탐사용 로봇의 원격제어를 위한 인간-로봇 상호작용 프로젝트를 수행했다.

일본에서는 정부 및 기업의 지원 하에 Humanoid 로봇 연구가 활발하게 진행되고 있지만, 인지적 요소 및 사용자 심리에 대한 연구는 미국 및 유럽에 비해서 부족하다.

- 최근 심리학, 사회학적 연구가 진행되고 있다.
- HRI 프로젝트와 관련된 연구소로서 Sony, ATR, AIST, CRL 등이 있다.

유럽에서는 800만 유로를 투입하여 Cogriron 프로젝트를 수행하고 있다.

- 로봇의 도우미로서의 역할을 강조했다.

인간-로봇 상호작용은 인간과 로봇이 상호 의사소통하기 위한 총체적 기술이므로 시각, 음성, 촉각, 매개 인터페이스 등의 다양한 기술 분야의 적절한 통합이 필요하다.

따라서 개별 요소기술의 독자적 개발보다는 통합을 고려한 개발 목표의 명확한 정립과 통합에 필요한 각 모듈의 입출력 요소의 구체화가 필요하다.

각 요소기술은 개발의 속도와 구현 성능에 차이가 있으므로, 통합 과정에서 각 요소기술의 기능이 사장되거나 임시변통의 방법으로 기능을 구현하려 할 가능성이 있으므로 각 요소기술의 개발 단계에 적합한 응용을 상정하여 각 단계에서 개발된 기술의 활용도를 높여야 할 것이다.

각 요소기술의 원활한 통합을 위해 각 기술개발자들 간의 원활한 의사소통과 의견 교류를 지원해야 한다.

3.6 센서기술

1) 센서기술의 정의

지능 로봇은 인간과 서로 상호작용(대화, 접촉, 조작 등)을 하면서 인간의 명령과 감정을 이해하고, 이에 따라 반응하고 자신의 감성을 표현할 수 있는 인간 지향적 로봇에서 감각 센서는 핵심 기술이다.

사람은 주변환경 정보를 획득하기 위해서 시각, 청각, 촉각, 후각 그리고 미각과 같은 감각을 이용하므로 인공지능을 가진 로봇이 외부환경과 정보를 교환하기 위해서는 사람과 같은 오감을 느낄 수 있는 센서가 필요하다.

현재 반도체 산업의 새로운 패러다임으로 떠오르는 SoC(System-on-Chip)에 있어서 영상처리, 음성인식, 촉감인식뿐만 아니라 후각, 미각 센서를 통해 정보를 얻고 처리하는 기술은 매우 중요하다.

2) 기술의 개요

(1) 시각센서

인간의 시각과 유사한 기능을 로봇에게 부여하기 위한 것으로 로봇이 주변환경 및 대상 물체 사이의 3차원 정보를 실시간으로 획득할 수 있는 고속 영상처리 시스템을 말한다.

① 실시간 Stereo 시각 센서 : 로봇이 물체 또는 주변환경에 대한 영상정보를 실시간으로 획득하여 작업환경에 대한 정보를 보다 정확하게 판단할 수 있는 수단을 제공하는 기술로서 핵심 기반기술과 하드웨어를 포함한다.

② Smart Stereo 시각 센서 : 인간의 시각과 유사한 기능을 로봇에게 부여하기 위한 것으로 로봇이 주변환경 및 대상 물체 사이의 3차원 정보를 측정하여 측정된 정보를 이용하여 주변환경 및 대상 물체를 검출, 인식, 재생, 추적하는 기술로서 핵심 기반기술과 하드웨어를 포함한다.

(2) 청각센서

음원의 방향, 혹은 공간적 위치를 파악하거나 특정한 방향 혹은 위치의 음을 선택적으로 측정할 수 있는 지향 특성이 우수한 음향 센서 시스템을 말한다.

① 고성능 광마이크로폰 기반 청각 센서 : 기존의 음향 센서의 기술적인 문제점을 해결하고 성능을 향상시킬 수 있는 소형화된 고성능 음향 센서 기술로써 MEMS 공정을 이용한 최적의 진동판 설계 및 제작과 광 경로의 최적화를 위한 경로 해석과 정밀가공기술이다.

② 고지향성 음향어레이 청각 센서 : 다수의 마이크로폰을 공간적으로 배열하여 음원의 방향, 공간적 위치를 파악하거나 특정한 방향, 혹은 위치의 음을 선택적으로 측정할 수 있는 지향 특성이 우수한 음향 센서 시스템을 구성하는 기술이다.

(3) 촉각센서

광범위하게는 물체와의 실제적 접촉을 통히 물체의 역학적 물성치(표면 거칠기, 수직력, 마찰력, 강도, 강도 등), 열적 물성치(온도, 열전도도 등)를 측정하는 것을 말하며 좁은 의미에서는 로봇이 물체를 잡을 때 필요한 힘/토크를 측정할 수 있는 시스템을 말한다.

① 스트레인 게이지 기반 촉각 센서 : 팔목 및 발목 장착용 힘/토크 센서
로봇의 팔과 관절에서 상호작용하는 힘과 관련한 것으로 로봇이 접촉하는 대상물체에 대해서 사람이 가지고 있는 근감각과 같은 감으로 인식하게 하는 기술로서 핵심 기반기술과 하드웨어를 포함한다.

② Flexible MEMS 기반 인공피부 센서 : 손가락, 몸통 장착형 센서로써 로봇이 상호작용을 하고 있는 물체 또는 주변환경과의 접촉유무뿐만 아니라 접촉력, 접촉 부위에서의 미끄러지는 정도, 접촉 부위의 표면 조도, 접촉 부위의 물성 등의 복합적인 힘의 성분을 분해 또는 합성할 수 있는 기능을 부여하여 로봇의 안전성 향상과 보다 인간친화적인 수단을 제공하는 기술이다.

(4) 후각센서

사람 코의 기능과 구조의 이해를 기초로 하여 다양한 가스분자 감응소자로 구성된 어레이와 패턴인식 기법 및 제어 시스템을 결합하여 인체, 식품, 과일, 어류, 주류 및 향수 등의 냄새를 맡을 수 있는 인공후각 시스템을 말한다.

(5) 미각센서

사람이 맛을 느끼는 미각 메커니즘을 모사한 시스템으로서 맛을 발현시키는 물질들을 감지하는 센서부, 신호처리부, 통계적 방법 혹은 인공지능 기술을 이용한 데이터 처리부로 이루어진 식품의 맛을 정량화하거나 맛의 차이를 판별할 수 있는 시스템을 말한다.

3) 기술의 동향 및 전략

로봇에 탑재하기 용이한 소형, 저가의 삼차원 영상획득 장치 및 주변환경을 왜곡시키지 않고 실제와 꼭 같이 3차원 영상을 실시간으로 처리할 수 있는 통합 하드웨어 및 소프트웨어 개발이 필요하다.

실시간 3차원 형상으로 재생된 영상정보를 이용하여 능동적으로 임무를 수행할 수 있게 하는 인공지능 기술개발이 필요하다.

음향 어레이는 마이크로폰 사이의 위상지연을 이용하므로 마이크로폰의 제작과 위상보정이 필요하며 위상지연을 이용한 최적 신호처리 알고리즘 연구가 활발히 진행중이다.

동일한 특성의 다수 마이크로폰, 그리고 그 마이크로폰의 in-situ 정밀 교정 및 보정기술, 이를 통합하여 정보 교환과 이용이 가능한 스마트 마이크로폰 제작이 요구된다.

현재까지는 주로 수직력을 측정하는 촉각 센서가 개발되었으나, 지능 로봇이 물체 핸들링 및 인식을 하기 위해서는 수직력뿐만 아니라 전단력을 동시에 감지할 수 있는 3축 힘 센서 제작과 열전도를 기반으로 물체를 인식할 수 있는 열 센서 제작 그리고 센서 융합기술을 이용한 통합기술이 필요하다.

사람의 피부와 같은 생체모방형 촉각 센서를 개발하기 위해서는 무엇보다도 사람의 피부처럼 유연성을 가지는 것이 필수적이므로 기존의 실리콘

기반의 반도체공정과 유연성 있는 고분자 재료의 반도체공정의 융합기술이 필요하다.

촉각 센서의 경우 100개 이상의 센서로 구성되어 있기 때문에 다채널의 신호를 동시에 획득할 수 있는 신호처리 알고리즘과 반도체 공정 기법을 활용한 고집적화 설계 및 제작기술이 요구된다.

대면적의 인공피부를 개발하기 위해서는 하나의 촉각 센서 경우와 같이 수많은 신호선이 필요하다. 이를 해결하기 위해서는 무선통신 모듈을 인공피부 신호처리부에 융합하는 기술이 필요하다. 다종의 가스를 인식할 수 있는 전자후각 시스템은 촉각 센서와 마찬가지로 센서감지부와 신호처리부, 무선통신 모듈부가 융합된 형태를 요구된다.

맛 센서를 개발하는데, 고분자막에 전기활성 물질을 도핑하여 사용하는 기술 외에, 지질막, 유리전극을 이용한다거나, 외국에서 활용되고 있는 flow-injection, shear horizontal surface acoustic wave(SH-SAW), voltammetric, potentiometric과 같은 기술을 이용한 전자형의 다양한 개발 방법이 연구될 것이다.

MEMS 소자와 신호처리부를 단일 chip상에 구현하는 MEMS-IC 통합기술을 이용하여 결선을 최소화함으로써 특히 외부 잡음에 민감한 MEMS의 오동작이나 성능저하를 제거하는 기술적 추세이다. 모든 센서는 결선을 최소화하고 외부 잡음에 강건하게 할 수 있는 MEMS-IC 통합 기반의 집적화된 센서로 발전할 것이다.

로봇 센서에 속하는 촉각 센서(인공피부), 후각/미각 센서 더 나아가 인공감각기관인 인공 눈, 인공 귀 등의 센서도 MEMS-IC 통합 형태가 되어야 할 것이다. 센서는 측정/제어를 할 수 있는 기능과 인공지능을 겸비한 지능화 그리고 무선통신 모듈이 통합된 다기능 센서(Multi Sensor)와 스마트 센서(Smart Sensor) 형태로 발전할 것이다.

향후 사람의 오감에 해당하는 각종 센서를 통하여 외부의 빛과 소리, 접촉, 시각, 균형감 등의 정보를 인식하고 행동할 수 있는 유비쿼터스 지능 로봇의 발달이 기대되므로 네트워크 기반의 로봇 센서 개발이 필요하다.

로봇 센서들 중 CCD 카메라 등은 확립된 표준 인터페이스가 정해졌지만 촉각 센서 등 지능 로봇적인 센서는 아직 연구개발중이므로 표준 인터페이스가 정해지지 않았다. 향후 로봇과의 통합성을 고려한 네트워크 인터페이스에 대한 표준화를 고려해야 한다.

3.7 시스템 통합기술

1) 시스템 통합기술의 정의

시스템 통합기술이란 로봇의 지능과 기능이 구현될 하드웨어 및 소프트웨어 모듈들을 효과적으로 통합시키는 시스템 기술, 즉 주어진 목적 작업을 수행할 수 있도록 설계된 하드웨어 디바이스들과 로봇의 기능을 구현한 소프트웨어 알고리즘이 효과적으로 통합 운용되게 하는 기반 소프트웨어 기술이다.

크게 환경을 인지하는 센서부, 환경정보를 처리하여 로봇의 거동을 결정하는 계획부, 처리결과를 물리적으로 지각할 수 있는 출력값으로 생성해 내는 구동부로 나누어진다.

2) 기술의 개요

(1) 제어구조(Control Architecture) 기술

지능 로봇시스템의 경우 원하는 기능을 얻기 위해서는 수많은 하드웨어와 소프트웨어 모듈을 필요로 하는데, 이들을 통일성 있게 구현할 수 있게 하기 위해서 소프트웨어 아키텍처가 필요하다.

지능 로봇의 주어진 작업을 성공적으로 수행하기 위해서는 인간의 두뇌작용에 해당하는 지능제어 시스템과 이를 바탕으로 한 자율기능, 높은 수준의 인간과 로봇과의 통신을 위한 적절한 인터페이스, 고기능 센서를 이용한 감각기능, 로봇의 활동범위를 넓혀주는 이동기능, 요구되는 작업을 수행하기 위한 조작기능, 임무수행을 위한 처리기능 등이 필요하며 다양하고 복잡한 작업을 수행하기 위해서 기계적인 구조 향상 이외에 제어구조의 개선이 필요하다.

단순한 작업만을 수행하던 이전의 로봇과는 달리 복잡한 환경에서 다양한 행동을 요구받는 현대의 지능 로봇에 있어서 종래의 제어방식인 지식 베이스에 근거를 두는 추론기능을 가지고 궤적을 계획하고 수행하는 전통적인 계층적 제어구조를 가지는 신중한 제어는 복잡한 작업에서도 전반적인 최적화를 이룰 수 있지만, 느린 반응속도와 외부환경 모델에 의존하는 약점을 가진다.

센서에 의한 액추에이터의 반응을 제한적으로 정의하여 로봇에서 동적으로 일어나는 행위를 실시간으로 처리하는 행위기반의 반작용(reactive) 제어는 전체적인 입장에서 임무수행 측면에서 약점을 가지고 있다.

이러한 약점을 상호 보완하는 구조로서 90년대 초반에 제시된 신중/반작용 하이브리드 제어구조는 대체적으로 하이브리드 제어구조의 상위구조에는 업무분할 및 업무계획을 담당하는 부분과 인간-로봇 상호작용 관련 부분을 담당하는 신중한 층과 하위구조에는 로봇 제어 및 감지에 관련된 반작용 층이 존재한다. 그리고 이 둘 사이의 순서를 담당하는 층이 존재하기도 한다. 따라서 하이브리드 제어구조의 경우 최소 2개의 층이 필요하며, 대개의 경우 3층을 이룬다. 상황에 따라 계획 부분과 인간-로봇 상호작용 부분을 구분하여 별도의 층을 두는 경우도 존재한다.

(2) 운영체제(Operating System) 기술

하드웨어와 응용 프로그램 간의 인터페이스 역할을 하면서 CPU, 주기억장치, 입출력장치 등의 컴퓨터 자원을 관리하는 소프트웨어이다. 인간과 컴퓨터간의 상호작용을 제공함과 동시에 컴퓨터의 동작을 구동(booting)하고 작업의 순서를 정하며 입출력 연산을 제어하며, 프로그램의 실행을 제어하며 데이터와 파일의 저장을 관리하는 등의 기능을 수행한다.

운영체제는 범용 컴퓨터용 운영체제, 임베디드 시스템 운영체제, 실시간 운영체제로 구분이 된다. 특별한 목적으로 설계된 하드웨어를 제어하기 위한 시스템으로 그 내부에 컴퓨터가 내장된 시스템을 임베디드 시스템이라고 하며, 임베디드 시스템에 탑재되는 운영체제를 임베디드 운영체제라 한다. 실시간 제어를 위하여 시간을 제어할 수 있는 기능을 포함한 운영체제를 실시간 운영체제라 한다.

(3) 미들웨어(Middleware) 기술

컴퓨터와 컴퓨터 간의 통신을 쉽고 안전하게 할 수 있도록 해주고, 이에 대한 관리를 도와주는 소프트웨어다. 즉 서로 다른 통신규약이나 시스템 운영체제, 응용 프로그램 간의 통신을 지원해 주는 소프트웨어를 의미하며, 응용 프로그램이 어떤 정보시스템 환경에서도 작동할 수 있도록 지원해 주는 역할을 수행한다.

다양한 컴퓨터 사이에 통신이 이루어질 경우 상호운용성(Interoperability) 문제가 발생하게 되는데, 특히 분산 컴퓨팅을 지원하기 위해서는 서로 다른 OS를 가지는 서버 프로그램과의 호환성 문제와 이기종의 통신규약을 사용하는 네트워크 간 접속, 네트워크 자원에 대한 접근문제 등의 해결과 시스템을 연결해 단일 사용자 환경으로 만들어 주는 것이 필수적이다. 이와 같은 분산 컴퓨팅 환경을 구현하는데 발생하는 여러 문제점을 해결하기 위해 미들웨어가 등장, 즉 분산 컴퓨팅 환경을 구현할 때 발생하는 이기종 네트워크 간의 통신규약 인터페이스(interface) 문제, 분산 환경 하에서의 시스템 운영문제, 이기종 데이터베이스간의 접근문제 등을 미들웨어를 통하여 해결하게 된다.

3) 기술개발 동향

(1) 제어구조

선진국에서는 다양한 기업(소니, 혼다 등)이나 연구기관(Fraunhofer IPA, CMU RI 등)에서 개인용 로봇의 제어 하드웨어 플랫폼의 기술개발을 추진하고 있으나, 국내 연구는 KIST 등과 같은 몇몇 정부출연연구소 등을 위주로 추진되고 있으며 제한적인 영역에서 기술개발을 수행하고 있다.

일본, 미국, 유럽공동체, 특히 독일과 네덜란드에서 주변환경을 인식하고, 내부적으로 추론하여 행동하는 로봇 개발을 활발히 진행하고 있다.

소니사는 OPEN-R이라는 프로그래밍 인터페이스를 제공하여 개방형 구조의 모듈화된 하드웨어를 채용한 AIBO, SDR-4X와 같은 오락용 로봇을 개발하고 있다.

CMU에서는 Hybrid deliberative/reactive 방식의 제어구조를 가지고 있으

며, 특히 사람과의 인터페이스와 내비게이션에 관련된 모듈을 모아 개별적인 제어층으로 설계한 박물관 안내로봇 MINERVA를 개발하였다.

국내에서는 KIST에서 Tripodal schematic control architecture을 개발하였으며, 기타 KAIST, 포항공대 등에서 소규모의 제어구조를 개발한 바 있다.

(2) 운영체제 기술

미국은 MicroSoft사를 중심으로 운영체제 분야에 독보적인 위치를 구축하고 있으며 실시간 운영체제 분야 및 임베디드 리눅스 분야에서도 선두를 유지한다.

유럽은 EUREKA(European Research Coordination Agency)의 ITEA (Information Technology for European Advancement)를 통해 1999년부터 2007년까지 8년 동안 많은 연구비를 투입하여 차량 및 교통, 가전제품, 오피스 시스템을 위한 사용자의 환경에 적응하는 임베디드 소프트웨어 기술을 개발중에 있다.

일본은 1984년 이후 TRON(The Real-time Operating system Nucleus) 협회를 통해 미래사회 건설 실현에 필요한 모든 임베디드 소프트웨어, 도구, 응용기기 및 생활환경을 구성하는 임베디드 시스템의 표준화를 수행하여 동경에 TRON 인텔리전트 도시건설을 위한 주택 파일럿 하우스를 개관하고 인간 중심의 생활공간 본보기를 제시하였다.

(3) 미들웨어 기술

① HRP(Humanoid Robotics Project)

AIST 주도로 1998년부터 시작함. 여기서 개발된 OpenHRP는 휴머노이드형 로봇 플랫폼을 개발하기 위한 개발환경. 개방형 설계(open architecture)를 기반으로 하고 있으며, 크게 CORBA 기반 모의실험 장치와 ART-Linux 상에서 작동하는 제어기로 구성된다. 소프트웨어 미들웨어로서 CORBA를 채택하였다.

② ORiN(Open Robot Interface for Network)

일본의 몇몇 로봇 제조사가 함께 제안한 로봇 구성품들의 데이터를 개인컴퓨터로 전송하기 위한 통신접속 조건(Interface)의 표준안이다. 소프트웨어 미들웨어로 보기는 힘드나, 로봇을 설계, 해석, 유지 관리하는 PC와 로봇 사이의 통신 인터페이스를 표준화함으로써 외부업체가 로봇 응용 프로그램의 소프트웨어를 손쉽게 제작할 수 있도록 도와주며, 여러 회사의 제품이 호환성 있게 통합될 수 있도록 하는 등의 장점을 가진다.

③ Open-R

소니에서 개발한 가정용 오락로봇 AIBO의 개발 및 관리 소프트웨어 인터페이스임. Open-R SDK는 C++에 기반한 크로스플랫폼 통합 환경을 제공한다. Open-R SDK는 로봇의 동작정보, 센서 정보(카메라 이미지, 오디오 데이터 포함), 무선 네트워크 등과 관련된 API를 제공함으로써 사용자가 고수준 언어로 로봇을 제어할 수 있는 소프트웨어를 개발할 수 있도록 도와준다. 또한, 사용자 스크립트 지원, action composer라는 모션에디터 등의 보조적인 소프트웨어를 포함한다. 그러나 여러 컴포넌트 소프트웨어들 사이의 미들웨어 역할에 대한 기능이 부족하다.

④ OROCOS(Open Robot Control Software)

로봇 제어 소프트웨어 개발 및 프로그래밍 인터페이스의 개발을 목적으로 한 개발환경이다. Component builders, Framework builders, Application builders를 위한 소프트웨어층을 제공한다. 이중 틀 구조 개발자를 위한 층은 로봇 소프트웨어를 공유, 배포, 재사용하도록 해주는 소프트웨어를 구조를 정의한 것이다.

⑤ TCA/Xavier

TCA는 Task Control Architecture을 의미한다. 미국 CMU에서 개발한 Xavier라는 내비게이션용 로봇에 사용한다. 로봇 구성요소의 제어를 위한 소켓 기반 통신 틀 구조이며, interprocess communication(message passing), task decomposition, task synchronization, execution monitoring, exception handling, resource management 기능을 수행하고 웹기반 인터페이스를 채택한 특징이 있다.

4) 기술개발 전략

(1) 제어구조 기술

제어구조에 관한 국외전문가 및 전문기관과의 긴밀한 협조체제 구축(예 미국 Stanford Robotics Laboratory, CMU 등)한다.

하이브리드 제어구조의 각 계층의 소프트웨어 구성요소의 설계에 있어서 구성요소의 실시간성에 대한 분석이 필요하다. 이와 더불어 실시간 특성을 갖는 프로세스를 수행 가능한 실시간 운영체제를 사용하여 실행시간에 능동적으로 가변하는 소프트웨어가 시스템 자원을 효율적으로 관리하고 로봇의 움직임을 더 유연하고 강인하게 만들 수 있는 방법을 연구한다.

(2) 운영체제 기술

현재 국가적인 실시간 시스템 및 임베디드 소프트웨어에 대한 전략은 먼저 핵심 기술을 개발하고, 기술개발 활용방안을 수립하며 이를 기반으로 임베디드 소프트웨어를 전산업으로의 확산시키는 전략을 수립하는 것이 바람직하다.

(3) 미들웨어 기술

실시간 처리, 분산 객체지향 미들웨어, 경량 임베디드 미들웨어 기술 등 로봇 미들웨어로서 가져야 할 기본적인 특징을 제공해 주는 미들웨어부터 개발한다.

국내 연구역량을 고려하여 현재 널리 보급되고 있는 미들웨어를 변경하여 필요한 기능을 추가하는 형태로 기술개발을 시작한다.

Reflective 미들웨어 개념의 도입으로 다양한 수준의 미들웨어 구성이 가능하도록 하여 여러 종류의 로봇 개발에 적용이 가능하도록 기술개발한다.

산업체와 연계하여 기술개발 방향과 표준화 방향을 설정한다.

SO/IEC 국제표준(안) 제출 및 국제표준 활동에 적극 참여한다.

3.8 로봇과 서버 간 분산처리 기반기술

1) 기술의 정의

기존의 독립형 로봇을 유무선 네트워크를 통하여 각종 외부 디바이스와 상호 연동하여 서비스 영역을 확장하는데 필요한 제반 기반기술이다.

로봇을 기존의 초고속 인터넷뿐만 아니라 디지털 홈네트워크, 센서 네트워크 등과 연동하는데 필요한 네트워크 기반기술과 이를 바탕으로 음성인식이나 환경인식과 같이 로봇이 수행해야 할 기능을 외부 서버에 분담시켜서 처리하기위한 분산처리/제어 기반기술이다.

2) 기술의 개요

(1) 네트워크 기반기술

로봇이 정보 가전기기 및 홈오토메이션 기기를 제어하거나 정보를 수집하여 기존 로봇이 갖고 있는 제한된 기능보다 훨씬 확대된 범위의 기능을 가질 수 있도록 하는 '디지털 홈네트워크 연동기술'이다.

필요한 모든 것에 전자태그를 부착하여 센서 네트워크를 구성하고 이를 통하여 사물의 인식정보를 종합하여 주변의 환경정보를 탐지하여 로봇의 상황인식 범위를 확대하는 ' 센서 네트워크 연동기술'이다.

네트워크를 통해 원격에서 로봇의 행동을 제어하고 실시간성을 보장하기 위한 '실시간 원격제어 프로토콜 처리기술'이다.

대규모 음성/영상/제어/ 센서 정보를 실시간으로 처리하기 위해 서버를 클러스터링화하고 빠른 네트워크 응답속도를 보장하는 '고성능 서버 기술'이다.

(2) 시스템 프레임워크 기술

실시간 네트워크 기반으로 로봇을 제어할 수 있는 '네트워크 기반 실시간 제어 프레임워크 기술'이다.

네트워크 기반의 초소형의 저가 로봇의 원격 제어를 위한 '휴대 가능한 초소형 네트워크 로봇에 대한 제어 프레임워크 기술'이다.

로봇시스템의 S/W 및 H/W 컴포넌트의 레고식 Plug & Play를 위한 '하드웨어 및 소프트웨어 컴포넌트의 Plug & Play 기술'이다.

로봇에 자가 고장진단 및 복구 기능을 부여하기 위한 '네트워크 기반 로봇의 고장 자가진단 및 복구 프레임워크 기술'이다.

하나 이상의 로봇들이 네트워크를 통해 분산된 환경에서 공동 작업을 할 때 로봇 상호 간에 정보를 교환하거나 상호 협력 작업이 가능하도록 하는 '네트워크 기반 멀티-로봇 제어 프레임워크 기술'이다.

3) 기술개발 동향

전 세계적으로 네트워크 기반의 제반 로봇 기술에 대한 솔루션은 제공하는 기관은 현재 전무하나, 2004년을 기점으로 관련 연구개발이 추진되고 있다.

네트워크 기반 로봇에 대하여 학술적으로 연구하는 국제적인 단체는 2004년에 결성된 "IEEE RAS(Robotics and Automation Society)'s Technical Committee on Networked Robots"가 유일하다.

① 네트워크 기반 로봇에 대한 연구개발 정책 동향

- 한국 정부에서는 "URC(Ubiquitous Robotic Companion) 프로젝트"를 2003년에 기획하여 2004년도부터 연구개발 사업을 지원하고 있다.
- 일본 총무성에서는 "네트워크 로봇의 실현을 위하여"라는 주제로 네트워크를 융합한 개념의 로봇에 대한 연구개발 사업을 2004년부터 추진하고 있다.

② 로봇이 디지털 홈네트워크 미들웨어를 이용하여 정보가전기기 및 홈오토메이션 기기를 제어하는 기술은 활발히 개발되고 있으나 상용화된 로봇은 시장에 출시되어 있지 않았다.

※ 홈네트워크 미들웨어 기술표준 : UPnP(Universal Plug and Play), Jini(Java intelligent network infra-structure), HAVi(Home Audio Vidio interoperability), OSGi(Open Service Gateway initiative)

③ 센서 네트워크 기반 유비쿼터스 컴퓨팅 환경구축을 위한 다양한 프로젝트

를 통해 상용화를 시도하고 있으나 로봇과 연계된 사례는 거의 없으며 단순히 양방향 정보전송, 기기제어, 관리 등의 목적을 가지고 있다.

- RFID 태그를 부착한 사물이나 사람으로부터의 수신 RF 신호를 획득한 후 ID에 따른 로봇의 행동을 제어하는 기술이 소니 등 개인용 로봇 개발회사를 중심으로 개발중이나 센서 네트워크와 연동한 센서 융합 등 체계적 접근은 시도된 바 없다.
- 국내의 경우 ETRI에서 RFID, ZigBee, UWB 등에 기반을 둔 다양한 센서 네트워크 환경을 적극 이용하는 지능형 서비스 로봇 기술개발을 진행하고 있다.

④ 네트워크 기반 로봇의 각종 소프트웨어를 일관된 방법으로 신속하게 개발하고 운영할 수 있도록 전체 요소기술에 대한 소프트웨어를 통합할 수 있는 프레임워크 기술에 대한 연구는 다음과 6개 프로젝트가 대표적이다.

- Player & Stage : 1999년 USC의 Robotic Lab에서 개발한 MRS (Multi-Robot System) 응용을 위하여 TCP/IP를 이용하는 디바이스 서버로서 MRS를 개발하기 위한 많은 프로젝트들이 Player & Stage를 이용하고 있다.
- Orocos(Open RObot COntrol System) : EURON(European Robotics Research Network)의 지원 하에 2001년 9월부터 시작된 유럽 로봇 관련 프로젝트이다. 유럽의 4개 대학이 참여한 Orocos는 특정 플랫폼이나 특정 로봇 응용에 종속적이지 않는 일반적인 로봇 제어를 위한 기본 기능을 제공하는 오픈소스 소프트웨어 프레임워크 개발을 목표로 하고 있다.
- MIRO(MIddleware for RObot) : 독일 Ulm 대학의 전산학과 로보틱스 연구실에서 상이한 운영체제, 상이한 프로그래밍 언어, 상이한 개발환경을 가진 여러 종류의 모바일 로봇을 개발하면서 느꼈던 로봇 미들웨어에 대한 필요성 때문에 시작되었다. MIRO는 이질적(heterogeneous) 분산구조를 가진 모바일 로봇을 대상으로 CORBA(Common Object Request Broker Architecture) 기술을 기반으로 한 로봇용 분산 객체

지향 프레임워크를 제공하는 것을 목적으로 하고 있다.

- RT(Robot Technology) 미들웨어 : 일본 산업기술총합연구소(AIST) 산하 지능 시스템 연구부문에서 2002년부터 2004년까지 3년간 추진한 "로봇의 개발기반이 되는 소프트웨어 기반정비" 프로젝트의 연구결과물이다. 로봇을 구성하는 요소기술들을 통신 네트워크를 통해 조립함으로써 다양한 로봇을 빠르고 손쉽게 구축할 수 있도록 로봇의 기반 미들웨어 기술을 확립하고 표준화하는 것을 목표로 하고 있다.
- ORCA(Open Robot Controller Architecture) : 로봇 소프트웨어와 하드웨어의 모듈화를 목적으로 일본 Toshiba에서 만든 로봇용 제어 아키텍처이다. ORCA에서는 다양한 로봇 제조업자들이 하드웨어와 소프트웨어를 공통으로 제작할 수 있는 여건을 마련하는 것을 목적으로 하고 있다.
- URC-SA(Ubiquitous Robotic Companion-Software Architecture); ETRI에서 2004년부터 개발하고 있는 URC-SA는 URC 로봇의 S/W 아키텍처, URC 서버의 S/W 아키텍처, 그리고 URC 로봇과 서버간 분산제어 및 처리를 위한 프로토콜 처리 아키텍처를 개발하고 이에 대한 규격서와 참조구현 시스템을 개발 보급하여 표준화하는 것을 목적으로 하고 있다.

4) 기술개발 전략

① 홈서버 사업과 연계하여 지능형 로봇 환경을 위한 통합 시스템을 구축하고, 이를 기반으로 시범 서비스를 제시하여 관련 기술의 완성도 및 활용도를 극대화하여야 한다.

② 자율주행을 하는 로봇의 특성상 PLC와 같은 유선 기반의 홈네트워크 연동기술보다는 ZigBee와 같은 무선 기술을 이용한 홈네트워크 연동기술 위주로 개발하여야 한다.

③ 유비쿼터스 환경이 예상보다 일찍 도래할 가능성이 있으므로, 신규로 센서 네트워크 환경을 구축하는 방안보다 이미 구축중인 센서 네트워크 환경을

이용하여 로봇의 주변환경 인식 기술개발을 서두르는 것이 바람직하다.

④ 지식경제부의 u-센서 네트워크 사업과 유기적으로 연계하여, u- 센서 네트워크 사업에서 구축된 센서 장치를 로봇과 네트워크로 연동하여 로봇이 주변환경에 대한 인식 및 정보 융합 대상을 확대하도록 해야 한다.

⑤ 대규모의 음성/영상/제어/센서 정보를 처리하기 위해서는 클러스터링된 고성능 서버 기술뿐만 아니라 높은 대역폭을 제공해주는 네트워크 기술이 절대적으로 필요로 한다.

⑥ 광대역통신망(BcN) 사업과 유기적으로 연계하여 대규모 음성/영상/제어/센서 정보를 초고속 네트워크를 통해 주고 받는 환경에서 고성능 서버 기술을 검증하여야 한다.

⑦ 연차별 홈네트워크 및 센서 네트워크와의 통합 시스템을 구축하여 단계별로 시스템을 검증하고 시스템의 완성도 및 활용도를 극대화하여야 한다.

Chapter 04

지능형 로봇 구동기

4.1 구동기의 종류

로봇용 정밀구동 메커니즘과 관련부품의 핵심은 구동기(Actuator)이며 메커니즘과 구동기를 분리해서 기술하는 것은 불가능하다.

로봇을 위한 구동기의 핵심요소는 Controllable Stiffness, Noise-free, Safety, Scalability, Maintainability로 구분되며 아직까지 이와 같은 특성을 모두 만족하는 구동기가 개발되지 않은 것은 매우 아쉬운 점이다.

로봇에 사용되는 구동기 중 가장 보편적인 것은 모터이다. 현재 50Watt 이하의 출력이 요구되는 용도에서는 대개 DC 서보모터가 사용되고 있으며 그 이상에서 200Watt정도의 용도에 BLDC모터가 주로 사용되고 있다.

DC 서보모터나 BLDC모터의 경우 인코더(Encoder)나 리졸버(Resolver)와 같이 제어를 위한 센서가 모터에 탑재되어야 한다. 아울러 모터는 고속, 저토크(torque)의 특성을 가지고 있는 반면에 로봇에 응용하기 위해서는 저속, 고토크의 특성이 요구되므로 모터에는 감속기가 반드시 포함돼야 한다.

따라서 로봇용 모터는 모터, 감속기, 센서 및 이를 구동하기 위한 전력공급회로, 외부와의 통신기능 등이 포함된 전체를 하나의 시스템으로 이해해야 하는 것이다. 이는 로봇의 설계시 구동기의 크기, 중량, 형상, 전력소모 등이 전체 시스템에 미치는 영향에 대한 고려가 우선이 되어야 함을 의미한다. 현재 로봇용 모터의 경우 거의 100%를 수입에 의존하고 있으며 일본, 스위스, 미국이 주요한 부품 공급처다.

국내의 경우 대개 센서, 모터, 감속기가 포함된 상용화된 모터를 사용하여 구동회로 등을 자체 제작한 후 사용하는 경우가 대부분이다. 국내에서도 일반적인 용도의 상용화된 모터를 찾을 수는 있으나 정밀 서보, 혹은 로봇용의 모터는 찾기가 어렵다. 로봇 기술의 자립을 위해서는 구동기 관련 부품기술의 국산화가 가장 중요하며 이를 위한 부단한 투자와 노력이 필요하다.

모터와 이외에 대출력이 요구되는 용도에는 유압구동기가 많이 사용된다. 유압구동 시스템은 무게, 부피, 청결도, 부대장비 등에 관해서 고출력의 용도가 아닐 경우 모터에 비하여 경쟁력을 상실하게 되는 단점이 있다. 실제로 특수한 용도로 제작된 경우를 제외하고 로봇을 위한 본격적인 유압구동 시스템이 판매되고 있지는 않다. 로봇기술의 중요한 핵심기술의 하나로 작고, 가벼우면서 효율이 높은 유압구동 시스템의 개발이 시급하게 요구된다. 최근에 유압 시스템을 채용한 로봇팔, 보행로봇 등이 발표되고 있으나 이는 기존에 상용화된 유압부품을 개조해 제작한 것들이며 로봇을 위한 유압구동기의 개발은 아직 진행되고 있지 않다.

유압과 함께 공압 구동기도 오랫동안 사용되어 온 구동 시스템의 하나이다. 공압 구동기 중에서 Mckibben Muscle이라고 하는 선형 구동기는 일명 공압 인공근육이라고도 불리고 있으며 매우 보편화된 대출력 구동기의 하나이다.

공압 구동기는 매우 작고, 견고하며 높은 출력을 생성하는 것이 가능한 장점이 있으나 압축공기를 공급하기 위한 공기압축기 혹은 공기저장 탱크와 같은 부대 장비가 필요하다는 것과 공기 자체가 압축성이므로 빠르고 정밀한 움직임을 생성하기가 어렵다는 단점이 있다. 실제로 Mckibben Muscle을 사용한 로봇팔이나 보행 로봇 등이 지속적으로 발표되고 있으나 실용화에는 아직까지 시간이 필요하다. 비행체와 같은 응용 분야에는 소형 엔진이 사용되기도 한다.

또한, 이보다 소형, 혹은 Micro/Nano Scale의 용도에는 Piezo, SMA(Shape Memory Alloy), EAP(Electro Active Polymer) 등이 응용되고 있다. 특히 EAP의 경우 모터와 같은 기존의 구동기를 대체할 만한 새로운 구동기술로서 최근에 관심을 끌고 있다. EAP의 경우 마이크로/나노 응용에서는 이미 충분하게 실용성이 입증되어 있으며 최근에 들어서 Milli/Macro Scale의 응용 분야에서 본격적으로 모터를 대체하기 위한 구동수단으로 연구가 시작되고 있다.

EAP 중에서 Dielectric Elastomer, Conducting Polymer, IPMC(Ionic Polymer Metal Composite) 같은 구동기들은 Milli/Macro 영역에서도 이미 실용성이 높은 기술로 인정을 받고 있다. 인간의 근육과 같은 큰 힘을 낼 수 있는 응용 분야에는 Dielectric Elastomer가 가장 빠른 시일 내에 상용화될 것으로 보이며 미국의 SRI, 이탈리아의 Pisa대학, 국내에서는 성균관대 등에서 가능성이 있는 로봇 응용사례를 보고하고 있다.

IPMC에 관해서는 일본의 EMAX사가 실용화에 나서고 있으며 최근에 마이크로렌즈 구동기, 인공수족관 등의 제품을 발표하고 있다.

Conducting Polymer의 경우 미국의 MIT대학, 캐나다의 British Columbia 대학, 일본의 이화학연구소등에서 연구개발을 수행하고 있으며 빠른 시일 내에 응용 가능한 기술의 개발이 가능할 것으로 예상된다.

로봇의 구동 시스템을 설계하기 위해서는 관련되는 요소부품들의 정합(Matching)관계에 대한 고려가 매우 중요하며 이 중에서 구동기 시스템의 선정이 가장 중요한 단계이다. 구동 시스템과 가장 밀접한 관계가 있는 또 하나의 중요한 요소는 에너지 공급원(Power source)이라고 할 수 있다. 전기에너지, 유압에너지, 공압에너지, 화학에너지 등 공급되는 에너지의 종류에 따라서 전체인 시스템의 성능이 결정되므로 로봇 구동 메커니즘은 항상 시스템의 관점에서 조망하는 것이 필수적이다.

4.2 모터의 구성

1) 모터의 정의

모터는 전기적 에너지를 기계적 에너지로 변환시켜 회전 또는 직선운동 동력을 얻는 기계로 시동 및 운전이 용이하고, 부하에 적합한 기종을 선택하기 쉽고, 소음 및 진동이 작고, 배기공해도 없는 소형 경량의 원동기이다.

2) 모터의 종류

(1) 전원종류에 의한 분류

① 교류전동기

교류(AC) 전원으로 동작하는 전동기. 예로서 유도전동기, 동기전동기, 교류 정류자 전동기 등이다.

② 직류전동기

전기자에 직류(DC)를 공급함으로써 회전하는 전동기. 자극 N과 S사이에 코일을 두고, 이 코일에 전류를 흘림으로써 생기는 토크에 의해 회전시킨다. 이 코일이 중성축을 통할 때마다 전류의 방향을 반전시켜 연속적으로 회전시킨다. 분권 전동기, 직권 전동기, 타려 전동기, 복권 전동기 등이다.

(2) 기능에 의한 분류

① 일정한 속도를 내는 모터

- 유도전동기(Induction Motor) : 회전하지 않는 고정자와 회전할 수 있는 회전자로 이루어지며, 고정자 권선에 회전 자계가 발생하는 전류를 공급하면 전자유도에 의해 회전자 권선에 유도전류가 흘러 토크를 발생하여 회전하는 전동기. 유도전동기는 보통 정류자를 갖지 않고, 정상 운전 상태에서는 동기 속도보다 느린 속도로 회전한다. 단상, 3상의 것이 있으며, 회전자의 구조에 따라 농형, 권선형으로 나눈다.
- Reversible Motor : 유도전동기의 일종이며, 우회전, 좌회전 어느 방향으로도 같은 특성이 얻어지게 되어 있는 모터이다. 원리적으로도 유도전동기와 같으나 빈번한 정역전에 견디고 큰 시동 토크를 얻기 위해 일반 유도전동기와 같이 주코일, 보조코일의 관계는 없다.

② 브레이크 모터(Brake Motor)

- 전자 브레이크 부착 모터
  - 무여자 작동형 전자 브레이크를 내장한 모터이다.
  - 제동이 확실히 작동하여 유지력을 얻을 수 있다.
  - 제동의 작동은 전원이 고장일 때에 작동하므로 안전하게 사용하는 브레이크로 적합하다.
- Brake Pack SB 시리즈
  - Induction Motor, Reversible Motor 전용의 순시제동용 회로의 전자 Brake이다.
  - 유접점 Brake Pack과 무접점 Brake Pack 2종류가 있다.

- 속도조절 모터
  - 유비트 형태 : 속도제어기와 모터를 간단하게 접속하여 사용할 수 있는 형태이다.
  - 플러그 인 형태(Plug in Type) : 속도제어기와 모터를 따로 하여 속도제어기와 모터를 사용 용도, 사용 목적에 따라 맞게 선택하여 사용할 수 있는 형태이다.

3) 감속기의 개요

(1) 감속기의 정의

기어(GEAR)를 이용한 속도변환기로써 구동원의 회전수를 필요한 회전수로 감속하는 동시에 큰 토크를 얻을 수 있는 기구적인 장치이다.

(2) 감속기의 특징

- 소형으로 전달 능력이 크다.
- 미끄러짐이 생기지 않아 감속비가 매우 일정하다.
- 내구성이 있다.
- 감속비를 광범위하게 선택한다.

(3) 감속기의 종류

① 외형의 크기

- 60mm 기어 헤드
- 70mm 기어 헤드
- 80mm 기어 헤드
- 90mm 기어 헤드

② 축교차 방향

- 2축이 평행한 경우 : 평치차, 헬리칼치차, 내치차 등
- 2축이 한 점에서 교차하는 경우 : 베벨치차 등
- 2축이 엇갈리는 경우 : 나사치차, 웜치차 등

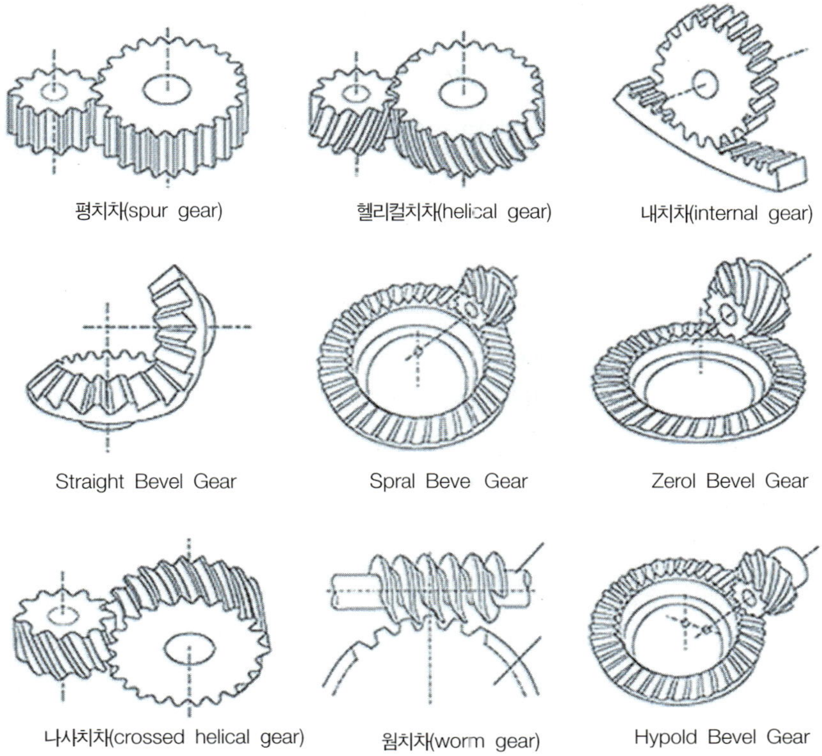

[그림 4-1]
감속기의 종류

4) BLDC(Brushless DC) 모터 기술

(1) BLDC모터의 정의

브러시(Brush)가 부착된 DC모터에서는 정류자와 브러시(Brush)의 접촉에 의해서 코일에 전류를 흐르게 함과 동시에 전류시키는 기능을 하지만, 브러시(Brush)가 마모되는 단점이 있다. 그러나 브러시 없는 직류(Brushless DC) 모터는 브러시(Brush)를 사용하지 않고 비접촉의 위치검출기와 반도체소자로서 통전 및 전류시키는 기능을 바꾸어 놓은 모터이다. 따라서 브러시 없는 직류(Brushless DC) 모터의 토크발생 원리는 DC모터의 경우와 같은 형태이다.

(2) 브러시 없는 직류(BLDC)모터의 구조

① 회전기의 구조

브러시 없는(Brushless) 직류(DC) 모터를 구조면에서 분류하면 권선으로의 통전은 브러시(Brush) 등 접동요소를 사용하지 않는 고정식으로 하기 때문에 자계를 만드는 마그네트 회전기를 어디에 배치하느냐에 따라서 자로의 구성방법, 권선의 배치방법이 변한다.

② 회전자 위치 검출장치

브러시가 부착된 DC모터와 같은 모양으로 전류의 방향과 자속의 방향을 직교시키기 위해 마그네트 모터 위치를 정확하게 파악해서 그 신호에 의해 권선에 전류를 흐르게 하기도 하고 차단하기도 할 필요가 있다. 그 기능이 회전자 위치 검출장치이다. 검출수단으로서는 광소자와 자기저항소자, 그밖에 다른 것들이 있지만 소형이면서 가격이 싸다는 점에서 홀소자가 가장 실용화되어 있다. 모터의 발열에 의해 고온 하에 있기 때문에 온도특성이 좋은 갈륨비소와 같은 것이 주류이다. 홀소자는 반도체에 전류를 흘리고 전류와 직각방향으로 자계를 주면 직각방향으로 홀전압을 발생하는 것이다.

〈표 4-1〉 BLDC모터의 종류 및 특징

종 류	구 조	특 징
외부 회전자형 Brushless DC모터	모터의 외주 측으로 회전자를 배치, 모터의 내주 측으로 회전자계를 만든다.	• 회전자의 관성 모멘트가 크므로 정속도 주행에 유리하다. • 마그네트를 비교적 크게 할 수 있으므로 고효율, 고토크화하기 쉽다. • 권선의 1코일 평균길이가 짧게 되어 손실 절감, 고효율화하기 쉽다. • 회전자 지지기구가 복잡하다. • 밀폐구조로 하기 어렵다.
내부 회전자형 Brushless DC모터	모터의 내주 측으로 회전자를 배치, 모터의 외주 측으로 회전자계를 만든다.	• 회전자의 관성 모멘트가 Outer Rotor에 비하여 작다. • 모터 구조를 비교적 간단하게 구성할 수 있다.
축대칭 간격형 Brushless DC모터	축방향의 두께를 비교적 얇게 한 원판상의 모터 회전자의 전기자를 축방향으로 나열한 구조	• 축수 간 간격이 짧기 때문에 공작의 정확을 요함. 축수구조도 복잡 • 권선과 전기자를 분리 Slotless 구조로 함. • 회전율을 저감시킬 필요가 있는 곳에서 많이 사용되고 있지만, 권산의 밸런스를 작게 하여야 할 필요가 있다.

③ 마그네트

Brushless DC모터에 사용되는 마그네트로는 소형 모터에 있어서는 그 대부분이 성능과 가격면에서 페라이트 마그네트가 주류이지만 최근에는 그것보다도 한층 더 성능이 좋은 플라스틱 네어듐을 사용하는 체적효율(경박 단소화)을 보다 높인 방향이 보이고 있다.

④ 구동회로

Brushless DC모터는 통전, 전류(轉流)의 기능은 반도체로 구성된 구동회로를 모터의 내부 또는 모터의 외부로 접속해서 최초로 회전한다. 회전의 논리는 위치검출을 해서 홀소자에서의 신호를 인버터용 트랜지스터의 베이스로 구동하기 위한 분배기능을 한다. 더욱 이 회전의 논리회로는 회전수에 비례한 펄스를 발생하고 동시에 회전수의 피드백 신호로 해서 이용할 수도 있다.

(3) BLDC모터의 특징

〈표 4-2〉
BLDC모터의 장단점

구분	내용
장점	기계적 정류기구를 전자화(무접점화)한 것에 대해 • 전기적 노이즈(불꽃), 기계적 노이즈가 작다. • 신뢰성이 높고 수명이 길다. • 고속화가 용이하다. • 기기의 고밀도화에 따른 요청에 용이하게 대응된다.(형상, 구조의 자유도화 → 경박단소화 → 기전일체화) • 기기의 다기능화에 쉽게 대응된다.(일정 속도제어, 가변 속도제어 등)
단점	모터에 영구자석을 사용하므로 • 저관성화에는 제한이 있다. • 일반적으로 페라이트 자석을 사용할 경우가 많으므로 체적당 토크가 적다.(이 결점을 개선하기 위해 예를 들면 에너지곱이 높은 회토류 자석을 사용하는데 비용이 높아진다.) • 정류기구를 전산화하기 위해 반도체 회로를 필요로 하여 비용이 높아진다.(이 결점은 최근의 반도체 기술의 진보에 의해 개선되어 가고 있다.)

(4) 모터의 선정방법

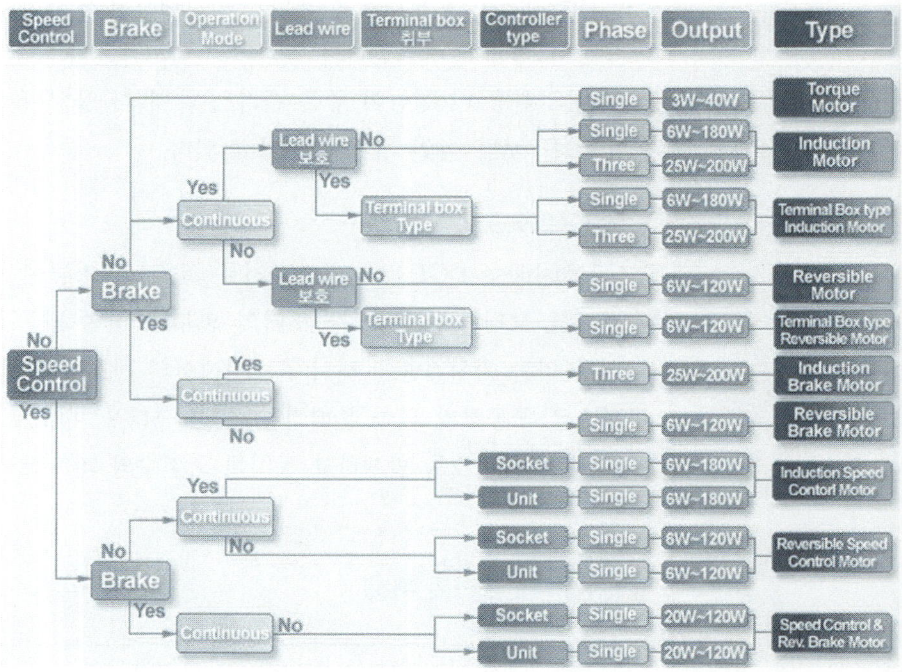

[그림 4-2]
모터의 선정방법

모터의 선정방법에서 고려할 점은 속도제어(speed control), 브레이크(Brake)의 여부, 동작모드(Operation Mode), 리드 와이어(Lead wire)의 보호 여부, 터미널 박스(Terminal Box)형태, 제어기(controller)형태, 위상(Phase), 출력(Output)에 따라서 모터의 종류를 선정할 수 있다.

4.3 DC모터

1) 기반지식

(1) DC모터의 기본 원리

그림과 같이 자극 N, S 사이에 있는 코일 abcd에 직류전원으로부터 브러시

(brush) B1, B2 , 정류자편(commutator) C1, C2를 통하여 전류를 흘리면, 코일 ab와 cd에 각각 아래, 위로의 힘이 발생(플레밍의 왼손법칙)하여 결국 시계방향의 토크가 생겨 코일전체가 시계방향으로 회전하게 된다.

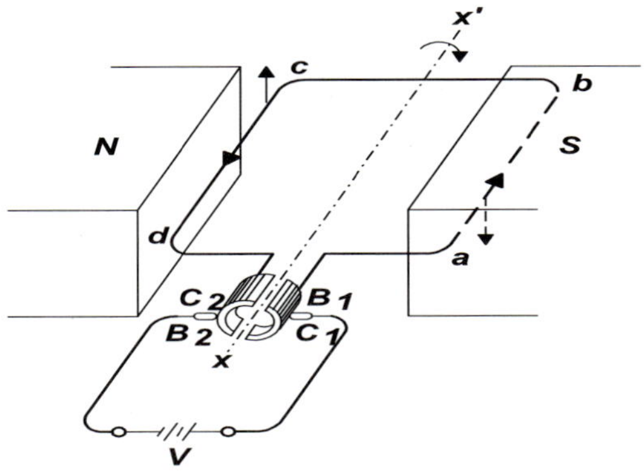

[그림 4-3]
DC모터 동작원리

(2) DC모터 구동(제어)방법

일반적으로 DC모터는 구동전압이 수 volt에서 수백 volt, 구동전류는 수십 mA에서 수십 A로 큰 구동전력(power)을 필요로 한다. 이러한 DC모터를 TTL IC 또는 OP앰프와 같은 비교적 소전력의 소자로 구동하기 위해서는 전력 트랜지스터(이하 TR로 표기) 또는 전력 MOSFET와 같은 전력소자를 이용해야 한다.

전력 TR을 이용한 모터 구동방식에는 대표적으로 리니어(linear) 구동방식과 PWM(pulse width modulation) 구동방식이 있다. 리니어 구동방식에서는 TR을 활성화 영역에서 동작시켜 베이스전류에 따라 증폭된 콜렉터 전류로 모터를 구동한다. 이 방식은 비교적 구동회로가 간단하나 TR에서의 전력손실이 크고 큰 방열판을 필요로 하여 회로 크기가 커지는 단점이 있다. 이에 반해 PWM 구동방식은 TR을 ON-OFF영역(또는 Saturation-Cutoff영역)에서 동작시켜 TR에서의 전력손실을 작게 하는 방식이다.

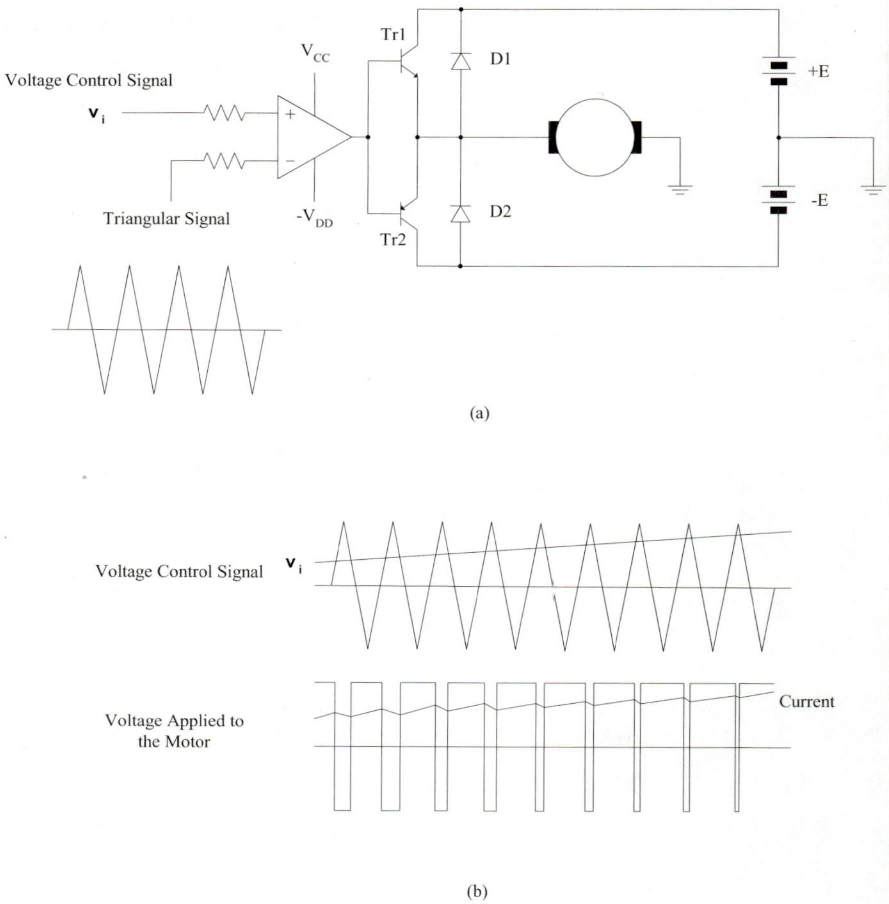

[그림 4-4]
PWM 구동방식 원리

H-브리지형 PWM 구동방식은 단일 전원을 사용하고 4개의 TR을 H자 형태로 배치한 PWM 구동방식이 널리 사용되고 있다. 이러한 H-브리지형 PWM 구동방식의 회로는 다음과 같이 구성된다.

TR1과 TR2를 PWM 모드로 스위칭하고 TR3는 OFF, TR4는 ON시켜 모터에 인가되는 전압이 +E 또는 0전위가 되도록 한다. 반대로 TR3과 TR4를 PWM 모드로 스위칭하고 TR1이 OFF, TR2가 ON일 경우는 모터에 인가되는 전압이 -E 또는 0전위가 된다. 이렇게 단일 전원으로 모터의 정역 회전방향 제어가 가능하다.

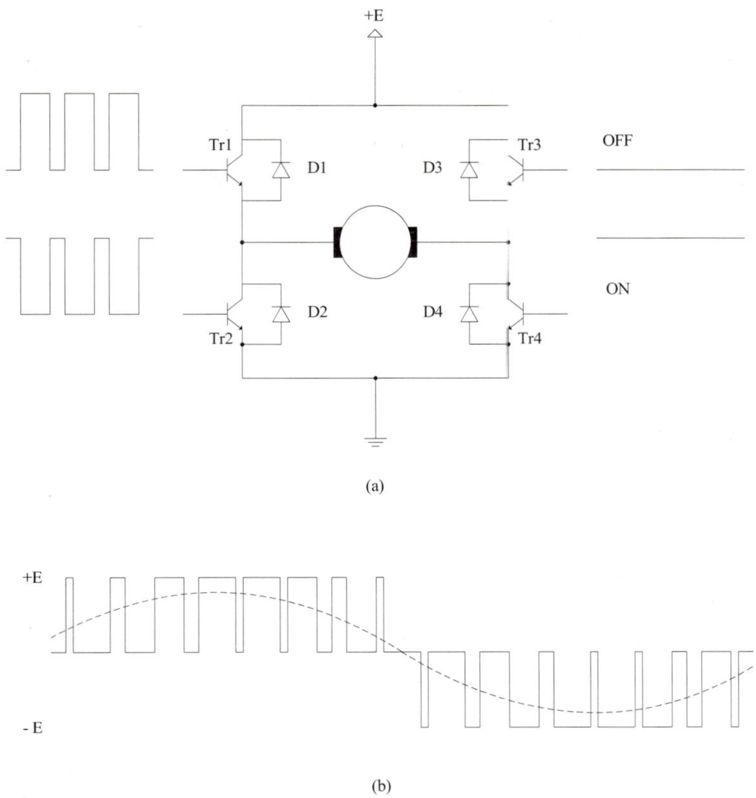

[그림 4-5]
H-브리지 PWM

(3) PID 제어

제어변수와 기준 입력 사이의 오차에 근거하여 계통의 출력이 기준 전압을 유지하도록 하는 피드백 제어의 일종으로, 비례(Proportional)제어와 비례적분(Proportional-Integral) 제어, 비례미분(Proportional-Derivative) 제어를 조합한 것. P제어(비례)는 기준신호와 현재 신호 사이의 오차신호에 적당한 비례상수 이득을 곱해서 제어신호를 만든다.

I 제어(비례적분)는 오차신호를 적분하여 제어신호를 만드는 적분제어를 비례제어에 병렬로 연결해 사용한다. D제어(비례미분)는 오차신호를 미분하여 제어신호를 만드는 미분제어를 비례제어에 병렬로 연결하여 사용한다. 자동화 시스템의 반응을 측정할 뿐 아니라 반응을 제어할 때도 사용되는 제어 방법이며, 온도, 압력, 유량, 회전속도 등을 제어하기 위해 쓰이며 과도 상태의 특성 등 PI나 PD 제어의 문제점들을 개선할 수 있다.

① 단순 On/Off 제어

단순한 On/Off 제어의 경우에는 제어 조작량은 0%와 100% 사이를 왕래하므로 조작량의 변화가 너무 크고, 실제 목표값에 대해 지나치게 반복하기 때문에 목표값의 부근에서 凸凹를 반복하는 제어로 되고 만다. 이 모양을 그림으로 나타내면 [그림 4-6]과 같이 된다.

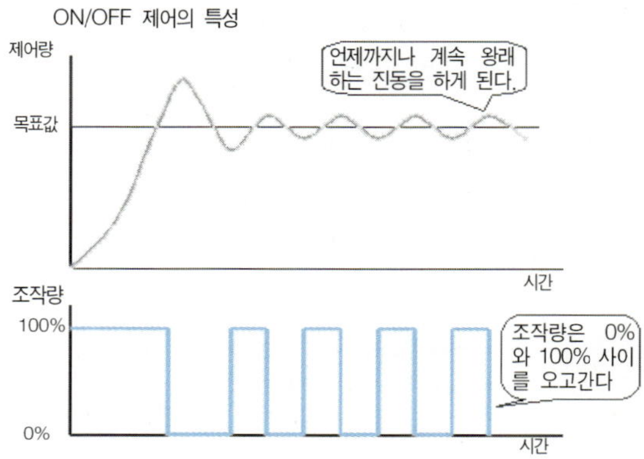

[그림 4-6]
ON/OFF 제어의 특성표

② 비례(P)제어

이에 대해 조작량을 목표값과 현재 위치와의 차에 비례한 크기가 되도록 하며, 서서히 조절하는 제어 방법이 비례제어라고 하는 방식이다. 이렇게 하면 목표값에 접근하면 미묘한 제어를 가할 수 있기 때문에 미세하게 목표값에 가까이 할 수 있다. 이 모양은 [그림 4-7]과 같이 나타낼 수 있다.

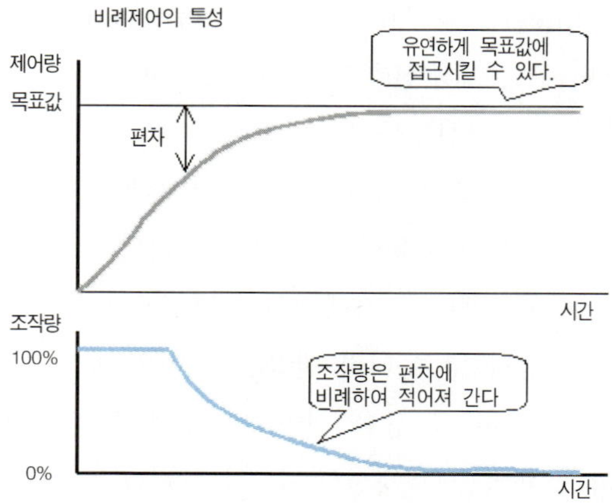

[그림 4-7]
비례제어의 특성표

③ PI 제어

비례제어로 잘 제어할 수 있을 것으로 생각하겠지만 실제로는 제어량이 목표값에 접근하면 문제가 발생한다. 그것은 조작량이 너무 작아지고, 그 이상 미세하게 제어할 수 없는 상태가 발생한다. 결과는 목표값에 아주 가까운 제어량의 상태에서 안정한 상태로 되고 만다. 이렇게 되면 목표값에 가까워지지만 아무리 시간이 지나도 제어량과 완전히 일치하지 않는 상태로 되고 만다. 이 미소한 오차를 "잔류편차"라고 한다. 이 잔류편차를 없애기 위해 사용되는 것이 적분제어이다.

즉, 미소한 잔류편차를 시간적으로 누적하여 어떤 크기로 된 곳에서 조작량을 증가하여 편차를 없애는 식으로 동작시킨다.

이와 같이 비례 동작에 적분 동작을 추가한 제어를 "PI 제어"라 부른다.

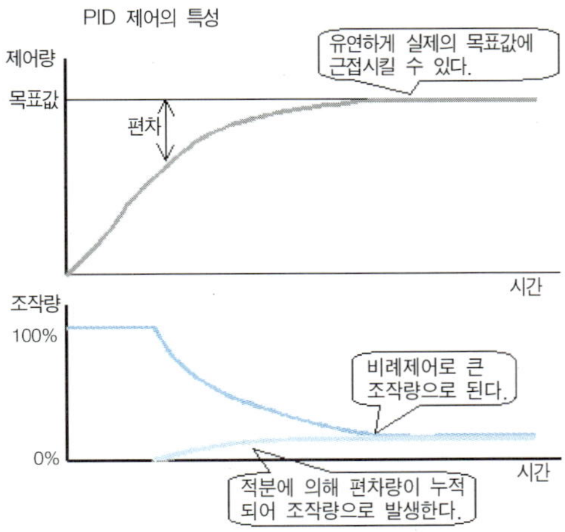

[그림 4-8]
PID 제어의 특성표(1)

④ 미분(D) 제어와 PID 제어

PI 제어로 실제 목표값에 가깝게 하는 제어는 완벽하게 할 수 있다. 그러나 또 하나 개선의 여지가 있다.

그것은 제어 응답의 속도이다. PI 제어에서는 확실히 목표값으로 제어할 수 있지만 일정한 시간(시정수)이 필요하다. 이때 정수가 크면 외란이 있을 때의 응답 성능이 나빠진다.

즉, 외란에 대하여 신속하게 반응할 수 없고, 즉시 원래의 목표값으로는 돌아갈 수 없다는 것이다. 그래서 필요하게 된 것이 미분 동작이다.

이것은 급격히 일어나는 외란에 대해 편차를 보고, 전회 편차와의 차가 큰 경우에는 조작량을 많이 하여 기민하게 반응하도록 한다. 이 전회와의 편차에 대한 변화차를 보는 것이 "미분"에 상당한다. 이 미분동작을 추가한 PID 제어의 경우 제어특성은 [그림 4-9]와 같이 된다. 이것으로 알 수 있듯이 처음에는 상당히 over drive하는 듯이 제어하여 신속히 목표값이 되도록 적극적으로 제어해간다.

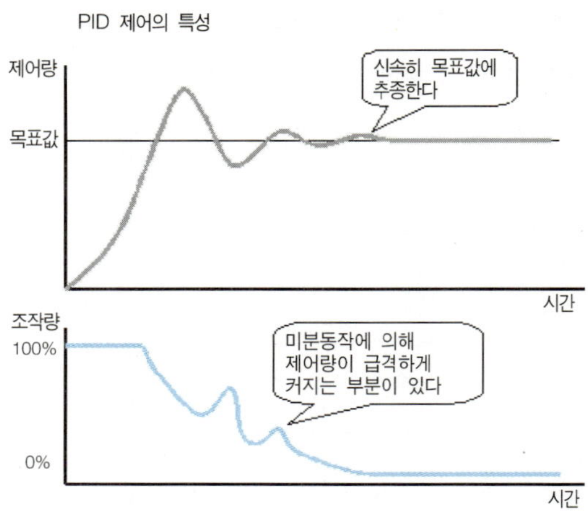

[그림 4-9]
PID 제어의 특성표(2)

⑤ 컴퓨터에 의한 PID 제어 알고리즘

원래 PID 제어는 연속한 아날로그량을 제어하는 것이 기본으로 되어 있다. 그러나 컴퓨터의 프로그램으로 PID 제어를 실현하려고 하는 경우에는 연속적인 양을 취급할 수 없다. 왜냐하면, 컴퓨터 데이터의 입출력은 일정시간 간격으로밖에 할 수 없기 때문이다. 게다가 미적분 연산을 착실히 하고 있는 것에서는 연산에 요하는 능력으로 인해 고성능의 컴퓨터가 필요하게 된다. 그래서 생각된 것이 샘플링 방식(이산값)에 적합한 PID 연산방식이다.

샘플링 방식의 PID 제어의 기본식은 다음과 같이 표현된다.

조작량 = Kp × 편차 + Ki × 편차의 누적값 + Kd × 전회 편차와의 차
(적분항) (미분항)

기호로 나타내면

$$MVn = MVn-1 + \Delta MVn$$
$$\Delta MVn = Kp(en-en-1) + Ki\ en + Kd((en-en-1)-(en-1-en-2))$$

MVn, MVn−1 : 금회, 전회 조작량
ΔMVn : 금회 조작량 미분
en, en-1, en-2 : 금회, 전회, 전전회의 편차

이것을 프로그램으로 실현하기 위해서는 이번과 전회의 편차값만 측정할 수 있으면 조작량을 구할 수 있다.

⑥ 파라미터를 구하는 방법

PID 제어방식에 있어서의 과제는 각 항에 붙는 정수, Kp, Ki, Kd를 정하는 방법이다.

이것의 최적 값을 구하는 방법은 몇 가지 있지만, 어느 것이나 난해하며 소형의 마이크로컴퓨터로 실현하기 위해서는 번거로운 것이다(tuning이라 부른다). 이 파라미터는 cut and try로 실제 제어한 결과에서 최적한 값을 구하고 그 값을 설정하도록 한다.

참고로 튜닝의 수법을 소개하면 스텝 응답법과 한계 감도법이 유명한 수법이다. 또, 프로세스 제어 분야에서는 이 튜닝을 자동적으로 실행하는 Auto tuning 기능을 갖는 자동제어 유닛도 있다. 이것에는 제어 결과를 학습하고, 그 결과로부터 항상 최적한 파라미터값을 구하여 다음 제어 사이클에 반영하는 기능도 실장되어 있다. 여기서 스텝 응답 법에 있어서 파라미터를 구하는 방법을 소개한다.

우선, 제어계의 입력에 스텝 신호를 가하고, 그 출력 결과가 [그림 4-10]이라고 하자(파라미터는 적당히 설정해 둔다).

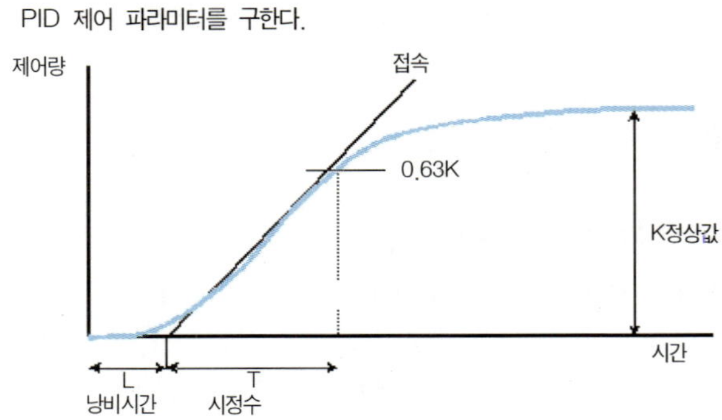

[그림 4-10]
PID 제어 파라미터

[그림 4-10]과 같이 상승의 곡선에 접선을 긋고, 그것과 축과의 교점, 정상 값의 63%에 해당하는 값으로 된 곳의 2점에서 L : 낭비시간, T : 시정수, K : 정상 값의 3가지 값을 구한다.

이 값으로부터 각 파라미터는 다음 표와 같이 구할 수 있다.

제어 동작 종별	Kp의 값	Ki의 값	Kd의 값
비례 제어	0.3~0.7T/KL	0	0
PI 제어	0.35~0.6T/KL	0.3~0.6/KL	0
PID 제어	0.6~0.95T/KL	0.6~0.7/KL	0.3~0.45T/K

이 파라미터에 범위가 있지만 이 크기에 의한 차이는 특성의 차이로 나타나며 [그림 4-11]과 같이 파라미터가 많은 경우에는 미분, 적분 효과가 빨리 효력이 나타나므로 [그림 4-11]의 목표값보다 큰 그래프와 같이 overshoot이 크게 눈에 띈다. 파라미터가 작은 쪽의 경우는 목표값보다 작은 선의 특성과 같이 된다.

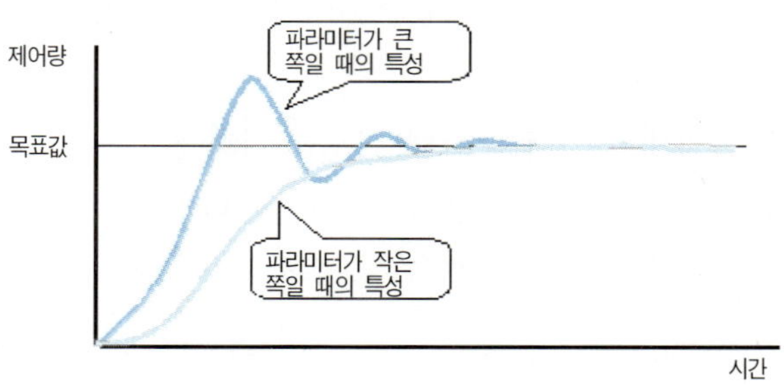

[그림 4-11]
PID 제어 파라미터에 의한 특성의 차이

⑦ 인코더의 원리

로터리 인코더는 모터의 회전수 그리고 회전속도를 검출하기 위한 장치이다. 인코더의 종류에는 인크리멘탈형, 절대치(앱솔루트)형이 있다.

⑧ 인크리멘탈형

Zero상 신호 Z를 가지고 있는 A, B 출력형 인크리멘탈 인코더의 구조도이다.

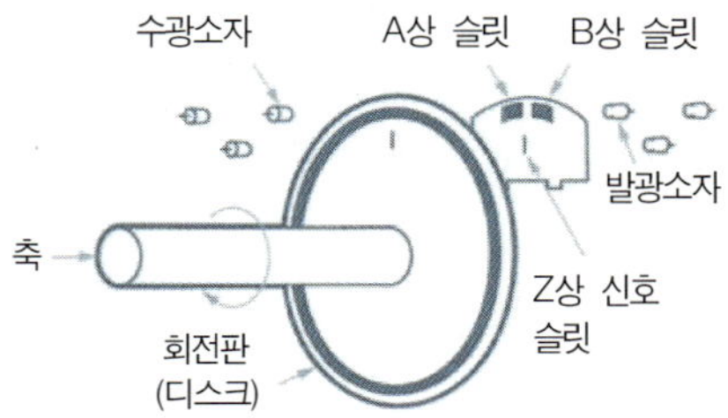

[그림 4-12]
인크리멘탈 인코더 구조

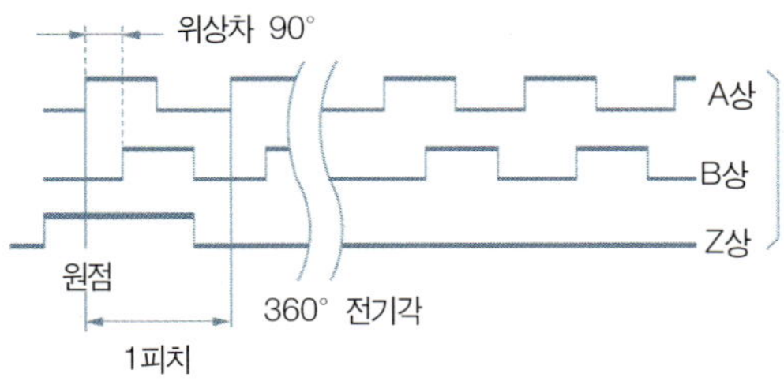

[그림 4-13]
출력 파형

LED로부터 광투사된 광선은 회전 디스크의 슬릿을 통과한 뒤 고정 슬릿판의 A, B, Z에 해당하는 각각의 슬릿을 통과하여 A, B, Z의 수광소자에서 검출된다. 고정 슬릿판상의 A, B의 슬릿은 90°의 위상차를 갖도록 배치되어 있으며, 파형이 정비된 전기적 신호출력도 90°의 위상차를 갖는 구형파로 된다.

인크리멘탈 인코더는 구조가 간단하고 가격이 싸며, 출력 전선의 개수도 작아서 신호전달이 간단하다. 인코더의 출력 펄스는 축의 회전위치의 절대치를 나타내지는 않고 축의 회전한 각도에 비례한 펄스수가 얻어지는 것이며, 절대치 표시를 수행하는 경우는 인코더 출력 펄스를 카운터에 축적한 것으로 표시한다. 사용상의 주의점은 신호전달 중의 노이즈를 카운터에 축적하는 결점이 있기 때문에 노이즈 대책을 충분히 세워야 될 필요가 있다. 또 전원이

끊어진 경우에는 다시 전원을 투입하여도 원래 위치의 표시는 불가능하게 되기 때문에 충분히 주의를 기울여야 한다. 인크리멘탈 인코더는 인코더 자체에서 단지 펄스열을 발생하기 때문에 회전속도를 검출하기 위한 아날로그 신호를 얻기 위해서는 인코더의 출력 펄스수를 펄스 주파수에 비례한 아날로그 신호로 변환하여야 한다. 보통 인크리멘탈형 인코더의 회전 반향 감지 및 분해도를 증가하기 위해 두 개의 광당속기를 1/4위상차를 두도록 배치한다. [그림 4-14]에서 시계 방향(CW)과 반시계 방향(CCW)으로 휠이 회전할 때 광단속기에서 발생하는 파형을 보이고 있다. 각각의 광단속기를 각각 채널 A와 채널 B라고 명명하며, 이 두 채널의 신호파형을 이용하여 회전 방향을 판별할 수 있다.

⑨ 절대치(앱솔루트)형 인코더

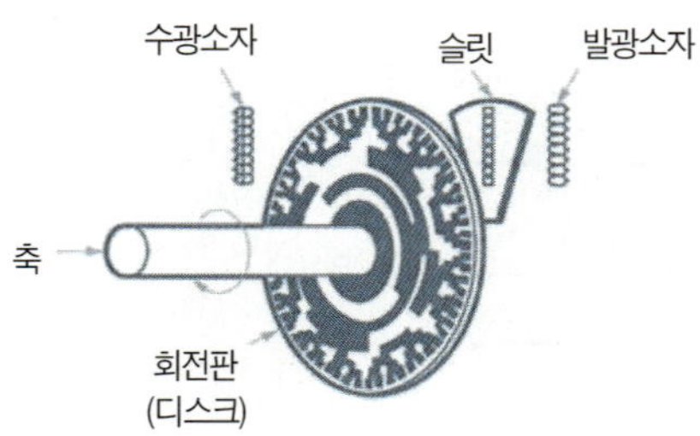

[그림 4-14]
절대치형트 인코더 구조

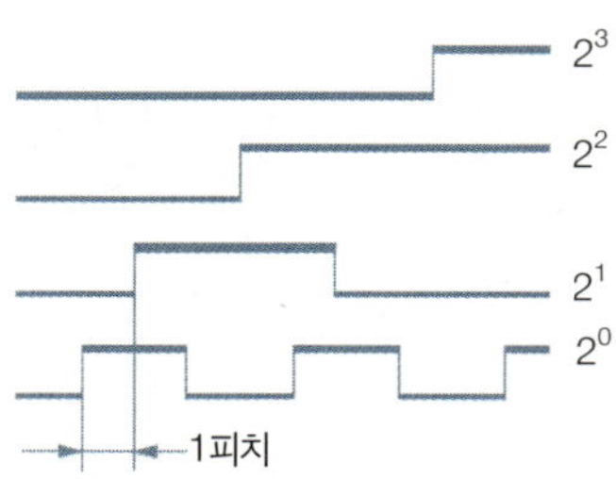

[그림 4-15]
출력 파형

절대치형 인코더의 기본적인 구성은 인크리멘탈형과 동일하다. 회전 디스크의 슬릿은 2진 부호열로 되어 있는데, 회전 디스크의 바깥둘레를 최하위 비트로 하고 중심을 향하여 필요한 비트(행)수만큼의 슬릿이 동심원상으로 배치되어 있다. [그림 4-14]은 절대치형 인코더의 구조도이다.

절대치형 인코더는 명칭 그대로 입력 측의 절대위치를 검출할 수 있기 때문에 신호 전송중의 노이즈에 의해 오차가 누적되지 않으며, 또 전원이 단절되어 재투입하는 경우에도 인크리멘탈형에서처럼 원래 위치를 잃어버리지 않고 정상적으로 올바른 현재 위치를 검출할 수가 있다. 단점으로는 비트수가 많아지면 출력 신호선의 수가 많아져 구조상 소형화, 저가화가 어렵다는 것을 들 수 있다.

2) DC모터의 구현사례

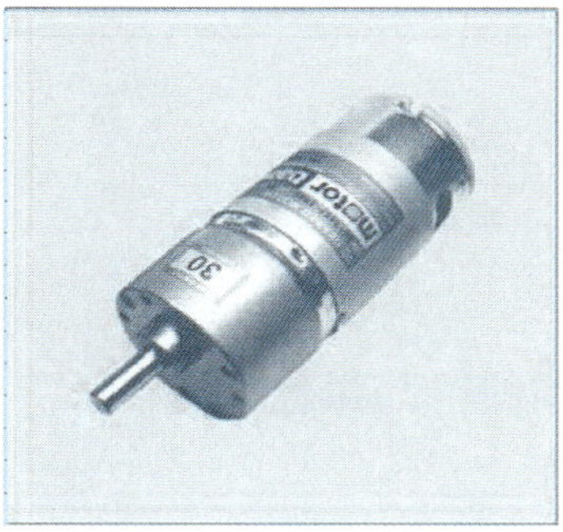

[그림 4-16]
DC모터

① 타이밍 풀리 : 쌍방향 구동 모듈과 타이밍 벨트로 동력전달
② 연결 : 메인제어 모듈과 연결
③ 각도 디스크 : 각도제어시 각도 표시

DC모터는 기어박스(기어헤드), DC모터, 인코더가 포함이 되어 있는 일체형 모터이다. 모터 구동 및 제어회로는 메인제어모듈에 내장 되어 있다.

메인제어모듈의 모터 드라이버 IC, PID 제어 IC가 포함이 되어 DC모터 제어를 담당한다. 동시에 2개의 DC모터를 제어할 수 있다.

4.4 스텝 모터

1) 기반지식

(1) 스텝 모터의 동작원리

고정자측에서 자계를 회전시키고 그 힘으로 회전자를 기계적으로 회전시킨다. 이 때 고정자의 자계회전을 펄스 신호에 따라서 스위칭하여 순서적으로 바꿔나가면 스텝 모터는 한 스텝씩 회전한다.

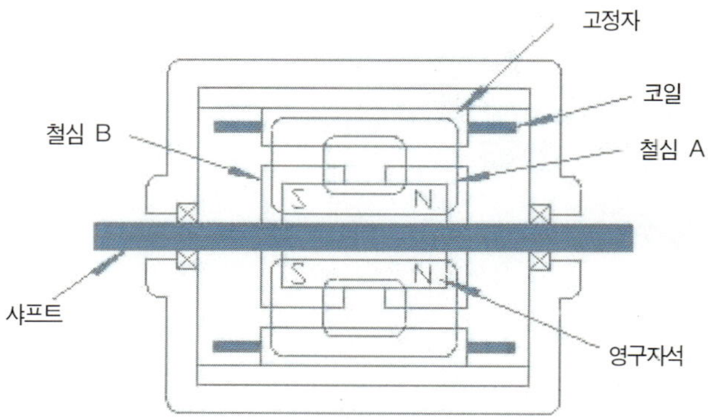

[그림 4-17]
스텝 모터의 구조

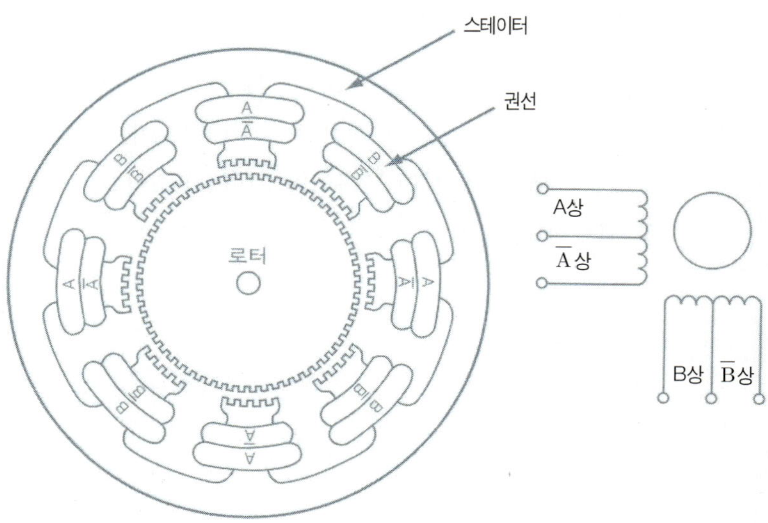

[그림 4-18]
스텝 모터의 단면

고정자의 A상이 N극에 자화되어 회전자의 S극에 끌어당겨져 정지되어 있다. 다음으로 B상을 N극에 자화하여 A상의 자화를 풀면 회전자는 B상과 마주보도록 끌어당겨져 시계방향으로 90° 회전하여 정지한다. 이와 같이 자화하는 극을 A상, B상, $\overline{A}$상, $\overline{B}$상으로 순차적으로 바꾸어감으로써 스텝 모터는 회전과 정지를 계속해나간다.

(2) 모터 구동방법

고정자 코일에 흐르는 전류를 여자전류라 한다. 1상 스텝 모터는 전기적으로 A상, B상, $\overline{A}$상, $\overline{B}$상의 4개의 고정자 권선이 있다. 이들 상에 동시에 몇 개의 상에 여자전류를 흐르게 하는지에 따라 여자방식이 결정된다. 2상 스텝 모터의 여자방식에는 1상 여자, 1-2상 여자, 2상 여자의 3종류의 여자방식이 사용된다.

권선에 한쪽방향으로 전류를 흘려주는지, 양쪽방향으로 전류를 흘려주는지에 따라 유니폴라 구동방식과 바이폴라 구동방식으로 나뉜다. 유니폴라 구동방식은 권선 중간에 센터 탭을 이용하는 것으로 센터 탭을 통해 각 상에 전류가 한쪽 방향으로만 흐르게 된다. 바이폴라 구동방식은 H-브리지 회로를 사용하여 전류의 방향을 바꾼다. 센터 탭을 사용하지 않고 권선을 전부 사용하므로 유니폴라 방식에 비해 큰 토크를 얻게 된다.

로봇 키트 모듈에서는 제어가 간단한 바이폴라 1상 여자방식의 구동방식을 선택했다. 스텝 모터 각 상에 [그림 4-19]와 같은 펄스열을 입력하면 모터는 한 스텝씩 회전을 한다.

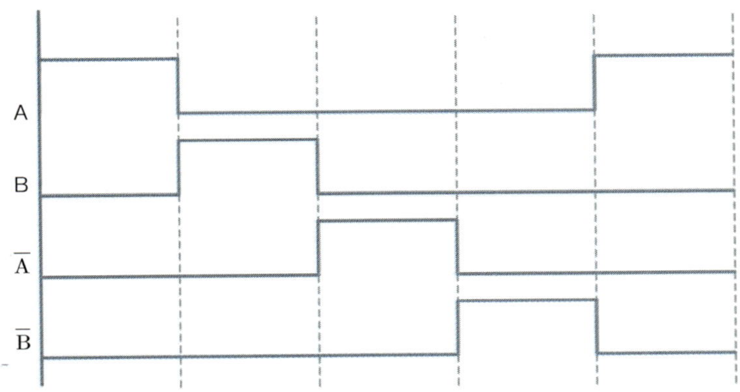

[그림 4-19]
유니폴라 1상 여자

스텝 모터의 제어회로는 펄스를 인가하여 각 상의 여자신호를 발생시키는 여자신호 발생부와 신호를 받아서 권선에 여자전류를 흘려주기 위한 구동부 회로로 구성된다. 마이크로컨트롤러에서는 방향신호와 펄스열을 발생시킨다.

2) 스텝 모터의 구현 사례

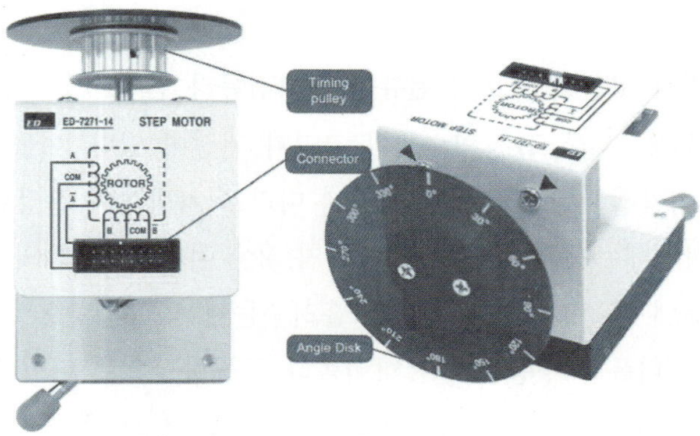

[그림 4-20]
스텝 모터의 구성

① 타이밍 풀리 : 양방향 구동 모듈과 타이밍 풀리로 동력전달
② 연결 : 메인제어 모듈과 연결
③ 각도 디스크 : 각도제어시 각도표시

메인제어모듈에는 다음과 같은 스텝 모터 구동회로가 내장되어 16pin 플랫케이블로 모터만 연결해주면 바로 구동이 가능하다. 여자 시퀀스 발생부의 IC는 L297, 전류구동부는 SLA7024M을 사용한다. 마이크로컨트롤러에서 방향신호, 그리고 회전수에 해당하는 펄스열만 입력해주면 스텝 모터는 회전한다.

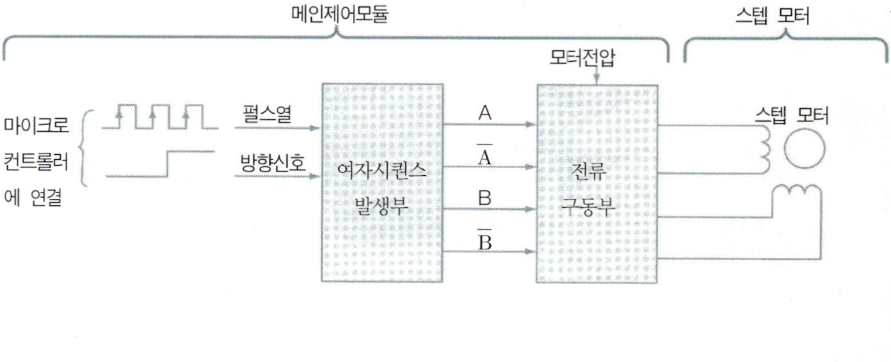

[그림 4-21]
스텝 모터 구동회로

4.5 RC모터

1) 기반지식

(1) RC 서보모터

서보모터는 주어진 신호에 의해서 일정한 각을 유지하거나 일정한 위치를 유지하는 모터를 말한다. RC 서보모터는 일반적으로 무선조종 자동차 모형 비행기에 조향장치 등으로 많이 사용하는 모터이다. 서보모터에 일정한 PWM 신호를 넣어주면 일정각도를 유지한다. 동작영역은 약 0~180°이다.

[그림 4-22]
RC Servo Motor 외형

(2) RC 서보모터 구동방법

[그림 4-23]과 같이 RC 서보모터에는 3개의 선이 있다. 각각 GND(검정), VCC(빨강), PWM(노랑, 흰)이다. 보통 전원은 4~6V에서 동작을 한다. 모터의 동작은 PWM 입력선으로 일정 주기의 펄스 신호를 주면 모터가 -90 ~ 90°의 사이에서 동작을 한다.

20ms의 주기로 1.5ms의 신호를 넣어주면 0°의 각도로 동작을 하고, 0.7ms일때는 -90°, 2.3ms의 신호를 넣어주면 90°로 동작을 한다. 이밖에 다른 각도 제어한다면 0.7ms~2.3ms까지 다른 펄스의 신호를 넣어주면 된

다. 펄스를 입력해주는 도중 신호가 중단된다면 모터는 각도 제어를 실행하지 않게 된다.

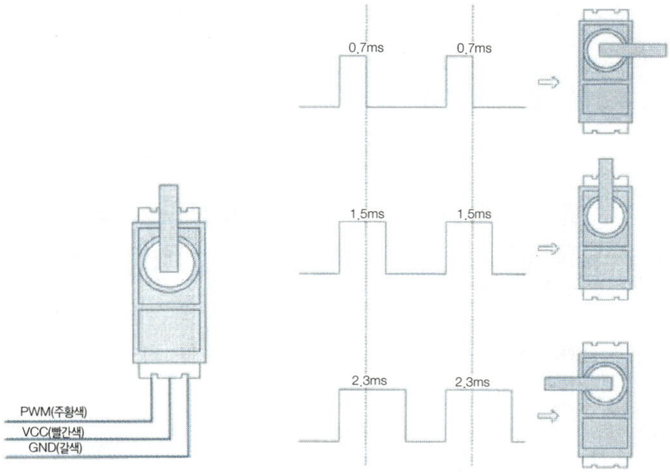

[그림 4-23]
RC모터 제어 펄스

2) RC모터의 구현사례

RC모터는 RC 서보모터 2개와 USB 카메라로 구성되어 있다.

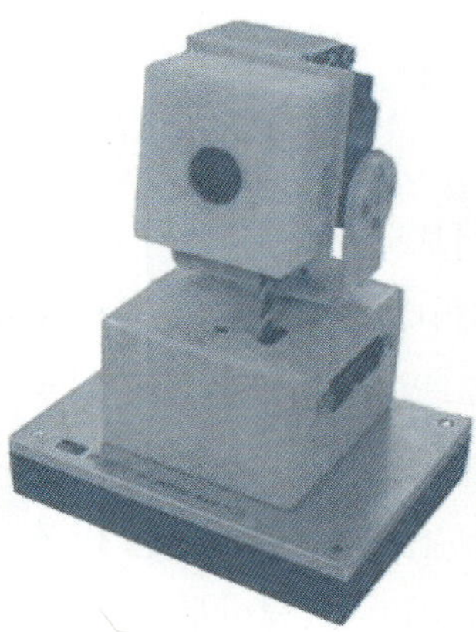

[그림 4-24]
RC모터

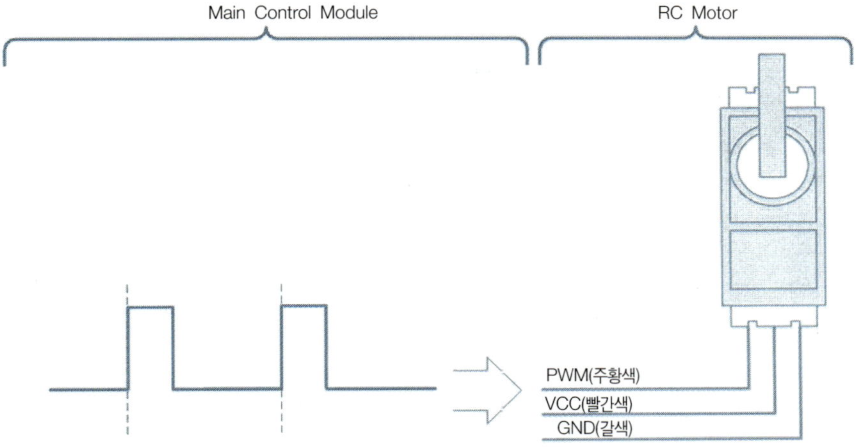

[그림 4-25]
제어방법

메인컨트롤 모듈에서 RC 서보모터 제어 펄스를 출력하여 모터 제어가 가능하다. 메인컨트롤 모듈과 RC모터 모듈은 16핀 플랫케이블로 연결하면 두 개의 RC 서보모터를 제어할 수 있다.

Chapter

05

지능형 로봇 제어 시스템

5.1 제어 시스템의 개요 및 종류

1) 제어 시스템의 개요

산업용 로봇의 기본적인 구성요소와 운동에 관련된 머니퓰레이터, 동력공급 장치, 제어기, 운동의 유형, 그리고 경로제어에 대해 간략히 기술하였다. 이 장에서는 로봇의 작동과 제어 시스템을 다룬다.

모든 로봇은 지능제어 기능이 필요하다. 그 기능의 형태는 매우 간단하고, 비교적 제한된 형태로부터 다양한 작업조건과 환경의 변화에 대해 계속적인 적응 기능을 갖춘 매우 복잡하고, 정교한 시스템에 이르기까지 광범위하다. 그러한 제어 시스템에는 제어 기능을 수행하기 위한 다양한 종류의 컴퓨터, 다수의 마이크로프로세서, 기억 매개체(memory media), 다수의 입출력 포트, 절대식 및 증분식 인코더, 그리고 다양한 종류의 센서들이 포함되는 것이 필요하다.

로봇을 작동하기 위해서는 로봇이 가지는 여러 개의 링크의 위치, 로봇의 작업이 제대로 수행되는지의 여부, 환경의 상태, 그리고 작업조건들을 검출할 필요성이 있을 수 있다. 경우에 따라서는 센서들이 로봇 내에 설치되기도 하고, 머신 비전(machine vision), 음성인식, 그리고 초음파 거리측정기처럼 부속물의 형태로 로봇에 부착되어 전체 로봇시스템에 통합되어 작동되기도 한다.

2) 제어 시스템의 종류

일반적으로 제어 시스템은 통상 개루프(open-loop) 시스템과 폐루프(closed-loop) 시스템이라 불리는 두 가지 종류로 분류된다. 두 가지 모두 산업용 로봇에 사용된다. 개루프 시스템의 한 예로 스테핑 모터를 들 수 있다. 스테핑 모터의 제어신호는 바로 모터의 위치를 지정하며, 피드백(feedback)은 없다. 현재 폐루프 시스템으로는 두 가지 종류가 사용되고 있으며, 각각 비서보(nonservo)와 서보(servo)라 불리어진다.

이들은 모두 피드백 신호를 사용한다. 로봇 작동의 이해를 돕기 위해 이 두 가지 종류의 제어 시스템을 상세히 기술한다.

서보라는 단어는 계속적으로 위치를 제어하는 장치를 의미한다. 비서보 로봇은 종착점 또는 원하는 위치에 도착했는지를 검출하기 위해 리미트 스위치(limit switch)를 사용한다. 서보 시스템은 토봇이 움직이는 경로에 따라 연속적인 위치정보를 제공한다.

개루프와 폐루프의 개념은 모든 종류의 로봇 머니퓰레이터에 관련해서 사용될 수 있다. [그림 5-1]은 서로 다른 다섯 가지 종류의 로봇 제어기들의 블록선도를 나타낸다. (a)에서 보이는 첫 번째 형태는 피드백 신호를 사용하지 않는 개루프 축제어기를 나타낸다. (b)에서 보이는 두 번째 형태는 on/off의 피드백 신호만을 받는 비서보 제어기를 나타낸다. 이러한 형태는 제어기가 최근 일반적으로 사용되는 모든 종류의 개루프 제어기로서, 부분적으로는 요소별로 폐루프 관절제어가 이루어진다.

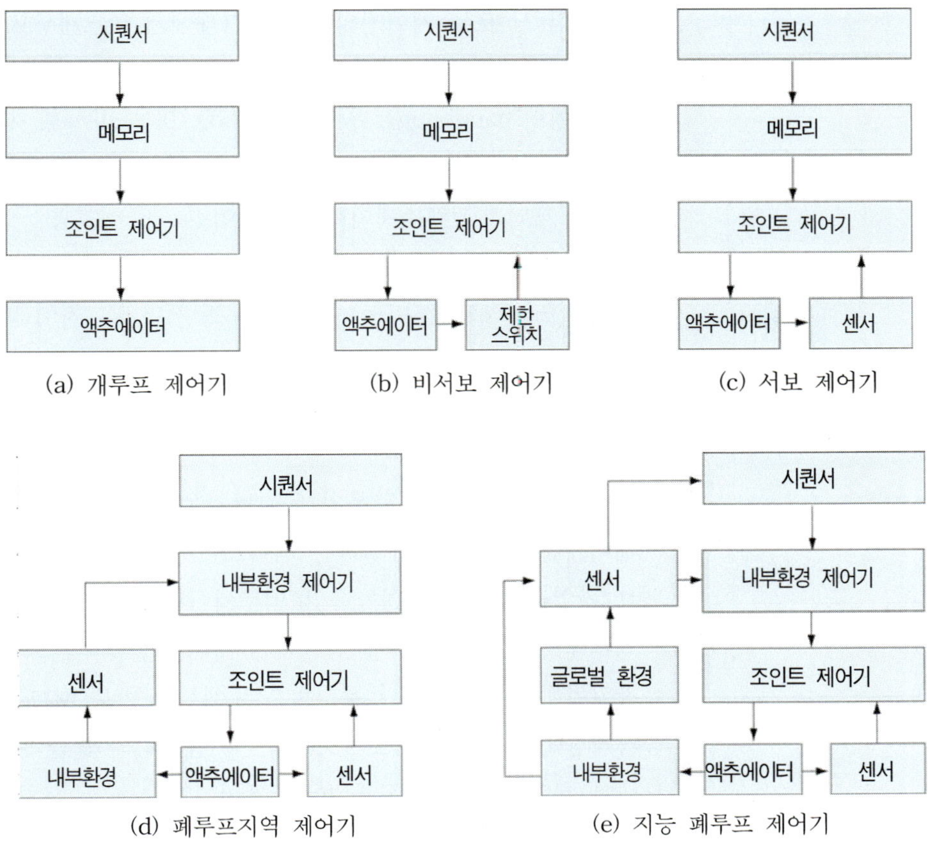

[그림 5-1] 로봇 제어기의 5가지 형태

세 번째 형태인 [그림 5-1](c)는 각 축에 대하여 서보모터와 피드백을 사용하는 서보제어기를 나타낸다. 널리 이용되는 이러한 형태의 제어는 지역적인 환경을 측정하기 위한 위치 및 속도 센서를 사용하여 피드백 정보를 제공한다.

네 번째 형태인 [그림 5-1](d)는 전체적인 피드백 제어를 위해 지역적인 환경과 광역적인 환경, 모두에 대한 센서를 갖추어 보다 지능적인 제어를 가능하게 하는 폐루프 시스템이다. 이러한 종류의 제어는 산업용 로봇에 아직까지는 적용되지 않고 있다.

[그림 5-1](e)에 보여지는 마지막 다섯 번째는 지능 폐루프 제어기로서 지역 센서와 광역 센서들이 로봇의 작업을 생성하고, 수정하는 데 사용된다. 이러한 형태의 제어기는 현재 연구단계에 있다. 지능적인 로봇은 시각과 촉각(visual and tactile) 센서 등을 통해 작업환경의 변화를 감지할 수 있고, 의사결정 능력에 의해 적절한 동작을 수행할 수 있다.

[그림 5-1] 로봇 제어기의 5가지 형태에서 (a) 개루프 제어기 : 구동신호는 액추에이터로 전달되지만 피드백은 없다. 예로는 스테핑 모터와 서보모터가 있음. (b) 뱅뱅(bangbang), 온오프(on-off), 또는 비서보 제어기 : 구동신호는 액추에이터로 전달되지만, 지정된 위치에 도달했을 때에만 피드백 신호가 있다. (c) 서보 제어기 : 액추에이터로 보내어진 구동신호는 구동축에서 측정된 신호와 비교되어 운동을 제어한다. (d) 폐루프지역 제어기 : 잘 조직된 방식에 의하여 모든 축을 제어한다. (e) 지능 폐루프 제어기 : 지역 및 광역 센서들이 사용되어 로봇의 운동과 작업을 생성 및 수정한다.

(1) 비서보 로봇 동작

단축 제어용 비서보 로봇의 동작방식은 다음과 같다.

제어기는 축운동을 유발하는 제어 밸브에 신호를 주기 위해 사용된다. 제어 밸브가 열리면, 공압 또는 유압 액추에이터에 공기 또는 작동유가 공급된다.

액추에이터는 로봇 축을 움직이게 하며, 밸브가 열려져 있는 동안에는 축의 종착위치에 접촉함으로써 물리적으로 제한을 받을 때까지 계속 움직이게 된다. 종착지점에 설정된 리미트 스위치는 축 움직임의 끝을 알리는 신호를 제어기로 보내어 제어 밸브를 닫도록 한다. 제어기가 시퀀스 장치(sequencer)이거나 제어신호를 순차적으로 보낼 수 있는 장치라면 다음 단계로 넘어가서 제어기가 다음 출력신호를 내보내게 된다. 이 신호들은 로봇 머니퓰레이터의 액추에이터나 그리퍼(gripper)와 같은 외부장치의 액추에이터로 전달되게 된다. 이와 같은 과정은 순서대로 이루어져야 하는 모든 작업 단계들이 완료될 때까지 반복된다.

이러한 설계의 특징은 머니퓰레이터의 요소들이 경유 지점 또는 종착지점의 리미트 스위치에 도달할 때까지 움직이게 된다. 각 축의 멈춤 위치의 개수는 최소한 두 개 이상으로 구성되어 있어야 한다. 시작과 멈춤 위치들을 제공하기 위해서 중간 멈춤 위치를 가지는 것도 가능하다. 하지만 설치될 수 있는 멈춤 위치의 개수는 실제적으로 제한된다. 따라서 이러한 형태의 로봇은 도달할 수 있는 위치의 개수가 제한된다.

만약 6축 로봇의 각 축이 시작과 끝 위치만을 가진다면 이 로봇이 도달할 수 있는 위치의 개수는 26, 즉 64 군데의 위치로만 움직일 수 있다. 멈춤 위치에 도달할 때의 충격을 방지하기 위해 충격흡수기(shock absorber)나 부가적인 밸브가 감속을 위해 사용되기도 한다. 시퀀스 장치는 프로그래밍될 수 있고, 경우에 따라 외부 센서의 사용을 통해 수정될 수도 있다. 그러나 이러한 종류의 로봇의 경우에 작업능력은 고정된 위치에서 물체를 집어 올리고, 지정된 위치에 놓는 동작과 같은 단일 프로그램의 성능 수준으로 제한된다.

비서보 로봇의 몇 가지 특징들은 특정한 몇몇 작업들에 대해서는 매우 이상적이다. 이러한 특징 중 하나는 상대적으로 높은 속도를 보장한다는 것인데 이는 제어 밸브 자체가 공압 또는 유압 액추에이터의 최대 유체흐름을 이용하기 때문이다. 속도조정은 이 유체흐름의 양을 조절함으로써 이루어진다. 이러한 로봇들은 또한 저가이며, 작동 설치, 유지가 간단하고, 우수한 반복정밀도를 제공하며 높은 신뢰성을 가진다.

따라서 주로 정밀 주조(investment casting), 다이캐스팅(die casting), 컨베이어 운송, 적재(palletizing), 많은 부품들의 처리, 공작기계에서의 부재이송, 사출성형(injection molding)에서의 물류작업에 이러한 로봇들이 사용된다. [그림 5-2]는 전형적인 비서보 로봇을 보여준다.

비서보 제어 로봇인 Prab 로봇. 부품을 집고 놓는(pick and place) 작업에 효과적으로 이용되며, 우수한 반복정밀도와 적절한 가격이 특징이다. Prab 모델 6200 로봇은 독립적으로 작업이 가능한 2개의 팔이 있어, 고속의 부품이송과 특히 금속인쇄(metal stamping) 가공에 적절하다. Prab 모델 6200은 5개에서 9 개의 운동축이 있으며, ± 0.008의 반복 정밀도로 수 온스에서 70파운드까지의 부하중량을 조작할 수 있다.

이중 그리퍼(dual-gripper) 설계는 로봇이 완전히 회전할 필요없이 기계공구를 빼내고 장착할 수 있게 해준다.

비서보 로봇의 제어루프는 [그림 5-2]에 나타내었다. 비서보 로봇은 외부환경에 대한 적응성이 거의 필요없는 상황에서만 사용이 가능하다.

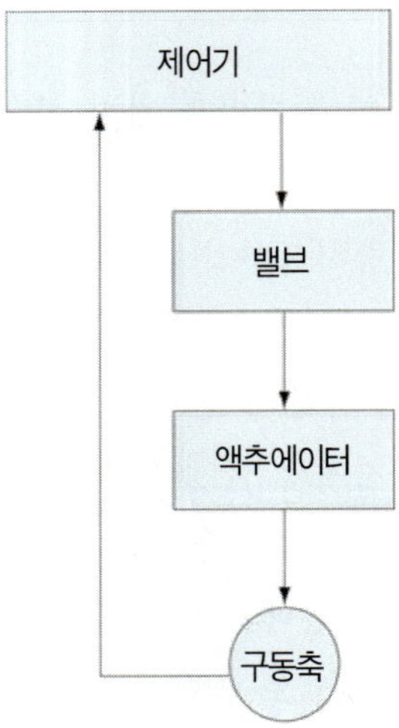

[그림 5-2] 비서보 로봇의 제어 루프

제어기는 액추에이터를 활성화시키는 밸브로 구동신호를 보낸다. 구동축이 지정된 위치에 도달하면 신호가 제어기로 전달되어 밸브를 닫는다. 이러한 형태의 제어는 단지 미리 지정한 위치에서만 로봇을 정지시킬 수 있다.

(2) 서보 로봇 동작

서보 로봇은 시퀀스 제어기로부터 주어지는 기준위치 신호를 받아 제어되는 기본적인 시스템을 가지고 있다. 또한 축위치의 측정장치는 현재위치와 비례하는 피드백 신호를 제공한다. 목표위치와 현재위치와의 차이는 오차신호라 불리어진다. 이 신호는 적절한 형태로 변환되어 액추에이터로 보내어진다. 만약 오차신호가 크다면 큰 신호가 액추에이터로 보내져서 빠르게 움직이게 된다. 오차신호가 영(zero) 이라면 목표위치에 도달하였다는 의미이므로 액추에이터에는 아무런 신호도 보내어지지 않는다. 적절한 설계가 이루어지면 이 피드백 동작은 매우 부드럽고, 신뢰성이 있는 동작을 보장한다.

보다 현대적인 제어기에서의 이러한 동작은 다음과 같이 설명될 수 있다. 실행 시작 시점에서의 제어기가 첫 번째 지령위치를 저장한 메모리에서 목표위치를 읽고, 축의 위치측정기로부터 실제위치를 얻는다. 목표위치와 실제위치는 감산되어 오차신호로 변환된다. 그리고 이 오차신호는 증폭되어 속도신호로 변환된다. 실제속도 신호는 태코미터(tachometer)와 같은 속도측정기에서 획득된다. 목표속도와 실제속도와의 차이는 또 다른 오차신호로 사용된다. 이 속도오차는 제어기로 보내져서 제어동작을 안정하게 할 수 있게끔 신호처리가 된다. 이 제어기의 출력은 증폭되어 로봇 팔을 움직이는 액추에이터를 제어하는 데에 사용된다. 위치와 속도 피드백 신호들은 로봇 축과 직접적으로 연관된다.

[그림 5-3]은 산업계에서 사용되는 서보 제어 로봇의 예를 보여준다. 서보 제어의 특징은 작업 가능영역 내의 어떠한 위치에도 로봇을 움직여 보낼 수 있다는 것이다.

액추에이터가 머니퓰레이터의 축을 움직임에 따라 피드백 신호들은 목표위치 데이터와 비교되어 새로운 오차신호들을 생성하고, 이 오차신호는 로봇을 제어하는 데 다시 이용된다. 이 과정은 오차신호가 허용값 내로 근접할 때까지 계속되고, 최종적으로 축은 목표위치에서 정지하게 된다. 그 이후 제어기는 다음의 목표궤적을 메모리에 읽고, 적절한 제어를 수행하며 전체 순서 또는 프로그램이 완료될 때까지 계속해서 같은 형태의 과정을 반복한다.

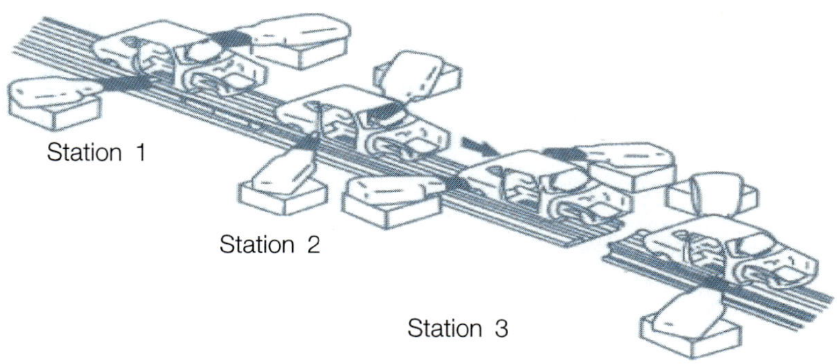

[그림 5-3]
서보 제어 로봇의 예

[그림 5-4]는 서보 제어 로봇을 위한 간단한 제어루프를 보여준다. 제어기는 제어의 기준이 되는 목표위치를 전송한다. 이 목표위치와 인코더나 태코미터와 같은 센서에 의해 측정된 실제위치와의 차인 오차신호는 전력증폭기를 거쳐 액추에이터의 구동에 사용된다. 오차신호가 영일 때 액추에이터는 정지한다.

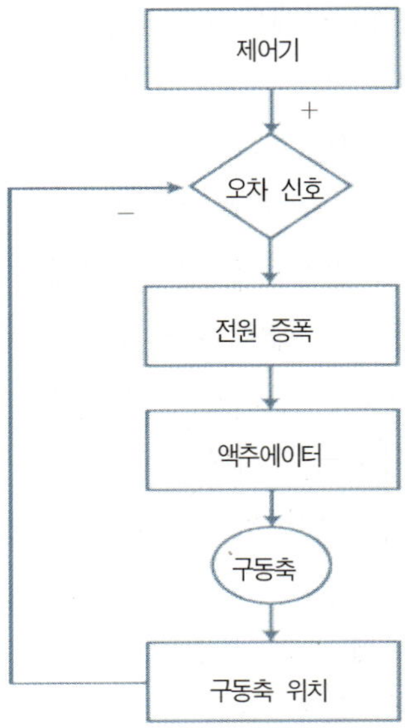

[그림 5-4]
서보 로봇의 제어루프

서보 제어 로봇의 주된 특징 중 하나는 작업 가능 영역 내의 어떠한 위치에도 도달할 수 있게 제어 가능하다는 것이다. 또한 프로그램된 위치들 간의 이동에 있어서 위치뿐만 아니라 속도, 가속, 감속을 제어할 수 있다. 현재의 많은 시스템들에서는 이동속도를 지령할 수 있어 정교한 운동을 가능하게 한다. 반복 정밀도는 영으로 인식되는 오차신호의 크기에 따라 변화할 수 있다. 이러한 특징들은 지령위치간의 경로를 부드럽게 연결하기 위해 사용되기도 한다. 서보 제어시스템은 유압, 전기구동 시스템에서 사용되어 왔으며, 최근에는 공압 구동 시스템에서도 사용된다.

작업경로 생성을 위한 프로그래밍 수단으로는 수동으로 지령위치를 삽입할 수 있는 교시 펜던트(teach pendant)를 이용하거나, 외부제어 또는 오프라인 프로그래밍(off-line programming)을 사용한다.

위치측정기의 피드백 신호 또는 말단장치(end effector)의 위치는 제어기인 컴퓨터의 메모리에 저장된다. 컴퓨터의 메모리 용량은 보통 수천 개의 지령위치를 충분히 저장할 수 있는 크기이다.

서보 제어 로봇의 특징들은 속도와 가속도의 제어에 따른 로봇의 부드러운 움직임에서 확연히 드러난다. 따라서 무거운 부하의 움직임을 무리없이 제어한다든지 또는 정교한 작업의 섬세한 동작들을 가능하게 한다. 서보 로봇은 작업 가능 영역 내의 어떠한 지점에라도 도달할 수 있으므로, 최대의 분해능을 지닌다. 더 나아가 대부분의 컴퓨터 제어기들은 매크로나 서브루틴 외에도 주프로그램들을 저장할 수 있고, 공구의 상태나 외부 신호에 따라 프로그램을 전송하는 기능도 갖고 있다. 이러한 복잡한 기능으로 인해 서보 제어 로봇은 비서보 제어 로봇보다 고가이다. 하지만, 그 뛰어난 유연성은 보다 다양한 작업들을 수행 가능하게 한다.

3) 계층제어 구조

로봇의 전반적인 제어는 작업흐름의 관리에서부터 경로 계획, 각종 센서 정보의 통합처리, 위치제어 지령 및 구동신호들의 제어를 망라하는 복합적인 문제를 포함한다. 이 문제를 간단하게 하고, 프로그래밍 시간을 단축하기 위한 한 가지 방법은 제어의 요소들을 각각의 단계별로 분리하여 계층적인 체계로 구성하는 것이다.

계층제어(hierarchical control)의 개념은 1977년 12월에 미국 국립표준국(National Bureau of Standards)에서 제안되었으며, 1981년에 Albus에 의해 채택되었다. [그림 5-5]는 계층제어의 개념을 도식적으로 보여준다.

이 계층구조의 최상위는 간단한 작업들로 나누어지고, 이 작업들은 다시 작업을 수행하기 위해 필요한 기본동작들로 나누어진다. 이 기본동작들은 다시 기준(world) 좌표계를 사용한 기초적인 동작명령들로 나누어진다.

이러한 위치명령들은 로봇 관절 위치지령으로 변환되어 로봇 액추에이터의 구동신호로 사용되게 된다. 각각의 계층에서의 정확한 작업수행을 위해서는 그림 왼편에 도시된 것과 같은 센서들이 필요하다. 서보 시스템에서는 관절 액추에이터의 위치와 속도정보가 필요하며, 정확한 좌표변환을 위해서는 모든 위치

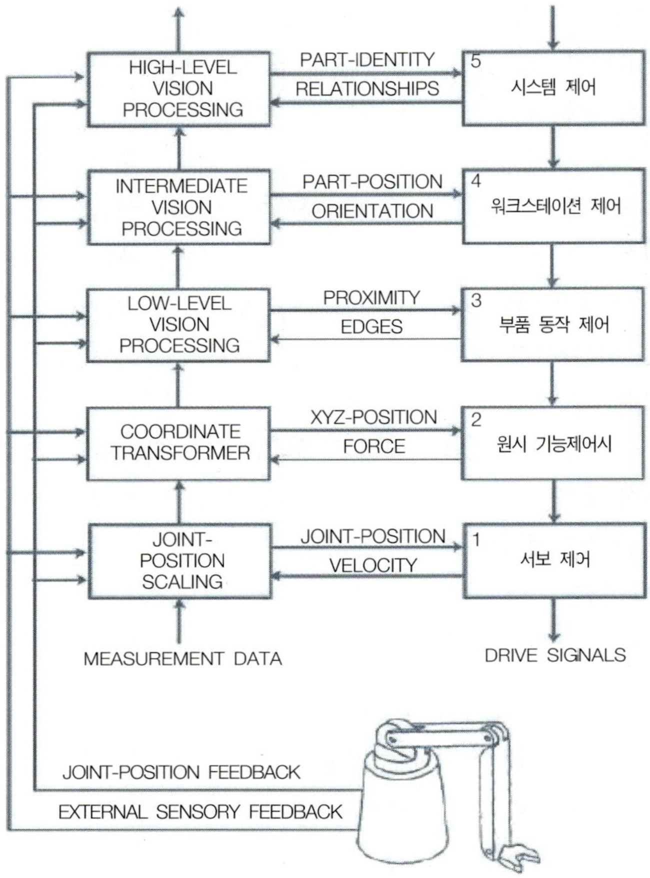

[그림 5-5]
계층제어의 개념

와 힘의 측정이 요구된다. 로봇의 동작을 계획하는 단계에서는 위치 또는 근접거리를 판단하기 위해서 하위 수준의 영상처리가 필요하다. 작업대상물의 위치와 방향을 판단하기 위해서는 보다 높은 수준의 영상처리 또는 촉각 센서가 필요하다. 장애물의 위치를 파악하고, 경로를 계획하고, 작업환경에서의 돌발적인 사건에 대응하기 위해서는 매우 높은 수준의 컴퓨터 영상처리가 필요하다.

이 시스템은 5개의 계층을 가지고 있으며, 각 상위계층은 컴퓨터 소프트웨어면에서는 복잡성이 증가되었음을 보여주지만, 작업 프로그램을 작성하는 면에서는 시간과 노력을 감소시켜줌을 보여주고 있다.

첫 번째 계층은 일반 로봇의 기본적인 서보 제어를 의미한다. 이 계층에 입력되는 항목은 관절의 목표위치와 현재의 관절위치 및 속도 피드백이다. 출력은 서보 액추에이터를 구동하는 제어신호가 되는 관절의 오차신호이다.

원시기능 제어계층인 두 번째 계층에서의 출력은 첫 번째 계층의 입력이 된다. 이 제어계층은 궤적정보를 생성하고, 센서에서 피드백된 정보를 처리한다. 또한 이 계층으로 인해 프로그래머는 다루기가 까다로운 로봇의 관절 좌표계 대신에 실제 작업좌표를 손쉽게 다룰 수 있고, 문제접근이 용이한 기준(world) 좌표계상에서 작업을 수행할 수 있게 된다. 이 계층에서 사용되는 전형적인 프로그램용 명령문은 MOVE TO(X, Y, Z)와 같은 종류이다.

계층 1에서는 이 상위 명령문을 APPROACH, DETECT, 또는 GRASP OBJECT와 같은 개별적인 관절위치 명령으로 해석한다. 이 명령들은 첫 번째 계층의 제어기로 보내어진다. 만약 GRASP OBJECT 명령문이 보내지면, 말단 장치에서 검출된 촉각 또는 힘은 두 번째 계층의 제어기로 피드백되어 파지동작(grasp)이 제대로 수행되었는지를 검증한다. 또한 그리퍼의 접근속도를 조정하기 위해 근접 센서가 사용되기도 한다. 두 번째 또는 그 이상의 상위계층에서의 해석능력을 구현하기 위해서는 디지털 제어기가 필요하다. 외부 센서와의 인터페이스 기능과 명령문의 해석기능은 두 번째 계층의 특징이다.

계층 체계상의 세 번째 계층은 몇 개의 원시 명령문을 하나의 단일한 명령문으로 표현할 수 있는 기능을 가진다. GET PART A와 같은 명령문은 APPROACH A, TEST B 등과 같은 몇 가지 원시 명령문들의 조합과 동일한 의미를 가진다.

최상위 계층인 계층 5는 MAKE K1과 같은 시스템 명령문을 사용하여 프로그래밍 작업을 수행할 수 있도록 설계되어 있다.

예를 들어, 모델 K1과 같은 몇 가지의 제품 모델을 조립할 수 있는 기능을 가진 부품 공급장치와 한 대의 조립용 로봇으로 구성된 조립 시스템을 생각해보자. 이 시스템의 로봇에 최종적인 명령문인 MAKE K1이 하달되면 시스템 제어계층(계층 5)은 개별적인 부품들의 검사와 조립을 수행하도록 하는 일련의 명령들을 워크스테이션 제어계층(계층 4)으로 보내게 된다. 워크스테이션 제어계층으로 보내어진 명령문들 중의 하나인 ASSEMBLE A는 해석과정을 통해 GET PART A와 같은 일련의 명령문들도 분리되어 기본동작 제어계층(계층

3)으로 보내어진다. 이 계층에서 GET PART A는 다시 APPROACH A, DETECT A, GRASP 등과 같은 일련의 명령들로 변환되어 원시기능 제어계층(계층 2)으로 보내어진다. 부품 A의 위치정보는 초기 셋업시에 컴퓨터에 저장되어 있다. 이 정보를 이용하여 컴퓨터는 로봇의 동작을 관장하는 서보 제어계층(계층 1)으로 보내어지는 관절위치 명령을 성성한다.

이 5계층을 가지는 계층구조의 로봇 제어기는 현재에는 아직 실현되지 않았지만 그 개념은 프로그래밍 시간을 단축시킬 것으로 믿어지고 있다. 미국 국립표준국에서 수행한 실험에 따르면, 세 개의 제어계층으로 이루어진 제어기를 가진 로봇의 프로그래밍 시간은 기존 제어기에 비해 2자릿수 정도 단축되었음을 밝히고 있다.

실제적으로, 로봇의 계층구조 제어개념은 다음과 같이 기술된다. 제어는 관절위치 명령을 받아 구동신호를 출력하는 계층 1에서 시작된다. 계층 1의 제어루프는 관절운동이 안정하게 제어되도록 하기 위해 대부분 위치와 속도측정기로부터 피드백을 받는다. 이를 실현하기 위한 계층 1제어기는 아날로그, 디지털, 또는 이 두 가지의 하이브리드 회로가 될 수 있다. 이 제어기의 구현에서는 안정도, 속도, 반복정밀도가 가장 핵심적인 설계사양이 된다. 계층 2제어에서는 MOVE TO(X, Y, Z)와 같은 명령이 입력되고, 이 범용 명령문이 각각의 관절위치 명령으로 변환되어 출력된다. 계층 3제어에서는 고수준의 명령문이 계층 2제어에 필요한 각각의 동작 단위 수준의 명령문으로 나뉘게 된다.

예를 들어, MOVETO(X, Y, Z) AT VELOCITY 30 INCHES/SECOND, DECELERATE AT 12 INCHES FROM OBJECT, GRASP UNTIL FORCE EQUALS 1 POUND라는 고수준의 명령문은 동작명령, 위치명령 그리고 파지명령으로 나누어지게 된다. 이 명령문을 실행하기 위해서는 관절위치 및 속도센서, 근접 센서, 그리고 촉각 힘 센서로부터 획득된 피드백이 필요하다.

계층 3보다 상위에 있는 계층들은 하위계층에 필요한 명령문을 생성하기 위해 보다 복잡한 작업 명령문과 고수준의 센서 정보를 이용한다. 예를 들자면, 선행 명령문의 실행 중에라도 로봇에 잡힌 물체의 위치와 방향 정보는 반드시 알려져야 한다. 이 정보는 시각 센서에 의해 획득될 수 있다. 만약 한 종류이상의 물체가 이용된다면 물체의 종류를 판별할 수 있는 수단이 있어야 한다.

또한 하나의 부품과 다른 물체 및 주위환경 사이의 관계에 대한 정보가 획득되어야 한다. 만약 한 물체가 다른 물체에 의해 가로 막혔다면, 이 장애물은 부품을 파지하기 전에 제거되어야 한다. 보다 고수준의 제어를 위해서는 위치명령들이 필요하다. 만약 장애물이 존재한다면 장애물들을 회피하기 위한 방법들이 필요하다. 하나의 경로가 확정되면, 실제로 로봇이 이를 추종할 수 있는지의 여부가 반드시 검증되어야 한다. 만일 경로가 확정되어 있지 않다면 반드시 경로를 확정시켜야 한다. 사용자로부터 MAKE A WELD와 같은 단일명령을 수령하여 이를 수행하기 위한 모든 하위명령들을 생성할 수 있는 상위계층의 제어라 할지라도 위와 같은 검증과정이 수행되어야 할 필요가 있다. 그러나, 이러한 개념을 할 수 있는 시스템을 구현하기 위해서는 보다 많은 연구가 필요하다.

현재, 로봇 제어 시스템의 하드웨어로는 일반적으로 마이크로프로세서를 기반으로 하는 제어기가 사용되고 있다. 제어기는 [그림 5-6]과 같은 계층구조로 구성되어, 관절의 운동은 각각의 관절을 담당하는 피드백 제어 시스템에 의해 따로 제어되며, 주제어기가 로봇 프로그램에 맞추어 모든 관절들을 통괄하여 로봇의 경로와 운동의 시퀀스를 제어하게 된다.

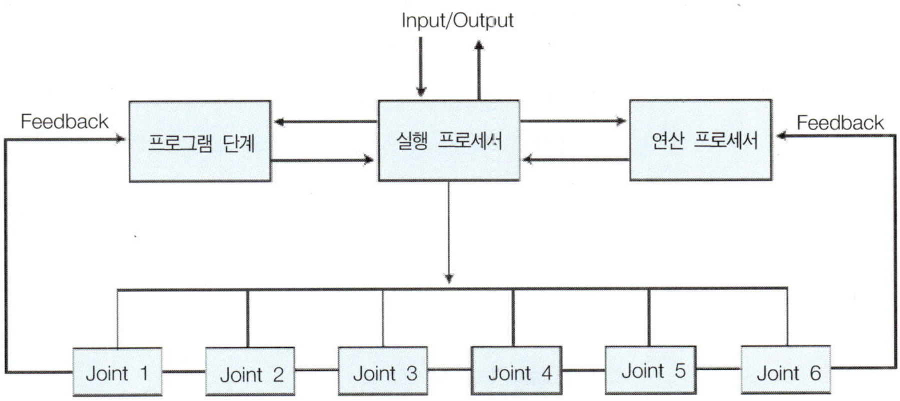

[그림 5-6] 마이크로프로세서를 사용하는 로봇 제어기의 계층제어 구조

4) 라인 추종

조립 라인은 하나의 제어개념이며 현재 산업현장에서 널리 이용되고 있고, 미래에도 사용될 예정이다. 이 개념의 특징은 하나의 작업을 작은 작업들로 분할 가능하다는 것이다. 주어진 원자재를 가공하여 완성품을 만드는 데 필요한 물류처리 과정이 하나의 예가 될 수 있다. 고정 설치된 산업용 로봇은 라인 추종기능(line tracking)에 의해 조립작업에 사용 가능하다. 라인 추종은 하나의 기계가 연속적으로 이동하는 컨베이어에 설치된 부품을 조작할 수 있는 기능이다. 라인 추종기능이 없다면 고가이며, 고속의, 종종 무거운 부하도 담당할 수 있는 왕복 시스템의 설치가 필요하다. 이러한 왕븍 시스템은 주컨베이어 라인에서 작업위치까지 부품을 운반하고, 다시 주라인으로 복귀시킨다. 만약 처리시간이 매우 길거나, 사용 로봇의 작업처리가 매우 제한되어 있다면 왕복 시스템이 필요하다. 그러나 라인 추종기능을 갖춘 로봇은 이러한 비생산적인 왕복작업을 제거하고, 생산 사이클 시간을 단축할 수 있게 한다.

산업용 로봇은 두 가지 방법으로 라인 추종에 사용된다. 이동 베이스 라인 추종 시스템에서는 로봇이 이동 베이스에 장착된다. 일반적으로 이 방법은 로봇이 주어진 부품에 대해 보다 오랫동안 작업을 할 수 있게 하지만, 고가의 베이스 이동 시스템이 필요하다. 두 번째 방법은 고정 베이스 라인 추종이다. 이 방법은 작업 대상물에 대한 로봇의 접근 가능영역을 좀더 넓게 해주고, 베이스 이동 시스템이 필요 없게 된다. 라인 추종을 위해서는 특별히 고려해야 할 사항이 있다. 가장 간단한 경우로는 정확한 위치 측정기가 컨베이어에 부착되어 있고, 거리를 스위칭할 수 있는 시스템에 부품이 설치된다. 프로그램은 고정된 부품에 대해 교시된다. 이 교시 프로그램은 이동하는 부품, 심지어 이동속도가 변화하는 부품에 대해서도 수행될 수 있게 된다.

5) 로봇의 동적 특성

로봇이 정확도와 반복정밀도의 측면에서 손목관절을 정확한 위치와 방향으로 움직일 수 있는 능력을 가지는 것은 거의 모든 산업현장의 응용 분야에서 중요시되는 제어의 특성이다.

로봇 동작을 적절히 규정하는 로봇의 중요한 특성들은 다음과 같다.

① 안정도(stability)
② 제어분해능(control resolution)
③ 공간분해능(spatial resolution)
④ 정확도(accuracy)
⑤ 반복정밀도(repeatability)
⑥ 컴플라이언스(compliance)

이러한 특성들은 서로 밀접하게 관계되므로 로봇의 설계시에 고려한다는 것은 본질적으로 복잡한 문제이다. 복잡한 상호관계는 또한 최적화를 어렵게 한다. 따라서 이 절에서는 로봇의 6가지 동적 특성들을 간략하게 설명하고, 관련되는 성능 특징들을 알아본다.

(1) 안정도

안정도(stability)는 로봇 공구(말단장치)의 운동에서 발행하는 진동에 관련된다. 진동이 작으면 작을수록 로봇의 동작은 안정하다. 진동의 부정적인 영향은 다음과 같다.

① 로봇 팔의 기계, 유압 그리고 다른 부분들에 대해 부가적인 마멸이 발생할 수 있다.
② 같은 동작의 연속적인 반복에서 공구의 경로가 달라지게 된다. 따라서 로봇 프로그램에서의 경로와 주변 물체간의 거리를 좀더 크게 할 것이 요구된다.
③ 공구를 정확한 위치에 놓이게 하는 데 소요되는 시간이 증가한다.
④ 공구가 프로그래밍된 멈춤 위치에서 오버슈트를 일으킬 수 있으므로, 시스템의 다른 물체와 충돌할 가능성이 있다.

진동은 감소 진동과 비감쇠 진동으로 구별된다. 감쇠 진동은 시간이 지남에 따라 작아져서 멈추게 된다. 비감쇠 진동은 크기가 일정하거나 커질 수 있고, 주변의 물체나 장치에 미칠 수 있는 잠재적인 위험성 때문에 매우 심각한 문제가 된다.

각각의 관절 서보들의 위치변화에 따른 관성과 중력 부하들의 변화는 로봇의 동작에 진동을 야기시킬 수 있다. 따라서 서보 액추에이터들은 위치(때로는 속도) 오차에 대해서 넓은 동적인 범위까지도 동작해야만 한다. 서보 액추에이터들은 사용된 액추에이터가 가지는 속도와 가속도의 한계에도 불구하고 모든 상황에 신뢰성 있게 동작해야 한다. 어떤 예외적인 조건들은 관절 서보 시스템을 극단적으로 불안정하게 할 수 있다. 예를 들면, 부하가 말단장치에서 갑자기 떨어져 나간 상황과 같은 경우이다. 이 예는 하나 또는 그 이상의 관절들에 대해 중력 부하가 스텝 변화를 보인 것으로서, 잘못 설계된 로봇 팔은 진동을 일으킬 수 있다. 또한, 하나의 관절의 운동은 다른 관절들에게 관성력, 원심력 그리고 코리올리힘(Coriolis force)의 다양한 조합으로 영향을 미칠 수 있다. 이러한 힘들에 대한 다른 관절들의 반작용은 원래의 관절에 힘으로 영향을 미칠 수 있고, 이것은 또 다른 진동의 잠재적인 원인이 된다.

마지막으로 제어기의 게인(gain) 은 매우 중요한 제어 시스템의 응답특성들을 결정짓는다. 이 특성들은 시스템이 외란에 응답할 때에 보여주는 감쇠 또는 불안정성의 유형을 나타낸다.

네 가지의 일반적인 조건들이 [그림 5-7]에 도시되어 있다. 제어기의 게인이 커짐에 따라 응답특성은 과감쇠(over damped), 임계감쇠(critically damped), 저감쇠(underdamped), 그리고 약한 저감쇠의 순서대로 변화한다.

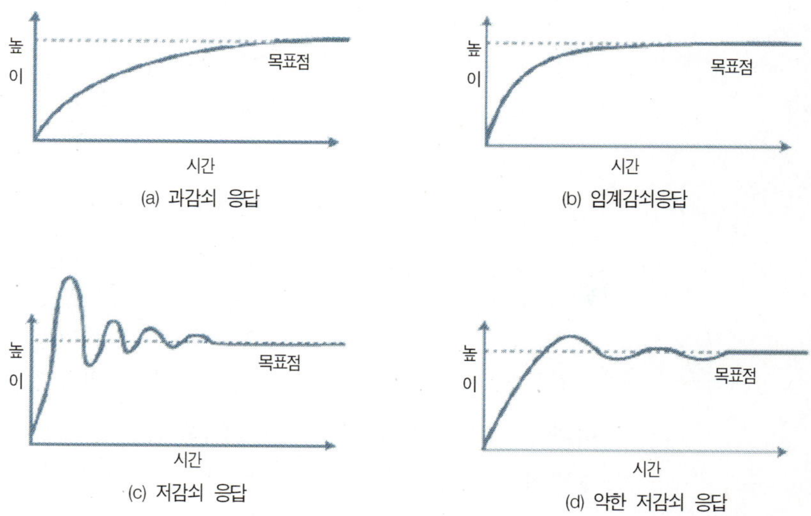

[그림 5-7]
로봇의 안정도와
응답 변화의 4가지 형태

분명한 것은 저감쇠나 과감쇠 응답 모두는 오차를 최소화하고자 하는 목적을 달성하지 못한다는 것이다. 따라서 최적의 응답은 임계감쇠나 약한 저감쇠가 될 것이다. 정확하게 어떤 감쇠가 최적인지는 제어대상의 요구조건에 따라 달라지게 된다.

진동문제를 해결하기 위한 방안으로는 두 가지의 방법이 제안되어 있다.

첫 번째 방법으로는 각각의 관절 서보들을 연속적으로 동작시키는 것이다. 수치제어 기계와 같은 몇몇 정교한 서보 시스템 설계에서는 부하의 유무에 관계없이 시작-정지와 같은 동작을 없앰으로써 진동을 방지한다.

두 번째 방법으로는 관절이 경유점 위치에 도달하는 첫 번째 순간에 로봇 제어기 각각의 관절을 독립적으로 로킹(locking)시키는 방법이다. 또한 관절이 그 목표위치의 지정된 범위 내에 도달하면 특수한 회로를 사용하여 관절의 운동을 감속한다. 이러한 형태의 로봇의 관절은 임의의 순서대로 로킹될 것이다. 모든 관절이 로킹되면 로봇 팔은 정지하게 되고 이후에 다음 위치로 이동할 수 있게 된다. 만약 공구의 위치 오차가 진동으로 인하여 충분히 커지면, 관절 서보는 공구를 원래 위치로 복구시키기 위해 다시 동작한다.

기술적으로는 공구의 위치가 주기적으로(30 또는 60초 단위의 주기이지만) 변화하므로, 하나의 불안정한 형태라 할 수 있다. 그러나 이러한 현상은 기계의 일상적인 동작의 일부분에 불과하고 아무런 문제가 되질 않는다.

(2) 제어분해능

분해능(resolution)은 로봇시스템 설계에 따라 결정되는 사양이며, 로봇이 작업 가능영역에서 수행하는 동작의 최소 증분단위가 된다. 이는 제어기에서 명령할 수 있는 최소한의 위치 이동량을 나타낸다고 할 수 있다. 또는, 제어 시스템이 측정할 수 있는 최소한의 위치 변화량을 나타낸다고도 할 수 있다.

머니퓰레이터에서 한 개의 관절의 단위의 분해능만큼만 차이가 있는 두 개의 위치는 인접하다(adjacent)고 말한다. 미끄럼 관절의 단위 위치변화는 공구가 작업 가능영역내의 어떠한 위치에 있든지 간에 등간격으로 이동한다. 따라서 XYZ의 기하학적 구조를 가지는 머니퓰레이터는 필연적으로 전 작업영역에 걸쳐 일정한 공간분해능을 가진다. 만약 로봇 팔이 작업영역 내의 한 장소에서 정밀한 작업을 수행하도록 교시되고, 작업대상물의 다른 부분에서도 같은 작업을 반복해야 한다면 이러한 특성은 중요한 성능이 될 수 있다. 이와 반대로, 회전 관절의 단위 위치변화는 관절 축에서 공구의 끝점까지의 수직거리에 비례하는 간격만큼 이동하게 한다. 최종적인 공구 팁의 위치에서의 각 위치오차는 로봇 팔의 펼친 길이에 의존한다. 회전 관절이 인접 위치로 이동할 때 로봇 팔이 펼치면 펼칠수록 공구 팁은 더 많은 거리를 이동하게 된다.

(3) 공간분해능

공간분해능(spatial resolution)은 기계적인 부정확성을 포함한 제어분해능이다. 공간분해능을 결정하기 위해서는 머니퓰레이터의 각각의 관절의 범위를 제어상에서의 단위 증분치의 수로 나누게 된다.

로봇의 공간분해능은 로봇이 작업공간을 나눌 수 있는 최소한의 이동 증분단위를 의미한다. 공간분해능은 시스템의 제어분해능과 로봇의 기계적인 부정확성, 이 두 가지 요소에 의해 결정된다. 1자유도의 로봇을 고려해 보면 보다 쉽게 이러한 개념을 이해할 수 있다.

제어분해능은 로봇의 위치 제어 시스템과 피드백 측정 시스템에 의해 결정된다. 제어분해능은 특정한 관절의 전체 운동범위를 제어기에서 지령할 수 있는 각각의 증분치의 단위로 분할하기 위한 제어기의 능력을 의미한다. 이 증분치의 지령가능 위치(addressable points)로 불리어지기도 한다. 관절을 증분치 단위로 분할하는 능력은 제어 메모리의 비트 저장능력에 따라 좌우된다. 특정 관절에 대해 분할 가능하고 인식이 가능한 위치들의 개수는 2^n의 식에 의해 주어진다. 여기서 n은 제어 메모리의 비트의 개수이다.

예를 들어, 8비트의 저장능력을 갖춘 로봇은 운동범위를 256개의 이산 위치로 분할할 수 있다. 제어분해능은 전체 운동영역을 증분치의 개수로 나눈 값으로 정의된다. 여기서는 시스템 설계자가 모든 증분치들의 크기를 동일하게 설계하는 것으로 가정한다.

① 예제 1

전체 운동범위가 1.0m(39.37in.)인 미끄럼 관절을 가진 1자유도 로봇을 가정한다. 이 로봇의 제어 메모리는 12비트의 저장능력을 가지고 있다. 문제는 이 운동축의 제어분해능을 구하는 것이다.

〈풀 이〉

제어 증분치의 개수는 다음과 같이 구해진다.

제어 증분치의 개수 = 2^{12} = 4,096

1m의 범위는 4,096개의 증분치들에 의해 분할된다. 각각의 위치들은 다음과 같은 간격으로 분할된다.

1m/4,096 = 0.000244m 또는 0.244mm

제어분해능은 0.244mm(0.0096 in.)이다.

이 예제는 하나의 관절에 대해서만 다루고 있다. 여러 개의 자유도를 가진 로봇은 각각의 운동 관절들에 대한 제어분해능을 가지게 된다. 전체 로봇에 대한 제어분해능을 획득하기 위해서는 각각의 관절에 대한 분해능들이 벡터적으로 합해져야 한다. 전체 제어분해능은 로봇 팔과 몸체의 운동뿐만 아니라 손목의 운동까지 고려해야 한다. 몇 개의 관절이 미끄럼 관절이라 하더라도 나머지 관절들은 회전 관절들이므로 로봇의 제어분해능을 결정하는 것은 매우 복잡한 문제이다.

로봇의 링크와 관절에 존재하는 기계적인 부정확성과 피드백 측정 시스템(서보 제어 로봇인 경우) 은 공간분해능을 결정하는 또 다른 요소들이다. 기계적인 부정확성은 기계구조의 탄성변형과 기어 백래시, 풀리 코드의 늘어남, 유압 작동유의 누설, 그리고 또 다른 기계적인 불완전성에 의해 발생한다. 이러한 부정확성은 로봇이 커질수록 오차의 요인이 되는 기계요소들이 커져서 더 커지게 된다. 부정확성은 또한 취급되는 부하의 크기와 로봇이 움직이는 속도, 로봇의 유지보수 상태, 그리고 다른 유사한 요소들에 의해 영향을 받는다.

로봇의 공간분해능은 이러한 부정확성에 의해 영향을 받아 저하된 제어분해능이 된다. 공간분해능은 제어 메모리의 비트 저장능력을 크게 함으로써 어느 정도 향상시킬 수가 있다. 그러나 기계적인 부정확성이 공간분해능에 미치는 악영향으로 인해 메모리의 비트 저장능력을 크게 해도 정확성에 있어 별 영향을 미치지 못하는 한계점이 존재한다. [그림 5-8]은 로봇의 정확도가 로봇의 공간분해능의 절반 크기임을 보여준다.

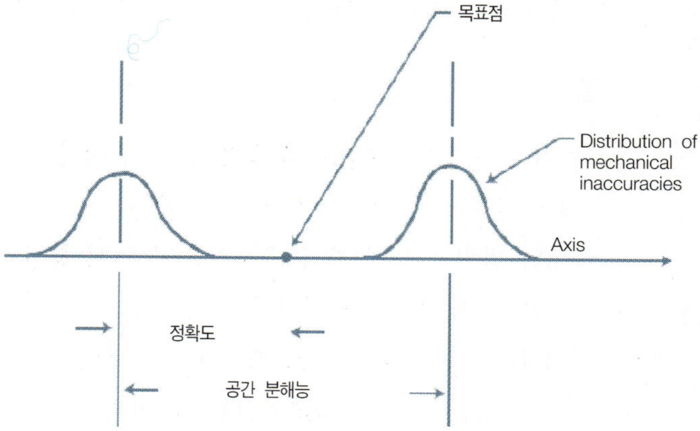

[그림 5-8]
기계적인 부정확성을 확률분포로 표시할 때의 정확도와 공간분해능의 도해

(4) 정확도

로봇의 정확도(accuracy)는 로봇이 실제로 제어되어 이동한 위치와 프로그램상에 지시된 위치와의 차이를 나타낸다. 즉, 정확도란 작업 가능영역 내에서 요구되는 목표점에 손목의 위치와 방향을 정확하게 놓을 수 있는 로봇의 능력을 말한다. 로봇의 정확도는 공간분해능의 개념으로 정의할 수 있다. 왜냐하면, 주어진 목표점에 정확히 도달하는 능력은 로봇이 관절들의 운동범위에 대한 제어 증분치를 얼마나 조밀하게 설정할 수 있느냐 하는 것에 따라 좌우되기 때문이다. 가장 최악의 경우는 목표점이 두 개의 인접한 제어 증분치 사이에 놓여져 있는 경우이다. 로봇의 정확도를 저해하는 기계적인 부정확성을 무시하면, 가장 최악의 경우를 가정하여 정확도를 제어분해능의 절반 크기로 정의할 수 있다. 이 관계는 [그림 5-9]에서 볼 수 있다.

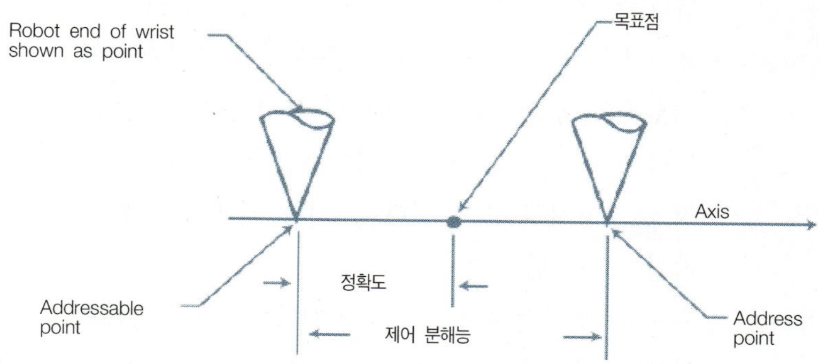

[그림 5-9]
정확도와 제어분해능의 도해

기어 백래시, 링크의 변형, 작동유의 누설 그리고 다른 여러 가지의 오차요인들로 인해 기계적인 오차가 발생한다.

정확도는 목표점이 2개의 제어 위치점 사이의 한가운데에 놓이는 경우가 되는 가장 악조건을 고려하여 정의된다. 이 정의는 로봇이 작업 가능한 전영역에 걸쳐 정확도가 동일함을 의미한다. 그러나, 실제적으로는 로봇의 정확도는 여러 가지 요인에 의해 영향을 받는다.

첫째, 정확도는 작업영역에 따라 변화하며, 작업 가능영역의 바깥쪽에서는 정확도가 떨어지고, 로봇의 베이스에 가까울수록 정확도가 좋아지는 경향을 보인다. 이 현상은 로봇 팔이 길게 뻗을수록 기계적인 부정확성이 커지는 데에 기인한다. 작업 가능영역에서의 위치에 따른 로봇의 정확도 등급을 나타내기 위하여 오차지도(error map)라는 용어가 사용된다.

둘째, 운동 사이클이 한정된 작업영역에 제한되어 있다면 정확도는 향상된다. 제한적인 운동범위에서라면 로봇의 훈련을 통해 기계적인 오차를 줄일 수가 있기 때문이다. 한정된 작업영역에서 로봇이 특정한 기준점으로 이동하는 능력은 종종 국부 정확도라고 불리어진다. 로봇의 전체 작업영역에 대해 평가된 정확도는 광역 정확도라고 불리어진다.

셋째, 정확도에 영향을 미치는 요인은 로봇이 운반하는 부하이다. 무거운 작업부하일수록 로봇 링크 기구의 더 큰 변형을 초래하므로 정확도가 떨어진다.

(5) 반복정밀도

반복정밀도(repeatability)는 로봇이 교시된 위치에 한번 도달한 후에 다시 그 위치로 반복하여 도달시키는 경우에 그전 위치와 얼마나 일치하는가를 나타내는 로봇의 능력이다. 반복정밀도는 분해능과 로봇 요소의 부정확성에 영향을 받는다. 반복정밀도는 단기와 장기 반복정밀도의 두 가지로 분류된다.

장기 반복정밀도는 수개월에 걸쳐 동일한 작업의 반복이 필요한 로봇 응용분야에 필요한 사양이다. 장기간에 걸쳐 사용하는 경우 반복정밀도에 영향을 미치는 로봇 요소의 마모 및 노화특성이 필히 고려되어야 한다. 새로운 작업을 위해 로봇이 수시로 재교시되는 로봇 응용에서는 단기 반복정밀도가 중요하다. 단기 반복정밀도는 시스템을 끄고 켤 때의 과도 조건뿐만 아니라, 제어환경에서의 온도변화 등의 영향을 받는다. 단기 및 장기 반복정밀도에 영향을 미치는 요인으로는 드리프트(drift) 등이 있다.

관절위치 대신 공구위치를 다루는 컴퓨터 제어 머니퓰레이터는 좋은 반복정밀도를 얻기가 어렵다.

왜냐하면 세 가지의 부가적인 데이터 계산과정이 필요하기 때문이다.

① 여러 개의 관절위치를 공구위치로 변환하고 저장한다(순기구학 해).
② 병진, 회전, 스케일링과 같은 유용한 방법으로 공구위치를 변형한다.
③ 변형된 공구위치를 다시 각각의 관절위치로 변환한다(역기구학 해).

순기구학과 역기구학 해를 구하기 위해 사용되는 기구학 공식들은 머니퓰레이터의 설계정보를 정확하게 반영해야만 한다.

이 계산의 정확성은 다음의 관절 파라미터값들의 정확성에 따라 결정된다.

① 관절의 인장과 회전
② 링크 길이
③ 연속되는 관절 간의 오프셋 거리
④ 연속되는 관절축 간의 각도

머니퓰레이터의 반복정밀도는 다음의 방법으로 측정된다.

머니퓰레이터는 제어 시스템에 의해 기준위치에서 말단장치 중심의 공칭위치로 알려진 지정된 두 번째 위치로 이동된다. 공칭위치와 말단장치 중심의 실제 위치간의 차이가 측정되고 저장된다. 이 차이 값은 [그림 5-10]에 보이듯이 δ로 표시된다.

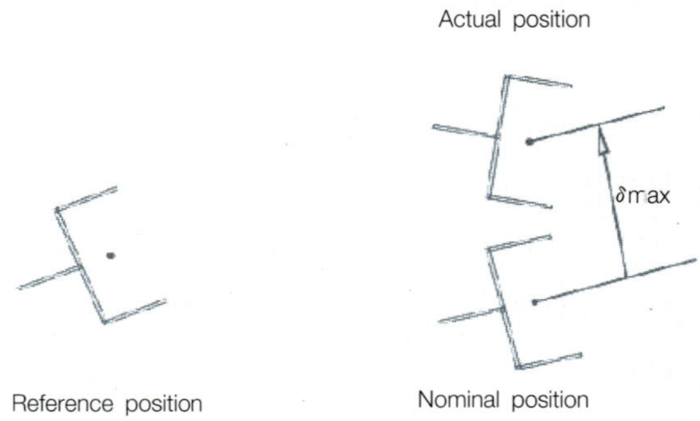

[그림 5-10]
반복정밀도의 실험

반복정밀도의 실험 많은 반복실험을 통해 구해진 차이값 중에서 최대값(δ_{max})이 제작사에서 제공하는 반복정밀도 수치가 되며, 일반적으로 $\pm\delta_{max}$로 표시된다. 이러한 실험에서 얻어진 반복정밀도는 실세 사용자가 기대할 수 있는 정확도에 대한 대략적인 지침으로서만 사용 가능하다. 이는 사용자가 실험에 사용된 기계가 아닌 다른 기계를 받게 되기 때문이다. 또한, 제작사는 공칭치수로 이루어진 모델에 의존하므로, 실제 로봇의 치수정보는 자체의 로봇 제어기에 내장되어 있지 않다.

따라서 기준위치에서 마지막 위치로 이동하는 실제 운동은 제작사의 실험과는 다를 수가 있다. 그 외의 다른 중요한 요인들에는 환경조건들, 기계구조의 강성, 그리고 모델마다 다소 차이가 있을 수 있는 로봇의 구동계 및 동력 전달계의 제작 정밀도가 있다. 제작사에서는 실제 취급 가능한 부하보다 작은 값을 정격부하로 채택함으로써 반복정밀도를 향상시킬 수도 있다. 또한 반복정밀도에 따른 정확도는 간단한 로봇인 경우에는 수백분의 일 인치 정도에서부터 정밀 조립 또는 미소 부품을 다루는 로봇을 위한 수천분의 일 인치 정도까지의 등급이 있다.

프린트 회로기판을 검사하는 로봇인 경우에는 말단장치가 기판을 충분히 들어 올릴 수 있을 정도로 접근해야 하고, 기판을 검사장비의 고정구에 상당히 정확하게 설치할 수 있어야 한다. 이 작업은 천분의 수 인치의 정확도를 요구할 수 있다. 이보다 못한 정확도를 가진 로봇으로 적절하게 작업할 수 있지만, 이를 위해서는 기판과 말단장치 간의 안내기구가 필요하다.

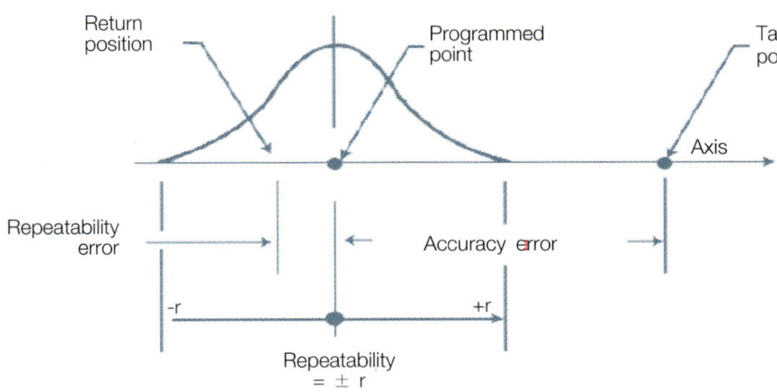

[그림 5-11] 반복정밀도와 정확도의 도해

일반적으로 이러한 추가 장비를 정밀도가 떨어지는 로봇에 부착하는 것은 정확도가 높은 고가인 로봇을 채용하는 것보다 비용이 더 많이 든다.

(6) 컴플라이언스

컴플라이언스(compliance)는 로봇 머니퓰레이터로 하여금 정렬이 되지 않은 부품들도 다룰 수 있게 하는 기능이다. 이 기능은 부품들 간의 재밍(jamming), 쐐기박기, 마멸현상을 방지해 주므로 조밀한 부품조립 작업에 필수적이다. 이 기능을 위해 적용되는 힘은 머니퓰레이터에 부착된 공구가 작업대상물을 누를(비틀) 때 발생하는 반력(토크)이 될 수도 있고, 작업대상물이 공구를 누르는(비트는) 힘(토크)이 될 수도 있다.

높은 컴플라이언스는 작은 힘에도 반응하여 공구가 크게 움직임을 의미하며, 이때 머니퓰레이터는 스펀지나 스프링처럼 탄력을 갖게 된다. 만약 공구가 거의 움직이지 않는다면 컴플라이언스가 낮음을 의미하고, 이러한 머니퓰레이터는 강성으로 불리어진다.

컴플라이언스는 적절하게 측정하기가 난해한 성질의 양이다. 이상적인 경우라면 외란과 위치변화간의 관계가 선형(위치변화와 회전의 힘 또는 토크에 비례한다)이고, 등방성(적용되는 힘의 방향과는 관계없다)이며 대각화(위치변화와 회전은 힘 또는 토크가 같은 방향으로만 적용될 때 발생한다)되고 시불변이며 공구의 위치, 방향, 속도에는 무관하다.

실제 머니퓰레이터의 컴플라이언스는 위 내용의 어느 것에도 해당되지 않는다. 실제에서는 비선형이며 시간과 머니퓰레이터의 위치와 운동에 따라 변화하는 비등방성의 탠서량이다.

컴플라이언스는 한 방향의 힘이 다른 방향의 위치변환 또는 회전까지 유발하므로 텐서이다. 토크는 임의의 축방향의 회전 또는 임의의 방향의 위치변화를 유발한다. 6 × 6 행렬은 컴플라이언스 탠서를 표현하는 데 유용하다. 컴플라이언스는 온도변화와 이에 따른 유압 작동유의 점성변화 등으로 인해 시간에 따라 변화한다. 적용되는 힘과 토크의 주파수도 컴플라이언스에 영향을 미칠 수가 있다. 예를 들면, 한 머니퓰레이터가 2Hz의 주파수에서는 높은 컴플라이언스를 보이지만, 이보다 작은 주파수의 외란에는 낮은 컴플라이언스를 가질 수 있다.

컴플라이언스는 히스테리시스(hysteresis) 특성을 가질 수 있다. 예를 들자면 유압 머니퓰레이터 중에 동작을 멈출 때 서보가 꺼지도록 설계된 종류가 있다. 이 경우는 모든 서보 밸브가 닫히게 되므로, 컴플라이언스는 유압 호스에 갇힌 비압축성 유압 작동유의 체적과 유압 호스 자체의 탄성에 따라 결정되는 값을 가진다. 그러나 만약 공구에 작한 외력이 커서 관절들이 유지할 수 있는 위치범위보다 많이 움직여야 한다면, 모든 관절의 서보들이 다시 켜져야 한다. 이때 컴플라이언스는 완전히 다른 값으로 변화된다.(어떤 면에서는 보다 강성을 지닌 값이 될 수 있다)

유압과 전기 머니퓰레이터 두 가지 모두 복잡한 컴플라이언스 특성을 가진다. 전기 머니퓰레이터에서는 모터가 기계적인 커플링을 통해 관절에 연결된다. 커플링과 모터 자체에서의 부착마찰과 미끄럼 마찰은 공구 팁에서 측정되는 컴플라이언스에 미지의 영향을 미칠 수가 있다. 특히 어떤 종류의 커플링은 역구동이 어려운 경우가 있다. 이를테면 이송나사의 너트에 힘을 가해도(역구동) 이송나사가 회전하지 않는다(나사 피치가 매우 느슨하거나, 나사산과 너트 사이에 볼베어링을 사용하여 마찰을 줄인 경우에는 회전한다). 그러나 이송나사를 회전시켜 너트를 움직이게 하는 것은 손쉬운 작업이다.

대부분의 머니퓰레이터들은 주어진 환경상에 놓여 있는 작업대상물의 실제 위치나 물체가 로봇 팔 또는 공구에 미치는 반력에 상관없이 맹목적으로 목표점으로 움직인다. 이러한 관점에서 보면 개루프 시스템으로 동작한다고 할 수 있다. 이 같은 경우에는 주위의 물체들보다 낮은 컴플라이언스가 유리하다.

왜냐하면, 낮은 컴플라이언스로 인해 물체와의 접촉시에 고주파수의 진동을 발생시키고, 이 고주파수 외란은 전체 시스템의 응답에 영향을 주지 않고 여과되어 제거될 수 있기 때문이다. 일반적으로 서보 밸브와 구동기들은 상대적으로 낮은 대역(1~2Hz)을 가지므로 이러한 여과동작은 손쉽게 이루어진다.

공구에 가해지는 힘과 모멘트를 측정하는 촉각 센서를 사용하면 머니퓰레이터가 물체의 위치를 추적하여 찾아낼 수가 있다. 그러나 만약 측정위치에서의 컴플라이언스가 지나치게 낮다면 이러한 경우에라도 힘 피드백 제어 시스템에 진동이 발생할 수 있다. 로봇이 어떤 특정한 작업에 요구되는 컴플라이언스를 가질 수 있는지를 확실하게 예측하기 위해서는 서보 시스템의 설계를 조사하여야 한다. 이를 위해서는 머니플레이터에 공구를 부착하여 실제로 실험을 해보는 수밖에 없다.

6) 모듈화된 로봇 요소

대부분의 산업용 로봇들은 구매자의 요구사항에 따라 주문 제작된다. 이에 대처하는 한 가지 방법은 모듈화된 요소를 사용하여 필요한 형태의 로봇으로 조립하는 것이다. Mack Corporation 사는 6 자유도 직교 로봇을 구성할 수 있는 9개의 기본적인 요소들을 공급하고 있다.

이 9개의 기본요소들은 [그림 5-12]에서 보듯 그리퍼, 어댑터(adapter), X축, Y축, Z축 이송장치, 롤(roll), 피치(pitch), 요(yaw)회전장치 그리고 위치 증가장치로 구성된다.

이 요소들은 서로 결합되어 갖가지 다른 설계의 직교 로봇들을 구성하게 된다. 이 로봇 요소들의 동력원은 공압 또는 전기이다. 최대 부하용량은 5pound이다. 동력 시스템과 제어기가 결합된 최종적인 로봇은 하나의 응용에 적합하도록 주문 설계된 완전한 로봇이 될 수 있다.

그리퍼들은 크기별로 4가지 종류를 제공하고 있으며, 형태별로는 외부 또는 내부의 물체를 잡기 위해 손가락 부분이 2개인 것과 3개인 것이 있고, 손가락 부분이 특수한 형태로도 쉽게 변형시킬 수 있는 유연한 속이 텅빈 구조로 된 것도 있다. 크기는 재봉용 골무의 2배 정도의 작은 크기에서부터 사람의 손 정도의 크기까지 있다.

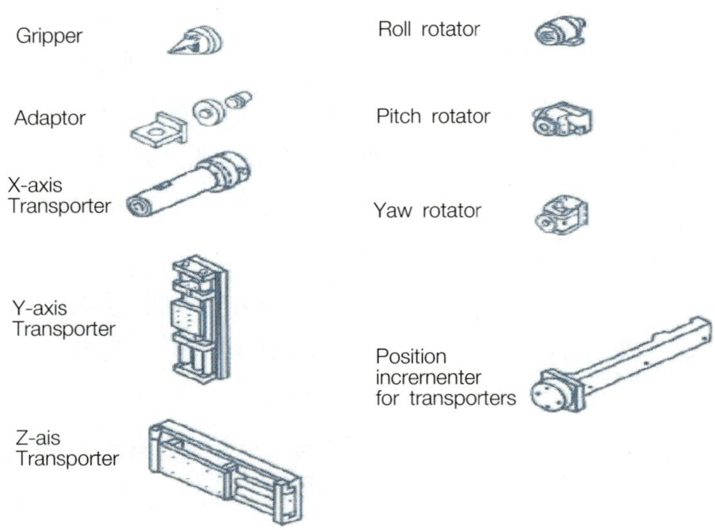

[그림 5-12]
모듈화된 로봇시스템의 기본요소들

모든 단위요소들은 4방향 밸브회로에 의해 제어되는 복동 실린더를 원동력으로 하여 동작한다. 손가락은 유압에 의해 열리고 닫힌다. 유압 또는 공압 사용 시 최대 작동압력은 150psi이다. 그러나 대부분의 산업현장에서의 안정한 동력원으로서 80psi의 공압을 사용한다. 80psi의 압력에서는 모델의 크기에 따라 5에서 50pound까지의 쥐는 힘이 발생한다.

그리퍼는 여러 가지 방향으로 설치 가능하다. 가장 간단한 방법은 우선적으로 요구되는 운동선상에 그리퍼를 설치하는 것이다. 이러한 설치를 용이하게 하기 위해 다양한 어댑터가 지원된다. 다음으로 고려해야 할 요소는 이송장치이다. 먼저 X축 이송장치는 직선운동을 위한 공압 실린더이다. 이 실린더의 특징은 피스톤의 회전이 없고, 멈춤 위치를 자유로이 조절할 수 있다는 것이다. 또한 X축 이송장치는 Y축 및 Z축 이송장치와 결합할 수 있다. 이 이송장치는 공압에 의해 구동될 수 있고, 간단한 공압 논리회로 내지는 프로그래머블 제어기나 보다 정교한 운용이 가능한 컴퓨터에 의해 제어될 것이다. 회전장치 또한 모듈화된 시스템에 있어서 핵심적인 요소이다.

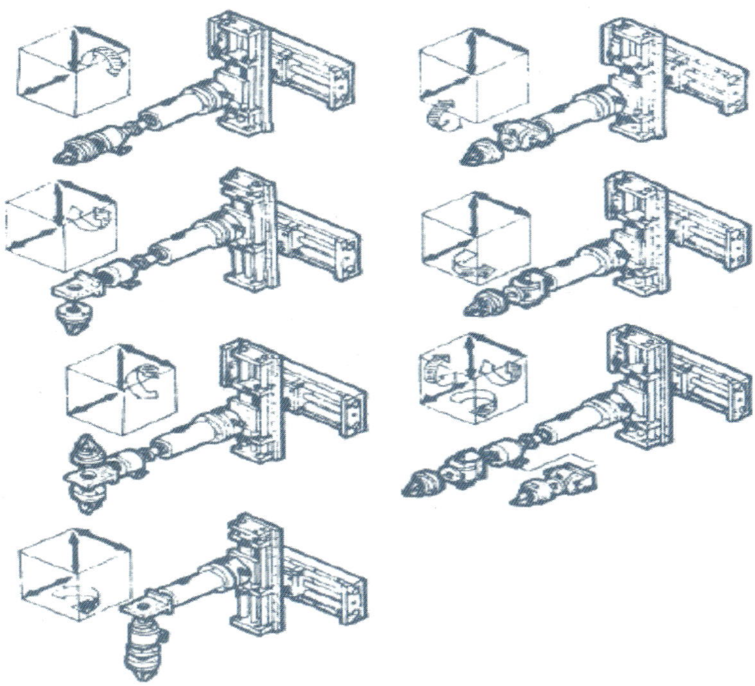

[그림 5-13]
다양한 설계방식에 따른 Mark Corp.의 로봇 요소들의 결합

회전장치들은 비서보이며, 공압으로 구동되며, 롤, 피치, 요운동을 위해 90도 또는 180도의 회전을 가지는 날개 구동식 유닛이다. 조절 가능한 멈춤 위치들로 인하여 정밀한 각도제어를 수행할 수 있다.

기본요소들을 결합하여 로봇을 구성하는 방법으로 서로 다른 많은 설계들이 존재할 수 있으며, [그림 5-13]에 그 예들을 보이고 있다. 다양한 요소들의 결합으로 6자유도의 직교 로봇이 구성될 수 있으며, 이 로봇은 5파운드의 적재하중(payload)을 가지며 비서보로 동작한다. 제어기 또한 제공된다.

그러나, 명심해야 할 것은 여기서 설명하는 모듈화된 로봇 요소는 고정된 시퀀스를 가지는 비서보 위치제어장치라는 점이다.

5.2 제어 시스템 구성

1) 학습 및 인지

로봇에게 여러 번의 교육을 통해 물체나 행동을 학습시키며, 자율적 학습을 통하여 스스로 대상 체를 인식하고 학습을 강화해 나가는 기술을 말한다. 학습에 이용되는 도구로는 비전(Vision), 센서(Sonar), 인코더(Encoder) 등으로부터의 정보를 종합하여 집안 등의 외부환경을 3차원으로 인식 표시하여야 하며, 사람의 표정 등을 인식하여 그에 대한 로봇의 반응을 표현을 하여야 한다.

2) 자율제어

로봇이 영상정보나 음성명령의 지시를 받고 외부환경으로부터 이동계획을 세우고 장애물을 회피하여 이동하는 경우 문턱 등 집안 장애물에 의한 미끄러짐 등이 있어도 자기의 절대 위치를 인식할 수 있어야 하며, 로봇의 팔과 손을 가지고 작업을 하기 위해 여러 자유도 중 어느 것을 이용할지 최적화된 계획을 세워 제어를 하여야 한다.

PC를 이용하는 경우 신호와 파워 전달을 위한 컴포넌트를 포함하고 있어야 한다. 신호 전달은 주로 아날로그, 디지털 신호, 또는 통신 포트를 통해 이루어진다.

전달되는 신호를 PC에서 취득하기 위해서 DAQ라고 통칭되는 신호처리용 하드웨어 시스템이 필요하다.

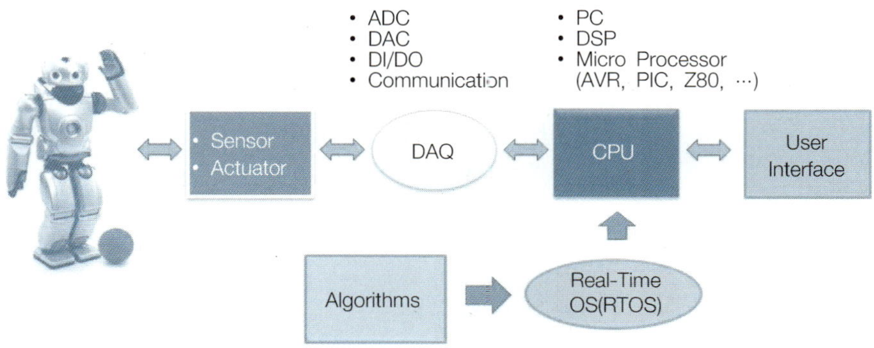

[그림 5-14]
로봇 제어를 위한
인터페이스 요구조건

3) 통 신

과거에는 대부분 제어대상 시스템의 규모가 크지 않고 단순하여 단일제어기로 제어가 가능하였으나, 근래에 와서는 제어대상 시스템의 규모가 커지고 그 안에 투입되는 계기 및 구동기기 등이 정밀해지고 성능이 향상되고 있으며 그 수가 증가하는 추세에 있다.

이와 같이 제어대상의 수가 증가하고 처리해야 하는 정보의 양도 늘어나게 되어 과거와 같이 단일제어기를 이용한 방식에는 한계가 나타나고 있다. 이러한 한계를 극복하기 위해 제어기를 다수 분산 배치하여 각자 독자적으로 시스템의 정보를 수집하고 제어를 수행하며 동급의 제어기 및 상하위 제어기들 간에는 통신을 통해 정보를 교환하는 방식의 분산제어 시스템과 산업용 통신망이 등장하게 되었다.

5.3 제어용 통신망

산업용 자동화 시스템의 하위 레벨에 위치한 센서, 모터, 로봇, 논리연산 제어 장치 등 필드레벨의기기를 통제하는 산업용 네트워크를 필드버스(fieldbus)라 하며 디지털 방식을 기반으로 하고 있어 다량의 신호를 원거리까지 전송할 수 있고, 현장기기나 입출력 모듈의 엄청난 가닥수의 케이블대신 한 가닥의 네트워크선을 사용함으로써 배선을 절약할 수 있고 설치를 간소화할 수 있다.

소형 완구용 로봇과 기존의 각종 산업 분야에서제어나 계측 용도로 사용되는 제품에서 지원하는 통신망 인터페이스 위주로 산업용 제어 통신망을 몇 가지로 구분해 보면 다음과 같다.

1) 스타 토폴로지

대부분의 PC와 산업용 1보드 컨트롤러, 마이크로프로세서에서 기본으로 제공하는 RS-232C가 이에 해당한다.

이 인터페이스를 지원하는 기능 단말로는 KEYENCE의 레이저 변위계 등이 있다. 호스트와 단말이 1 : 1로 연결되어야 하기 때문에 하나의 상위 컨트롤러에 연결할 수 있는 단말의 개수가 1개나 2개로 제한되는 단점이 있다.

그러나 로봇의 메인 프로세서 모듈로서 PCI 슬롯을 갖춘 PC 메인보드를 사용한다면 MOXA 등에서 판매하는 시리얼포트 확장 카드를 이용하여 하나의 PC 메인보드에 RS-232C 단말장치를 16개까지도 연결할 수 있다. 하지만, 스타 형태의 제어망은 로봇에 적용하기 곤란한 측면이 있다.

예를 들어 로봇의 바깥 표면을 따라 여러 개가 배치되어야 하는 초음파 센서나 근접 센서에 RS-232C를 적용하면 메인 프로세서 모듈로 집중되는 배선은 로봇 내부의 한 단면을 차지하게 되는데, 한정된 공간 내부에 높은 밀도로 부품들이 배치되기 마련인 로봇의 특성상 생산성과 유지 보수성이 매우 나빠지게 된다. 와이어 정형을 통해서 로봇의 내부 공간을 순서대로 지나가는 선의 형태로 배치한다고 하더라도 와이어 하네스의 굵기는 로봇 내부 설계에 하나의 제약이 된다.

여전히 다른 방식에 비해 구성 가능한 노드수가 비교적 적은 것도 단점이다.

RS-232 단말을 멀티드롭 구성이 가능한 RS-485 버스나 CAN 버스에 접속할 수 있도록 하는 컨버터가 많이 출시되고 있기 때문에 RS-232 단말을 사용한 로봇 구성이 전혀 불가능한 것은 아니지만 단말 개수만큼의 컨버터 비용과 공간이 추가로 필요하다는 점에서 로봇의 단가를 낮추는 효과도 크지 않을 것으로 예상된다.

2) 버스 토폴로지(멀티드롭, 데이지 체인)

일직선의 버스에 여러 개의 단말이 연결되는 형태는 로봇의 구성에 있어서 스타 토폴로지에 비해 유리하다. 앞서 논한 초음파 센서같이 로봇의 바깥면을 따라 설치되는 센서들에 버스 형태의 제어망 인터페이스를 적용하면 로봇 내부로 배선이 가로지르는 경우를 현저히 줄일 수 있으며, 직렬로 연결되는 액추에이터에 데이지 체인 방식으로 적용하면 배선 집중으로 인한 와이어 하니스의 단면적이 증가하는 경우도 없게 된다.

(1) UART

국내 완구형 소형 휴머노이드 로봇업체인 메가로보틱스의 AI MOTOR는 데이지 체인 방식으로 서로 연결되어 하나의 소형 로봇을 구성하는 소형 액추에이터 모듈이다.

연결하고자 하는 대상이 수 cm 이내로 매우 가깝고 총 연결 길이가 수십 cm 이내 인점을 이용하여, 드라이버단을 생략하고 UART의 TTL 레벨 출력끼리 바로 연결함으로써 버스 방식으로 구성되도록 하였다. 매우 가깝고 이상적인 환경에서 한정된 용도로만 사용이 가능하다.

(2) RS-422/485

UART의 드라이버 규격 중에서 버스를 구성할 수 있는 규격이다. 디퍼런셜 드라이브 방식이므로 전송거리가 길고, 하나의 라인에 여러 개의 단말을 설치할 수 있는 멀티드롭(multi-drop) 방식의 구성이 가능하므로 여러 개의 단말로 구성되는 네트워크의 배선을 일렬로 간단하게 구성할 수 있다.

RS-422는 하나의 송신단말과 32개까지의 수신단말로 이루어지는 1 : N 구성이 가능하며, RS-485는 최대 32개의 단말로 N : N 구성이 가능하다.

프로토콜을 원하는 대로 구성할 수 있다는 장점이 있으나, 여러 단말간의 데이터 전송 중재를 위한 하드웨어적인 방안이 없기 때문에 소프트웨어적인 처리에 전적으로 의존하고, 표준화된 프로토콜이 거의 없다는 단점이 있다.

국내 업체에서 개발하여 판매하고 있는 완구형 소형 휴머노이드 로봇용 액추에이터 시리즈에 데이지 체인 방식으로 RS-485가 적용되었다.

(3) CAN

RS-422/485와 마찬가지로 버스 방식이며 높은 신뢰성을 바탕으로 산업용 기계나 자동차용 전장 부품의 통신망 인터페이스로 점차 사용되기 시작하는 규격이다. 다양한 산업용 마이크로프로세서에 기본적으로 CAN 컨트롤러가 포함되는 추세이며, 모토로라의 LITE5200처럼 CAN 인터페이스를 갖춘 산업용 원보드 컨트롤러도 출시되고 있다.

CAN을 기반으로 몇 가지 종류의 상위 레이어 프로토콜이 정의되어 있기 때문에, 서로 다른 제작사 간의 호환이 어느 정도 가능한 장점이 있다. 이를 이용해서 타 산업 분야의 부품을 로봇에 적용할 가성도 충분하다고 본다.

지능형 로봇 내부의 센서와 액추에이터 등을 메인 프로세서와 연결할 때 좀 더 효과적인 배선설계가 가능하고 설치를 간소화할 수 있도록 하는 serial 제어 버스에 대해 검토하였으며 특히 그 내부구성이 유사하리라 생각되는 차량내부 제어에 대해 널리 사용되고 있는 CAN이다.

CAN은 최대 8바이트로 제한된 한 CAN 프레임 내에 오버로드가 많아 전송 대역의 손실이 있긴 하지만, 현재 개발되어 발표되고 있는 2족보행 로봇에서 성공적으로 사용되고 있기도 하다.

그러나 로봇 시장을 열어나갈 수 있는 현실적인 가격 구현과 사용자의 다양한 요구를 만족시킬 수 있는 다양한 로봇 부품의 개발과 적용을 위해 유연한 확장성과 전문적인 제어망 관리 기능을 제공하는 상위 레벨 프로토콜을 적극적으로 도입할 필요가 있겠다.

최근에는 제어 유니트들 간의 데이터 전송용량이 증가함에 따라 높은 데이터 전송속도를 제공할 수 있는 TDMA 방식에 기초한 TTP가 도입되고 있으므로 이에 대한 검토 또한 지속적으로 이루어져야할 것이다.

CAN은 Bosch가 차량제어를 위한 통신망으로 개발하였다. 차량용 제어 버스 시스템의 요구사항과 산업용 필드버스 시스템을 비교해보면 저가격, 열악한 전기환경에서의 작동성, 실시간 처리능력, 사용의 용이성과 같은 많은 유사점을 발견할 수 있다.

농기계와 선박기계의 제조업체도 CAN을 선택하고 있으며 특히 안전에 관해 특별한 요구가 있는 의공학 분야와 로봇 및 운송 시스템의 경우에도 CAN에 대한 인식이 좋아지고 있다.

신뢰성이 높은 전송임에도 불구하고 낮은 접속 가격을 제공하므로 가격이 중요한 제조 분야에서 CAN은 아주 중요한 역할을 할 수 있으리라 기대되고 있다. CAN 규약은 ISO11898에 의해 표준화되었으며, CIA 협회에서는 CAN을 기반으로 하여 ISO/OSI 계층 모델에서 응용 계층에 해당하는 통신망 규약을 개발하였다.

CAN에 의해 데이터가 교환될 때 어떠한 노드도 주소화되지 않고 통신망에서 유일하게 존재하는 메시지 식별자(Identifier : ID)에 의해서 메시지의 내용(예를 들면 rpm 혹은 엔진 온도 등)과 같은 데이터가 교환된다. 즉, 데이터 혹은 메시지는 노드의 물리적 주소로 그 데이터의 수신지를 정하지 않고 메시지 ID를 이용하여 그 데이터의 사용처를 정한다.

CAN의 주요 특징은 다음과 같다.

- 저비용
- 극대화된 견고성
- 빠른 데이터 전송속도(최대 1Mb/s)
- 신뢰성, 탁월한 오류처리와 오류 제한 기능들
- 결함 메시지들의 자동적인 재전송
- 물리적으로 결함이 추정되는 노드들의 자동적인 버스 연결절단
- 기능 위주의 어드레스－데이터 메시지들은 소스 혹은 목적지 주소들을 포함하지 않으며, 그들의 기능과 우선순위에 연관된 식별자들만을 포함한다.

〈표 5-1〉 CAN 버전

Nomenclature	Standard	Max, Signaling Rate	Identifier
Low-speed CAN	ISO11519	125kbps	11bit
CAN 2.0A	ISO11898:1993	1Mbps	11bit
CAN 2.0B	ISO11898:1995	1Mbps	29bit

<표 5-1>은 CAN 표준을 버전별로 요약한 것이다.

초기 ISO11519(low speed CAN)의 경우 11비트의 Identifier를 갖고 125kb/s 속도로 동작되며, 그 이후에 ISO11898(1993년)에서 전송속도를 1Mb/s까지 끌어올렸고 이를 CAN 2.0A 또는 Standard CAN이라 한다. Identifier가 11비트이므로 총 2048개의 다른 메시지 Identifier를 가질 수 있다. 그 이후에 Identifier를 29비트로 확장한 규격을 CAN 2.0B 또는 Extended CAN이라 한다.

5.4 임베디드 시스템 실시간 운영체제

지능형 로봇의 핵심적인 시스템 소프트웨어들 중에 가장 밑바탕이 되는 것은 실시간 운영체제(RTOS : Real-Time Operating System)이다.

1) RTOS의 개념과 역할

RTOS는 실시간 시스템을 위한 운영체제(OS : Operating Systems)로 실시간 응용들이 제한된 시간 내에 올바른 결과를 생성할 수 있도록 지원하는 역할을 한다. RTOS가 시스템에서 하는 주된 역할은 실시간 태스크의 지원과 하드웨어 특성의 추상화, 효율적인 자원 관리 등이다. 아울러 RTOS는 파일 시스템, 메모리 할당, 네트워크 프로토콜 제공 등의 다양한 역할을 수행한다.

2) 지능형 로봇을 위한 RTOS 설계

RTOS를 설계할 때 가장 먼저 해야 할 일은 태스크 모델을 정립하고 이에 적합한 스케줄링 기법을 지원하는 것이다. 지능형 로봇 소프트웨어는 상호 작용하는 여러 개의 분산된 태스크들의 집합으로, 태스크들은 주기적으로 센서 값을 읽거나 비주기적으로 발생하는 중요 이벤트들을 실시간으로 처리하는 작업을 담당한다.

따라서 지능형 로봇시스템에는 주기 및 비주기 태스크가 혼재하며 각 태스크들은 경성 종료 시한을 갖는다. 이러한 지능형 로봇의 태스크 모델을 위해서는 기존의 RTOS들과는 다른 스케줄링 알고리즘이 필요하다.

일반적으로 실시간 시스템에서는 고정 우선순위를 기반으로 동작하는 스케줄링 알고리즘이나 동적 우선순위 기반의 알고리즘들이 주로 사용된다. 대표적인 스케줄링 알고리즘으로 RM(Rate-Monotonic)과 EDF(Earliest Deadline First)가 있다. 이들 기법들은 주로 주기 태스크만을 고려하며, 비주기 태스크들을 고려하지 않거나, 단지 연성 실시간 스케줄링만 허용하는 등의 문제가 있다.

따라서 지능형 로봇의 경성 실시간 주기와 비주기 태스크의 스케줄링 요구조건을 모두 만족시키기 위해서는 보다 개선된 스케줄링 기법을 사용해야 한다.

RTOS에는 자원공유를 위한 태스크들 간의 프로토콜이 필요하다. 그런데 이를 허용하게 되면 우선순위 역전 현상이 발생할 수 있으므로, 이 문제를 해결할 수 있는 알고리즘이 필요하다. 이에 대한 해결 방안으로 PCP(Priority Ceiling Protocol)를 제안하였다.

하지만 PCP는 실제 구현시 런 타임 오버헤드가 지나치게 크다는 문제가 있어 이를 보완한 IIP(Immediate Inheritance Protocol)가 고안되었다. IIP는 적은 오버헤드로 자원공유 문제를 효율적으로 해결하였으며, 문맥교환 회수를 절감하는 효과도 있다.

지능형 로봇시스템의 다양한 하드웨어를 제어하기 위해 RTOS는 하드웨어 추상화 계층을 제공하여야 한다. 또한 이에 덧붙여 하드웨어 자원을 효율적으로 관리하는 기능이 필요하다. 지능형 로봇을 구성하는 하드웨어는 안테나, RF 모뎀, DSP, 각종 센서, 모터제어용 ECU 등 기능에 따라 다양한 프로세서들로 이루어진다.

5장

만약 RTOS 없이 응용 프로그램들이 이러한 장치들을 직접 조작하려 한다면, 이는 불가능하지는 않다하더라도 소프트웨어의 유연성, 탄력성, 유지보수, 그리고 안정성의 모든 측면에서 매우 불합리한 일이 될 것이다. 또한 지능형 로봇과 같이 하드웨어 자원의 제약이 강한 내장형 시스템에서는 자원들을 효율적으로 관리하는 기능이 필수적이다.

지능형 로봇을 위한 RTOS는 각종 네트워크 프로토콜을 지원해야 한다. 로봇이 기본적으로.외부 인터넷 서버와 연결되어 각종 서비스를 제공하기 위해서는, HTTP나 TCP/IP 같은 통신 프로토콜들을 지원해야 한다.

또한 스트리밍 데이터(비전, 음성 데이터 등), 혹은 센서 데이터들을 적은 오버헤드로 처리하기 위해 UDP 프로토콜도 지원해야 한다. 지능형 로봇 내부의 MHC(Main Host Controller)와 IHC(Integrated Hardware Controller), DSP들은 IEEE1394나 CAN, TTP, FlexRay와 같은 제어 네트워크로 연결되므로, RTOS는 이들 프로토콜들도 지원할 수 있어야 한다. 이러한 노드들 간의 통신은 실시간성이 매우 중요하므로 RTOS는 이를 만족시킬 수 있어야 한다.

3) 지능형 로봇을 위한 RTOS 표준

지능형 로봇 응용 프로그램의 이식성과 상호운용성을 보장하기 위해서는 표준화된 RTOS 인터페이스가 필요하다.

RTOS의 공통 인터페이스로 IEEE에서 정의한 POSIX 표준이 가장 주목할 만하다. POSIX는 'Portable Operating System Interface(into a UNIX like kernel)의 약어이다.

이는 IEEE에서 제정하여 산업계 표준으로 받아들여지고 있는 UNIX 계열의 운영체제 API의 표준이다. 실시간 내장형 시스템의 운영체제는 POSIX의 API들을 전부 지원할 필요가 없기 때문에 POSIX의 부분집합만을 지원하게 된다. 따라서 이러한 POSIX API의 부분집합에 대하여 표준을 마련할 필요가 있게 된다. 이러한 필요성에 의하여 생겨난 표준이 POSIX.13 실시간 시스템 프로파일이다.

POSIX.13은 실시간 시스템이 시스템의 특성에 따라 지원할 필요가 있는 POSIX API의 일부분들만 그룹지어 정의한 표준이다. 이는 PSE51부터 54까지 총 4개의 프로파일로 구성되는데, URC 로봇시스템에서는 뒤에서 설명할 분산 미들웨어들을 충분히 지원하기 위해서 멀티스레드와 간단한 파일 시스템 인터페이스를 제공하는 PSE 52 이상의 RTOS를 필요로 한다.

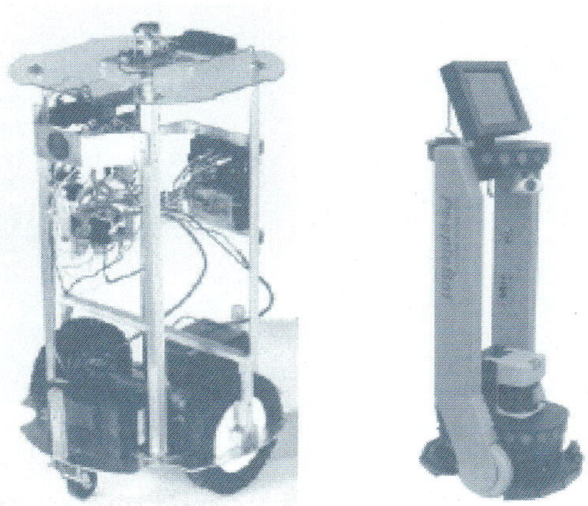

[그림 5-15]
리눅스를 이용한 이동로봇

SBC를 이용하고 리눅스를 이용하여 다양한 통신 방식을 지원하는 자율주행 로봇 Smart Robots SR4(www.smartrobots.com)이다.

또한 [그림 5-15]의 우측은 Active Robot사(www.activrobots.com)에서 레이저를 이용하여 주행하며 리눅스를 운영체제로 사용한 간호보조용 이동로봇 PatrolBot을 나타내었다. [그림 5-16] 좌측의 휴머노이드 로봇에서도 임베디드 운영체제를 이용한 개발 결과를 나타내고 있는데, 먼저 실시간 임베디드 리눅스인 RT Linux를 이용하여 실시간 서보를 이용한 보행시 자세보정 기능을 갖춘 Isamu Humanoid Robot(www.jsk.t.u-tokyo.ac.jp)을 나타내었다.

그리고 [그림 5-16]의 우측도 마찬가지로 RT Linux를 이용하여 후지쯔에서 개발한 휴머노이드 로봇 HOAP-1을 나타내었다.

실시간 운영체제인 VxWorks를 이용한 예제는 가장 많이 소개되는 혼다의 아시모(asimo.honda.com)이다.

[그림 5-16]
RT 리눅스를 이용한 로봇

또한 우주탐사의 신기원을 이룩한 JPL/Pathfinder(www.jpl.nasa.gov)이다. 두 개의 적용 사례를 [그림 5-17]에 나타내었다.

[그림 5-17]
VxWorks를 이용한 로봇

Chapter

06

지능형 로봇 시각 시스템

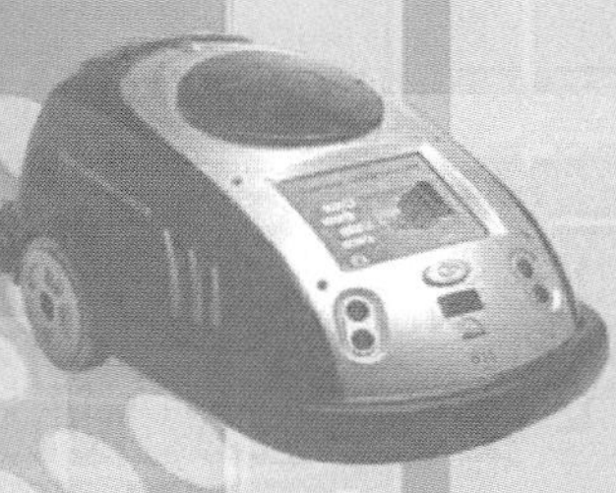

6.1 지능형 로봇의 시각 시스템의 개요

지능형 로봇이란 외부환경의 변화를 인식(Perception)하고 스스로 상황을 판단(Congnition)하여, 자율적으로 동작(Mobility & Manipulation)하거나 인간과 상호작용을 하는 로봇을 의미한다. 그러기 위해서는 기계와 전기적 구조 이외에 주변을 인식하고 외부에 작용을 할 수 있도록 하는 인간의 오감을 모방한 각종 센서기술, 음성인식 기술, 물체인식 기술, 수평감지 및 가속도감지 기술이 필요하다.

판단기능으로는 인공지능 기술이 필요하며 신경망이론, 퍼지 이론, 진화 알고리즘 등의 제어기술이 또한 필요하다. 그리고 통신기능이 첨가되어 상호 로봇간의 의사전달이 가능하도록 첨단화되고 있다.

결국 지능형 로봇에 시각(인식기술)을 갖지 못할 경우 이는 값비싼 장난감에 지나지 않는 것으로 시각 시스템은 지능 로봇의 지능화에 매우 중요한 역할을 한다. 지능형 로봇의 시각 시스템으로 인정받기 위해서는 3가지로 요약해보고자 한다.

보고, 표현하는 Camera & Display 기술을 갖추어야 기본적인 환경을 마련했다고 할 수 있고 오차없이 정확한 메커니즘 제어능력, 즉 로보틱스 기술이 접목되어야만 하고 생각하는 기술, 인식 기술을 갖추어야 고성능 시각 시스템을 구현할 수 있다.

[그림 6-1] 지능형 로봇의 시각 시스템의 구성

이는 [그림 6-2]처럼 HW기술과 메커니즘(Mechanism) 기술, 그리고 SW기술을 갖추어 나가야 한다는 의미로 자연스럽게 해석될 수 있으며, 이 기술을 자유자재로 구현할 수 있는 로봇만이 진정한 고성능 시각 시스템을 구현할 수 있다. 걸어 다니는 인간과 똑같은 아니 그보다 더욱 뛰어난 지능형 로봇을 만들 수 있는 그날이 고성능 시각 시스템의 화려한 전성기라고 상상해 볼 수 있다.

지능형 로봇의 시각 시스템에 대한 주요 기술은 다음과 같다.

1) 물체 또는 사람의 인식, 범주 물체의 인식

스테레오 비전 또는 3D 카메라 등을 이용하여 개별의 물체인식, 사람의 얼굴 인식 및 물체의 범주 파악, 영상 맥락(Scone context)을 인식하는 기술을 포함한다.

2) 위치인식을 통한 주행경로의 설정

위치인식을 통한 주행경로의 설정(SLAM; Simultaneous Localization And Mapping)은 지능형 로봇이 센서를 이용하여 자신의 위치를 추적하는 동안 미지의 주변에 대한 지도를 제작하는 기술로 레이저 스캐너와 주행 거리계를 이용한다. 시간이 많이 소요되는 단점이 있어 최근에는 시간에 대하여 효과적 P-SLAM(Prediction based SLAM) 알고리즘이 제안되었다.

3) 2차원 시각정보를 이용하여 3차원 공간정보로 재현

스테레오 비전 또는 3D 카메라에 의해 입력된 영상정보와 시차정보, 카메라의 내부 변환관계를 이용하여 깊이 정보를 도출하여 3차원 공간정보로 재현하는 기술이다.

4) 경로추적 기술

초음파 센서, 카메라 등을 이용하여 주변환경 및 자기위치를 인식한 후 이동경로를 확보하고 SLAM을 통해 형성된 공간정보를 따라 장애물 회피 등을 통한 안정적인 경로를 탐색, 추적(Tracking)하는 기술이다.

5) 센서 및 부품기술

영상입력 장치, 고속 영상처리가 가능한 비전 칩 신뢰성 및 경량화가 수반되는 기술이다.

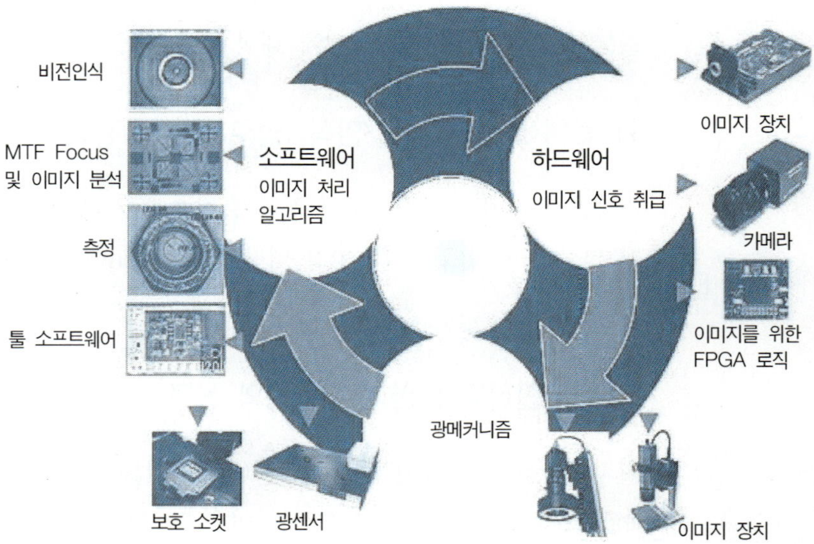

[그림 6-2]
지능형 로봇 시각 시스템의 기술구성

6.2 지능형 로봇의 시각 시스템의 기술

1) 3차원 감지기술

기존의 LCD패널에 입체효과를 내는 첨단 광학 배리어(Barrier)를 장착 3D 입체영상과 기존 2차원 이미지를 자유롭게 구현할 수 있는 실용적인 3차원 형상측정 시스템, 즉 3차원 공간상에 입체기술을 접목하여 한정된 2차원 디스플레이 장치에서 원근감, 공간감, 현실감 등의 입체감을 느끼게 하는 영상기술을 상용화하였으며 구조광 시스템의 영상정보 기법, 컬러영상을 이용한 운동 물체의 형상 측정, 신호분리 코딩 등 세계적인 수준의 연구가 국내 대학에서 진행하고 있다. 스테레오 비전의 경우 국내업체인 NextEye에서 스테레오 전용 프레임그레버가 개발되었으며, 대응점 계산 알고리즘의 구현, 거리영상 계산 모듈의 칩화 등의 연구가 이루어지고 있다.

〈표 6-1〉 3차원 감지기술

성능목표	관련 요소기술
• 3차원 IR 스캐너 • 사용자에게 위해를 가하지 않고 작업환경 센싱 • 소형 카메라 • 실시간 거리영상 취득	• 소형 IR 광 플랫폼 개발 • 환경변화에 강인한 광 코팅 알고리즘 • 저전력, 고감도 구조광 소스 모듈 개발 • 실시간 신호처리를 위한 SoC설계 및 구현
• 2, 3차원 통합감지 • 2, 3차원 정보통합 패러다임 개발 • 3차원 센싱 패러다임 개발	• 고속, 고해상도, 소형 IR 구조광 플랫폼 개발 • 거리영상과 2차원 컬러영상을 이용한 3차원 정보통합기술
• 3차원 감지와 지능형 공간 통합기술 • 실시간 고해상도 거리 영상 획득	• 실시간 고해상도, 소형 IR 구조광 플랫폼 개발 • 동적 3차원 감지 모델링 기술

3차원 감지기술은 지능형 로봇뿐만 아니라 의료계측, 오락, 의류, 전자상거래, 스포츠 등 광범위한 응용 분야로 확대될 것으로 예측된다.

핵심이슈는

① 기존 센서에 비해 고정밀도, 빠른 응답특성을 갖는 지각 시스템의 제작
② 로봇장착이 쉽도록 소형화, 경량화, 저전력 소비 등의 구현
③ 제한된 입력에 대한 유용한 정보추출을 위한 신호처리 및 연산 알고리즘의 구현
④ 3차원 측정에 대한 근본원리에 대한 재고
⑤ 다양한 환경에 적용하기 위한 각 방법의 통합
⑥ 환경변화에 스스로 적응, 보정하는 인공지능 지각 시스템의 개발

등이 3차원 감지기술의 주요 이슈들이다.

2) 센서 퓨전 및 필터링 기술

〈표 6-2〉
센서퓨전 및
필터링 기술

성능 목표	관련 요소기술
• 통합적인 센서 퓨전 및 필터링 방식 기법 • 비선형 시스템 및 Non- gaussion 정보처리 • 이동로봇의 SLAM에 적용	• 비선형 시스템 모델링 기술 • Non-Gaussion 확률분포 연산 및 표현기술 • SLAM을 위한 위치인식 및 웹작성 시스템
• SW툴 킷 개발 • 정보처리 • 95% 이상의 인식정밀도 구현	• Mismatch, Ambiguous정보에 대한 퓨전 및 필터링 기법 • 실시간 처리를 위한 연산기법 최적화 • 실시간 Landmark 획득을 위한 비전 처리기술

3) 3차원 모델링 기술

3차원 모델링 기술을 분류하는 방법은 크게 모델 취득방법, 모델링 대상에 따라 분류한다. 모델 취득 방법에 따라 크게 능동적(active) 방법, 수동적(passive) 방법 그리고 복합적인(Hybrid) 방법으로 나눌 수 있다.

실시간성, 센서의 제약 등으로 제한된 분야에서만 사용되어 오던 것이 지능형 로봇의 환경인지 기술에 적용되어 기본에 2차원에 머물던 로봇의 인지영역을 3차원으로 확장시킨다.

(1) 능동적인 방법

능동적인 방법은 주로 능동조사(active illumination) 기법을 많이 이용하며 별도의 하드웨어를 사용하는 것이 보통이며 수동적인 방법보다 신뢰성 높은 정보를 제공한다.

① 3차원 레이저 스캐닝 방법

직진성과 단색성이 뛰어난 레인지 스캐너(Range Scanner)를 이용하는 기술로써 Cyberware(미국), Wicks & Wilson(영국) 제품들이 있는데 고가이며 보통의 비디오 프레임 비율로 움직이는 3차원 장면을 획득하는 것은 불가능하고, Wheeler 등이 제안한 취득된 거리영상을 이용한 객체 모델링 기법, 실험실 내부 장면을 모델링한 Sequeria 기법, Dias의 기법 등이 있다.

3D 스캐너 기술은 먼저 광삼각법에 기초한 방법으로는 Point광 투영법,

Slit광 투영법, 그리고 공간부호화법을 들 수 있고, 수많은 격자를 동시에 영사하고 이를 위상천이시켜서 측정분해능을 향상시키는 방법으로 영사식 모아레와 PMP법을 들 수 있다.

② 구조광 방식(Structured Light Pattern)

다양한 패턴 영상을 이용한 방식으로써 미국의 Pennsylvania State Univ에서는 빔프로젝트를 통하여 일정한 규칙을 가지는 패턴을 3차원 복원하고자 하는 객체 또는 장면에 투영하여 이를 카메라로 촬영한 다음 이 영상을 이용하여 대응 관계를 구하는 방법을 제안했다. 대응점의 정확도를 향상시킬 수 있다는 장점이 있으나 원래의 컬러나 텍스처 정보를 별도로 취득해야 하는 단점이 있다.

③ 시간지연법

발신기로부터 발생한 초음파가 물체에 의해 반사되어 수신기에 도달하는 시간차(Time of Flight)를 이용하는 방법으로 이동로봇에서 구성의 편의 및 가격적인 측면에서 많이 사용한다.

④ 깊이 카메라(Depth Camera)를 이용하는 방법

3DV system사(이스라엘)의 Z-cam과 NHK사(일본)의 AXI-vision 카메라를 이용하여 레이저나 IR(Infra-Red)을 객체나 대상 영역에 비추어 되돌아오는 광선을 취득하여 거리정보를 계산한다. IR센서의 한계로 인해 주로 실내 스튜디오 환경에 적합하고 취득하고자 하는 거리의 범위에 따라 깊이 해상도(depth resolution)가 달라지는 단점이 있다.

(2) 수동적인 방법

수동적인 방법은 여러 위치에서 촬영한 영상을 이용하는 방법으로 다음과 같은 여러 가지 방법이 있다.

① 양안식 스테레오 영상을 이용하는 스테레오 정합(Stereo Matching)방법 : 전통적인 컴퓨터 비전 기법으로 많이 사용되어 왔던 방법으로 이 기법의 연구가 가장 많다.

② 실루엣 기반 방법(Shape from Silhouette) : 영국의 O.Grau 등은 가상 스튜디오 시스템에서의 응용을 목적으로 선소(Line segment) 기반한 방법을 이용하여 배우의 모습을 모델링하였다.

③ 부피기반 모델링 방법인 복셀 컬러링(Voxel Coloring) 방법 : 정확도를 향상시키기 위하여 객체의 실루엣 외에 컬러정보를 같이 이용한 기법으로 대표적인 연구는 미국의 카네기멜론 대학의 연구가 있다.

④ 카메라 이동에 의해 촬영된 여러 시점의 정적 개체에 대한 3차원 정보를 계산하는 움직임 기반 모양 추적방법(SFM : Shape from Motion) : 1998년 미국 노스캐롤라이나 대학의 Pollefeys에 의해 움직임 기반 모양 추정방법이 주목을 받기 시작했으며 증강 현실(Augmented Reality) 및 영상기반 모델링/랜더링 분야에 널리 이용되고 있다.

⑤ 초점을 달리하여 촬영한 여러 장의 영상을 조합하여 3차원 정보를 계산하는 초점변화 기반 방법(Multi-View Stereo Matching) : 일본의 Kubota 등은 서로 다른 깊이 위치에 초점을 맞추어서 2개의 영상에 선형 필터를 적용하여 defocus효과를 parallax 효과로 변화시킴으로써 3차원 정보를 구하고 all-focused 영상을 생성하는 연구를 발표했다.

다시점 영상 기반 모델링(Shape from Multi-View Stereo)은 이스라엘 헤질리아(Herzilya)에서는 세 시점 영상으로부터 임의 시점 영상을 생성하기 위하여 세 영상간의 대응점을 trilinear tensor를 이용하여 구하였고, 독일 HHI에서는 비대칭적인 3-view 카메라로 취득된 영상에 대해 동적 객체부분과 정적 배경을 분리하여 정적 배경에 대해서는 off-line 분석을 동적 객체에 대해서는 on-line 분석을 하여 3차원 장면 모델을 생성하여 임의 시점 영상생성에 사용한다.

⑥ 음영(shading)정보를 이용한 모양 추정방법(Shape from shading) : Lambertian 모델이 가장 간단한 모델이나 실제 Lambertian 모델을 따르지 않는 경우가 많아 이를 개선하기 위한 연구가 많이 이루어지고 있다.

(3) 복합적인 기법

최근에는 능동기법과 수동기법의 장단점을 보완하기 위해 두 가지 기법들 중의 2개 이상의 기법을 결합하여 복합적(Hybrid) 기법에 대한 연구도 많이 이루

성능목표	관련 기술요소
• 실시간 3차원 기하학적 정보획득 • 3차원 거리영상을 실시간으로 획득(5Hz)	• 3차원 장면 정합기술 • 3차원 직업환경의 공간특징 추출기술 • 물체인식 및 환경 모델 통합기술 • 2차원 영상특징과 3차원 거리정보의 융합기술
• 실시간 3차원 기하학, 물리적 정보획득 • 3차원 거리영상을 실시간으로 획득(10Hz)	• 연속된 3차원 정보의 통합기술 • 3차원 물체를 로봇이 자동으로 모델링할 수 있는 학습기술 • 3차원 센서들의 연동을 통한 3차원 모델링 기술
• 실시간 3차원 기하학, 물리적 정보획득 • 3차원 거리영상을 실시간으로 획득(30Hz)	• 동적 환경에서 주행/조작을 위한 3차원 모델링 기술 • 이동 물체의 추적, 예측이 결합된 3차원 모델링 기술 • 환경 모델링 기술

어지고 있다.

복합적인 3차원 모델링 기술에는 3차원 거리 스캐너와 실루엣 기반 방법, 양안식 스테레오 영상을 이용하는 스테레오, 3차원 거리 스캐너와 실루엣 기반 방법, 움직임 기반 모양 추적방법의 융합 등이 있다.

4) 물체인식기술

물체인식기술은 특정 물체인식, 물체범주인식, 변형물체인식 및 맥락인식으로 구분한다.

(1) 특정 물체인식(Object specific recognition)

미국의 Evolution Robotics가 만든 ViPR이 있으며 이 업체는 로봇공학 소프트웨어 및 응용을 개발 공급하고 있다. 특장물체인식은 다양한 특성을 지닌 다른 지역 특징점과 형상 정보들 그리고 영상 내의 단서들을 효과적으로 결합하여 활용하는 방법들이 시도되고 있으며 또 다른 흐름으로 영상 분할과 물체인식을 결합하여 물체의 경계선을 명확하게 추정하므로 물체의 인식성능도 동시에 높아지고자 하는 연구들이 계속되고 있다.

(2) 물체범주인식, 변형물체인식(deformable object recognition)

Viola와 Jones은 간단한 Harr 필터 타입의 특징점 추출기, AdaBoost 기반의 학습 및 직렬방식의 분류기 통합을 통해 1초에 수 십장 처리가 가능한 매우 빠른 특정 물체인식 시스템을 개발하였다.

CMU의 Schneiderman과 Kanade는 파트(Part)기반의 window scanning을 제안하였는데 이 방법은 매우 높은 인식성공률로 유명하며 Pittsburgh Pattern Recognition라는 회사를 통해 상용화가 진행되고 있다.

다양한 방식의 물체범주인식(Object class recognition) 기법들이 연구되고 있지만 얼굴인식 등의 특정 문제를 제외하고는 상용화되기는 어려운 수준이며, 상당부분 제한된 실험 영상들에서만 좋은 성능을 보여주고 있기 때문에 더욱 복잡하고 실제적인 문제에 적용될 수 있기 때문에 더욱 복잡하고 실제적인 문제에 적용될 수 있기 위해서는 더 많은 연구들이 필요한 상황이다.

(3) 맥락인식(Contextual recognition)

Hoiem, Efros, Hebert는 한 장의 이미지에서 기하학적인 상황(Context) 정보를 추출하는 방법에 대한 연구를 수행한다.

색상, 제스처, 위치, 형상, 간단한 3차원 기하학적 정보를 이용하여 특징점 집합을 정의하고 이를 이용해 이미지상의 각 영역들을 특성에 맞게 분류한다.

UCLA의 Zhuowen Tu, Song Chun Zhu 등은 영상분석(Image Parsing)이라는 개념을 도입하여 영상을 이해한다는 개념을 도입하여 영상을 이해한다는 개념을 영상자체를 일종의 위계적인 트리 구조로 분석하고 각각의 요소를 쪼개어 나가면서 이름을 붙이는 문제로 정의한 후 물체인식, 영상분할 등을 동시에 해나가면서 결합하는 포괄적인 개념을 제시한다.

3차원 물체인식을 위한 비전의 원론적인 방법은 2차원과 3차원 방식으로 분류되며 3차원 방식은 3차원 물체에서 2차원 영상의 특징 추출 후 특징 분포와 데이터베이스 모델 물체특징 분포간의 유사관계에 의거하여 인식한다. 물체인식 기술의 기초연구는 주로 대학 등의 연구기관에서 이루어지고 로봇 시각을 위한 물체인식의 구현은 각 기관의 로봇 프로젝트와 연계되어 이루어지고 있다.

국내 연구수준은 세계적인 수준이라고 할 수 있는데 개발된 시스템이나 소프트웨어는 완성도 측면에서 선진국에 많이 뒤지고 있으면 얼굴인식의 경우 주로

성능목표	관련기술요소
• 기초적인 물체인식 • 일상 물체에 대한 실시간 인식 • 인식률 95% • 처리시간 1초 이하	• 모델기반 특징추출 • 2차원 특징추출, 3차원 형상정보 정합, 자세 추정기술 • DB 구축/검색기술 • 모델 영상 분할기법 • 강건 영상처리 및 형상정보 정합, 다중 영상처리 기법 • 조명변화에 강건한 DB구축 및 검색 기법
• 고급 물체인식 • 가변형 물체 포함한 물체에 대한 실시간 인식 • 인식률 95% • 처리시간 1초 이하	• Non-rigide모션 추정 기법 • 영상기반 다관절 물체 모델링 및 특징추출, 물체정합 기법 • 자세추정 기법 • DB 구축/검색 기법 • 실시간 영상처리 기법

정면얼굴을 대상으로 이루어져 외국기술에 비해 많이 뒤지며 제스처 인식도 아직 선진국 수준에 비해 많이 뒤지고 있다.

국내의 주요연구는 선분 특징을 이용한 물체인식 연구에서 세계적인 연구결과를 갖고 있으며 확률적 관계 그래프모델(Stochastic Attributed Relation Graph)을 이용한 정합 기법을 제안하여 물체의 회전, 크기, 가려짐 및 조명변화에 강인한 물체인식 기법을 개발했다. 또한 통계적인 방법을 활용하여 특정 물체를 인식하고 동시에 분할하는 기법도 개발했다.

특징점 추출방식으로 G-RIF(Generalized Robust Invariant Feature)를 Kaist에서 제안하였고 확률 그래프 모델을 사용한 맥락기반 물체인식에 대한 연구도 진행하고 있다. 또한 서강대에서는 3차원 거리정보의 컬러 특징점(Photometric feature)을 융합하여 고유의 거리영상 통합 및 물체인식방법을 개발하여 3차원 물체정합에 응용하였다.

전자부품연구원에서는 고기능 비전인식 및 학습기술을 연구해오고 있고 감응성 에지 향상기법, 3차원 객체 포즈 인식 기술개발 등을 토대로 컬러 시각 센서를 사업화할 목표를 갖고 있다. 한국생산기술연구원에서는 스마트 로봇 환경을 구축하고 그 환경 내에서의 로봇 물체인식, 포즈 추정, 조작을 위한 연구를 수행하고 있다.

삼성종합기술원에서도 지능형 보안, 감시, 멀티미디어 콘텐츠 검색, HCI 등의 기능을 제공하기 위한 영상처리 기술과 패턴 인식 기술을 연구 개발하고 있다.

6.3 지능형 로봇의 스테레오 비전 및 처리기술

1) 스테레오 비전의 개요

인간의 두뇌기능 중 60%는 두 눈으로 감지하는 시각정보를 처리하는 데 사용된다. 그만큼 눈으로 보는 시각은 인간의 생존과 지적 활동에 가장 중요한 감각이다. 인간의 활동에 긴요한 시각기능이 로봇 분야에 적용된 역사는 그리 오래지 않다. 공학자들은 일찍부터 로봇 분야에 시각기능을 부여하는 갖가지 연구를 했지만 온갖 사물의 형태를 기계 눈으로 인식시키는 작업은 난관의 연속이었다. 기계 눈은 똑같은 물건이라도 조명조건이 조금만 달라지면 전혀 못 알아볼 정도로 눈썰미가 형편없었다. 또 온갖 변수를 고려해 시각처리 알고리즘을 만들어도 당시 컴퓨터 용량으로 실시간 처리하기 어려워서 늘 벽에 부딪혀야 했다.

사람으로 비유하면 시각기능의 두 축인 '눈'과 '두뇌' 중에서 시력은 괜찮은데 영상정보를 처리하는 뇌 기능이 모자라서 세상의 빛을 못 보는 상태였던 것이다. 이런저런 문제로 초창기에 나온 로봇들은 모두 시각기능이 결여된 장님이었다. 그래도 공장바닥에 볼트로 꽉 조여진 채 같은 동작만 반복하는 산업용 로봇은 기계근육의 내구성과 정확성만 확보해도 자기 몫을 해냈기에 큰 불만은 없었다.

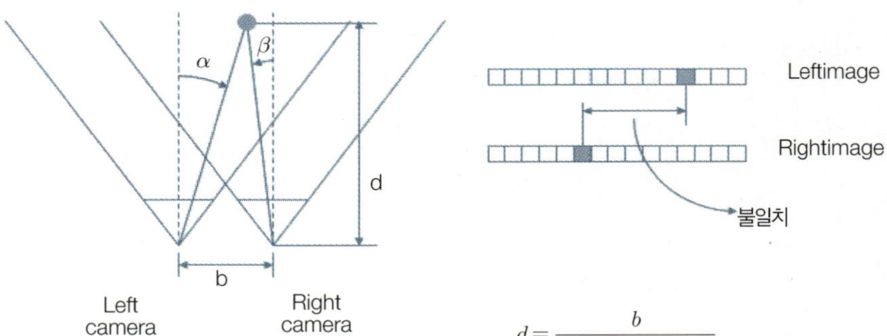

$$d = \frac{b}{\tan(\alpha) + \tan(\beta)}$$

[그림 6-3]
스테레오 비전의 원리

이후 90년대에 들어 컴퓨터 기능이 놀랍도록 향상되고 기계적 영상처리에 대한 노하우가 쌓이면서 로봇과 비전 기술의 결합에도 탄력이 붙기 시작했다. 공장자동화 분야에서는 제품의 이상 유무를 시각적으로 판단하는 검사장비가 확산 중이다. 기동성을 갖춘 모바일 로봇을 위한 위치인식 알고리즘과 값싼 카메라 모듈 개발이 활기를 띠고 있다.

로봇비전의 연구 분야 다음과 같다.

① 물체 · 사람 형태의 인식
② 로봇 위치를 파악해 스스로 주행경로를 결정하는 SLAM(Simultaneous Localization And Mapping)
③ 2차원 시각정보의 3차원 공간 재현
④ 움직이는 물체를 추적하는 트래킹 기술

등으로 분류된다.

우리나라는 이들 로봇강국에 비해서 열악한 환경이지만 일부 로봇비전 분야에서 국제적 경쟁력을 갖췄다. 특히 국내 로봇비전의 강점은 가정용 로봇 제품에 적합한 보급형 SLAM에서 두드러진다.

값싼 청소 로봇도 최적의 주행경로를 쉽게 찾도록 각종 센서와 비전 기능을 결합한 SLAM 기술을 대학연구소와 삼성전자·LG전자 등에서 개발중이다.

삼성테크윈을 중심으로 메가픽 셀급의 감시용 로봇눈이 개발되고 최근에는 주·야간 동시촬영이 가능한 CMOS 센서까지 등장해 로봇비전 기술의 대중화에 큰 도움이 된다.

[그림 6-4]는 CMOS Image Sensor의 내부 블록도를 잘 표현하고 있다. CMOS Image Sensor를 블록도 차원에서 동작 개론을 열거해 본다면 우선 Micron Lens를 거쳐 Color Filter Array(CFA)를 통과한 빛이 Bayer Pattern으로 구성되어 있는 픽셀위에 상이 맺히게 된다. 이것이 전기적 신호로 변경되어 CDS(Correlated Double Sampling) → 아날로그 처리를 거쳐 아날로그적 영상신호로 완성되고 이것이 ADC를 통해 디지털 출력되는 것까지가 일반적인 CMOS Image Sensor의 동작이라 볼 수 있다.

요즈음은 SoC로 CMOS Image Sensor의 ADC 출력(Bayer Raw)을 받아

영상보정(Image Signal Processing)까지 집적한 System On a Chip(SoC)으로 제조되어 모바일 폰용 센서 용도로 판매되고 있다.

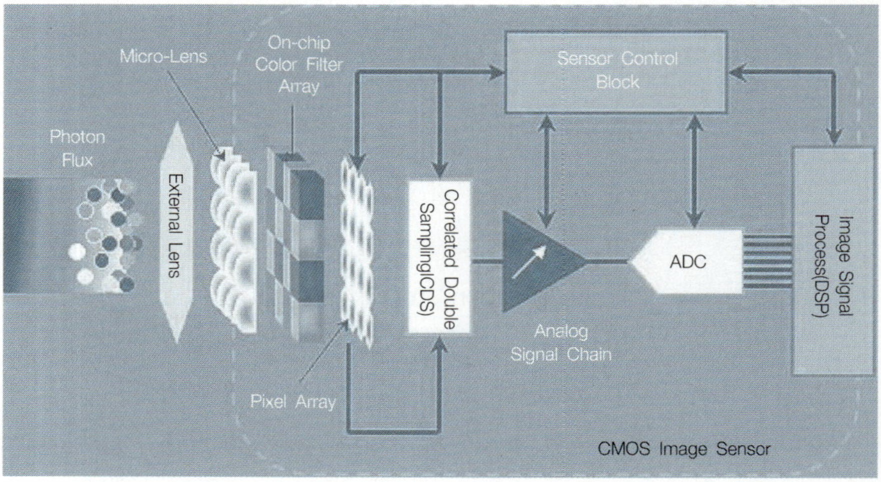

[그림 6-4]
이미지센서의
블록다이어그램

2) 지능형 로봇의 비전 처리기술

최근 로봇 산업은 산업용 로봇에서 출발하여 군사용이나 과학기술 용도를 벗어나 가정용 로봇으로까지 그 활동 영역을 넓혀나가고 있다. 네트워크 기반 지능형 로봇 분야는 고성능 서버를 통해 로봇의 지능과 능력을 외부로 분산시켜 "언제 어디서나 나와 함께 하면서 나에게 필요한 서비스를 제공하는 로봇"이란 개념으로 연구 개발되고 있다.

지능형 로봇 개발에는 여러 종류의 센서 기술이 필요하다. 로봇의 충돌회피, 장애물 감지 등을 위한 거리 센싱 시스템, 로봇의 위치파악을 위한 위치추정 시스템 그리고 로봇의 시각 정보 획득을 위한 시각 센싱 시스템 등이 필요하게 된다. 그 중에서도 시각 센서는 변화하는 주위 환경에 융통성 있게 대처할 수 있는 정보를 제공해주는 로봇 지각의 중추적인 역할을 담당한다.

시각 센서는 주로 카메라를 이용하여 실시간으로 영상을 취득하고, 취득된 방대한 양의 영상 데이터를 실시간으로 처리하여 영상으로부터 물체의 크기, 위치, 색깔 등의 정보를 분석하여 물체를 인지하며 이를 통해 로봇의 자율주행 분야, 사용자 의도 및 행위인식 분야에까지 이용될 수 있다.

최근에는 이러한 시각 센서를 두 개 이상 사용하여 물체의 실시간 3차원 영상 정보를 추출하는 연구가 학계 및 연구소를 중심으로 진행중에 있다.

기술적 측면에서 볼 때 실시간 거리 영상의 생성 기술은 로봇 자율주행 및 장애물인식 등의 지능형 로봇 분야의 응용뿐만 아니라 영화, 애니메이션, 방송, 가상현실 등의 여러 분야에서 요소기술로서 응용될 수 있으므로 그 기술적 파급 효과가 크다고 할 수 있다.

실시간 거리영상 취득 시스템은 1980년대 말부터 유수의 연구기관(CMU, 동경공대, INRIA, Teleos Research)에서 연구되어 왔고, 카네기 멜론 대학의 로봇 공학 연구소는 1990년대 초반부터 실시간 거리영상 취득을 위한 알고리즘과 하드웨어 장치를 개발해 오고 있다. 2~6개의 카메라 영상으로부터 실시간으로 거리영상을 생성하며, 이를 이용하여 여러 가지 응용 시스템을 개발하고 있다. 국내에서 3차원 거리영상 취득을 위한 연구는 주로 알고리즘 위주로 여러 대학과 연구소에서 연구되고 있다. 최근 KIST에서 3차원 복원이 가능한 병렬처리형 고속 영상처리 하드웨어/소프트웨어 시스템의 개발이 발표된 바 있다.

3) 제품개발 동향

(1) 실시간 스테레오 시각 시스템

로봇이 물체 또는 주변 환경에 대한 영상정보를 실시간으로 획득하여 작업환경에 대한 정보를 보다 정확하게 판단할 수 있는 수단을 제공하는 시스템이다. 이를 위해서는 다음과 같은 세부기술이 필요하다.

- 소형 양안식 또는 다안식 입체 카메라 시스템
- 입체 카메라의 줌, 초점 주시각 및 자동감지 기술
- 입체영상신호 무선화를 위한 부호화/복원 기술

[그림 6-5]
실시간 스테레오 로봇

(2) 스마트 스테레오 시각 시스템

인간의 시각과 유사한 기능을 로봇에게 부여하기 위한 것으로 로봇이 주변환경 및 대상 물체 사이의 3차원 정보를 측정하여 측정된 정보를 이용하여 주변환경 및 대상 물체를 검출 · 인식 · 재상 · 추적하는 기술이며, 주변환경 및 대상 물체의 3차원 형상을 사람과 같이 실시간으로 인식할 수 있게 하여, 로봇이 스스로 판단하여 주어진 임무를 수행할 수 있는 기능을 제공하여야 한다.

이를 위해서는 다음과 같은 세부기술이 필요로 하다.

- 물체간 삼차원 형상정보 실시간 획득기술
- 입체영상정보를 이용한 형상인식 및 추적기술
- 3차원 형상 복원 및 학습기술

(3) 열화상인식 시스템

화재현상 또는 심야에 주변의 열분포를 인식하여 열함유 물체를 인식하고 위치를 추적하는 기술을 말한다.

이를 위해서는 다음과 같은 세부기술이 필요로 하다.

- 소형 · 경량 · 고분해능의 적외선 카메라 시스템 기술
- 적외선을 이용한 물체 감지기술

[그림 6-6]
열화상 카메라

(4) 미국의 TYZX

미국 TYZX사에서 개발된 DeepSea G2라는 스테레오 매칭 시스템은 VGA급 CMOS 카메라를 사용하고 있으며 census transform을 사용하여 계산량을 줄이면서 스테레오 매칭을 초당 200 프레임정도의 고속으로 처리할 수 있는 기능을 가지고 있다. DeepSea G2의 하드웨어 구성과 스테레오 카메라의 사진을 나타내며 임베디드프로세서(Power PC), Tyzx DeepSea 칩, DSP 그리고 FPGA로 구성된다.

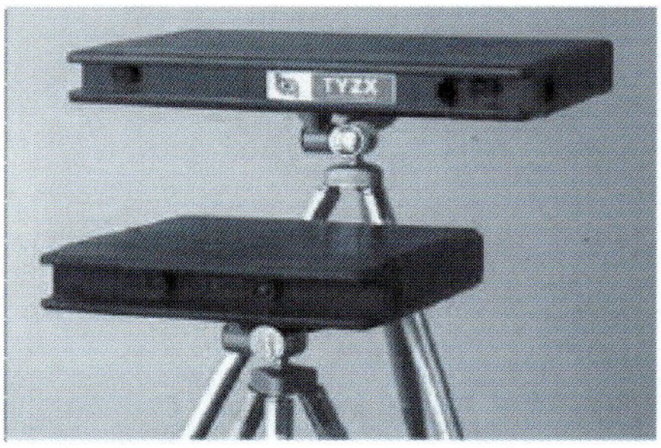

[그림 6-7]
TYZX사의 스테레오 매칭 시스템

[그림 6-7]은 DeepSea G2 시스템을 이용한 실제 영상과 스테레오 매칭 결과에 의한 실시간 depth 이미지를 나타낸다. 또한 TYZX사에서는 스테레오 비전 시스템의 응용 소프트웨어 패키지로 사람추적과 장애물 검출 및 제스처 인식 소프트웨어를 함께 제공하고 있다.

(5) 캐나다 Point Grey Research

캐나다 Point Grey Research사의 bumblebee 라는 스테레오 비전 카메라 시스템은 스테레오 비전 분야에서 현존하는 최고의 선도기술로 평가되고 있다. Bumblebee는 1/3″고성능 CCD 카메라를 사용하고 있고, QVGA급에서 초당 2~3 프레임을 처리하고 있으며 [그림 6-8]과 같은 스테레오 카메라를 사용하고 있다. 카메라 캘리브레이션 오차는 0.05 픽셀 이하로 상당히 정교한 카메라 캘리브레이션 성능을 가지고 있다.

교정된 좌/우 영상을 IEEE1394를 통해 PC에서수집한 후 PC에서 SAD 알고리즘을 이용해 스테레오 정합을 소프트웨어로 구현하고 있다. Maximum disparity는 64~230까지 지원하며 [그림 6-9]는 bumblebee 시스템을 이용한 실제 영상과 스테레오 매칭 결과에 의한 3차원 depth 이미지를 나타낸다.

Point Grey Research사에서도 스테레오 매칭 결과를 이용해 사람추적, 제스처 인식 등의 다양한 응용 소프트웨어를 제공하고 있다.

[그림 6-8]
Point Grey사의
스테레오 카메라 사진

(a) Raw Images

(b) Depth Image

[그림 6-9]
Point Grey사의
스테레오 영상 결과

(6) 미국 Videre Design

Point Grey Research사에서 제작 공급하고 있는 스테레오 비전 카메라 시스템과 비슷한 저가형 제품으로 미국의 Videre Design사의 STHMDCS 제품이 있다. 저가격화를 위해 30만 화소의 CMOS 카메라를 채택하고 있고 QVGA급에서 초당 16~17프레임을 처리하고 있으며 두 대 카메라 사이의 거리(base line)를 가변적으로 조정할 수 있는 제품을 출시하고 있다.

[그림 6-10]
Videre Design사
스테레오 카메라 사진

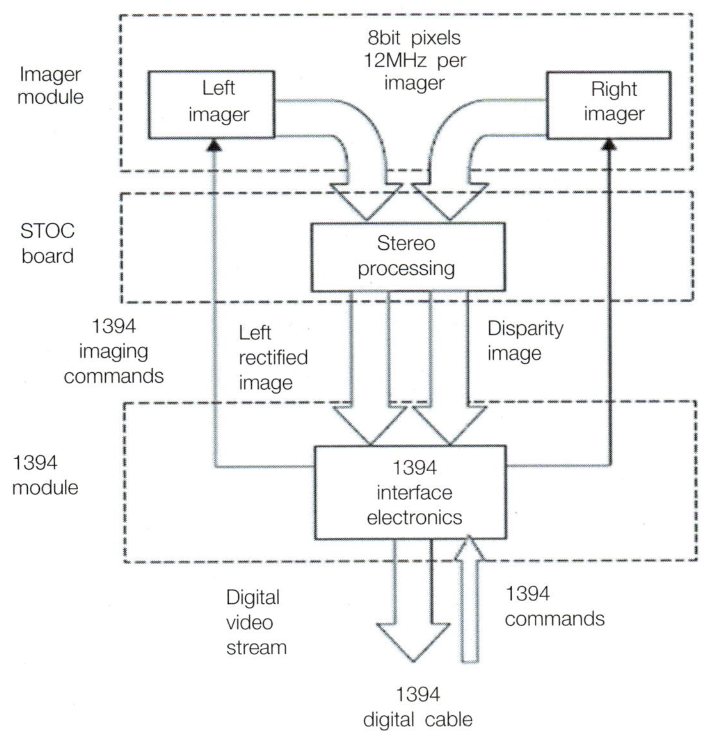

[그림 6-11]
Videre Design사
STOC 제품 구성도

Point Grey Research사와 마찬가지로 IEEE1394 I/F를 통해 PC로 한 쌍의 영상을 전송하고 PC에서 스테레오 정합 기능을 구현하고 있다.

또한 Videre Design사에서는 기존 제품과는 달리 STOC라는 모듈이 장착된 [그림 6-11]과 같은 블록의 제품을 출시하고 있는데, 이는 disparity image 생성을 비교적 작은 용량의 FPGA를 이용해 하드웨어로 구현한 제품이다.

(7) ERSP 비전

ERSP 비전은 로봇이나 장치가 조명과 물체 배치가 제어되지 않는 실세계 환경에서 2차원 및 3차원 물체를 인식할 수 있게 한다.

비전 API는 매우 강력한 컴퓨터 비전 알고리즘에 액세스할 수 있게 한다. 이 알고리즘은 카메라 이미지를 분석하여 물체인식, 동작탐지 또는 피부탐지와 같은 다양한 작업을 위해 사용할 수 있는 정보를 추출할 수 있다.

① 성능/특성

인식 대상의 특성에 따라 좌우되는 80~100%의 인식률 광범위한 보기 각도, 렌즈 왜곡, 이미지 소음 및 조명 상태에서 제대로 작동한다.

패턴의 큰 부분(90%까지)이 다른 개체에 의해 시야가 차단된 경우에도 제대로 작동한다. 동시에 여러 개체를 인식할 수 있다.

전산 요건의 상당한 증가 없이도 수백 또는 심지어 수천 개의 시각적 패턴을 가진 데이터베이스를 취급할 수 있다.(계산의 규모는 패턴의 수에 따라 대수적으로 변화한다) ViPR은 1400MHz PC를 사용하여 초당 약 14~18 프레임의 속도로 208 × 160픽셀 이미지를 처리할 수 있다.

6.4 영상처리 기술

영상처리는 사진 또는 그림, 영상 등을 디지털화하여 컴퓨터에서 이를 처리하는 기술로서 많은 응용 분야에서 사용되고 있는 넓은 영역을 총칭한다. 이러한 영상처리 기술은 낡고 훼손된 영상을 원영상과 가깝게 복원하며, 영상 내에 포함된 잡음을 제거하거나 색상과 영상의 질을 개선하거나 저하하기도 한다. 또한 영상에 포함된 정보를 최대한 잘 표현하기 위해 두드러진 특징을 더욱 강조하며, 다른 영상과 합성하여 새로운 영상을 만들기도 하며, 저장 공간의 절약과 전송속도를 높이기 위해 영상의 크기를 압축할 뿐 아니라, 자동 색상조절, 물체 및 문자인식 등과 같은 기술을 수행한다.

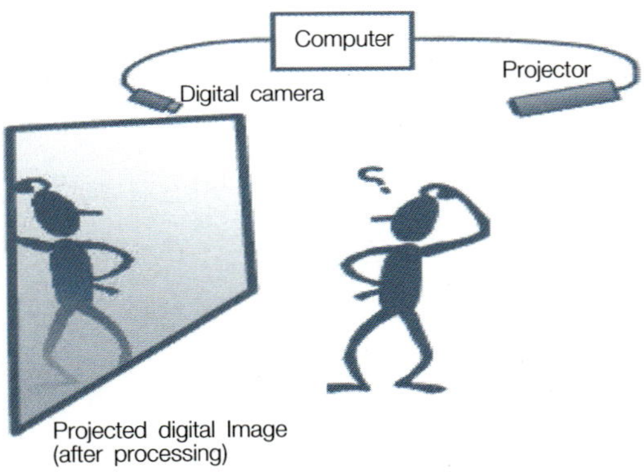

[그림 6-12]
영상처리 인식

인간은 기본적으로 시각적인 생물이다. 사람이 거울에 비쳐지면 거울은 사람과 똑같은 행동을 한다. 만약 로봇이 사람과 똑같은 행동을 하게 하려면 어떻게 해야 할까? 사람은 환경에 대한 정보 중 99% 이상을 눈에 의존한다. 영상 처리란 이처럼 우리에게 친숙한 영상을 카메라나 스캐너 등을 통하여 전자적으로 얻은 후 여러 가지 목적에 따라 컴퓨터와 여러 가지 알고리즘을 적용하여 처리하는 것이다. 영상처리는 이와 같은 의문점에 대해 해결책을 제시하고 그 의문점에 대한 해답을 찾는 과정을 말한다.

영상처리(image processing)는 시각정보의 중요성과 영상을 취득하는 장비의 발달 및 처리기술의 향상으로 인하여 다양한 분야(로봇, 생물, 항공, 해양, 국방, 의료, 가정, 기상 등)에서 그 중요성과 활용도가 급격히 증가하고 있으며 이에 따른 연구가 세계적으로 활발히 진행중에 있다.

6.5 영상인식 기술

영상처리의 가장 흥미로운 분야 중 하나로 영상 내 존재하는 물체의 종류와 개수 등을 인식하는 것으로서 미세한 영상물의 차이점을 발견하고 영상물을 비교하여 다른 영상과 비교분석하며 특징을 찾아 영상을 인식할 수 있도록 하는 영역을 말한다.

대표적 예가 로봇의 시각 시스템과 무인 자동차의 전자 눈 그리고 지문인식 시스템을 이용하여 범죄현장의 지문과 정부의 데이터베이스 안의 지문과 비교하여 범인을 추적하는 시스템, 로봇 시각 시스템을 이용한 장애인 안내에 관한 연구 등 유용한 시스템 개발을 위한 기술을 말한다. 그러나 영상 인식은 본질적으로 구현하기 어려운 문제이며 유용한 시스템을 만들기 위해서는 아직도 많은 연구 과제가 남아 있다.

1) 영상인식의 절차

(1) 영상의 입력

일반적으로 가시광선의 반사 패턴 또는 발광 패턴을 인식하는 과정이다. 빛은 인간의 시각 기관을 자극하는 전자기적 스펙트럼의 한 영역으로 생각될 수 있다. 가시광선은 스펙트럼 중의 350mm에서 750mm와 영역을 가진 파장이다. 이 영역의 주파수는 빛을 프리즘이나 필터를 통과시켜서 볼 수 있다. 이 방법을 통하여 각각의 색을 가진 주파수를 분리해 낼 수 있다.

(2) 전처리

입력된 패턴에 따라 잡음제거, 확대, 축소, 회전 등을 하여 패턴을 정규화한다.

(3) 특징 추출

전처리 후의 패턴에 대해서 특징을 추출하는 처리를 한다. 어떤 특징을 추출하느냐는 대상 패턴에 의존한다.

(4) 패턴 배정

추출한 특징과 현재까지 기존의 패턴에 대해서 기억하고 있던 특징을 비교하여 가장 근접한 패턴을 찾아내어 입력 패턴이 어디에 속해 있는가를 찾아낸다.

2) 영상인식의 난제

앞의 영상인식의 절차와 같이 ①~④의 과정에 따라 영상을 인식하기 위해서는 어떤 패턴이 어느 그룹에 속해 있는가를 기억시켜 놓고, 입력되는 패턴이 어떤 그룹에 속하는지를 추론하여, 필요에 따라 그룹 생성 등의 처리를 하여야 한다. 이와 같은 처리는 단순한 것으로 생각되지만 컴퓨터에서의 처리는 아직도 상당히 어렵다. 어려운 점을 나열해 보면,

① 영상의 입력단계에서 영상 표현의 단위, 양자화, 영상 데이터의 구조는 어떻게 하여야 하는가?
② 어떤 전처리가 필요한가?
③ 특징이란 무엇을 기준으로 하는 것인가?
④ 특정한 대상에 대해서 어떤 특징을 잡을 것인가?
⑤ 특징이 없는 경우에는 어떻게 처리하면 좋을까?

Chapter

07

지능형 로봇의 센서 퓨전

7.1 지능형 로봇 센서의 개요

7.2 지능형 로봇 센서의 특성

7.3 지능형 로봇 센서의 종류

7.4 지능형 로봇에 사용되는 센서의 종류 및 특징

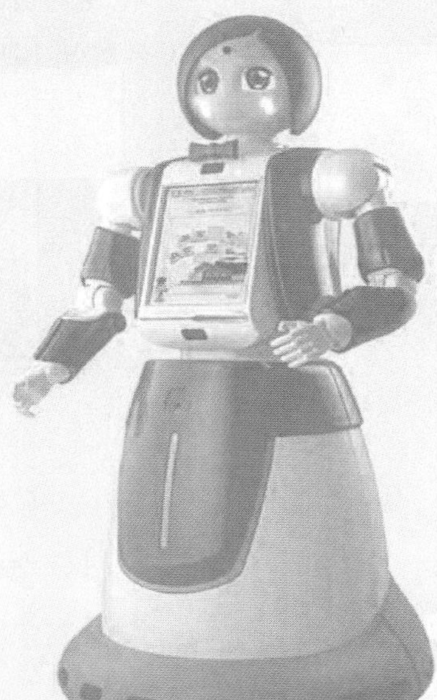

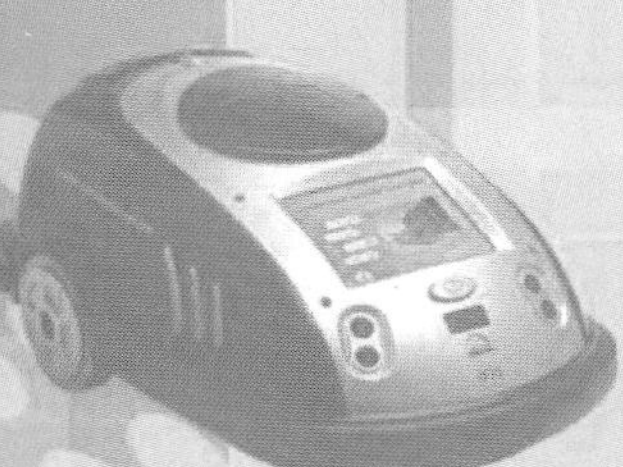

7.1 지능형 로봇 센서의 개요

로봇공학에서 센서는 주위 환경에 대해 내부의 되먹임 제어와 외부환경과의 상호작용에 사용되어진다. 동물과 인간은 비슷한 특징을 가진 센서를 가지고 있다. 예를 들어 아침에 일어나 눈을 뜨기 전에 자신의 팔이 어떻게 놓여 있고 다리가 어떻게 구부러져 있는지 볼 수는 없지만 느끼고 알 수 있다. 이는 근육의 뉴런 신경세포가 뇌에 신호를 보내기 때문이며 근육이 수축, 긴장 또는 이완함으로써 신호는 변화하고 뇌는 각 근육의 상태가 어떠한지 결정한다.

이와 마찬가지로 로봇에서 링크와 관절들이 움직임에 따라서 포텐쇼미터, 인코더, 그리고 리졸버(resolver)와 같은 센서는 신호를 제어기에 보내어 각각의 관절이 어느 상태에 있는지 결정하게 한다. 뿐만 아니라, 인간과 동물이 미각, 촉각, 청각, 시각 그리고 대화로써 외부 세계와 교신하는 것처럼 로봇도 주위 환경과 교신하는 비슷한 센서를 가지고 있다.

어떤 로봇의 센서는 인간의 시각, 촉각, 그리고 미각과 기능상으로 흡사한 기능을 가진 것도 있다. 그 밖의 다른 경우로는 로봇의 센서가 방사선 센서와 같이 인간이 가지고 있지 않는 기능을 가지고 있을 수도 있다.

또한, 여러 가지 다른 현상을 측정할 수 있는 많은 종류의 센서가 존재하나, 이 장에서는 단지 로봇공학과 자동화 생산 분야에서 사용되는 센서에 대해서 논의할 것이다.

7.2 지능형 로봇 센서의 특성

지능형 로봇과 같은 특별한 목적에 사용하는 센서를 선택하기 위해서는 수많은 다른 특성들을 고려해야 한다. 이 특성들의 센서의 성능, 경제성, 용이성, 응용력 등을 결정한다.

때로는 같은 목적을 위해서 다른 종류의 센서도 사용할 수 있다. 이와 같은 모든 경우에 센서를 선택하기 위하여 반드시 고려할 사항은 다음과 같다.

1) 가 격

센서의 가격은 특별히 한 기계장치에 많은 센서들이 필요로 할 때 가장 중요한 고려사항이다. 그러나 가격은 신뢰성, 센서가 출력하는 데이터의 중요성, 정확성, 수명 등과 같은 설계의 다른 요구사항과 균형을 이루어야 한다.

2) 크 기

센서의 응용 분야에 따라서 센서의 크기는 가장 중요한 사항이다. 예를 들면 관절의 변위 센서의 경우 관절의 설계시에 관절 변위 센서가 포함되도록 개조되어야 하고 로봇 몸체의 일부분으로서 움직여야 한다. 관절 주위의 가용 공간은 보통 한정되어 있다. 그리고 큰 센서는 관절의 운동범위를 제한할 것이므로 관절 센서에 대해 충분한 공간을 확보하는 것은 중요하다.

3) 무 게

로봇은 동적 기계장치이므로 센서의 무게는 매우 중요하다. 무거운 센서는 로봇 팔의 관성을 증가시키며 하중을 옮길 수 있는 능력을 감소시킨다.

4) 출력의 형태(디지털 또는 아날로그)

센서의 출력은 응용분야에 따라 디지털 또는 아날로그이며 출력은 직접 사용되거나 변환되어야만 할 때도 있다.

예를 들면 포텐쇼미터의 출력이 아날로그인 반면에, 인코더의 출력은 디지털이다. 인코더가 마이크로프로세서와 연결되어 사용되면 출력은 직접 프로세서의 입력포트에 인가될 것이다. 반면에 포텐쇼미터의 출력은 AD 컨버터(ADC)를 사용하여 디지털 신호로 변환되어야 한다. 이러한 출력의 형태는 다른 요구사항과 알맞게 조화되어야 한다.

5) 인터페이싱

센서는 마이크로프로세서나 제어기와 같은 다른 장치와 함께 연결되어야 한다. 만약 센서와 관련 장치가 호환되지 않으면 중대한 문제가 발생하며 필요에 따라 다른 회로가 필요하게 된다.

6) 분해능

분해능(resolution)은 센서 측정범위내의 최소 크기 단위이다. 권선이 감긴 포텐쇼미터는 권선이 1회전할 때의 저항이 출력이 된다.

n비트를 가지는 디지털 장치의 분해능은 다음과 같다.

$$\text{분해능} = \frac{\text{전체영역}}{2^n}$$

예) 4 비트의 절대위치 인코더는 $2^4 = 16$ 종류의 위치를 나타낼 수 있다. 즉, 분해능은 360°/16 = 22.5°이다.

7) 감 도

감도(sensitivity)는 입력변화에 대한 응답의 출력변화의 비율이다. 고감도 센서는 노이즈(noise)를 포함해서 입력 변동의 결과로 인해 출력은 보다 큰 변동을 보일 것이다.

8) 선형성

선형성(linearity)은 입력변화와 출력변화 사이의 관계를 나타낸다. 이는 선형 출력을 가진 센서의 범위 내에 어떤 입력값이 같이 변화되면 같은 출력변화를 나타낸다. 사실상 거의 일반적인 자연계의 모든 장치는 비선형의 변화전도에 따라서 다소 비선형성이라 할 수 있다. 어떤 장치는 어떤 동작범위 내에서는 선형이라고 가정할 수 있다. 그 외의 경우는 가정을 통해 선형화할 수 있다. 만약 출력이 선형이 아니고 비선형성이라면 비선형성은 합리적인 모델링, 추가적인 방정식 또는 부가적인 전자장치를 통해 극복할 수 있다. 예를 들어 변위 센서가 sine함수 출력 내의 변화를 가지고 있다고 가정하자, 그런 다음 센서를 사용하기 위해 설계자는 프로그래밍이나 간단한 전자회로 추가를 통하여 sine함수의 출력신호를 나눌 것이다. 따라서 센서는 선형인 것처럼 출력이 될 것이다.

9) 범 위

범위(range)란 센서가 생성할 수 있는 최소 출력과 최대 출력간의 차이를 의미하거나 센서로 확실히 운용할 수 있는 최소 입력과 최대 출력의 차이이다.

10) 응답시간

응답시간(response time)은 센서의 출력이 전체 변화에 어느 정도의 퍼센트에 다다르는 데 요구되는 시간이다. 일반적으로 전체 변화의 95 %로 표현된다. 또한 입력이 변화함에 따른 출력의 변화를 관찰하는 데 요구되어지는 시간으로도 정의한다.

예를 들어 방사열 온도를 측정하는 간단한 수온 온도계는 응답시간이 길지만 디지털 온도계의 응답시간은 짧다.

11) 주파수 응답

매우 높은 품질의 라디어 튜너를 값싼 스피커에 붙인다고 가정한다. 스피커는 음향을 재생하겠지만 음향의 품질은 매우 낮을 것이고, 반면에 우퍼(woofer)와 트위터(tweeter) 같은 고품질 스피커 시스템은 보다 좋은 품질로 같은 신호를 재생할 수 있다. 이것은 2스피커 시스템의 주파수 응답(frequency response)이 값싼 작은 스피커와는 매우 다르기 때문이다.

예를 들면 작은 스피커는 자연 주파수(natural frequency)가 높기 때문에 단지 높은 주파수 음향만을 재생한다. 한편, 적어도 두 개의 스피커를 가진 스피커 시스템에서 트위터는 높은 자연 주파수를, 우퍼는 낮은 자연 주파수에서 음향을 둘 다 재생할 수 있다. 두 주파수 응답의 합성은 스피커 시스템에서 훨씬 좋은 음질을 재생할 수 있다(사실상, 신호들은 각각의 스피커에서 필터링된다). 모든 시스템은 자신의 자연 주파수 근처에서 작은 영향으로도 공진한다. 자연 주파수로부터 가진 주파수(forcing frequency)가 증가 또는 감소함으로써 응답성은 떨어진다. 주파수 응답은 시스템이 공진할 수 있는 범위에서 입력이 비교적 높은 상태로 존재하게 된다. 주파수 응답의 범위가 클수록 다양한 입력에 대한 시스템 응답성능이 더 좋아진다. 이와 마찬가지로, 센서의 주파수 응답을 고려하는 것은 매우 중요하며 센서의 응답이 모든 동작조건하에서 충분히 빠른가에 대해서도 고려해야만 한다.

12) 신뢰성

신뢰성(reliability)은 시스템이 온전히 운용된 시간을 시스템이 운용된 횟수로 나눈 비율이다. 지속적이고 만족할 만한 동작을 위해서 오랜 시간 신뢰성을 유지하는 센서의 선택이 매우 중요하다.

13) 정확성

정확성(accuracy)은 센서의 출력이 기대치에 얼마나 근접되어 있는지를 정의된다. 만약 입력이 주어진다면, 출력은 어떠한 값을 가질 것인지 예상될 것이고 정확성은 센서의 출력값이 예상 출력값에 근접해 있는지 정도를 나타낸다.

14) 반복정밀도

센서의 출력이 같은 입력에 대한 응답이 수 차례 측정되어진다면 출력은 매번 다를 것이다. 반복성은 각각의 출력값이 변화한 정도를 측정함으로써 결정된다. 일반적으로, 만약 충분한 실험횟수를 가진다면 출력값 범위는 공칭값(nominal value) 주위의 모든 결과값을 포함해서 정의되며 이 범위가 반복정밀도(repeatability)로서 정의된다. 일반적으로 반복정밀도는 정확성보다 더 중요하다. 대부분의 경우에 부정확성은 예상이 가능하고 계측이 가능하므로 교정과 보상이 가능하다. 반복성은 일반적으로 불규칙하고 보상이 쉽지 않다.

7.3 지능형 로봇 센서의 종류

1) 센서의 형태

① 주행기록(Odometry)
② 레이저 범위와 감지(Laser Ranging and Detection(LIDAR))
③ 음향(Acoustic(sonar, ultrasonic))
④ 레이더(Radar)
⑤ 비전(monocular, stereo etc)
⑥ GPS
⑦ 자이로스코프(Gyroscopes), 가속도(Accelerometers)

2) 센서의 종류

(1) 이미지 센서

CCD 이미지 카메라를 통하여 로봇이 바라보는 영상을 확인할 수 있으며, 본 영상을 이용하여 이미지를 분석하여 원하는 영상과 거리 및 각도를 확인할 수 있다.

(2) 인체감지 센서

보안에서 사용되는 센서로 사람의 열을 감지하여 가정에서 외부 침입자를 감지할 때 사용된다.

(3) 조도 센서

로봇의 머리 부분에 부착되어 현재 조도의 양을 측정할 수 있다.

(4) 전자 나침반

로봇 내부에 부착되어 있으며 현재의 방위각을 측정할 수 있다.

(5) 기울기 센서

로봇 내부에 부착이 되어 있으며, 로봇의 기울기 정도를 측정할 수 있다.

(6) 온/습도 센서

로봇 근처에 있는 온도 및 습도를 측정할 수 있다.

(7) 적외선 센서

로봇 이동시 장애물을 감지하기 위한 센서로 적외선을 이용하여 거리를 측정한다.

(8) 초음파 센서

로봇 이동시 장애물을 감지하기 위한 센서로 초음파를 이용하여 거리를 측정한다.

7.4 지능형 로봇에 사용되는 센서의 종류 및 특징

로봇공학과 메카트로닉스, 그리고 자동화 분야에 사용되는 센서들을 다음과 같이 열거하였다.

1) 위치 센서

위치 센서는 회전각과 직선이동, 변위뿐만 아니라 운동의 측정에도 사용된다. 대부분의 경우 위치정보로부터 인코더의 경우도 마찬가지로 속도정보 계산이 가능하다. 다음은 로봇공학에서 쓰여지는 일반적인 위치 센서들이다.

(1) 포텐쇼미터

포텐쇼미터는 저항기를 통해 위치정보를 가변전압으로 변환한다. 저항기의 스위퍼(sweeper)가 위치의 변화로 움직임에 따라서 전체 저항에 비해 스위퍼의 접점을 기준으로 전, 후의 저항의 비율이 변한다(그림 7-1). 포텐쇼미터의 이러한 전압분배 성능 때문에 저항에 비례하는 출력은 다음과 같이 표현이 가능하다.

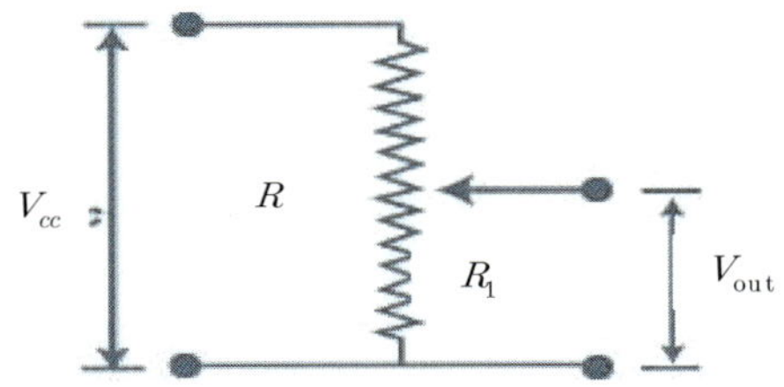

[그림 7-1]
위치 센서로서의 포텐쇼

$$V_{out} = V_{cc}\frac{R_1}{R} \text{ 미터} (2)$$

포텐쇼미터는 종류에 따라서 회전과 직선으로 이동할 수 있으므로 회전과 직선의 운동을 측정할 수 있다. 회전형 포텐쇼미터는 또한 여러 번 회전이 가능하므로 많은 횟수의 회전운동을 측정하는 데 사용이 가능하다.

포텐쇼미터는 권선이 감겨 있거나 표면에 저항 물질의 얇은 필름(전도성 플라스틱) 을 증착시킨다. 박막 포텐쇼미터의 주된 장점은 출력이 연속적이고 잡음이 적다는 점이다. 따라서 이 형태의 저항기에서 출력을 미분하여 속도값을 생성하는 것이 가능해진다. 그러나 권선형 포텐쇼미터의 출력은 계단식이기 때문에 연속이 아니므로 미분이 불가능하다.

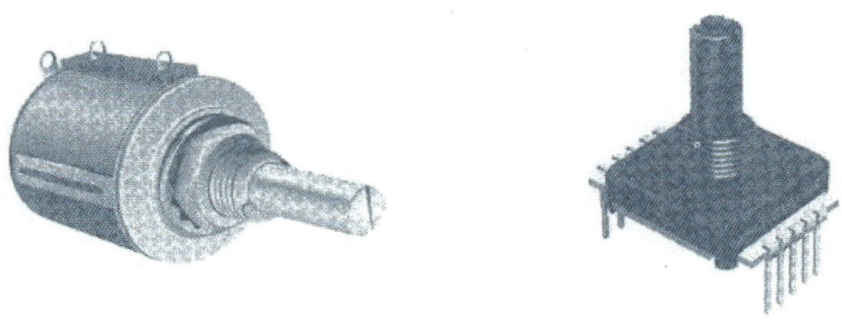

[그림 7-2]
전형적인 상용 회전식 포텐쇼미터. Bourns, Inc.의 게재 승인을 받음

포텐쇼미터는 일반적으로 관절과 링크의 위치를 나타내기 위하여 내부 되먹임 센서에 사용된다. 포텐쇼미터는 단독으로 쓰이거나 인코더와 같은 다른 센서와 함께 쓰이기도 한다. 이 경우 인코더는 관절과 링크의 현재 위치를 나타내는 반면에, 포텐쇼미터는 시작위치를 나타낸다. 따라서 센서의 조합으로 최소 입력 요구사항을 충족시키는 것이 가능해지며 또한 최대의 정확성을 가진다.

이것은 인코더에서 보다 자세히 논의할 것이다. [그림 7-2]는 두 개의 전형적인 상용 포텐쇼미터를 나타내고 있다.

(2) 인코더

인코더는 운동의 미세부분에 대한 디지털 출력을 할 수 있는 간단한 장치이다. 디지털 출력을 위한 인코더 휠(wheel) 또는 막대(strip)가 [그림 7-3]에서 보는 것처럼 작은 부분으로 구분되어 나누어져 있다. 각 구획은 불투명하거나 투명하다(이것은 또한 반사형 또는 비반사형으로도 구성할 수 있다). 한 쪽에서 발광다이오드(LED)와 같은 광원을 인코더 휠 또는 막대의 다른 쪽에 광선을 주사하고 포토트랜지스터(phototransistor)와 같은 광감지 센서를 통해 감지한다. 만약 빛이 통과하여 휠의 각도 위치(또는 막대의 경우, 직선 위치의 경우)가 빛이 통과하는 위치라면 반대쪽의 센서는 켜지게 될 것이고 높은 신호(on)를 가질 것이다. 만약 휠의 각도 위치가 빛이 통과하지 못하는 곳에서 멈춘다면 센서는 꺼질 것이고 출력은 낮아질 것이다(디지털 출력 off, 즉 0이 된다). 휠은 회전하기 때문에 센서는 연속적으로 신호를 보낼 수 있다. 만약 신호가 계수(count)된다면 휠의 대략의 전체 각 변위(total angular displacement)는 언제든지 측정될 수 있다.

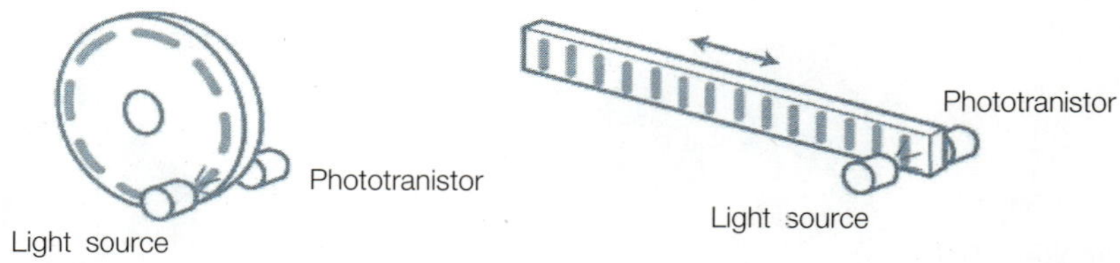

[그림 7-3] (a) 단순 형태의 회전 증가형 인코더 휠. 이 인코더는 회전각 위치를 검출한다. (b) 선형 증가형 인코더는 직선운동을 검출한다.

인코더에는 증가형(incremental)과 절대위치형(absolute)의 두 가지 기본 형태가 있다. [그림 7-3]은 증가형 인코더이다. 이 형태의 인코더에서 투명하고 불투명한 구획의 면적(호)은 모두 같고 반복적이다. 모든 호(arc)는 같은 크기이기 때문에 각각의 호는 항상 일정한 각운동을 가리킨다. 만약 휠이 단지 두 개의 부분으로 나누어져 있다면 각 부분이 나타내는 각도는 180°가 되며 분해능 또한 180° 일 것이고, 그 호 내에서는 변위나 위치에 대해 더 정확한 정보를 나타내는 것은 불가능하다. 만약 분할이 증가된다면 정확성 또한 증가될 것이다. 즉, 광학 인코더의 분해능은 호의 투명하고 불투명한 면적의 수와 관계가 있다. 전형적인 증가형 인코더는 512에서 1,024의 호를 가질 수 있고 0.7°에서 0.35°의 분해능으로 각 변위를 나타낼 수 있다.

광학 인코더는 재료를 자르거나 구멍을 뚫거나 하는 방법으로 만들어진 투명한 부분과 유리와 같이 투명한 재료를 사용해서 만든 투명한 부분으로써 구성이 모두 가능하다. 대부분의 인코더 휠은 어떤 부분은 빛이 반사되게, 또 어떤 부분은 반사되지 않게 에칭(etching)되어 있다. 이 경우 발광과 수광 센서는 둘 다 휠의 같은 쪽에 있다.

증가형 인코더는 적분기와 같으며 단지 각 위치의 변화만을 출력한다(그것은 변위라고 할 수 있는 위치의 변화를 나타낸다). 따라서 실제적으로는 직접 어느 위치에 있는지 표시하거나 출력할 수 없다. 즉, 다시 말하면 증가형 인코더는 단지 얼마나 많이 움직였는지를 알 수 있지단 초기 위치를 알지 못한다면 실제적인 위치를 센서로부터 식별할 수 없다. 장치, 즉 로봇의 시작점이 어딘가에 따라서 최종 위치가 다를 수 있다는 것이다. 제어기는 실제적으로 인코더에 보내는 신호의 수를 계수하고 전체 위치변화를 결정하므로 증가형 인코더는 적분기와 같이 동작하고 위치신호를 적분하게 된다. 제어기가 시작위치를 알지 못한다면 로봇이 어디에 위치하는지 알 수 없다. 증가형 인코더를 사용하는 모든 시스템에서는 위치추적을 하기 위하여 시스템을 처음 운용할 때 리셋(reset) 을 해야 한다. 따라서 제어기가 리셋 위치를 알고 있으면 언제나 변위를 알 수 있게 된다.

[그림 7-4]는 증가형 인코더의 출력을 보여준다. 단지 한 쌍의 호만 사용된다면 휠이 시계방향으로 회전하는지, 반시계방향으로 회전하는지를 결정하는 것은 불가능하다. 이를 보완하기 위해 인코더의 휠은 두 쌍의 호를 가지고 있어야 하고(2채널) 서로 1/2 스텝식 차이가 나야만 한다. 따라서 두 쌍의 호에서 출력되는 신호도 1/2 스텝씩 서로 차이가 나게 된다. 제어기는 두 개의 신호를 비교하고 다른 신호에 대해서 어느 신호가 하이(1)에서 로우(0)로 바뀌는지, 또는 그 반대의 경우인지를 결정한다. 이 비교를 통해서 제어기는 회전방향을 결정

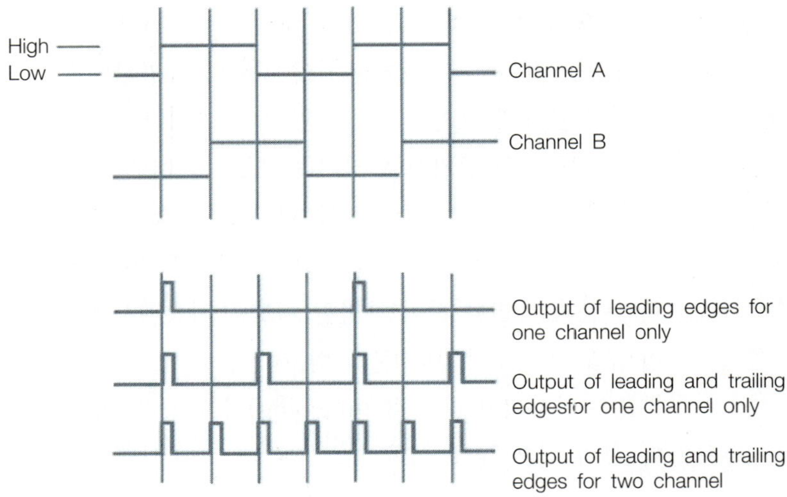

[그림 7-4]
증가형 인코더의 출력신호

하도록 프로그래밍되거나 설계될 수 있다.

실제적으로 호의 개수의 증가 없이 증가형 인코더 출력의 분해능을 두 배로 늘릴 수 있다. 이는 로우에서 하이로 바뀌는 펄스가 시작한 모서리 부분에서 신호변화를 결정하는 것과 더불어 하이에서 로우로의 신호의 변화를 추적하는 모서리 부분에서도 변화를 계산함으로써 가능하다. 이때에도 모든 신호변화에서 신호의 계산은 동일하다. 두 개의 채널로 두 배의 계수를 함으로써 4배의 분해능을 구현할 수 있다.

증가형 광학 인코더를 대체하는 것이 절대위치(absolute) 인코더이다. 인코더 휠의 각 변위를 구현하는 각각의 부분은 특수한 신호를 출력하는 투명하고 반투명한 호의 독특한 조합으로 구성되어 있다. 이러한 독특한 특징 때문에 언제나 시작점에 대한 정보 없이도 휠의 정확한 위치를 결정할 수 있다. 다시 말하면, 시작할 때마다 제어기는 독특한 휠의 위치를 고려하여 결정할 수 있다. [그림 7-5]에서 보는 것과 같이 호는 다중 열을 가지고 있고 각각의 열은 다른 것과 배열이 다르다. 첫 번째 열은 단지 하나의 투명하고, 하나의 불투명한 호를 가지고 있을 것이다(하나는 on, 하나는 off). 다음 열은 4(또는 22)개를 가지고 있고, 또 다음 열은 8(또는 23)개를 가지고 있다. 각 열은 자기자신의 광원과 광센서 조합을 가지고 있어야 한다. 각 센서 조합은 하나의 신호를 내보낸다. 그러므로 두 개의 열들은 제어기에 두 개의 입력이 요구되고, 세 개의 열들에는

3비트가 요구된다.

[그림 7-5]에서 보는 것과 같이 호에 4개의 열을 가지는 인코더는 $2^4=16$가지의 다른 조합을 가지고 있고, 각 구획은 22.5°의 각을 표현할 수 있다. 이는 22.5°의 각도 범위 안에서 제어기는 인코더의 위치를 결정할 수 없다는 것을 의미한다. 즉, 분해능이 22.5°가 된다는 의미이다. 분해능을 증가시키기 위해서는 더 많은 호나 비트(Bit)를 가져야 한다. 비록 증가형 인코더와 같이 1,024개의 구획을 가지는 것은 가능하지만, 수가 커질수록 비트수도 증가해야 한다. 한 호에서 1,024개의 구획을 가지기 위해서 제어기는 인코더마다 막대한 10(1,024 = 210)비트의 정보를 읽어야만 한다. 6개의 관절에 6개의 인코더가 있다고 가정하면 단지 위치정보만을 위해서 60줄의 정보가 제어기로 보내진다. 따라서 증가형 인코더와 절대위치 인코더간의 장·단점을 고려해야만 한다.

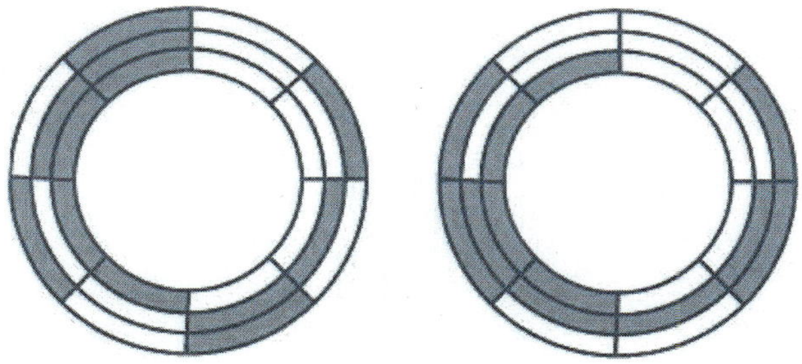

[그림 7-5]
절대위치

인코더의 각 위치를 표현하는 각각의 부분은 독특한 특징을 가지고 있으며 이를 통해서 인코더의 위치를 알 수 있게 된다.

[그림 7-5]는 그레이 코드(gray code)와 이진 코드(binary code) 사이의 다른 점을 보여주고 있다. 이진 코드 시스템에서는 두 개 이상의 비트가 동시에 변화하는 경우가 많다. 반면에, 그레이 코드는 특정 위치에서 항상 한 비트가 전후 방향에서 변화한다. 여기서 중요한 차이점은 디지털 계측을 통한 인식방법이 다르다는 것이며, 신호의 값이 상수의 형태로 읽히는 것이 아니라 측정(샘플링되어진다)된다는 점이며, 다음 신호가 읽혀질 때까지 신호가 유지된다. 이진 코드에서는 동시에 하나 이상의 신호가 변한다면 모든 신호는 동시에 정확히 변하는 것을 의미하는 것이 아니므로 샘플링은 모든 변화를 발견할 수 없다.

그레이 코드에서는 변화가 단 한번 있기 때문에 시스템은 항상 이 변화를 찾을 수 있다. <표 7-1>은 처음 12개의 숫자들에 대한 그레이 코드 목록을 나타내고 있다.

광학 인코더는 운동형태의 종류에 따라 다르지만 직선과 회전방식에 모두 쓰이며 항상 같은 출력방식과 원리로 작동한다. [그림 7-6]은 전형적인 상용 인코더를 보여준다.

〈표 7-1〉 이진코드와 그레이 코드

#	그레이 코드	이진 코드	#	그레이 코드	이진 코드
0	0000	0000	6	0101	0110
1	0001	0001	7	0100	0111
2	0011	0010	8	1100	1000
3	0010	0011	9	1101	1001
4	0110	0100	10	1111	1010
5	0111	0101	11	1110	1011

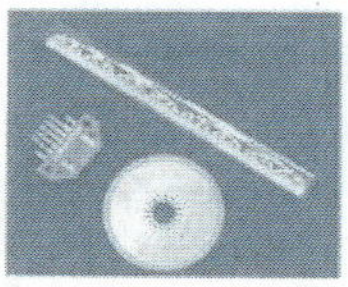

(a) 전형적인 상용 증가형 인코더 휠과 절대위치 인코더의 막대

(b) 전형적인 인코더 시스템

[그림 7-6] Agilent Technologies, Inc.의 게재 승인을 받음

(3) 선형 가변 미분형 변압기(LVDT)

선형 가변 미분형 변압기(LVDT : linear variable differential transformer), 즉 변위 센서는 코어가 움직이는 거리에 따라 측정되고 이러한 변위의 결과로 가변 아날로그 전압이 출력되는 변압기이다. 일반적으로, 변압기(transformer)는 전기적 에너지를 같은 형태의 에너지로 변환하는 장치이며 전압 대 전류의 비율로 변환한다. 손실이 없다면 전체 입력에너지는 전체 출력에너지와 같다. 변압기는 코일의 감긴 권선의 횟수에 의해 전압이 증가하고 감소하므로 상당전류는 전압에 반대로 변환되며 이는 두 코일의 권선수가 다르기 때문이다. 전기에너지는 코일을 통해 자속(flux)을 생성하며 자속은 권선수에 비례하여 2차 코일에서 전압을 유도하게 된다. 2차 코일에 감긴 횟수가 클수록 전압은 더욱 커지나 전류는 더욱 작아지게 된다. 그러나 2차측의 유도된 전압은 자속의 세기에 따라 좌우된다. 만약 철심 코어가 없다면 자기력선(flux line)은 분산되고 자기장의 힘이 감소하게 된다. 따라서 2차측의 유도전압은 간단하게 된다. 철심 코어가 존재한다면 자기력선은 내부로 집중되어 자기장이 강해지며 유도전압도 강해진다. 이러한 방식으로 [그림 7-7]에서 나타낸 바와 같이 LVDT에서 가변 전압을 생성하게 된다. LVDT의 출력은 코어의 입력위치에 따라서 정확히 선형적인 성격을 띠게 된다.

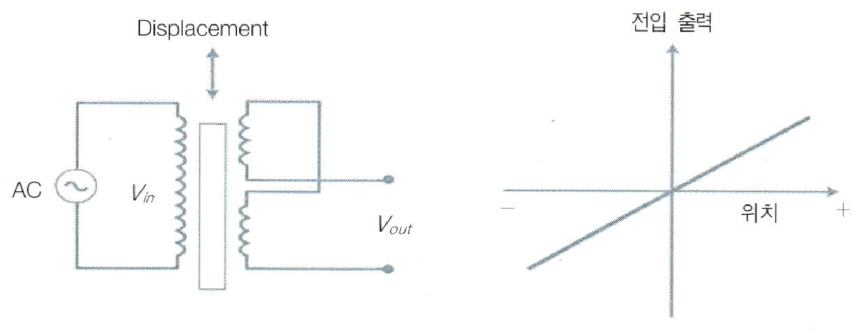

[그림 7-7]
선형 가변 미분형 변압기(LVDT)

(4) 리졸버

리졸버(resolver)는 LVDT의 원리와 매우 비슷하지만 각운동(angular motion)의 측정에 사용된다. 리졸버는 변압기의 일종이며, 1차 코일은 회전축에 연결되어 있고 슬립 링(slip ring)을 통해 교류전류를 공급하는 변압기라고 할 수 있다(그림 7-8). 리졸버는 서로 90° 떨어진 두 개의 2차 코일을 가지고 있다.

회전자의 1차 코일이 한 2차측 코일과 평행할 때에는 코일에서 생성되는 전압은 최대가 되며 다른 2차측 코일은 수직위치에 오게 되며, 이 경우에 전압은 발생하지 않는다. 회전자가 회전함에 따라서 궁극적으로 첫 번째 1차측 코일에는 전압이 0으로 떨어지게 되는 반면에, 두 번째 코일에서는 최대전압이 발생하게 된다. 둘 사이에 모든 다른 각도에서는 1차측 코일과 2차측 코일간의 해당 각도에서의 Sine, Cosine 함수값에 따라 비례적으로 전압이 발생한다. 리졸버의 출력은 아날로그이지만, 그것은 Sine과 Cosine 각과 같고 이 값은 후에 계산하기 위해 제거된다. 리졸버는 신뢰할만하고, 강인하고, 정확하다.

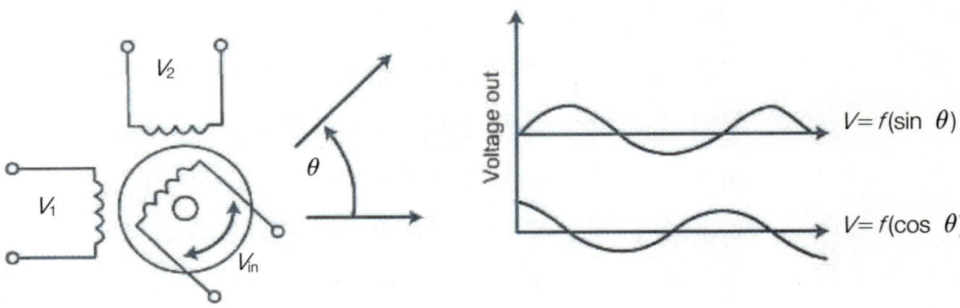

[그림 7-8]
리졸버의 개략도

(5) 운행시간 변위 센서

운행시간 변위 센서(time-of-travel(magneto reflective) displacement sensor)에서 펄스는 도체(conductor)를 통하여 전달되고 이 도체는 자석에 도달함에 따라서 되돌아간다. 자석까지의 주행시간과 되돌아오는 시간은 주행속도를 알고 있다면 주행거리로 변환이 가능하다. 이동부를 자석이나 도체에 접촉하게 함으로써 변위가 측정 가능하게 된다. 센서의 간단한 구조를 [그림 7-9]에서 보여주고 있다. IBM7565 로봇의 변위 센서가 바로 이런 형태이며 [그림 7-10]에 나타내었다.

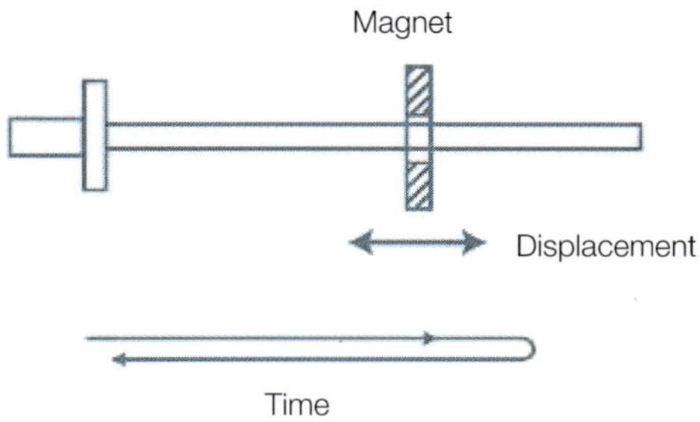

[그림 7-9]
운행시간 변위 센서의 개략도

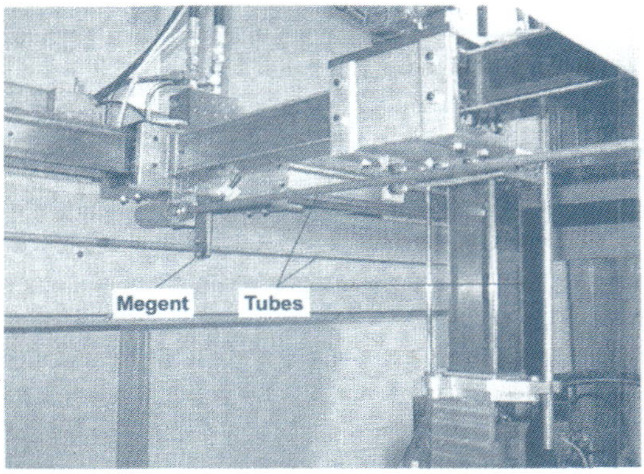

[그림 7-10]
IBM7576 자력반사 위치 센서

긴 관의 한쪽 끝에서 발생한 신호는 자석에 도착하고 되돌아올 때까지 전송된다. 신호가 전송되는 시간은 위치정보로 변환된다.

2) 속도 센서

로봇공학에서 더욱 광범위하게 쓰이는 센서가 속도 센서이다. 속도 센서의 응용분야는 사용되는 위치 센서의 종류에 밀접한 관계가 있다. 위치 센서의 종류에 따라서 속도 센서가 필요하지 않을 수도 있다.

(1) 인코더

인코더가 변위의 측정에 사용된다면 사실상 속도 센서는 필요하지 않다. 인코더는 보내는 임의의 각 변위에 해당하는 신호의 개수를 주어진 시간 동안 수신된 신호의 수를 계수하여 알 수 있기 때문에 속도를 계산할 수 있다.

계수시간이 짧아질수록 속도의 계산은 정확해지고 실제 순시속도

(instantaneous velocity)값에 더욱 근접할 수 있다. 그러나 만약 인코더 회전 비율이 낮다면, 속도측정은 부정확하게 될 것이다. 이 속도계산은 제어기의 프로그램을 통해 주어진 시간에서의 신호의 개수를 속도정보로 변환함으로써 가능하다.

(2) 태코미터

태코미터(tachometers)는 기계에너지를 전기에너지로 변환하는 발전기이다. 이 센서의 출력은 입력 각속도에 대해 비례적으로 출력되는 아날로그 전압의 형태이다. 이 센서는 포텐쇼미터와 함께 속도측정에 사용된다.

(3) 위치신호의 미분

만약 위치신호가 정확하다면 실제로 위치신호를 속도신호로 쉽게 변환할 수 있다. 이를 위해서는 위치신호가 속도신호에서 큰 임펄스가 발생하지 않도록 하기 위해 가능한 한 연속된 신호가 출력되어야 한다. 즉, 권선이 감긴 포텐쇼미터의 출력은 부분 연속이므로 미분에 적합하지는 않다. 그러나 신호를 미분하는 것은 언제나 잡음을 가지고 있으며 매우 난해한 작업임에는 틀림없다.

[그림 7-11]은 미분에 사용되는 간단한 $R-C$ 회로로 구성된 OP-AMP를 보여주며 여기서 속도신호는 다음과 같다.

$$V_{out} = - RC\frac{dV_{erc}}{dt} \tag{3}$$

이와 같이 속도(또는 가속도)신호는 위치(또는 속도)신호에 대해 적분하여 나타낸다.

$$V_{out} = - \frac{1}{RC}\int V_{erc}\, dt \tag{4}$$

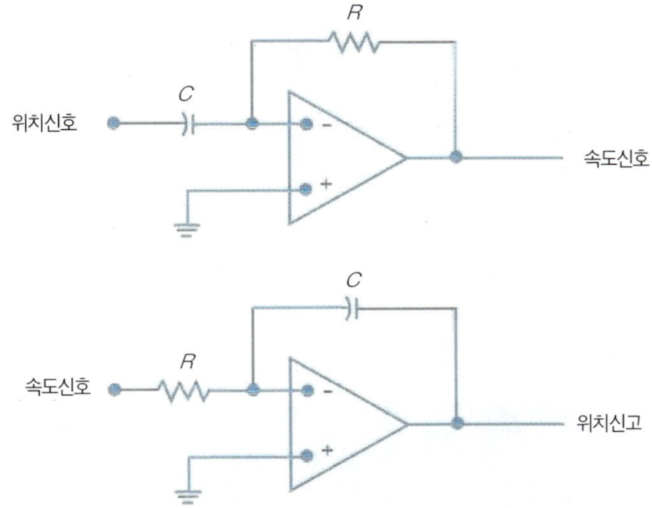

[그림 7-11]
R-C 회로를 가진 op-amp의 미분, 적분용 회로도

3) 가속도 센서

가속도 센서(acceleration sensors)는 가속도를 측정하는 데 있어서 가장 일반적인 센서이다. 그러나 일반적으로 산업용 로봇에서는 가속도가 측정되지 않으므로 가속도 센서는 산업용 로봇에 쓰이지 않는다. 최근에 들어서는 선형 구동기와 로봇의 관절-피드백(joint-feedback) 제어에 높은 정밀도를 위해 사용되고 있다.

4) 힘과 압력 센서

(1) 압전 센서

압전 센서(piezoelectric material)가 전압에 노출된다면 압축되고, 압전 물질이 압축되면 전압을 발생한다. 이것은 축음기(phonograph)의 패인 홈에 의해서 발생하는 가변 압력으로부터 전압을 발생시키는 데 사용된다. 이와 비슷하게 압전 센서는 로봇공학에서 힘이나 압력을 측정하는 데 사용된다. 여기서 아날로그 출력전압은 사용되기 전에 충분히 조정되고 또한 증폭되어야 한다.

(2) 힘-감지 저항기

Interlink Electronics에 의해 생산되는 FSR(Force Sensing Resistor TM)은 고분자 후막(thick-film)표면에 수직 힘이 증가되면 저항이 감소하는 특성을 가진 고분자 후막장치이다. 10-10,000[gr]의 힘이 변화할 때 저항값은 500kΩ에서 약 1kΩ까지 변화한다.

[그림 7-12]는 전형적인 힘-감지 센서(FSR)를 보여준다. 이 센서의 저항이 감소하면 센서에 작용하는 힘이 증가함을 의미한다.

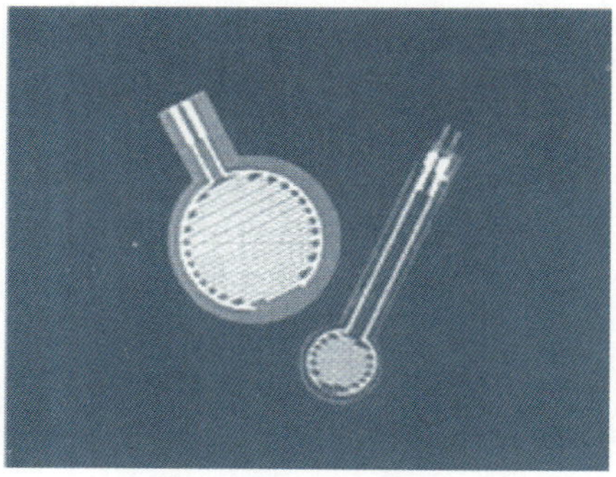

[그림 7-12] 전형적인 힘-감지 저항기

(3) 스트레인 게이지

스트레인 게이지(strain gauge)는 또한 힘 측정에 사용된다. 스트레인 게이지의 출력은 가해진 힘의 함수인 응력에 비례하여 가변하는 저항성분이 된다. 즉, 저항을 측정하면 가해진 힘을 찾을 수 있다. 스트레인 게이지는 말단장치(end effector)와 로봇 손목에 걸리는 힘을 찾는 데 사용된다. 예를 들면 IBM 7565 로봇은 집게 끝에 일련의 스트레인 게이지를 가지고 있으며, 이를 통해 집게(gripper)에 의해 가해진 힘을 알 수 있다. 간단한 명령을 통해서 사용자는 힘의 정보를 읽어들이고 적당히 반응할 수 있다. 스트레인 게이지는 또한 로봇의 관절과 링크의 부하측정에 사용되기도 하나 일반적인 경우는 아니다.

[그림 7-13](a)는 스트레인 게이지의 간단한 회로도를 나타내고 있으며, (b)에서는 휘트스톤 브리지(Wheatstone bridge) 내에서 사용되는 스트레인 게이지를 나타내고 있다. 조화롭게 균형이 잡힌 휘트스톤 브리지는 A점과 B점에서 비슷한 전위를 가져야 한다. 4 개의 저항에서 임의의 저항이 변화하면, 두 접점

사이에 전류가 흐를 것이다. 따라서, 우선 검류계(galvanometer)에서 전류가 흐르지 않도록 각 저항을 조정해야 한다. 검류계를 스트레인 게이지라고 가정하고 응력을 준다면 값이 변화하고 휘트스톤 브리지에 불균형이 발생되어 A와 B 사이에 전류가 흐르게 된다. 전류 흐름이 0이 될 때까지 다른 저항 중 하나를 세밀하게 조정하면 스트레인 게이지의 저항변화는 다음 식으로부터 결정되어 진다.

$$\frac{R_1}{R_4}=\frac{R_2}{R_3} \tag{5}$$

스트레인 게이지는 온도변화에 민감하다. 이러한 문제를 해결하기 위해서 온도변화를 보상하는 브리지의 4개의 저항 중에 하나를 더미 스트레인 게이지(dummy strain gauge)로 사용한다.

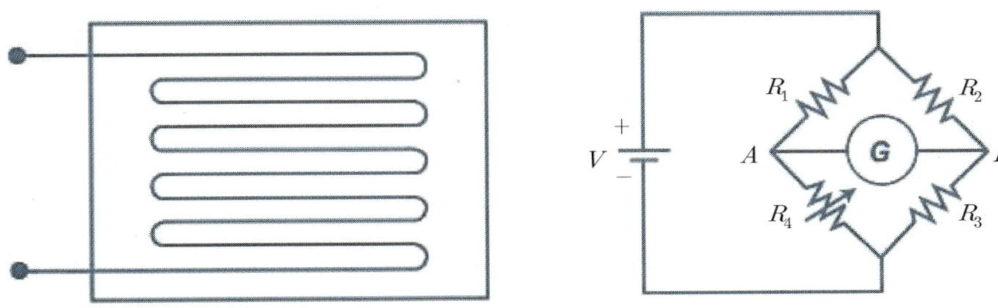

(a) 스트레인 게이지 (b) 휘트스톤 브리지 회로

[그림 7-13] 스트레인 게이지와 휘트스톤 브리지 회로

5) 토크 센서

토크는 위치를 고려하여 배치된 한 쌍의 힘 센서에 의해 측정되어진다. 두 개의 힘 센서가 축에 서로 반대쪽 끝에 위치하고 있다고 가정할 때, 만약 토크가 축에 가해지면 축 몸체에서 두 개의 반대 힘을 발생시켜 반대방향 응력(strain)이 발생한다. 두 개의 힘 센서는 토크로 변환되는 힘을 측정할 수 있다. 다른 축에 대한 토크를 측정하기 위해서는 서로 수직인 세 쌍의 센서를 사용해야만 한다. 그러나 [그림 7-14]에서 보여주듯이 힘은 같은 종류의 센서로 측정하므

로, 전체 6개 힘 센서는 일반적으로 3축에 대하여 힘과 토크를 검출하며, 각 센서는 서로 독립적이다. 순수한 힘은 같은 축상에서 같은 부호의 신호를 발생시키는 반면에, 토크는 반대 부호의 신호의 쌍을 발생시킨다.

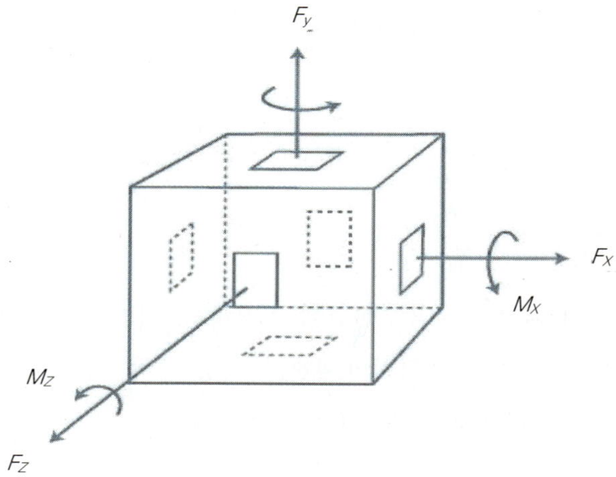

[그림 7-14]
세 축의 힘과 토크를 검출하기 위한 세 쌍의 스트레인 게이지

6) 마이크로스위치

마이크로스위치(micro switch)는 매우 간단하지만 모든 로봇공학에서 가장 유용하고 평범하게 사용된다. 마이크로스위치는 전도체를 통해 전기적 전류를 차단(cut off)하는 데 사용하므로 안전 목적으로 사용하고, 연결을 결정하며 변위신호를 보내는 데 사용되는 등 많은 다른 목적으로도 사용된다. 마이크로스위치는 강인하고, 간단하고 값이 싸다.

7) 광 및 적외선 센서

이 센서들은 투영된 빛의 강도에 따라 전기적 저항이 변화함으로써 반응한다. 만약 빛의 강도가 0이 된다면 저항은 최대가 되며 강도가 높을수록, 저항은 낮아지고, 결과적으로 전류가 높아지므로 스위치를 지나는 전압은 떨어진다. 이 센서는 가격이 싸고 매우 유용하다. 광학 인코더뿐만 아니라 다른 장치를 만드는 데 사용되며 뒤에서 살펴볼 촉각 센서(tactile sensor)에 사용되기도 한다.

또한 포토트랜지스터(phototransistor)는 디소량의 빛이 존재하는 곳에서 광센서로 사용되며 켜지거나 꺼진다. 포토트랜지스터는 일반적으로 LED 광원과 함께 연결되어 사용된다.

광센서 배열은 이동하는 광원(light source)으로써 변위측정에 사용할 수 있다. 로봇과 다른 기계장치에 미소운동과 변형을 측정하는 데 사용된다.

광센서(light sensor)는 가시광선 범위에서 민감하고, 적외선 센서는 적외선 범위에서 민감하다. 적외선은 인간의 시각에서는 볼 수 없으므로 조사되는 빛에 의해서 인간에게 해를 끼치지 않는다. 예를 들어 항해의 목적으로 먼 거리를 측정하는 장치가 필요하다면 적외선 센서는 인간을 방해하거나 주위를 끌지 않고도 사용이 가능하다.

간단한 적외선 원격제어 장치는 로봇과 주변장치간의 원격제어 통신 연결이 가능하게 해준다.

8) 접촉 및 촉각 센서

접촉 센서(touch sensor)는 물리적인 접촉에 의해 만들어진 신호를 보내는 장치이다. 접촉 센서의 가장 간단한 형태는 접촉에 의해 켜지거나 꺼지는 마이크로스위치이다. 마이크로스위치는 다른 감도와 운동의 범위로도 설치가 가능하다. 예를 들면, 만약 이동 로봇이 운행 중에 장애물에 다다르면 적당한 위치에 배치된 마이크로스위치는 제어기에 신호를 보낸다. 더욱 진보된 접촉 센서는 부가적인 정보를 보낼 수도 있다. 예를 들면 접촉 센서로 쓰이는 힘 센서는 접촉정보를 보낼 뿐만 아니라 접촉력이 얼마나 큰지도 검출할 수 있다.

촉각 센서(tactile sensor)는 접촉 유무를 검출하는 기능뿐만 아니라 접촉물체에 대한 부가적인 정보까지도 제공할 수 있는 접촉 센서의 조합이다. 이 부가적인 정보들은 모양, 크기 또는 물질의 형티에 대한 정보일 것이다. 대부분의 접촉 센서는 [그림 7-15]와 같이 배열이나 행렬의 형태로 배치한다. 이 설계방식은 촉각 센서의 양면에 6개의 접촉 센서를 배열한다. 각 접촉 센서는 플런저(plunger)와 LED, 그리고 광원으로 구성되어 있다. 접촉 센서는 닫히고 플런저는 안팎으로 움직임에 따라서 LED에서 비추는 빛이 차단된다. 광센서의 출력은 플런저의 변위에 비례하게 된다. 여기서 알 수 있듯이 접촉 센서는 사실상 변위 센서와 같다. 이와 마찬가지로 마이크로스위치에서 LVDT, 압력 센서, 자기 센서 등 다른 종류의 변위 센서들도 이 같은 목적으로 사용 가능하다.

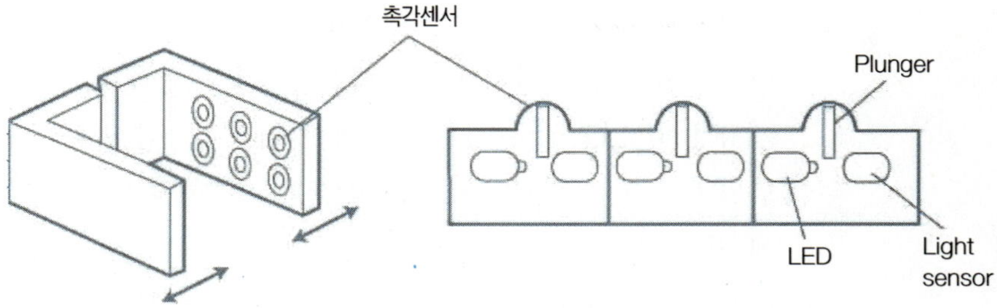

[그림 7-15]
접촉센서의 배열형태

촉각 센서는 단순 형태의 접촉 센서를 배열 형태로 정렬하거나 행렬 형태로 정렬하여 제어기에 접촉물의 형상과 같은 특수한 정보를 알려준다.

촉각 센서는 사물을 접촉하는 방식으로 사용되며 물체의 크기나 형상에 따라 다른 종류의 접촉 센서로 다른 순차로써 반응한다. 이 정보는 제어기에서 사물의 크기, 모양을 결정하는 데 사용된다. [그림 7-16]은 하나는 입방체에 접촉하는 모습을 보이고, 다른 하나는 실린더에 접촉하고 있으며, 마지막 하나는 일정한 형태가 없는 물체에 접촉하는 세 가지 방식의 간단한 접촉법을 보여주고 있다. 여기서 알 수 있듯이 각각의 물체는 형상을 검출하는 데 있어서 각각 다른 독특한 특징을 나타낸다.

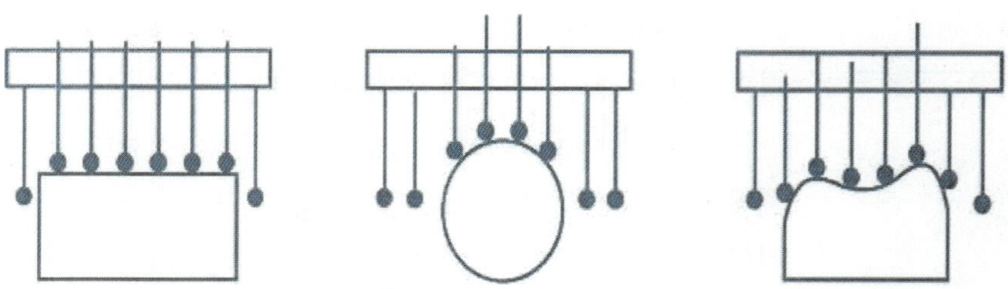

[그림 7-16]
물체에 접촉하는
3가지 방식

촉각 센서는 물체에 대한 정보를 검출할 수 있다.

인간의 피부와도 같은 기능을 할 수 있는 연속적인 피부 같은 접촉 센서를 만들려는 시도가 있었다. 대부분의 경우 [그림 7-17]에서 대칭적으로 보이는 것과 같이 분리망에 의해 분리되고, 두 중합체(polymer)의 층 사이에 끼어 넣어 센서열의 주위에서 회전한다. 힘은 중합체에 가해지게 되면 주위의 몇 개의 센서에 분산되고 각 센서에 가해진 힘에 비례하여 신호를 출력한다. 높은 분해능이 필요 없는 곳에서는 이러한 촉각 센서도 사용 가능하다.

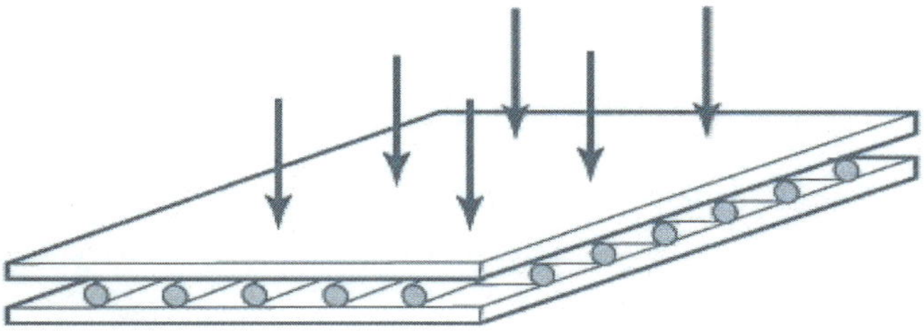

[그림 7-17]
피부 형태의 촉각 센서

Flex 센서는 표면의 탄성을 결정하는 데 사용된다. 이 센서는 탄성을 받은 만큼 신호를 보내고 가상현실(virtual reality) 분야에 사용이 가능하며 다른 유사한 응용에도 사용된다. 이와 유사한 센서들도 가상현실용 장갑의 손가락 관절의 각을 측정하는 데 사용된다. 이 센서는 전도성 탄소분자로 이루어진 우레탄 인조고무로 만들어진다. 전도성 고무의 저항은 늘어나면 감소하므로 관절의 각도에 비례하여 신호를 발생한다.

9) 근접 센서

근접 센서(proximity sensor)는 사물이 다른 사물에 접촉되기 이전에 근접하였는지 결정하는 데 사용된다. 무접촉 검출(noncontact sensing)은 회전자(rotor)의 속도측정에서부터 로봇의 운행측정까지 많은 상황에 매우 유용하다. 자석, 와전류, 홀효과, 광학, 초음파, 유도성, 용량성과 같은 여러 형태의 근접 센서가 있다. 다음 내용은 몇몇의 센서에 대한 개략적인 설명이다.

(1) 자기 근접 센서

자기 근접 센서(magnetic proximity sensor)는 자성체를 가까이 할 때 기동된다. 회전자의 속도측정(그리고 회전수)에 사용될 뿐만 아니라 회로의 점멸(on/off)에도 쓰일 수 있다. 이 센서는 또한 모터와 바퀴의 회전수를 계수하는 데도 사용되며 위치 센서로도 사용된다. 이동 로봇을 생각할 때 로봇의 전체 변위는 로봇의 구동바퀴의 회전수를 계수하여 계산하고 바퀴의 원주를 곱하게 된다. 자기 근접 센서는 바퀴(또는 바퀴의 축)에 자석을 부착하여 바퀴의 회전을 추적하는 데 사용되고 섀시에도 고정된 센서를 가지고 있다. 예를 들면, 대부분의 장비들은 기계장치의 문을 열었을 때 신호를 발생하는 자기 근접 센서를 가지고 있으며, 따라서 제어기가 이동부나 회전부를 정지하게 된다.

(2) 광학 근접 센서

광학 근접 센서(optical proximity sensor)는 방사기(emitter)라고 불리워지는 광원(센서의 외부이거나 내부이거나)과 빛의 존재유무를 감지하는 수신기로 구성되어 있다. 일반적으로 수신기는 포토트랜지스터이고, 방사기는 LED(Light Emitted Diode)이다. 위의 두 조합이 광 센서를 만들고 광학 인코더를 포함하여 많은 분야에 응용된다.

근접 센서이므로 센서는 빛을 보내고 물체가 바로 곁에 없는 한 방사기에 의해 방사된 빛은 수신기가 수신하지 못한다. [그림 7-18]은 광학 근접 센서의 개략도이다. 스위치의 범위 안에서 물체가 센서에 가까이 있지 않는 한 빛을 반사하지 못하므로 빛을 수신기가 받지 못하게 되고 결과적으로 신호는 없을 것이다.

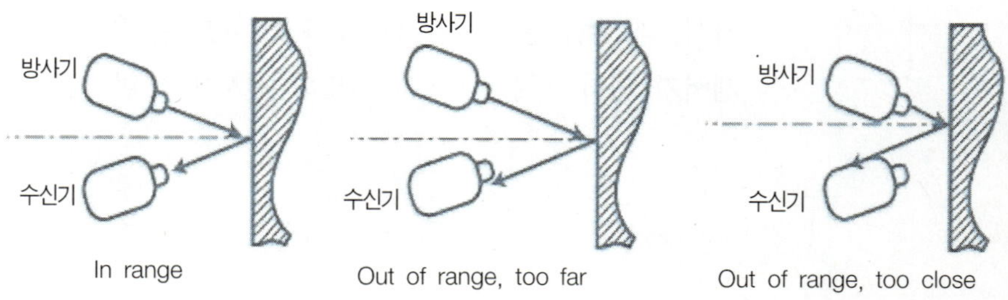

[그림 7-18]
광학 근접 센서

(3) 초음파 근접 센서

이 센서에서 초음파 방사기(ultrasonic emitter)는 고주파수(일반적으로 200 kHz 범위) 음파를 주기적으로 방사한다. 초음파 센서의 운용에는 두 가지 모드가 있다. 즉, 대항모드와 반향(확산) 모드가 바로 그것이다. 대항모드(opposed mode) 수신기는 방사기 앞에 위치해 있는 반면에, 반향모드(echo mode)는 수신기가 바로 다음에 있거나 방사기와 통합되어 있고 반사된 음파를 수신받는다. 만약 수신기가 수신범위 안에 있거나 음파가 센서 가까이에 있는 물체의 표면에 반사된다면 그 음파가 감지되고 신호가 발생한다. 반면에, 수신기가 음파를 감지하지 못하면 신호는 발생하지 않는다. 모든 초음파 센서는 방사기 표면으로부터 물체의 거리와 존재를 인지할 수 없는 사각지대(blind zone)를 가지고 있다. 초음파 센서는 반향모드에서 음파를 반사할 수 없는 고무나 거품 같은 표면을 가진 물체에 대해서는 사용할 수 없다. 초음파 센서에 대한 보다 자세한 설명은 초음파 거리탐색기절을 참조하도록 하자. [그림 7-19]는 이 형태의 센서의 개략도를 보여주고 있다.

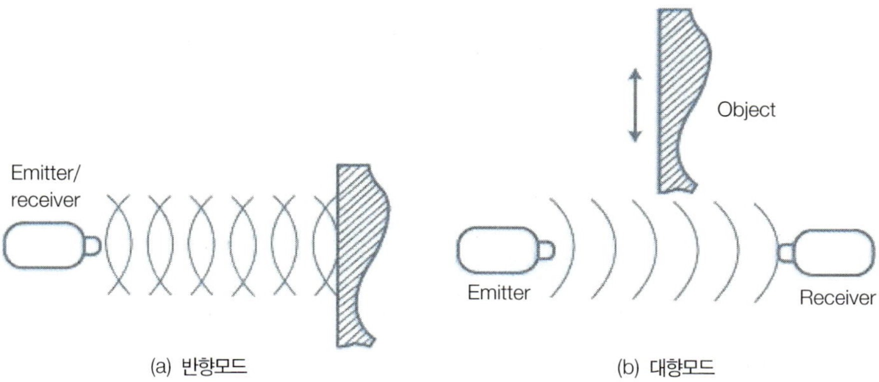

[그림 7-19]
초음파 근접 센서

(4) 유도성 근접 센서

유도성 근접 센서(inductive proximity sensor)는 금속의 표면을 검출하는데 사용된다. 이 센서는 페라이트(ferrite) 코어를 가진 코일과 발진기-검출기(oscillator-detector), 그리고 고체상태(solid state)의 스위치이다. 센서가 가까이 접근시 금속 물체의 존재가 있으면 발진의 크기는 감소한다. 수신기는 변화를 검출하고 고체상태 스위치를 단락시키는데, 센서의 검출 범위를 벗어나게 되면 다시 켜지게 된다.

(5) 용량성 근접 센서

용량성 근접 센서(capacitive sensor)는 유전체 상수가 1.2보다 큰 물체가 존재하면 반응한다. 이 경우 센서 내부의 물질은 콘덴서(capacitor or condenser)로서 동작하고, 센서 탐침(probe)의 전체 용량 성분이 올라간다. 이것이 내부 발진기의 기동신호가 되어 출력단을 켜게 되고 출력신호를 보낸다. 즉, 센서는 측정범위 내 물체의 존재를 검출할 수 있다. 용량성 센서는 나무, 액체, 그리고 화학재료와 같은 비금속을 검출할 수도 있다. <표 7-2>는 자주 사용되는 물질의 유전체 상수이다.

〈표 7-2〉 용량성 근접 센서의 유전체 상수

Air	1.000	Porcelain	4.4 – 7
Aqueous solutions	50~80	Cardboard	2~5
Epoxy resin	2.5~6	Rubber	2.5~3.5
Flour	1.5~1.7	Water	80
Glass	3.7~10	Wood, dry	2~7
Nylon	4~5	Wood, wet	10~30

(6) 와전류 근접 센서

도체가 가변하는 자기장 내에 위치하고 있을 때 도체에서 전류의 흐름이 발생하고 기전력이 유도된다. 이 전류를 와전류라 한다. 와전류 센서는 보통 두 개의 코일이 있고 하나의 코일을 기준으로 자속의 변화를 발생시킨다. 전도물질이 가깝게 근접할 때 와전류는 차례로 전도물질에 유도되고, 첫 번째 코일 자속의 반대의 자속을 생성하나 전체 자속은 사실상 감소한다. 전체 자속의 변화는 전도 물질의 근접정도에 따라 비례적으로 변하고 두 번째 코일에 의해 측정되어진다. 와전류 센서는 전도성 물질의 존재 검출에 주로 사용될 뿐만 아니라 물질의 두께, 틈, 공백 등의 비파괴 검사에도 이용된다.

9) 거리 탐색기

근접 센서와는 달리 거리탐색기(range finder)는 보다 넓은 거리를 탐색하는 데 사용되고 장애물을 검출하고, 물체의 표면 지도를 그리는 데 사용된다. 거리 탐색기는 시스템에 보다 진보된 정보를 제공한다. 거리탐색기는 빛(가시광선, 적외선, 또는 레이저)과 초음파에 기반을 두고 있다. 두 개의 기본적인 측정방법은 삼각측량법(triangulation)과 주행거리(time of flight) 또는 경과시간(lapsed time) 측정방법이다.

삼각측량법은 물체 위에 한 점을 만들어 주는 단일 광선에 의해 물체를 비추는 방식이 사용된다. 한 점은 카메라 또는 포토트랜지스터와 같은 수신기와 같이 취급된다. 거리와 깊이는 수신기, 광원, 그리고 [그림 7-20]에서와 같이 사물에서의 점과의 삼각형 형태를 가지고 계산된다.

[그림 7-20](a)에서 명확하게 볼 수 있듯이 물체, 광원, 그리고 수신기 사이의 배열은 단지 일순간 발생한다. 그 점에서 거리 d는 다음 식에 의해 계산된다.

$$\tan\beta = \frac{d}{l_1}, \qquad \tan\alpha = \frac{d}{l_2}, \qquad L = l_1 + l_2$$

방정식을 치환, 대입하면 다음의 식을 얻을 수 있다.

$$d = \frac{L\ \tan\alpha \tan\beta}{\tan\alpha + \tan\beta} \tag{6}$$

[그림 7-20](b)로부터 알 수 있듯이 위의 순간을 빼고는 수신기가 반사된 빛을 볼 수는 없다. 따라서 방사기의 회전이 필요하게 되고 반사된 빛이 검출되자마자 방사기의 각을 검출하고 거리의 계산에 이용한다. 실제 방사기의 빛(예를 들면 레이저)은 회전하는 거울에 의해 지속적으로 회전하고 수신기는 이 신호를 검출한다. 빛이 검출되자마자 거울의 각이 검출된다.

주행시간(time of flight) 또는 경과시간(lapsed time)은 송신기로부터 송신된 신호가 물체에 반사되어 되돌아와 수신기에서 수신하는 것으로 거리를 나타낸다. 물체와 센서 사이의 거리는 신호가 주행한 거리의 반이며, 이 거리는 주행속도를 알고 신호의 주행시간을 측정함으로써 계산이 가능하다. 이 시간측정은 정확하고 매우 빨라야 한다.

짧은 거리측정에 대해서는 신호의 파장(wavelength) 이 매우 작아야만 한다.

수신기는 단지 거리로 변환되어 계산될 방사기에서 방사하는 빛의 각도를 알고 물체의 한 점을 인식한다.

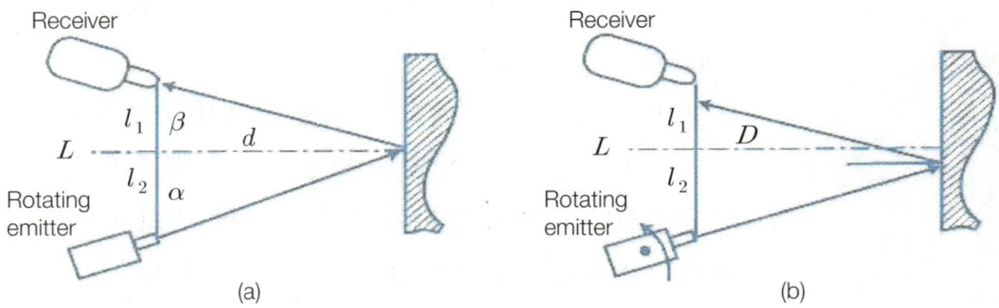

[그림 7-20] 거리를 탐색하기 위한 삼각측량법

(1) 초음파 거리탐색기

초음파 시스템은 강인하고 간단하며 저렴하고 저전력이다. 초음파 시스템은 카메라에서 초점을 맞추거나, 경고 시스템에서 운동검출을 하거나, 로봇에서 운항과 범위를 측정하는데 직접 사용되나 단점은 분해능이 제한된다는 것이다. 이 분해능은 파장(wavelength)에 의해 제한되며 온도의 자연적인 비균일성(natural inhomogeneity)에 의해 제한되고 매질의 속도와 센서의 최대 범위에 의해 제한된다. 또한 센서의 최대 범위는 매질에서 초음파 에너지의 흡수작용에 의해 제한된다. 현재 초음파 장치는 20kHz에서 2kHz까지의 주파수 범위를 가지고 있다.

대부분의 초음파 장치는 주행시간(time-of-flight) 방법을 이용하여 측정한다. 이 방식에서 변환기는 높은 주파수의 초음파 펄스를 방사하고, 이 초음파는 임의의 거리를 주행하고 매질에 부딪혀 분리될 때 반사되어 되돌아오는 초음파를 수신기에 의해 수신하는 방식이다. 변환기와 물체 사이의 거리는 주행한 거리의 절반이고 음파의 속도와 주행시간의 곱과도 같다. 물론 계측의 정확성은 신호의 파장에 의존할 뿐만 아니라 음속과 시간 측정의 정확성에 좌우된다. 매질에서의 소리의 속도는 음파의 주파수와 매질의 밀도, 그리고 매질의 온도에 의존한다.

계측의 정확성을 높이기 위해 보정막대(calibration bar)는 온도변화에 대해 시스템을 보정하기 위하여 변환기의 1인치 앞에 위치한다. 이것은 단지 주행하는 거리 사이의 온도가 일정한 경우에만 좋을 뿐 맞을 수도 틀릴 수도 있다.

시간 계측의 정확성은 정확한 거리측정을 하는 데 있어서 매우 중요하다. 일반적으로, 시간을 계측하는 데 있어서 최악의 에러는 최소 임계값(minimum threshold)에서 되돌아오는 신호를 수신기가 수신하자마자 클록(clock) 이 멈추어 ±1/2의 파장을 갖는 경우이다. 따라서 높은 주파수 초음파 장비가 정확성이 더 높다.

예를 들면 20kHz와 200kHz의 경우에는 파장이 각각 약 0.67과 0.067 인치(17과 1.7)이고 최악의 상태인 경우 0.34와 0.034인치(8.5와 0.85)의 정확성을 보인다. 상호 상관(cross correlation), 위상비교(phase comparison), 주파수변조(frequency modulation), 신호적분(signal integration)의 방법은 초음파 장치의 정확성과 분해능을 증가시키는 데 사용되고 있다. 높은 주파수는 보다 나은 분해능을 나타내지만, 낮은 주파수에 비해 감쇠가 매우 빨라 측정범위가 매우 제한된다. 한편, 낮은 주파수의 변환기는 빔(beam) 각도가 매우 넓고 횡방향의 분해능이 심각하게 악화된다. 즉, 빔 주파수와 신호의 감쇠, 횡방향 분해능과의 절충(trade-off)이 필요하다.

배경잡음(background noise)은 초음파 센서에서 존재하는 또 다른 문제이다. 다양한 산업 분야와 제조작업 등은 초음파 장치와 인터페이스할 때 100kHz만큼이나 높은 초음파와 같은 음파가 생성되어 초음파 센서에 오동작을 유발한다. 따라서 산업용으로는 100kHz보다 높은 주파수 사용이 권장된다.

초음파는 거리측정, 맵핑, 결함검출에 사용된다. 단일-점 거리측정(single-point distance measurement)은 점(spot) 검사라고 불리워진다. 이에 반하여 다중-데이터-점-획득기술(multiple-data-point-acquisition)에서의 측정은 3차원 맵핑이 사용된다. 이 경우 한 물체에 대한 여러 개의 다른 위치정보를 가진 거리가 측정된다. 이 거리 데이터를 수집하면 물체 표면의 3차원 지도를 생성할 수 있다. 그러나 3 차원 물체의 표면적의 절반만 측정할 수 있는 범위이기 때문에 2.5 차원으로 간주된다. 물체의 후면 또는 뒤의 영역은 측정할 수 없는 부분이다.

(2) 광학 거리탐색기

광학(레이저도 포함) 거리탐색기는 직접-시간-지연(direct-time-delay) 측정법, 간접증폭변조법(indirect amplitude modulation), 그리고 삼각측량법(triangulation) 등의 세 가지 방법에 의해 물체로부터의 거리를 측정한다.

직접-시간-지연 측정법은 초음파 센서와 같이 평행한 빔(beam)의 빛이 물체로부터 되돌아 주행하는 데 요구되는 시간을 측정한다(일반적으로 레이저는 우회하지 않는다). 빛의 속도는 공기 중에서 186,000miles/sec이므로 1피트를 1나노초(nanosecond)에 주행한다. 0.25인치의 분해능을 가지려면, 센서는 21ps(pulse/sec)의 분해능을 가져야만 한다. 이것은 핵과학과 고에너지 물리학에서 사용되는 시간 분광학(spectroscopy)을 통해 수행된다.

간접증폭 변조법에서 시간지연은 TAC(Time to Amplitude Converter), 즉 시간대 위상 변환과 변조된 위상들, 방사된 빛과 산란된 빛과의 위상차를 측정하여 저주파수의 사인함수를 가진 긴 파장의 빛을 변조하여 측정한다. 이러한 방식은 빛의 속도를 저속의 변조로 바꿈으로써 측정이 가능한 단위로 효과적으로 느리게 해주지만, 반드시 레이저 광선과 같은 비행거리가 긴 빛에서만 가능하다.

삼각측량법은 빛에서 나오는 빔을 이용하여 거리를 측정하는 기본적인 기술이다. 운항중에 우연히 만날 수 있는 근접거리의 경우에는 이 방식이 가장 높은 분해능과 정확성을 가진다.

광원으로 범위측정을 하는 또 다른 기술로는 입체 영상처리(stereo imaging)가 있는데, 이에 대하여는 8장에서 보다 자세히 논의할 것이다. 이 기술에서의 변화된 점은 하나의 카메라로 작은 레이저 다이오드를 사용하는 것이다. 이 기술은 카메라 영상 내에 레이저 빛의 위치는 영상의 중앙에 대하여 측정된다. 레이저 빛과 카메라의 축이 평행하지 않으므로 영상 내의 레이저 점의 위치는 카메라와 물체 사이의 거리의 함수이다.

Chapter

08

지능형 로봇의 위치인식

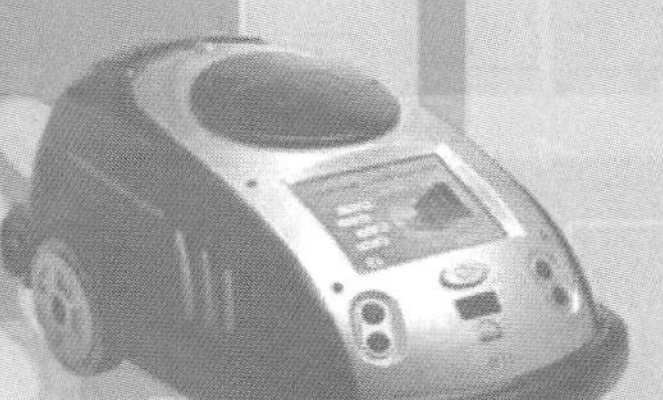

8.1 지능형 로봇의 위치인식 개요

위치추정 또는 위치인식은 지역 및 전역 위치추정으로 분류할 수 있다. 지역 위치추정(local localization or position tracking)은 로봇의 초기위치를 알고 있는 경우에 추측항법(dead reckoning) 및 센서 기반의 지도 매칭을 통하여 로봇의 현재 위치를 추정하는 방식으로 EKF(Extended Kalman filter) 방식이 주로 사용된다.

전역 위치추정(global localization)은 로봇의 초기위치를 모르는 경우에 센서 기반의 지도 매칭만으로 주어진 지도상에서 자신의 절대적인 위치를 추정하는 방식으로, 현재는 particle filter를 사용하는 Monte Carlo Localization 방식이 주로 사용된다.

위치추정 분야에서는 격자지도를 기반으로 하는 환경에 대하여 로봇의 초기위치를 알고 있는 경우에는 EKF 기반의 위치추정 방식이, 초기위치를 모르는 전역 위치추정의 경우에는 Monte Carlo 위치추정 방식이 주로 사용되고 있다. 위상지도를 통한 효율적인 위치추정의 구현을 위해 토폴로지컬 매칭 기법에 대한 연구도 수행되고 있다.

동적 환경 및 불확실성에 대처할 수 있는 강인한 알고리즘을 개발하려는 연구가 수행되고 있으며, 현재 실내환경과 더불어 실외환경에서의 위치추정 분야에서도 많은 연구가 진행되고 있다.

레이저 스캐너와 같은 거리 센서 외에 영상 센서를 사용하여 위치추정을 수행하는 영상기반 주행 알고리즘에 대한 연구가 활발히 진행되고 있으며, 다수의 로봇이 주행하면서 정보를 공유하여 위치추정을 수행하는 방식에 대한 연구가 진행되고 있다.

이동 로봇의 위치추정은 별도의 인공표식을 사용하지 않고, 저가의 다양한 센서의 융합을 통하여 자연표식을 인식함으로써 지도상에서 로봇의 위치를 추정하는 방향으로 나아갈 것으로 예상된다. 그러나 일부에서는 현재 급속도로 보급되고 있는 RFID 태그 등을 건물의 바닥에 설치하고, 로봇에 장착된 RFID reader를 통하여 그 정보를 인식함으로써 로봇의 위치를 정확히 추정하려는 연구도 활발히 진행되고 있으며, 향후 유비쿼터스 컴퓨팅 환경과 접목되어 위치 추정 기술의 중요한 한 방식을 형성하리라 전망된다.

위치추정에 있어서 정확한 거리측정이 가능한 레이저스캐너가 가장 많이 사용되고 있지만, 가격이 고가이므로 현재로는 상용 로봇에 사용하기 어려운 문제점이 있다.

향후 서비스 로봇 시장이 커지게 되면 레이저스캐너의 가격이 많이 낮아지리라 생각되지만, 여전히 다른 센서에 비하여 고가일 수밖에 없으므로 새로운 센서의 개발이나 저가의 여러 센서를 융합하는 방법 등에 대한 연구가 활발히 진행되리라 전망된다.

90년대 중후반부터 확률기반의 로봇 기술(probabilistic robotics)이 많이 연구되고 있으며, 앞으로도 불확실성이 많은 환경에 적용하기 위해서는 주행에도 확률기반 알고리즘이 주류가 되리라 전망된다.

영상기반의 주행 및 위치추정에 대한 연구가 오랫동안 진행되어 왔지만, 여러 기술적인 문제로 큰 성공을 거두지 못하였다. 그러나 최근에 와서 비전시스템의 저가화, 영상처리의 발전 등으로 인하여 많은 연구 성과가 발표되고 있으며, ERSP 등과 같은 상용제품이 출시되면서 향후 주행 분야에서 중요한 역할을 하리라 전망된다. 향후 위치추정은 거리 센서 또는 영상 센서 단독이 아니라 두 종류의 센서 정보를 융합하여 상호보완적으로 활용하는 방향으로 발전하리라 예상된다.

8.2 맵 빌딩(Map Building)

주행에 사용되는 지도로는 환경을 동일한 크기의 셀로 나누어 각 셀의 물체에 의한 점유여부를 표현하는 격자지도(grid map), 지하철 지도와 같이 환경을 특징을 나타내는 노드와 이들 노드 간을 연결하는 에지로 표현하는 위상지도(topological map), 환경에서 코너 및 문 등과 같은 특징만을 나타내는 특징지도(feature map), 국부적으로는 격자지도나 특징지도로 환경을 표현하지만, 이들의 전체적인 연결성은 위상지도로 표현하는 하이브리드 지도(hybrid map) 등으로 분류할 수 있다.

지도작성 분야에서는 현재 다양한 거리 센서(예 레이저 스캐너, 초음파 센서, 적외선 센서 등)를 활용하고 있으며, 각 센서의 특성에 맞는 적절한 알고리즘이 개발되고 있다. 격자지도를 기반으로 하는 환경의 모델링 기술은 거의 완성 단계에 있으며, 대규모 환경의 모델링을 위해서 위상지도 작성 기술에 대한 연구가 활발히 진행되고 있다. 또한, 방과 같은 지역 환경은 격자지도 또는 특징지도로 표현하고, 이들 지역 환경 사이의 관계는 위상지도로 표현하여 전역환경을 커버하는 하이브리드 지도의 작성 기술에 대한 연구도 진행되고 있다. 2차원 지도를 확장하여 거리 센서 또는 영상 센서를 사용하여 환경을 3차원적으로 모델링하는 연구도 현재 활발히 진행되고 있다.

격자지도의 정확성과 위상지도의 간결성의 장점을 취하는 메트릭-토폴로지컬 하이브리드 지도에 대한 연구가 활발히 진행되고 있으며, 향후 기본적인 메모리가 증대함에 따라서 대규모 환경에 대해서도 격자지도와 같은 메트릭 지도의 사용이 활발해지리라 예상된다.

로봇이 미지의 환경에서 자신의 위치를 추정하면서 지도를 작성하는 SLAM(Simultaneous Localization And Mapping) 기술이 활발히 연구되고 있으며, 향후에는 SLAM 기술이 더욱 발전하리라 전망된다. 이들 SLAM 기술은 현재까지는 주로 EKF(Extended Kalman filter)를 기반으로 개발되어 왔는데, 최근에는 EKF와 더불어 particle filter를 활용하는 FastSLAM 기법이 활발히 연구되고 있다. 궁극적으로는 주행과 조작에 모두 적용될 수 있도록 3차원 환경을 모델링하는 3차원 지도가 사용될 전망이다. 그러나 주행용 지도보다는 조작용 지도가 높은 정확성과 분해능을 요구하므로, 이러한 점을 잘 감안하여 주행용으로는 필요 이상의 정확도를 갖는 환경 모델링이 수행되지 않도록 하는 것이 필요하다.

지도형성 기술의 성능은 다음과 같다.

- 수 km 이상의 주행거리에서 100개 이상의 사이클들을 매핑해야만 한다.
- 확장가능 영역(문, 엘리베이터)에 대한 지능적인 판단을 해야만 한다.

- 위치 영역(계단, 난간)에 대한 지능적인 판단을 해야만 한다.
- 물체의 이동, 지도 변화에 대한 능동적인 대체를 해야만 한다.

1) 위치인식 기술의 특징 및 종류

Fusion 중에 센서의 인코더(encoder)인 이동(traveling)거리(distance), 자이로스코프(Gyroscope)인 회전속도, 초음파원(Ultrasonic)인 장애물(Obstacle)감지(detection)가 이에 포함한다.

신호처리 중의 노이즈로써 센서 노이즈와 외부 노이즈가 이에 포함한다.

위치의 종류는 다음과 같다.

① 절대위치(Absolute Localization) : 전세계 구조에서 알기 위한 조건

② 상대위치(Relative Localization) : 초기 점부터 내부 구조에서 알고자 할 때

2) 매핑(Mapping)의 특징 및 종류

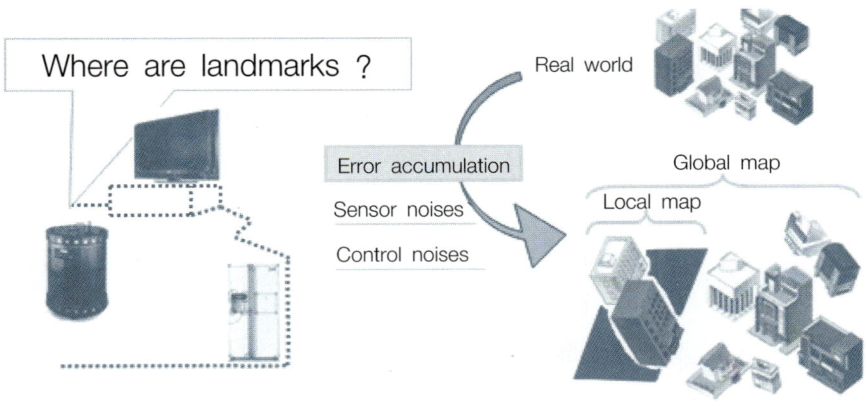

① 글로벌 매핑(mapping)

② 로컬 매핑(mapping)

3) 내비게이션의 개요

이동 로봇이 가정환경 내에서 현재 위치에서 목표지점까지 안전하게 이동하기 위해서는 경로생성(Path Planning)과 장애물회피(Obstacle Avoidance) 기

술이 필요하다. 경로생성은 2가지가 있다. 알고 있는 지도를 가지고 경로를 생성하는 글로벌 경로생성(Global Path Planning)과 알고 있지 않은 지도를 가지고 경로를 생성하는 로컬 경로생성(Local Path Planning)으로 구분된다.

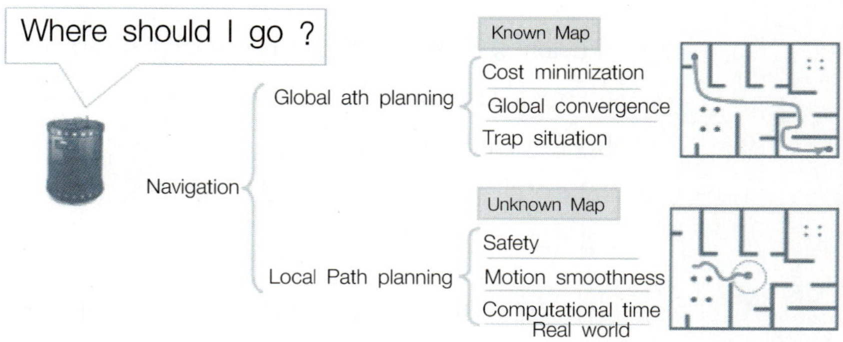

4) SLAM의 개요

SLAM(Simultaneous Localization And Map-building)은 CML(Concurrent Mapping and Localization)으로써 이동 로봇에서의 로봇이 미지의 환경을 돌아다니면서 로봇에 부착되어 있는 센서만으로 외부의 도움 없이 환경에 대한 정확한 지도를 작성하는 작업이다. SLAM은 지능로봇의 자율주행 구현을 위한 가장 기본적이면서도 핵심이 되는 기술로써 정확한 지도를 작성하기 위해서는 로봇의 위치추정이 정확하여야 하고, 정확한 위치추정을 위해서는 지도가 정확하여야 한다. 실제 상황에서 불확실성이 포함된 지도에서의 위치추정의 결과는 부정확하고, 센서의 불확실성에 기인한 부정확한 로봇의 위치는 지도의 부정확성으로 이어지게 된다.

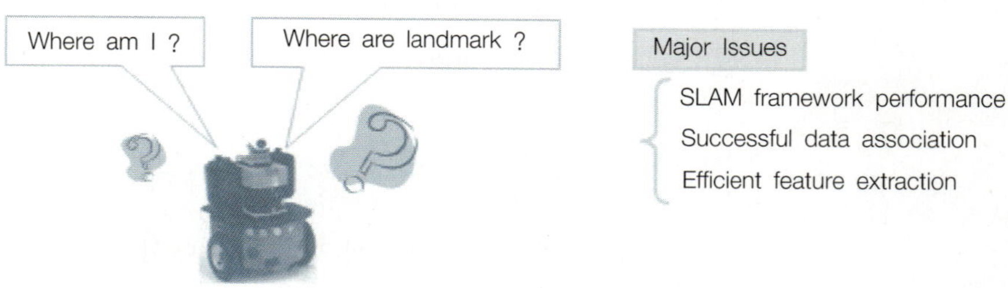

5) SLAM의 중요성

(1) 저가의 센서를 사용하는 경우

예를 들면 Sonar 센서는 많은 센서의 불확실성, 위치추정 혹은 매핑이 미약하다.

(2) 고가의 센서를 사용하는 경우

예를 들면 레이저 센서는 센서 정보를 추출할 수 있고 위치추정이나 매핑이 용이하다. 그러므로 저가 센서를 사용하기 위해 SLAM이 중요하다.

6) SLAM의 원리 및 동작원리

① 거리 센서, 인코더 등의 센서를 사용하며 이를 탑재한 로봇에 적용한다.
② 바퀴의 모터에 장착된 인코더를 이용하여 기본적인 로봇의 위치를 계산한다.
③ 실내환경에 존재하는 직선정보, 코너 정보와 같은 특징정보를 위치추정에 활용한다.
④ 특징정보를 사용하여 로봇의 위치를 추정한 후 지도정보를 갱신한다.

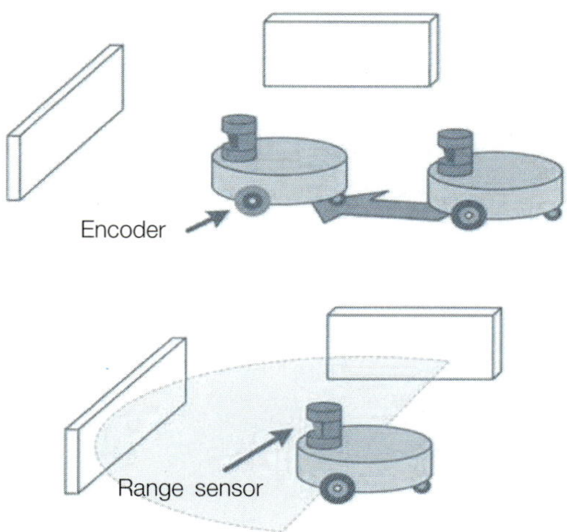

[그림 8-1]
Mobile robot – prediction(위 그림)과 observation(아래 그림)

(1) SLAM의 동작원리

① 인코더 정보로부터 한 주기 동안 이동한 로봇의 다음 위치를 계산한다.
② 계산한 로봇 위치에서 거리 센서에 의하여 관찰될 환경을 예측한다.
③ 로봇에 장착된 거리 센서에서 실제 측정값을 받아들인다.
④ 예측된 환경과 관찰된 환경을 매칭한다.
⑤ 매칭된 값을 바탕으로 로봇의 실제 위치를 추정한다.
⑥ 추정된 위치에서 지도를 갱신한다.
⑦ 위의 과정을 반복한다.

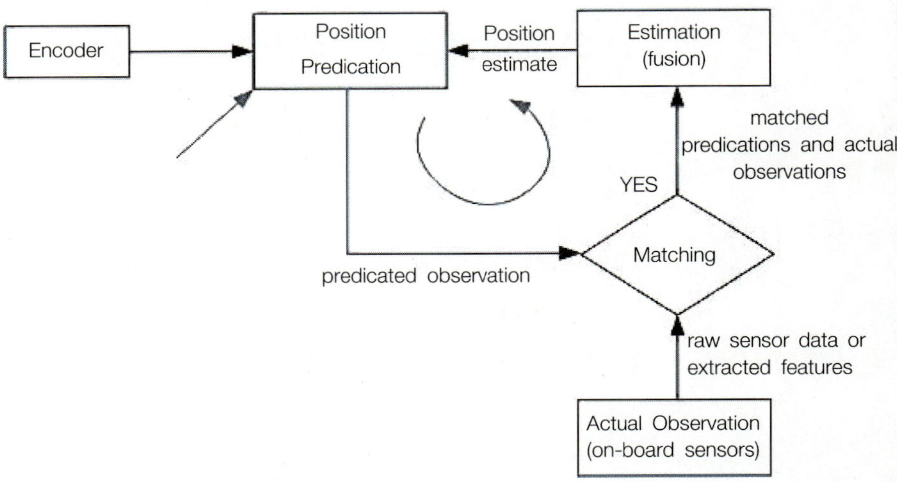

[그림 8-2]
SLAM의 흐름도

(2) 센서화 기반의 위상정보를 이용한 SLAM

① 센서화 기반의 위상정보의 노드에는 근처의 특징의 정보가 저장되어 있다.
② 로봇의 근처에 있는 특징정보를 검색하는 데 노드를 사용한다.
③ 효율적인 특징 검색 및 정합이 가능하다.

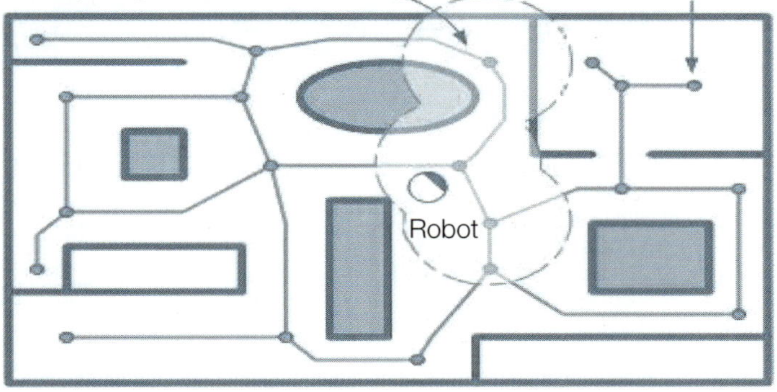

[그림 8-3]
세선화 기반의
위상정보를 이용한 SLAM

(3) SLAM의 응용

8.3 인공표식 기반 인식

로봇이 투입될 실내공간에 미리 위치값을 나타내는 표식을 설치하는 방식이다. 선박의 항해를 돕기 위해 곳곳에 등대를 세워 놓는 것과 동일한 원리다. 인공지표는 비전 방식에 비해 기술적으로 단순하고 제품가격도 저렴해 모바일 로봇 시장에 일부 적용되기 시작됐다. 로봇에게 위치를 알려주는 인공지표는 흔히 적외선, 초음파, 전파(RF)를 이용해 '집 안의 등대' 구실을 수행한다.

적외선 기반의 위치인식 제품은 미국의 에볼루션 로보틱스의 '노스스타(NorthStar)'가 대표적이다. 최근 출시된 노스스타는 벽면에 부착된 소형 프로젝터가 천정에 쏘는 적외선 표식을 방안의 로봇이 삼각측량법으로 측정해 정확한 위치와 방향을 인식하는 방식이다.

국내서는 하기소닉이 포항산업과학연구원의 기술이전으로 개발한 '스타게이저(StarGazer)'가 안정된 성능을 보여 로봇업계의 주목을 받고 있다. 스타게이저는 반사표식을 천장에 붙여 놓고 로봇이 적외선을 쏴서 표식을 구분하는 방식으로 정확한 위치를 측정한다.

1) 개 요

청소 로봇이나 서비스 로봇과 같은 실내 지능형 로봇의 실내 내비게이션을 위한 위치인식 센서 기술은 가장 핵심적인 기술의 하나이다. 과거 수십 년 동안 위치인식 센서 기술에 대한 연구가 지속되어 왔음에도 정밀도, 편의성, 가격 문제 등을 모두 충족하는 기술이 제시되지 못했다. 하기소닉에서 개발한 위치인식 센서·모듈(위치인식 시스템) 스타게이저(StarGazer)는 그동안 도출된 많은 문제들을 일시에 해결한 total solution으로 세계최고의 성능과 편의성, 가격 경쟁력을 지닌 신기술 특허제품이다.

스타게이저(StarGazer)는 천장에 적외선을 반사하는 재질로 된 ID를 지닌 랜드마크에 대한 로봇의 상대적인 위치와 방향을 적외선 이미지를 해석하므로 고정밀도로 계산하는 원리를 이용한 신기술 제품이다. 스타게이저(StarGazer)에 탑재된 적외선 프로젝트에서 방사된 적외선이 천정에 부착되어 있는 적외선 반사물질인 랜드마크에서 반사되면 스타게이저(StarGazer) 내부에 장착된 렌즈를 통하여 영상으로 입력되며, 입력된 영상을 분석한다. 랜드마크는 위치와 방향을 알 수 있는 특수한 배열의 ID를 지니며 넓은 면적에 적용하는 것이 용이하다.

로봇 청소기 같은 경우 로봇청소기의 위치인식을 하지 않는 경우 무작위로 청소를 하고 있으므로 2~3시간 동안 청소를 한다고 해도 청소가 안된 부분이 발생할 수 있다. 이와 같은 로봇 청소기에 스타게이저를 탑재한다면 로봇 청소기의 이동을 효율적으로 제어할 수 있으므로 20~30분 만에 모든 청소를 마칠 수 있는 효과를 가져올 수 있다.

서비스 로봇의 경우 로봇을 지정한 위치로 정확히 효과적인 경로로 이동하는데 사용된다.

스타게이저의 의미는 밤하늘의 별을 보며 항해를 하듯이 천정의 랜드마크를 바라보며 위치를 인식하는 의미를 갖는다. 스타게이저는 수mm의 반복정밀도를 보장하며 세계 최고의 성능을 자랑하는 제품이다.

스타게이저의 응용은 로봇청소기 제조기업, 서비스 로봇 제조기업, 로봇 관련 학과, 로봇 관련 연구기관 등이다.

8장

2) 동작원리

스타게이저(StarGazer)는 스타게이저(StarGazer)에서 쏘아올린 적외선을 천정에 부착되어 있는 적외선 반사물질인 랜드마크가 반사시키고, 반사된 적외선

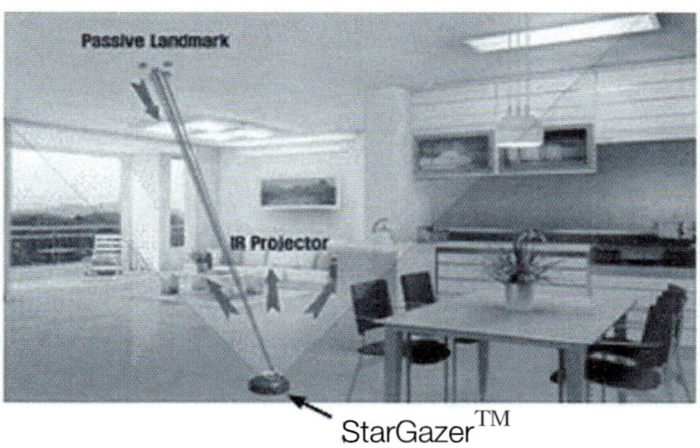

[그림 8-4]
스타게이저 응용

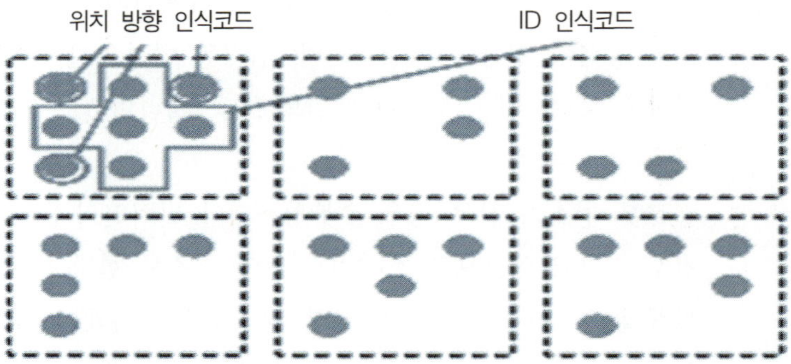

[그림 8-5]
랜드마크의 구성

이 스타게이저(StarGazer)의 렌즈를 통하여 영상으로 입력되며, 입력된 영상을 분석하여 로봇의 위치와 방향을 계산하는 원리로 동작된다. 랜드마크는 위치와 방향을 알 수 있는 특정 모양으로 구성되며, 넓은 면적에 용이한 확장성을 갖는다.

랜드마크는 위치와 방향을 인식하는 ID 부여하고 별도의 전원이 필요 없고 가정용, 사무실용(31개)/ 대면적용(4095개)까지 확장가능하다.

3) 주요 특징

고유 ID를 지닌 랜드마크에서 적외선이 반사되는 이미지를 해석함으로써 로봇의 위치와 회전방향(heading angle)을 빠르고 정밀하게 인식하는 방식이다.

랜드마크는 적외선을 반사하는 물질을 사용하여 만들어진 얇은 종이 형태로 천장에 부착하는 방식이다.

적외선을 천장의 넓은 면적에 쏘아주는 IR 프로젝터(Projector)와 이미지 해석 모듈로 구성되어 있고 로봇과 랜드마크 사이에 동기나 ID 교환을 위한 별도의 통신 불필요하다.

대형 거실과 같이 넓은 면적에서 위치인식이 필요한 경우나 여러 방 또는 사무실 등을 로봇이 주행할 경우 랜드마크만 추가로 부착하면 해결된다.

방마다 다른 고유 ID를 지닌 랜드마크를 부착함으로써 용이하게 방을 구분하고 Auto calibration 기능으로 천장의 높이에 관계없이 랜드마크 사이의 거리

측정과 같은 별도의 측정이 불필요하여 주부와 같은 일반 사용자도 손쉽게 사용 가능하다.

랜드마크에 전원이 필요 없고 랜드마크 확장에 따른 추가비용 부담이 극히 미미하여 대면적에 용이하게 확장된다.

형광등과 같은 주위 조명이나 햇빛에 영향이 없고 야간에도 측정 용이하다.

외국사 제품이나 다른 기술에 비하여 최고의 정밀도, 편의성, 가격경쟁력을 지닌다.

- 설정 : 간단한 프로토콜로 구현되어 있어 손쉽게 설정 가능
- 사이즈 : 작은 사이즈로 어느 제품에도 손쉽게 부착 가능
- 인터페이스 : 사용하기 쉬운 시리얼 인터페이스
- 빠른 측정속도 : 초당 10~20회의 위치인식 속도
- 정확성 : 3mm 이내의 정확한 반복정밀도

4) 스타게이저의 사양

〈표 8-1〉
스타게이저의 사양

항목	사양
하드웨어 인터페이스	UART(TTL 3.3V), 115200bps
제품 크기	50×50×28mm 이하
통신 프로토콜	ASCII 코드 기반의 유저 프로토콜
측정시간	10~20회/초
측정범위(랜드마크 1개당)	직경 2.5~3.0m(천장 높이 2.4m 기준)
반복정밀도	5mm 이하
Heading angle 분해능	1도 이하
랜드마크 종류(천장 높이에 따른 분류)	1. 일반용(1.2~2.7m) 2. 로비/공장용(2.7~4m) 3. 로비/공장용(4~6m) 4. 로비/공장용(6~15m)
랜드마크 종류(ID rot수에 따른 분류)	HL1:31개(일반용) HL2:4095개(대면적용)

[그림 8-6]
스타게이저의 모양

5) 랜드마크의 종류와 용도

랜드마크는 좌표인식 및 각도인식을 위한 코너의 세 점(원)과 ID를 나타내는 다른 점들로 구성된다. 가정용과 같은 일반용 HL1 랜드마크는 [그림 8-7]과 같이 8개 위치에 있는 3×3의 점들의 조합으로 이루어지며 총 개수는 31개이다.

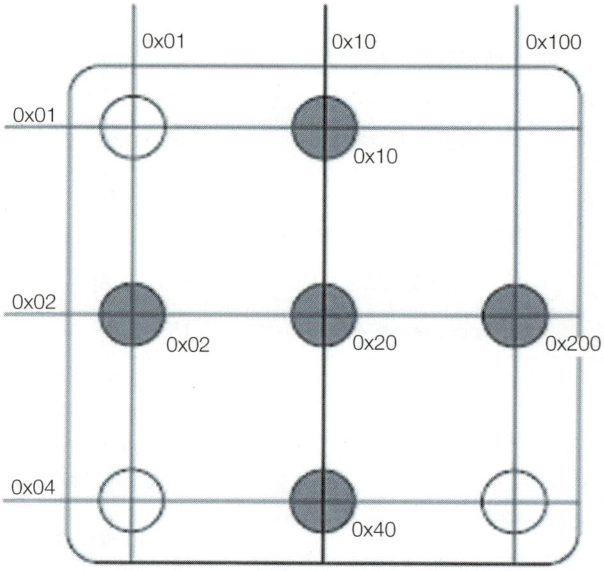

[그림 8-7]
16진법(Hexadecimal) 값으로 표현된 HL1 랜드마크의 각 점들의 가중치

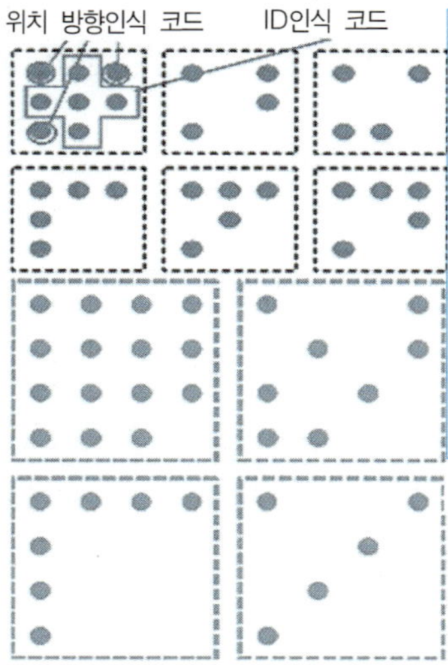

1) HLD1 : 3×3 조합 총 31개로 구성, 일반적인 용도
HLD1-1 : 천장 높이 1.2m~2.7m 범위에 적용
HLD1-2 : 천장 높이 2.7m~4.0m 범위에 적용
HLD1-3 : 천장 높이 4.0m~6.0m 범위에 적용
HLD1-4 : 천장 높이 6.0m~15m 범위에 적용

2) HLD2 : 4×4 조합 총 4095개로 구성, 대형 사무실들이 연계되는 대면적용
HLD2-1 : 천장 높이 1.2m~2.7m 범위에 적용
HLD2-2 : 천장 높이 2.7m~4.0m 범위에 적용
HLD2-3 : 천장 높이 4.0m~6.0m 범위에 적용
HLD2-4 : 천장 높이 6.0m~15m 범위에 적용

※ 천장 높이는 스타게이저로부터 랜드마크 사이의 거리를 의미한다.

〈랜드마크〉

[그림 8-8]
랜드마크의 구성과 용도

각 점이 표시되는 가로와 세로 라인은 각각 정해진 가중치를 갖는다.(가로줄은 0×01, 0×02, 0×04, 세로줄은 0×01, 0×10, 0×100 등)

ID를 나타내는 각 점은 가로와 세로 라인의 가중치를 곱한 값을 갖는다.

랜드마크의 ID값은 ID를 나타내는 각 점들의 합으로 부여된다.

랜드마크는 약 2M 정도의 거리를 두고 설치해야 한다. 단, 스타게이저가 인식할 수 있는 영역은 지름이 약 2.4M인 원형태의 영역이므로 설치방법에 따라 사각이 생길 수 있으며, 이러한 사각이 발생하였을 경우에는 로봇의 인코더 등의 기능을 이용하면 된다.

6) 동작 모드

스타게이저(StarGazer)는 Alone모드와 Map모드로 동작한다.

(1) Alone Mode

Alone Mode는 하나의 랜드마크마다 독립된 좌표계를 사용하는 모드로서 기준 좌표가 각각의 랜드마크이다. 즉 하나의 랜드마크를 사용하여 좌표를 인식하다 다른 랜드마크로 전환하게 되면 다시 새로운 랜드마크가 기준이 되는 새로운 좌표계를 사용하게 된다.(하나의 랜드마크로 인식할 수 있는 영역이 제한되기 때문에 Alone Mode를 사용하게 되면 로봇 MCU에서 맵 빌딩을 직접 해야 한다.)

(2) Map Mode

Map Mode는 여러 개의 랜드마크를 하나의 좌표계에서 인식하는 모드로서 Map-Building 단계를 수행한 후 사용할 수 있다. Map-Building을 수행한 후에는 Reference ID를 원점좌표로 하여 모든 랜드마크를 연계한 단일한 좌표계로 변환한다. 단, 스타게이저의 Map Mode를 사용하지 않고 보다 더 좋은 Mapping Algorithm을 사용하려면 Alone 모드를 사용하고 로봇의 CPU에서 Mapping을 하면 된다.

(3) Map-Building 방법

Map-Building은 랜드마크간의 상대적인 정보를 생성하는 단계로서, 여러 개의 랜드마크를 하나의 좌표계에서 인식하기 위한 필수적인 작업과정이다. Map-Building을 실행하기 위해서는 MarkMode를 Map로 설정하고, MapMode를 Start로 설정하면 Map-Building 동작이 시작된다. 이때 "~^F"로 시작하는 위치 데이터가 응답된다. 다음 단계로 근처의 다른 랜드마크를 향해 이동하다가 랜드마크와 랜드마크 중간 정도에서 정지시킨 후 약 2초 정도 머무르는 방식으로 계속해서 다른 랜드마크로 이동시킨다.

마지막 랜드마크(설정한 랜드마크 총 개수에 따른다)를 모두 찾으면 Map Building 정보를 메모리에 저장하기 위하여 데이터의 전송이 잠깐 멈춘다. 그 후 "~^I"로 시작하는 데이터가 전송되면 Map-Building이 모두 끝나게 되고 이후 Map 모드로 동작한다.

ETRI도 유사한 형식의 적외선 기반 위치인식기술 '스타라이트'의 상용화하고 있다.

Part II 지능형 로봇시스템의 실습

Chapter

09

지능형 로봇시스템의 구성 및 특징(ED-7273)

9.1 지능형 로봇시스템의 개요

① 지능형 로봇에 사용되는 각종 제어기 및 센서를 모듈 형태로 공급하여 각 모듈을 베이스 모듈 등에 결합하여 지능형 로봇시스템을 구현할 수 있다.
② 로봇의 각 모듈에 대하여 직접 조립을 통한 로봇시스템을 구현할 수 있다.
③ 각 모듈의 결합만으로 로봇시스템을 구현할 수 있도록 함으로써 설계의 검증 시간을 단축할 수 있다.
④ 로봇 초기 제작의 초기 입문 단계에 많은 학생들에게 쉽게 로봇에 대한 흥미를 느낄 수 있도록 해주는 창의적인 교육적 효과가 있다.
⑤ 지능형 로봇을 처음 접하는 개발자 또는 학생들에게 로봇 동작원리 등을 직접적인 조작을 통한 체험학습으로 확인할 수 있도록 함으로써 창의력 개발에 도움을 줄 수 있는 효과가 있다.

9.2 지능형 로봇시스템의 특징

① 8개의 초음파, 4개의 적외선 센서를 이용한 장애물 회피 및 자율주행이 가능하다.
② 임의적인 위치에 모듈 조합을 통한 다양한 로봇 구성이 가능하다.
③ 로봇 초기 개발에 필요한 모듈 제공을 통한 설계 검증시간을 줄일 수 있다.
④ 직접 로봇 모듈, 결합을 통하여 로봇시스템 및 구현 이해를 통하여 창의력이 향상된다.
⑤ 흥미유발 및 참여도를 높이기 위한 배틀 메커니즘 제공한다.
⑥ 다양한 센서를 통한 지능제어가 용이하다.
⑦ 순서도 기반 제어가 가능하다.
⑧ 팬/기울기, USB 카메라를 이용한 영상처리 학습이 가능하다.

9.3 지능형 로봇시스템의 구조

1) 소프트웨어

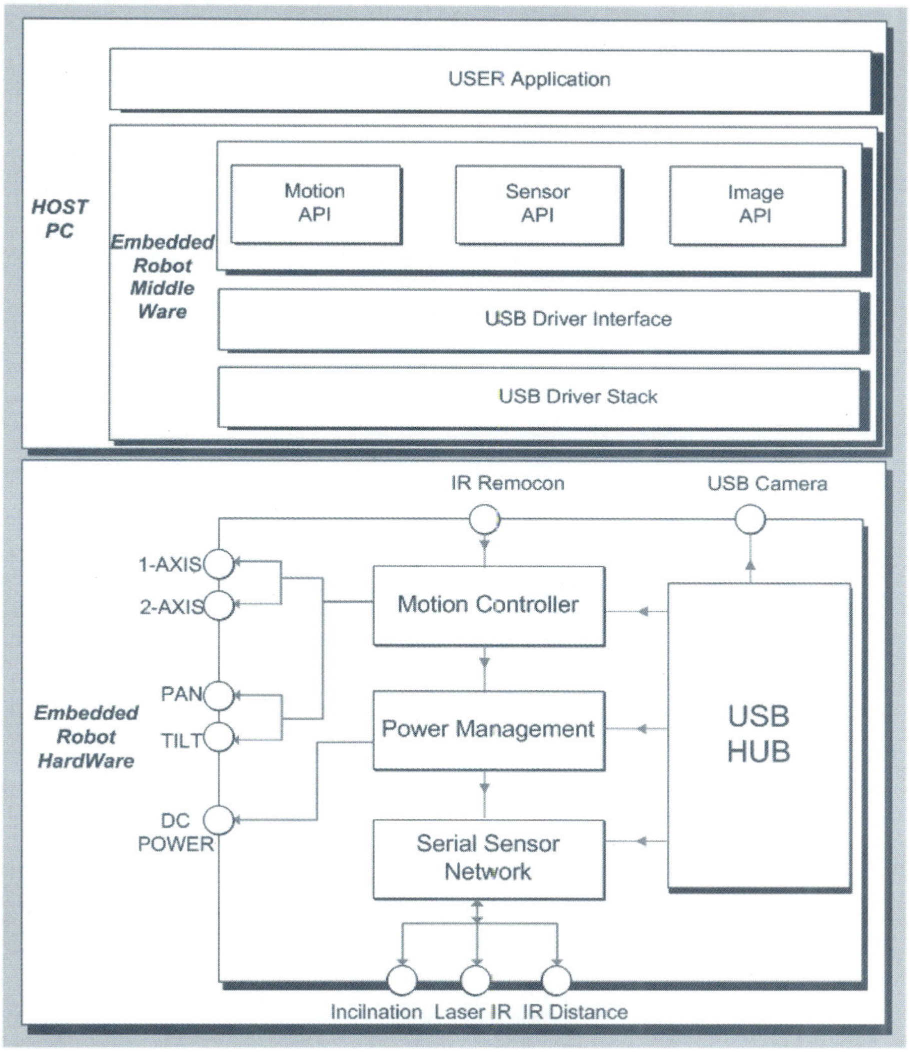

[그림 9-1]
지능형 로봇시스템의 구조

2) 지능형 로봇시스템 동작 흐름도

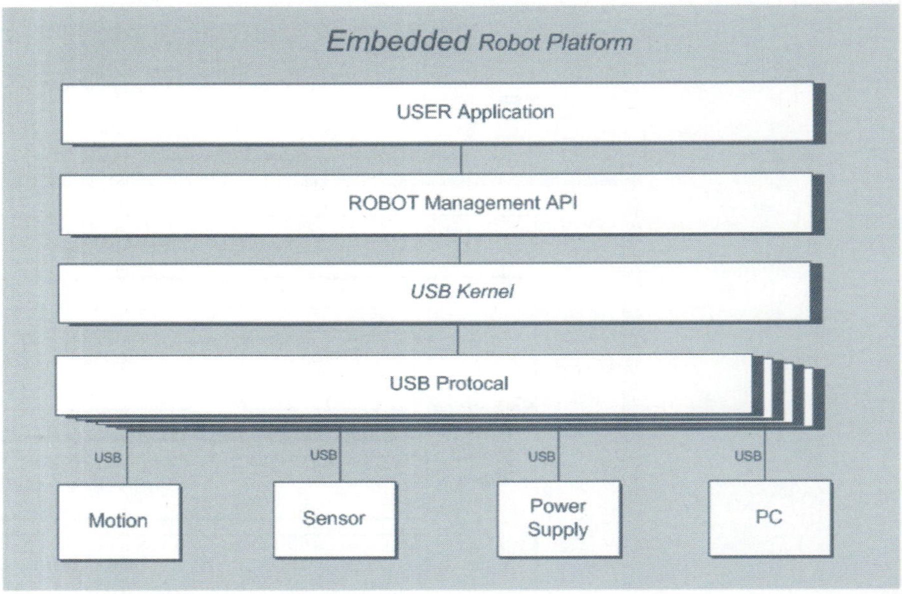

[그림 9-2] 지능형 로봇시스템 흐름도

9.4 지능형 로봇시스템의 구성

1) 기본 구성

① 센서 부분 : 초음파 8개, 적외선 센서 4개, 배틀 센서 2개(수신, 송신)
② 구동 부분 : DC 서브모터 2개, Caster 2개
③ 제어기 모듈 : 모션 제어기 1개, 전원제어기 1개, USB 허브
④ 배터리 : 15V-8A, 충전기 제공, 로봇 전원 케이블
⑤ 기구부 메커니즘 : 양방향(Bi-Direction), Bottom, Middle, Top Panel
⑥ 액세서리
⑦ 육각렌치 세트, 드라이버 세트
⑧ 볼트 보관함

- 보관용 가방
- 소프트웨어 및 매뉴얼

2) 옵 션

① 메인 시스템 : 인텔 1GHz, RAM 512M, IEEE802.11b 내장
② 팬/기울기 RC Motor, DC 서보 모터 1개, USB 카메라(130만화소)

3) 제공 소프트웨어

① IRES 응용 프로그램
② Windows 200, XP, Vista 지원
③ Microsoft Visuall C++ Robot API 지원

4) 지능형 로봇시스템의 제원

지능형 로봇시스템 사양은 다음과 같다.

기능	항목	사양
모션 부문	Avaliable motor	2 axis
	Operation mode	closed loop
	Incremental encoder	14 pulse
메커니즘	2-Wheel Differential	
배터리	Lithium-Ion(4S2P)	
유저 인터페이스	USB	USB 2.0 A-Type
	Serial	RS-232
센서 부문	Ultrasonic	10cm to 4M
	Voice Recognize(Option)	Software Engine
	Voice Speech(Option)	Software voice Speech
	IR Distance	10cm to 80cm
	Battal IR	±0.2%RH
제원	가로	380mm
	세로	260mm

기능	항목	사양
	높이(스타게이저 포함)	600mm
	무게	10kg
	최고속도	15cm/sec
CASE 제원	가로	700mm
	세로	495mm
	높이	245mm
	무게	1Kg(옵션시 1.2kg)
기타 장비	충전기	15V, 8A 정전압 충전기

모듈	기능	사양	
응용 소프트웨어	품명	Intelligent Robot Education Studio Ver3.0	
	주요특징	순서도 기반 프로그램 작성	
		각 동작명령에 대한 실시간 모니터링 기능	
		네트워크를 이용한 영상처리결과 모니터링 기능	
	운영체제	한글윈도우98/2000SP3/XP-SP2계열, Vista	
	권장사양	시스템 CPU	Pentium-IV2GB 이상
		RAM	512MB 이상
		하드디스크	200MB 이상의 하드공간

- 모터 사양(Motor Specification)

구분	장착 위치	Gear				Encoder (Pulse)
		기어비	정격회전	정격허용 Torque	최대허용 Torque	
기본	오른쪽 모터	1:50	2500	56kgf.cm	120kgf.cm	14
	왼쪽 모터	1:50	2500	56kgf.cm	120kgf.cm	14

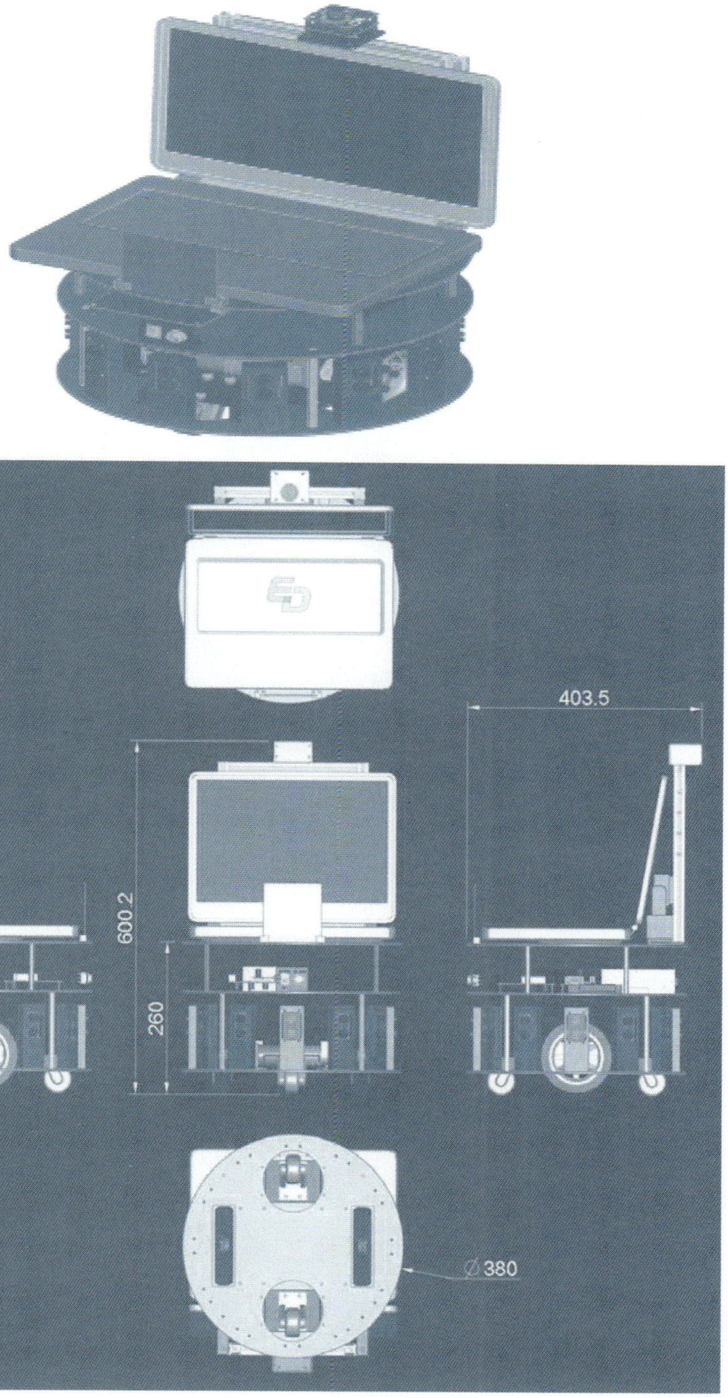

[그림 9-3]
지능형 로봇시스템 크기 도면

- 인코더 사양(Encoder Specification)
  - 공급전원(Supply voltage) : DC 5V, ±0.5
  - 주파수 응답(Frequency response) : 0~100kHz
  - Slew 속도 : No limit
  - 동작온도(Operating temperature) : -25℃~100℃
  - 무게(Weight) : 0.1kg

5) 지능형 로봇의 외형구성(ED-7273)

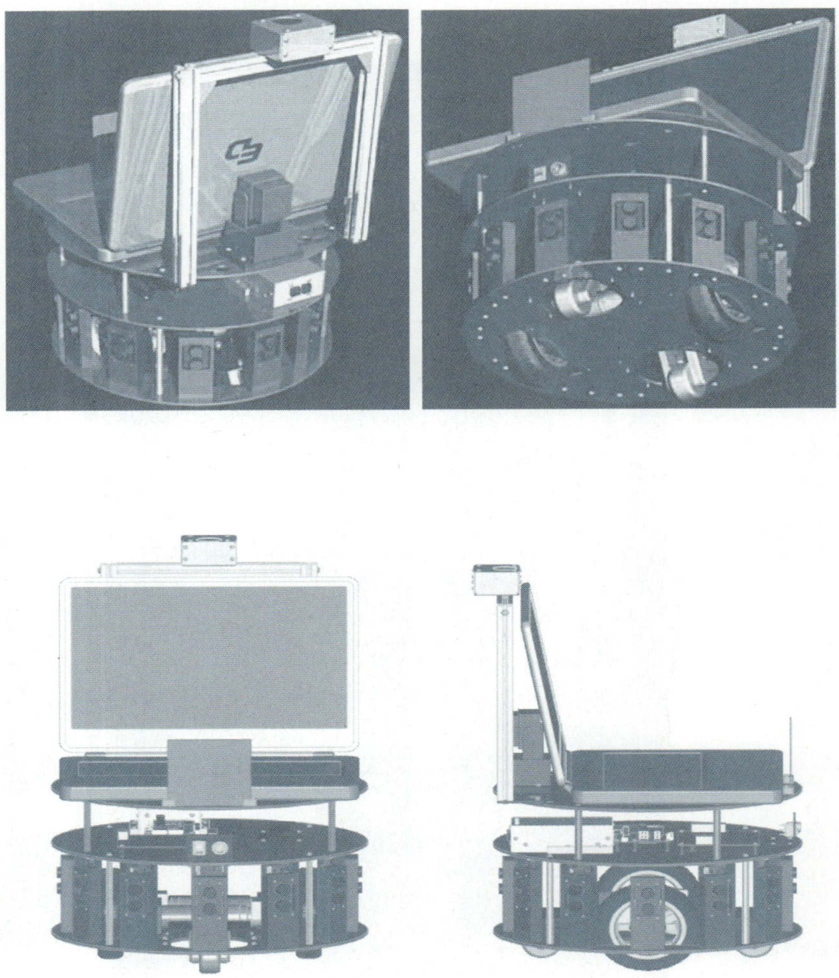

[그림 9-4]
지능형 로봇시스템의
구성(ED-7273)

6) 지능형 로봇의 센서

(1) 초음파 센서

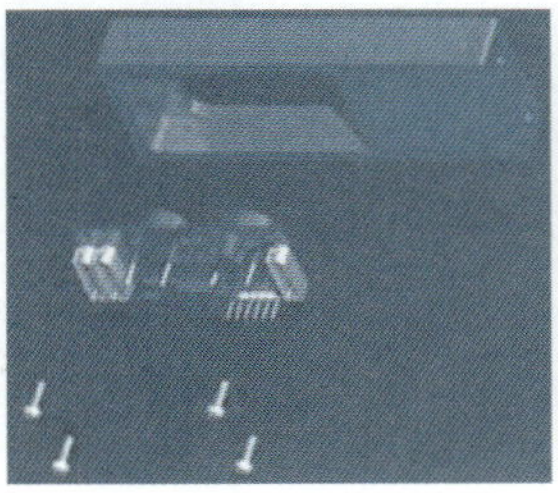
[그림 9-5] 초음파 센서 조립

[그림 9-6] 초음파 센서

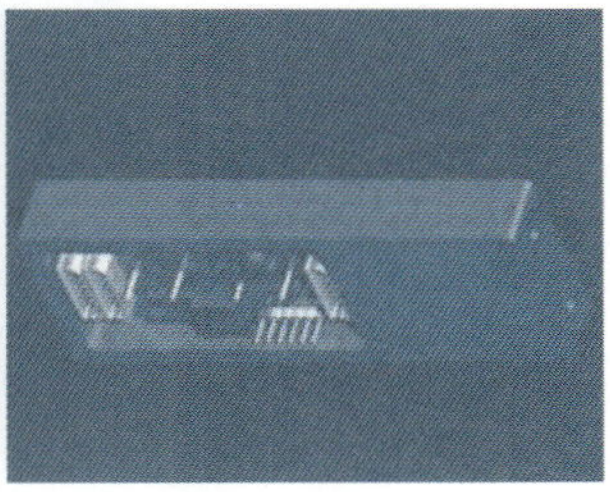
[그림 9-7] 초음파 센서

(2) 위치추적 센서

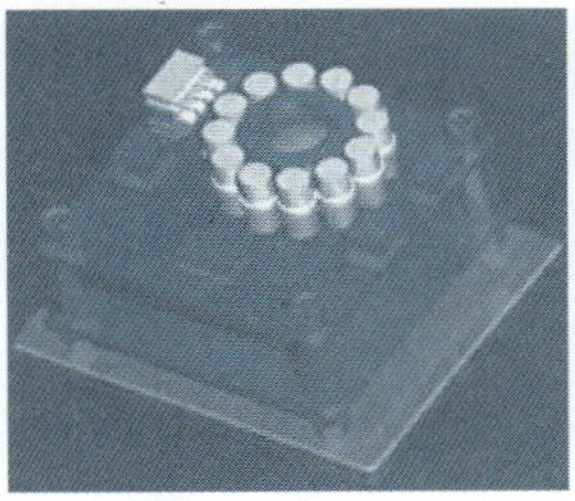
[그림 9-8] 위치 추적 센서

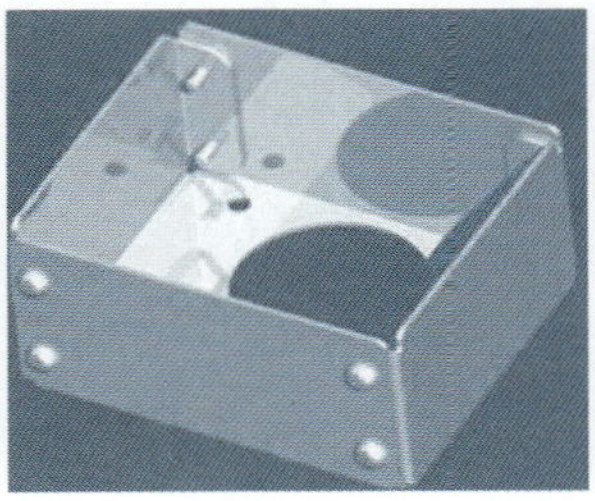
[그림 9-9] 덮개

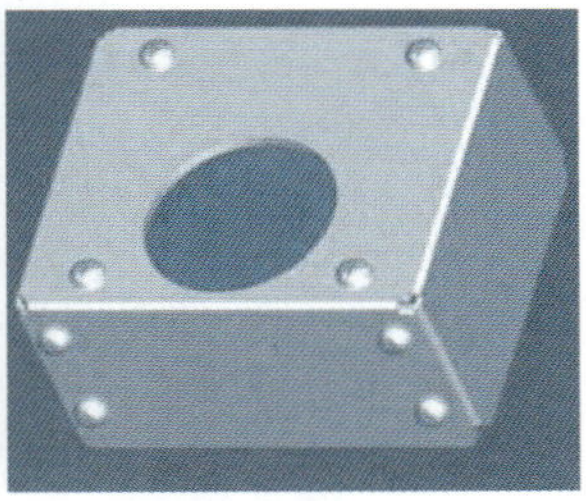
[그림 9-10] 조립된 모습

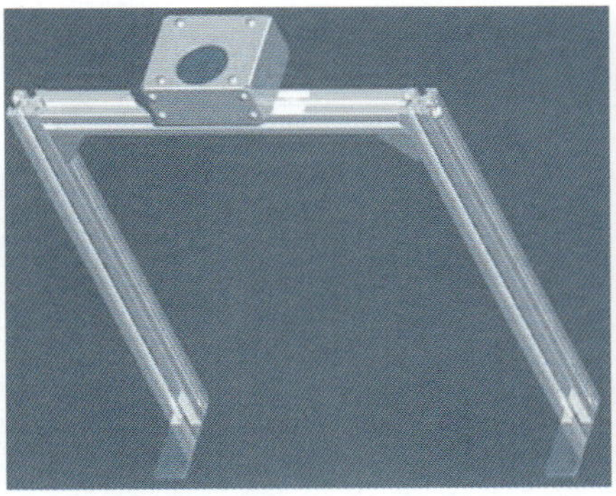
[그림 9-11] 위치추적 센서(STARGAZER)

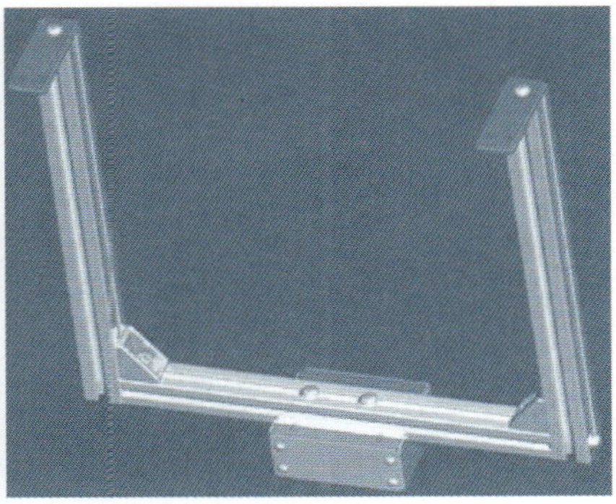
[그림 9-12] 위치추적 센서(STARGAZER)

(3) 적외선 센서

[그림 9-13]
적외선 센서 앞모습

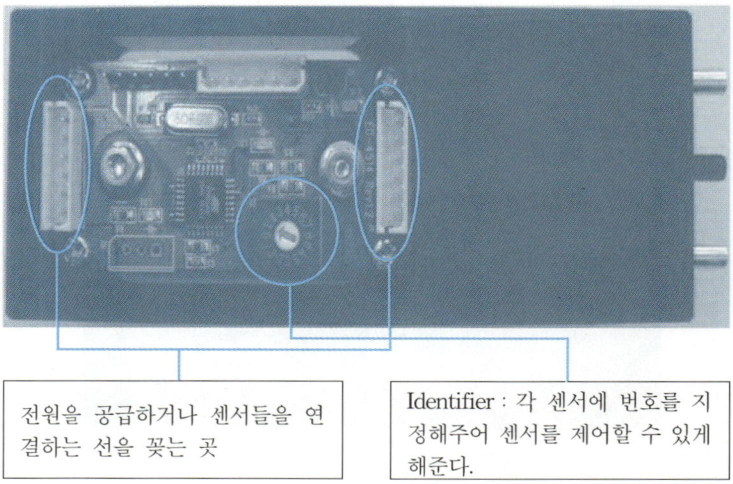

[그림 9-14]
적외선 센서 뒷모습

(4) 배틀 센서의 송신

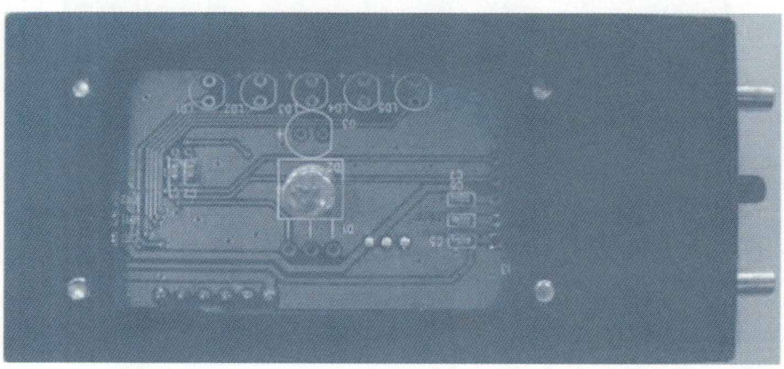

[그림 9-15]
배틀 센서 앞모습

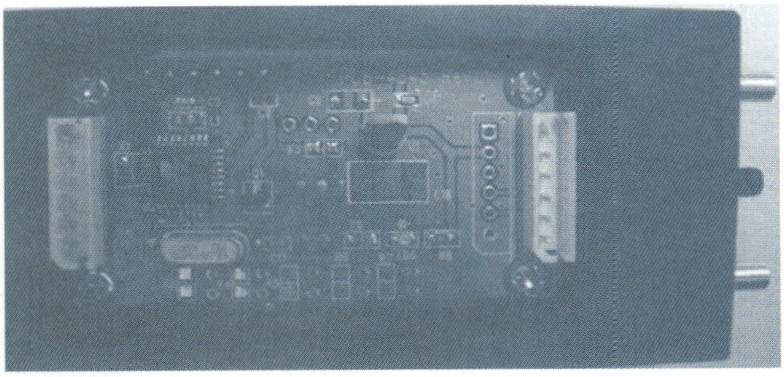

[그림 9-16]
배틀 센서 뒷모습

(5) 배틀 센서의 수신

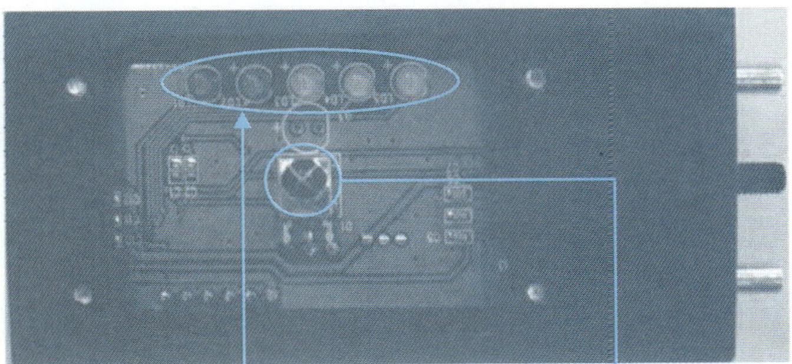

[그림 9-17]
배틀 센서 앞모습

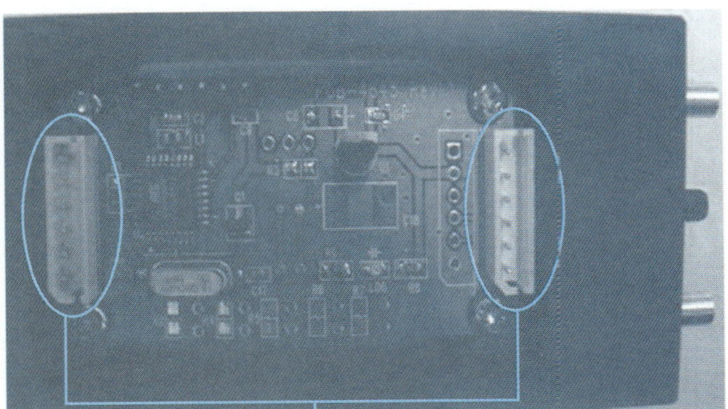

[그림 9-18]
배틀 센서 뒷모습

7) 지능형 로봇시스템의 모션

(1) 모션 제어기

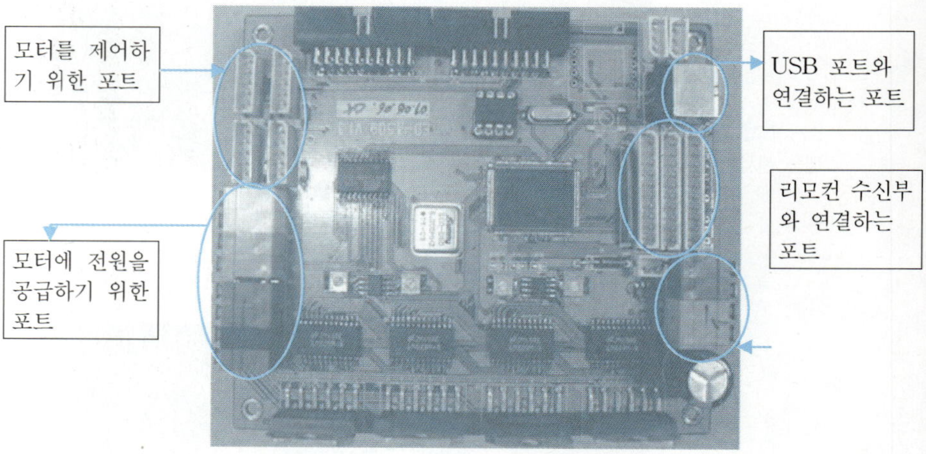

[그림 9-19]
모션제어기 PCB

(2) 전원공급기

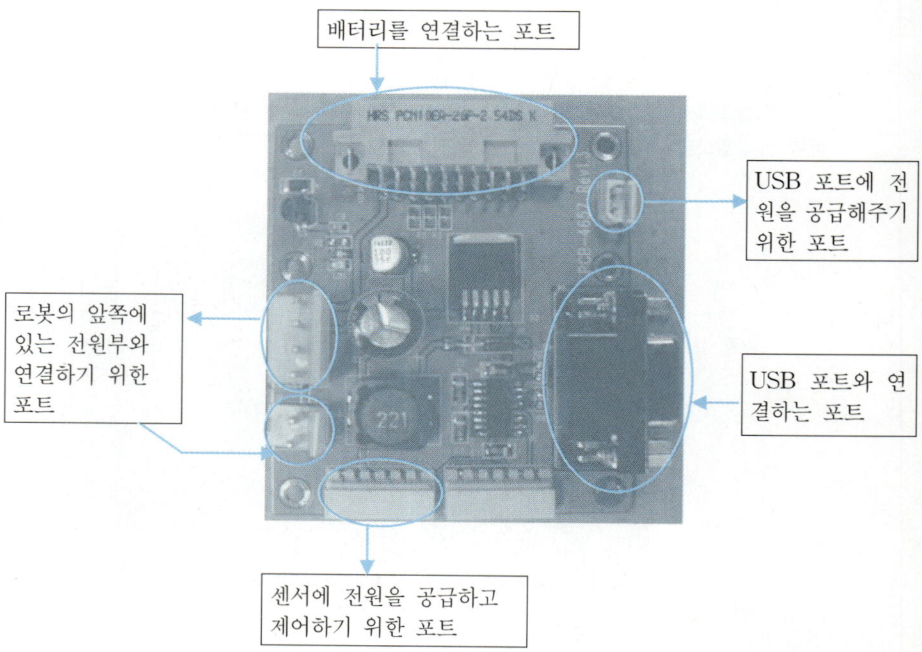

[그림 9-20]
전공공급기 PCB

8) 지능형 로봇시스템의 기구

(1) 바퀴

[그림 9-21] 조립된 바퀴

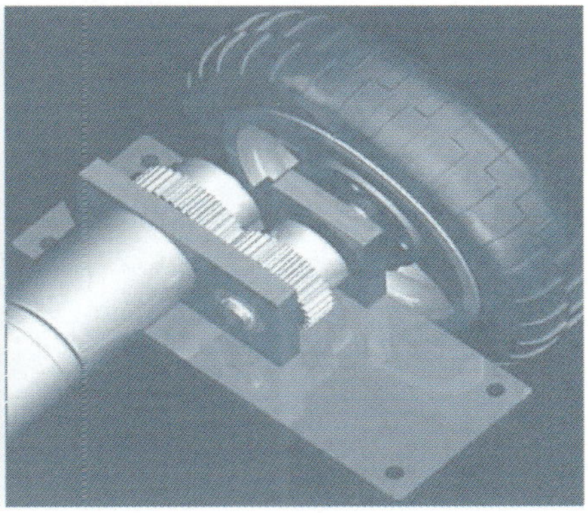

[그림 9-22] 바퀴 상세도

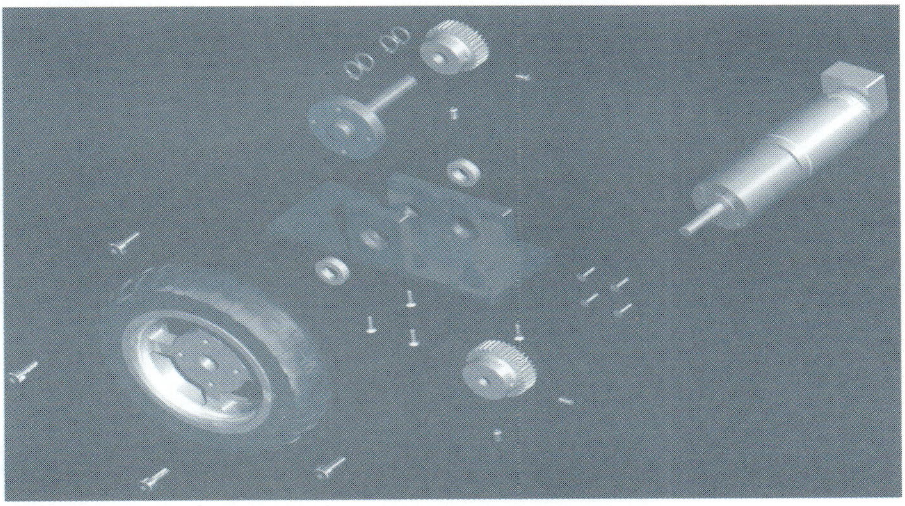

[그림 9-23]
바퀴의 조립도

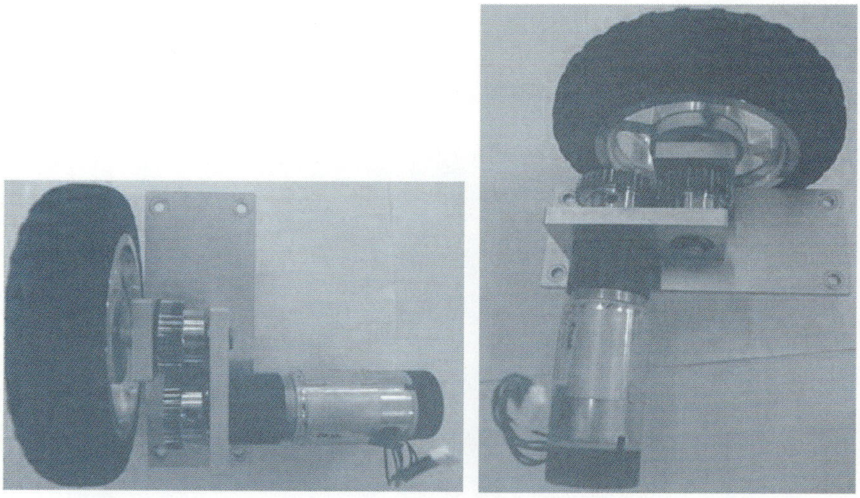

[그림 9-24]
바퀴의 실제모습

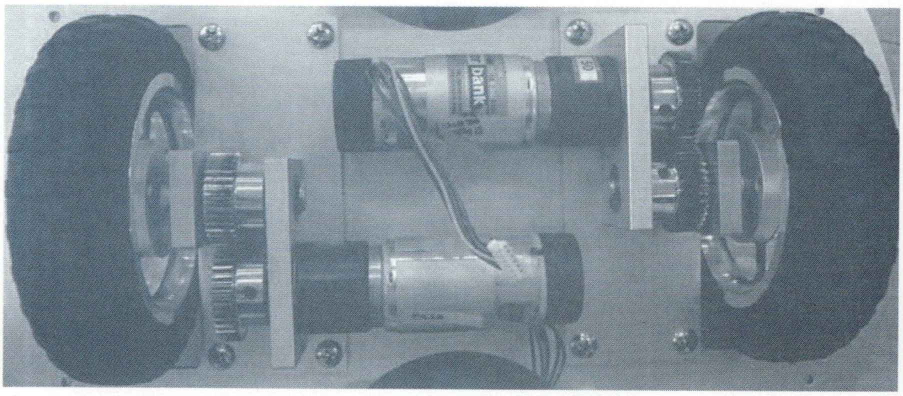

[그림 9-25]
DC모터와 휠 조립 사진

(2) 캐스터

[그림 9-26] 캐스터 정면

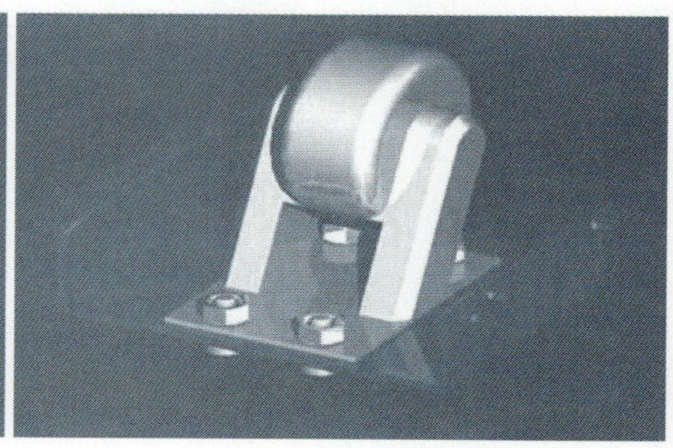

[그림 9-27] 캐스터 아래

9) 지능형 로봇시스템의 리모컨

(1) 일반적인 리모컨의 원리

리모컨의 원리는 버튼을 누를 때의 신호를 적외선에 실어 TV의 수신부로 보내는 방식이다. TV수신부에는 포토다이오드(photo-diode)라는 것이 있어서 들어온 적외선을 전기신호로 바꾸어준다. 이 신호는 증폭과 검파 등의 회로를 거쳐 ON/OFF나 채널의 변환, 음량조절 등 여러 가지 동작을 수행하게 된다.

(2) 리모컨의 동작

보통 우리가 쓰는 TV리모컨은 작용범위가 대략 5미터 안팎이고, 금속 등 다른 물체에 의한 오작동이 없는 적외선 방식을 쓰고 있다. 작용범위가 너무 넓으면 다른 기계에까지 영향을 미쳐서 위험을 초래할 수 있고, 초음파 방식을 쓰면 금속의 스침이나 잡음만으로 잘못 작동하기 쉽기 때문이다. 이처럼 적정거리와 오작동방지에 적합한 것이 바로 적외선 방식이다. 적외선이란 가시광(可視光)과 전파 사이에 존재하는 전자파로서 리모컨용으로는 파장이 짧은 근적외선이 사용된다. ED-7273도 적외선 방식으로 사용하고 있으며 다음과 같은 주의 사항이 필요하다.

- 주의사항 : 리모콘 송신부와 ED-7273 수신부에 장애물이 없어야 하며 1.5M 이내의 범위에서만 작동한다.

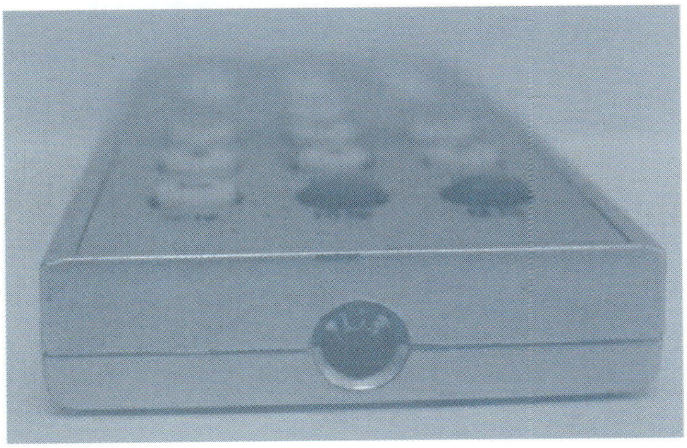

[그림 9-28]
리모컨 송신부

9장

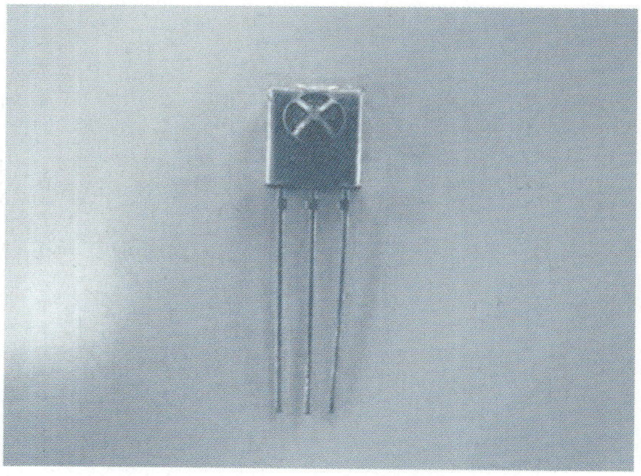

[그림 9-29]
리모컨 수신부

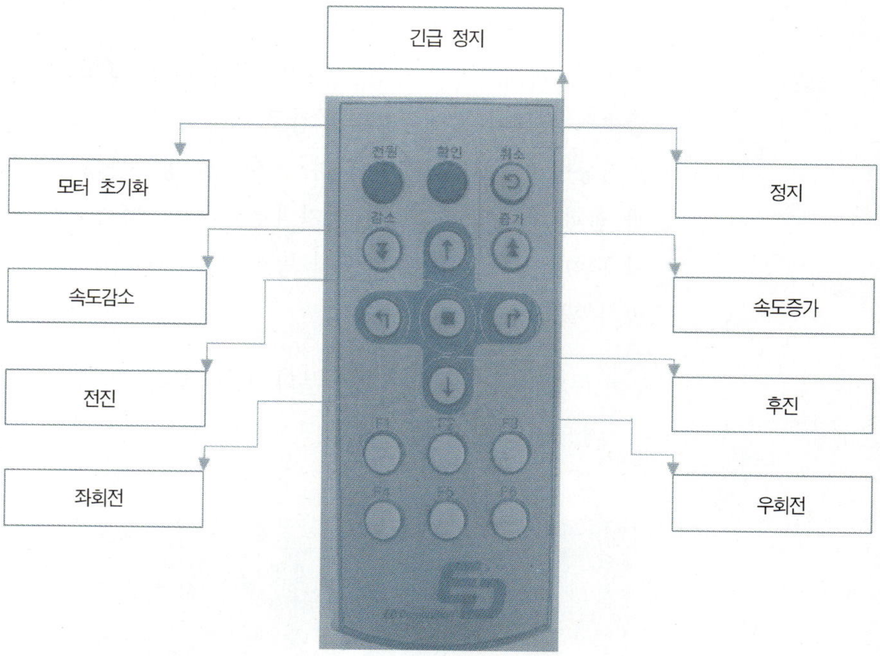

[그림 9-30]
리모컨 각 부분 설명

(3) 리모컨 작동방법

① 전원 버튼을 눌러 모터를 초기화시켜 준다.

② 위쪽 방향의 화살표를 누르면 로봇이 전진을 한다.

③ 로봇이 전진하고 있을 때 전진 버튼의 옆에 있는 증가 버튼을 누르면 로봇의 전진하는 속도가 빨라진다.
④ 반대로 감소 버튼을 누르면 전진하는 속도가 느려진다.(감소 버튼을 계속해서 누르면 로봇이 정지한다.)
⑤ 로봇을 멈추게 하려면 가운데 있는 정지 버튼을 누른다.
⑥ 아래쪽 방향의 화살표를 누르면 로봇이 후진을 한다.
⑦ 후진시에도 증가나 감소 버튼을 누르면 로봇의 속도가 빨라지거나 느려진다.
⑧ 전진할 때와 마찬가지로 로봇을 멈추게 하려면 가운데 있는 정지 버튼을 누른다.
⑨ 왼쪽방향의 화살표를 누르면 로봇이 좌회전을 한다.
⑩ 오른쪽방향의 화살표를 누르면 우회전을 한다.
⑪ 전진하거나 후진을 할 때 장애물이 발견되면 좌회전이나 우회전을 하여 장애물을 회피할 수 있다.
⑫ 취소 버튼은 긴급정지 버튼으로 유사시에 취소 버튼을 누르면 로봇이 정지하게 된다.

10) 지능형 로봇시스템의 케이스

[그림 9-31]과 같이 ED-7273은 분해해서 가방에 보관할 수 있도록 되어 있다.

[그림 9-31]
케이스 정면

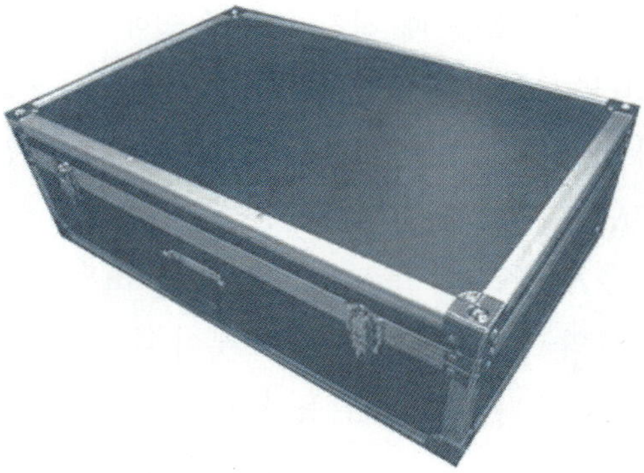

[그림 9-32]
케이스 측면

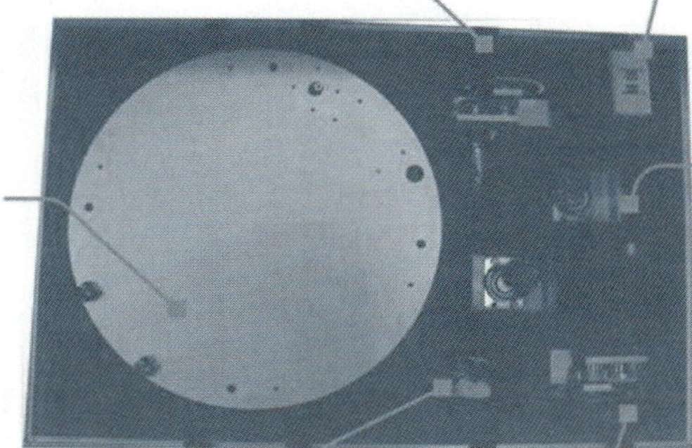

[그림 9-33]
케이스 내부

[그림 9-34]
바깥쪽 내부

11) 지능형 로봇시스템(ED-7273)의 배터리

지능형 로봇시스템의 배터리는 [그림 9-35]처럼 구성되어 있다. 충전단자, 잔량표기, 확인 버튼으로 구성되어 있으며 충전시간은 약 3~4 시간 정도한다. 배터리 사용시간은 로봇이 지속적으로 움직일 때 2시간 정도 사용할 수 있다.

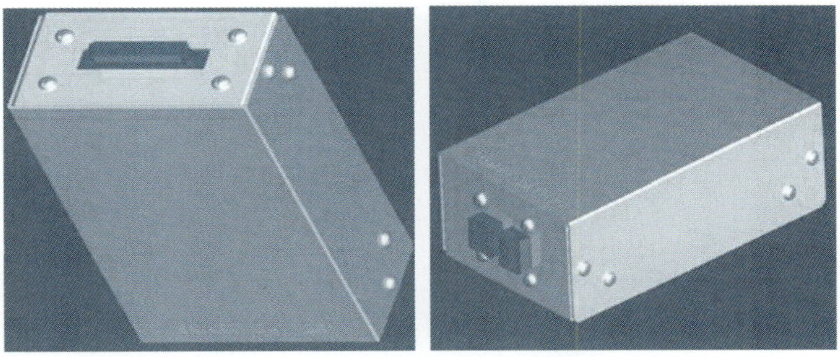

[그림 9-35]
지능형 로봇시스템의 배터리

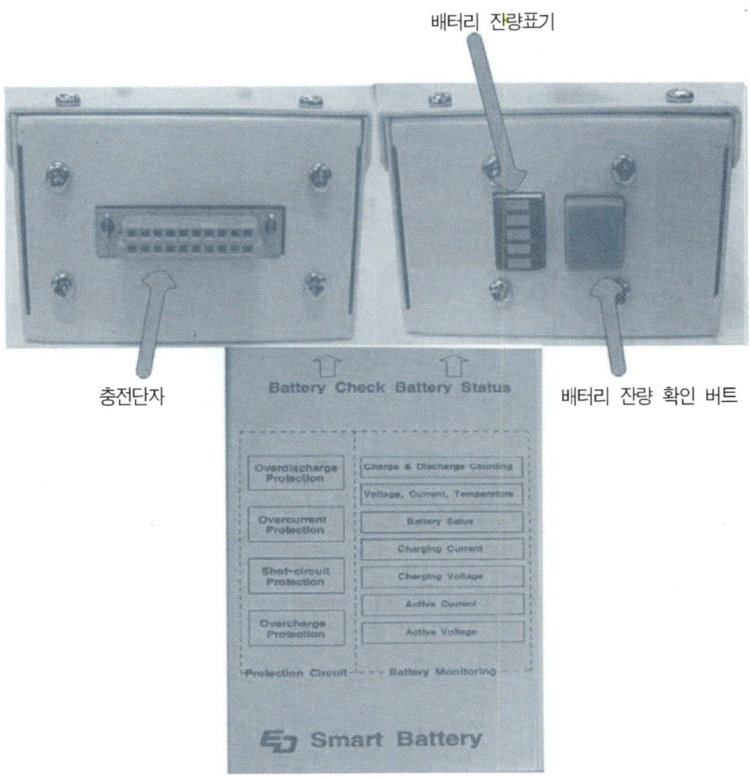

[그림 9-36]
배터리

12) 지능형 로봇시스템(ED-7273)의 충전기

지능형 로봇시스템의 충전기는 배터리 단자 , 전원단자 , 전원 스위치로 이루어져 있으며 배터리 단자는 배터리의 충전단자와 결합하여 배터리를 충전시키는 역할을 한다. 또한 전원단자는 전원 보드에 직접 전원을 인가하여 사용할 수 있는 역할을 한다.

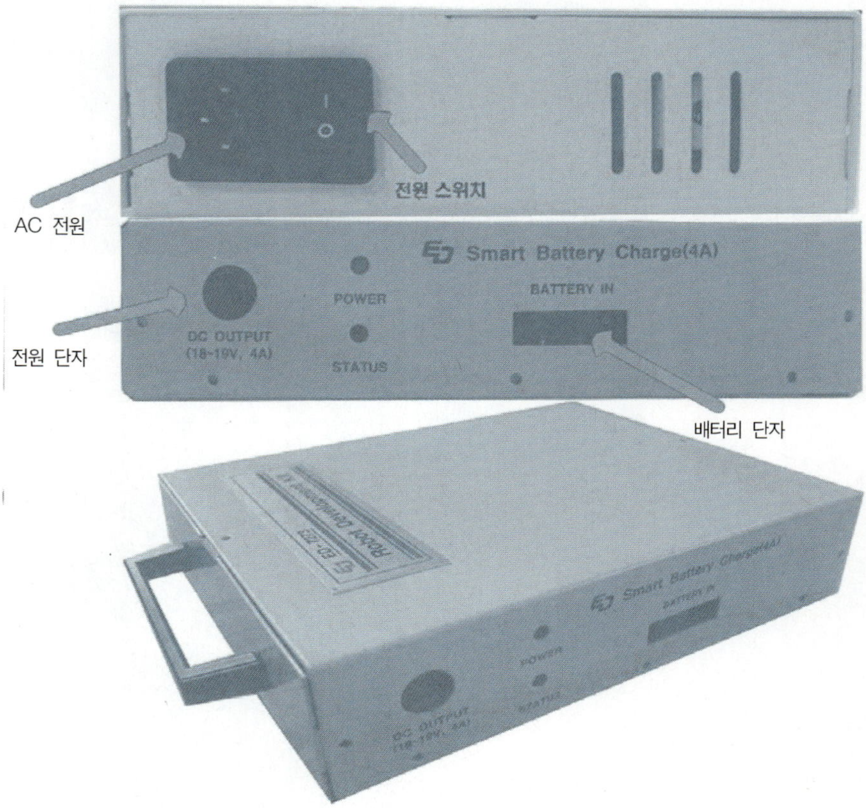

[그림 9-37]
충전기

9.5 지능형 로봇시스템(ED-7273)의 조립

1) 지능형 로봇시스템(ED-7273) 조립과정

(1) 지능형 로봇시스템의 전체 구성

지능형 로봇시스템(ED-7273)은 크게 4부분으로 나누어진다.

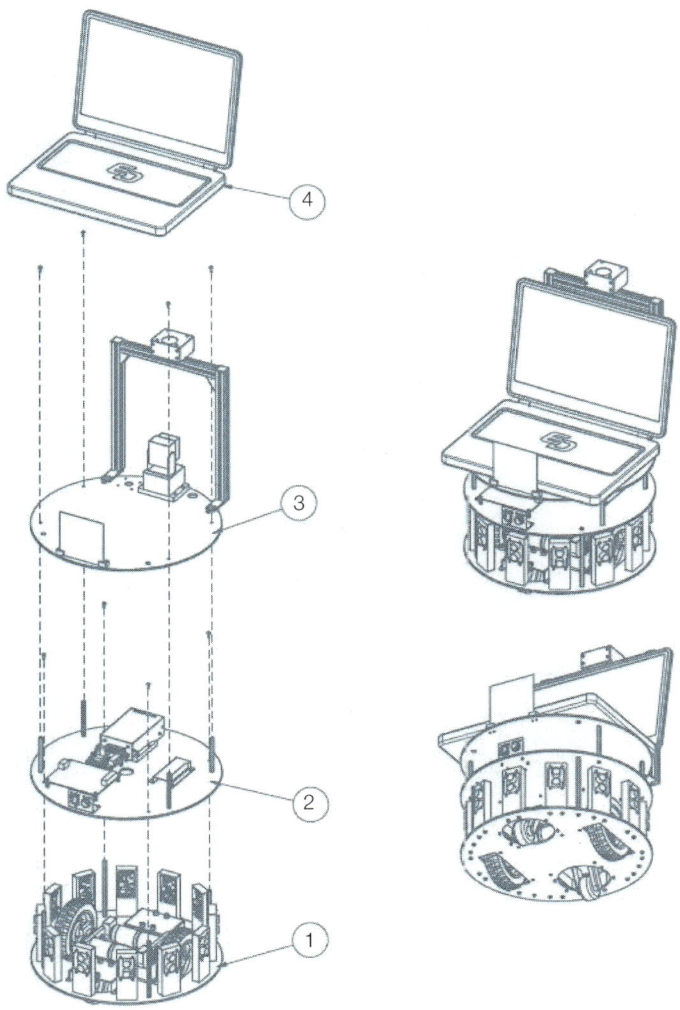

[그림 9-38] 지능형 로봇시스템의 전체 구성

[그림 9-38]에서 보듯이 ①은 ED-7273 하판, ② ED-7273 중판, ③ ED-7273 상판, 그리고 ④ ED-7273 노트북 이렇게 4파트로 나눌 수 있다. 각각의 4파트를 합치면 다음과 같은 ED-7273 로봇이 완성이 된다.

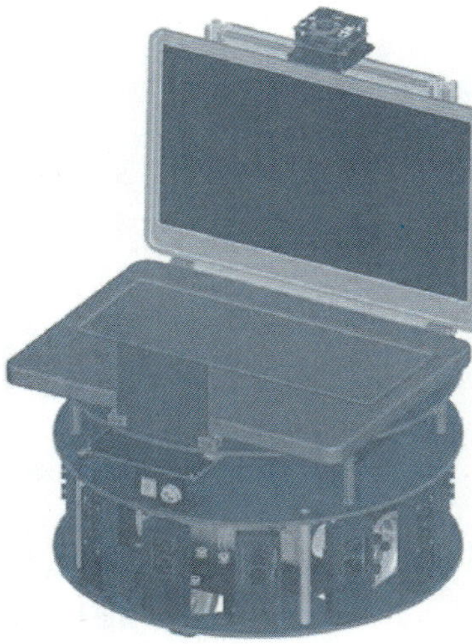

[그림 9-39] ED-7273 측면

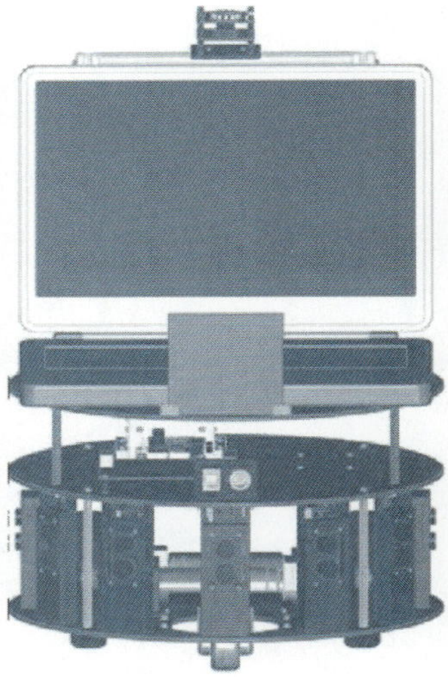

[그림 9-40] ED-7273로봇을 정면

[그림 9-41] ED-7273 밑면

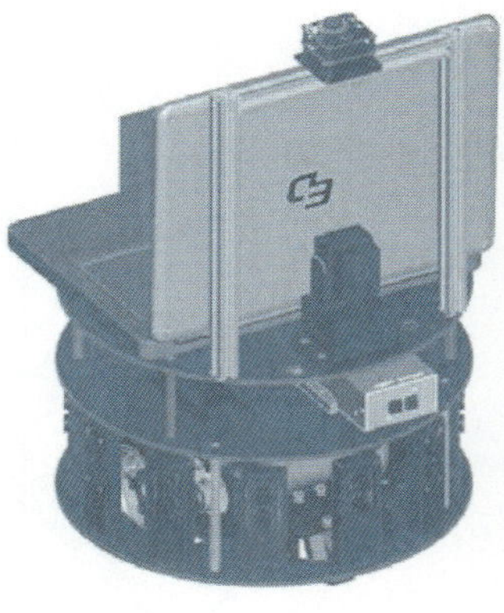

[그림 9-42] ED-7273 뒷면

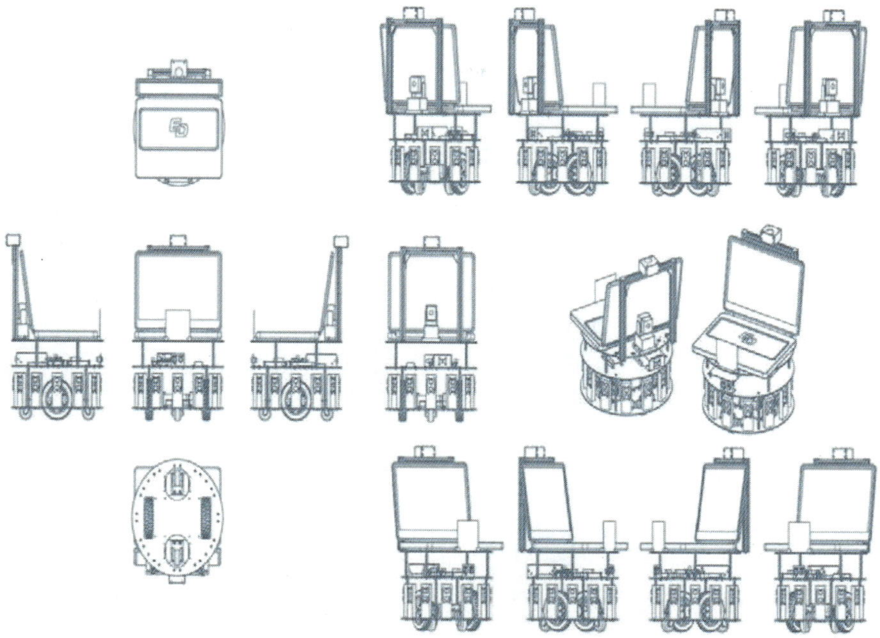

[그림 9-43]
지능형 로봇시스템의 조감도

2) 지능형 로봇시스템의 구성별 조립

(1) 지능형 로봇시스템(ED-7273)의 하부 조립

지능형 로봇시스템(ED-7273)의 하부는 사람으로 보면 눈과 귀, 손과 발, 몸통 등에 해당하는 부분이라 할 수 있으며 [그림 9-44]에서 보듯이 5부분으로 나눌 수 있다.

로봇이 자유롭게 움직일 수 있게 해주는 캐스터 바퀴, 두 개의 DC모터와 두 개의 바퀴로 이루어져 있는 ACTUATOR, 하판과 중판 사이의 간격을 띄우기 위한 지지대. 장애물 탐지 혹은 로봇의 특별한 기능(배틀 등)을 할 수 있게 해주는 SENSOR, 그리고 모듈들을 장착하기 위한 패널로 이루어져 있다.

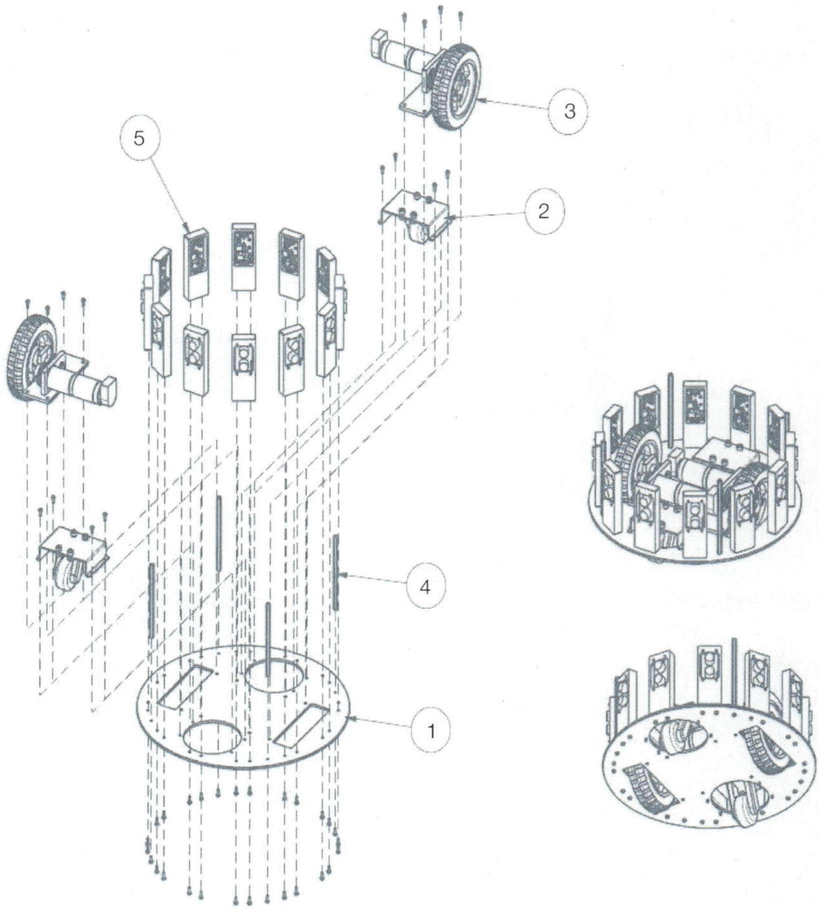

[그림 9-44]
지능형 로봇시스템의
하부 조립과정

No	PART NAME	Qty
1	ED7273_BOT_PANEL	1
2	ED7273_CASTER	2
3	ED7273_ACTUATOR	2
4	ED7273_STANDING1	4
5	ED7270_SENSOR	12

① 캐스터 바퀴

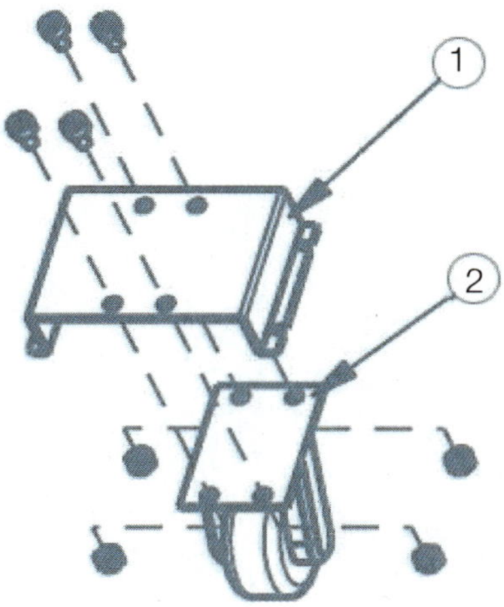

[그림 9-45]
캐스터 바퀴

No	PART NAME	Qty
1	ED7273_CASTER_SUPPORT	1
2	ED7273_CASTER	1

② 액츄레이터(DC모터와 바퀴를 이용해 로봇을 움직이는 부분)

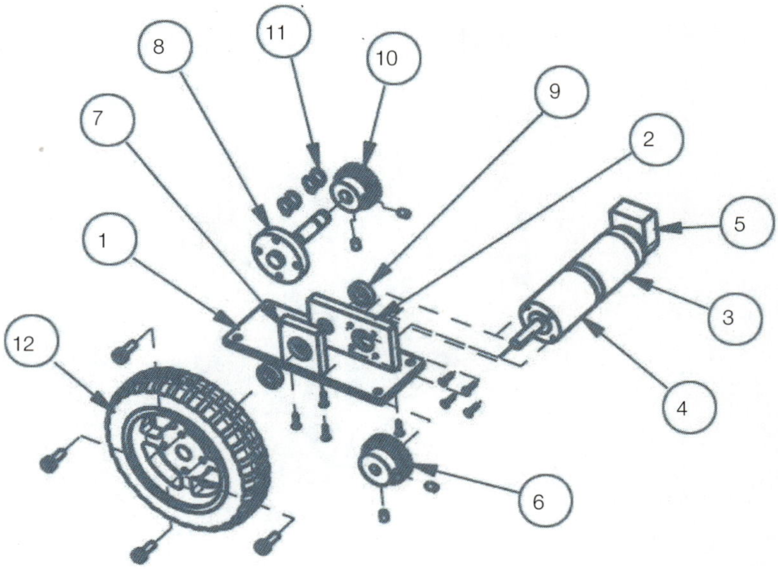

[그림 9-46]
액츄레이터

No	PART NAME	Qty
1	ED7273_BASE1	1
2	ED7273_BASE2	1
3	ED7273_MOTOR	21
4	ED7273_GEARBOX	1
5	ED7273_ENCODER	1
6	ED7273_GEAR2	1
7	ED7273_BASE3	1
8	ED7273_SHAFT	1
9	BEARING_6800	2
10	ED7273_GEAR1	1
11	STW_10	4
12	ED7273_WHEEL	1

③ 센서(SENSOR)

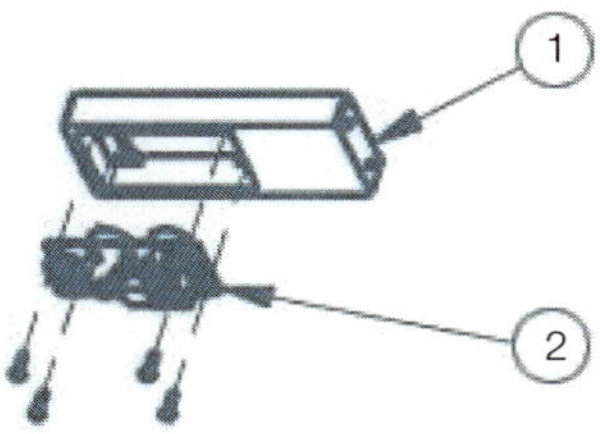

[그림 9-47]
센서

No	PART NAME	Qty
1	ED7273_SENSOR_FIX	1
2	ED-4516	1

④ ED-7273 하판의 조립 모습

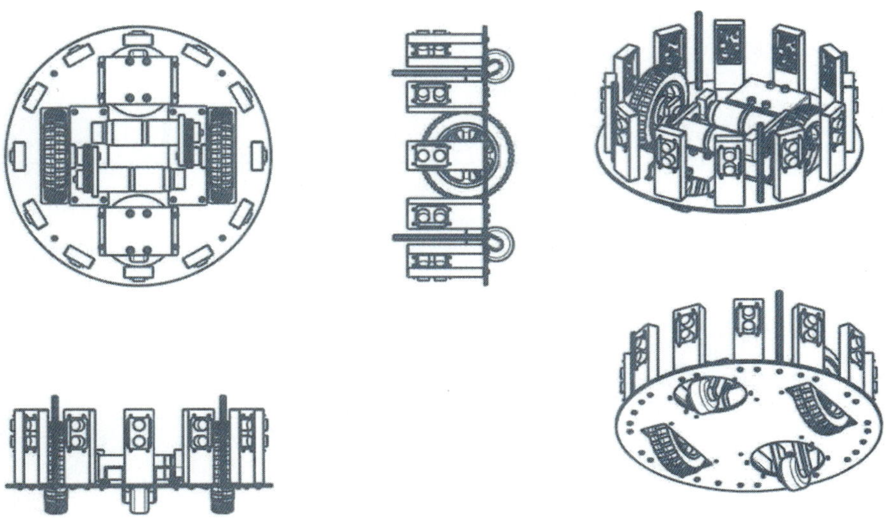

[그림 9-48]
ED-7273로봇의 하부
조립 모습

(2) 지능형 로봇시스템(ED-7273)의 중판 구성

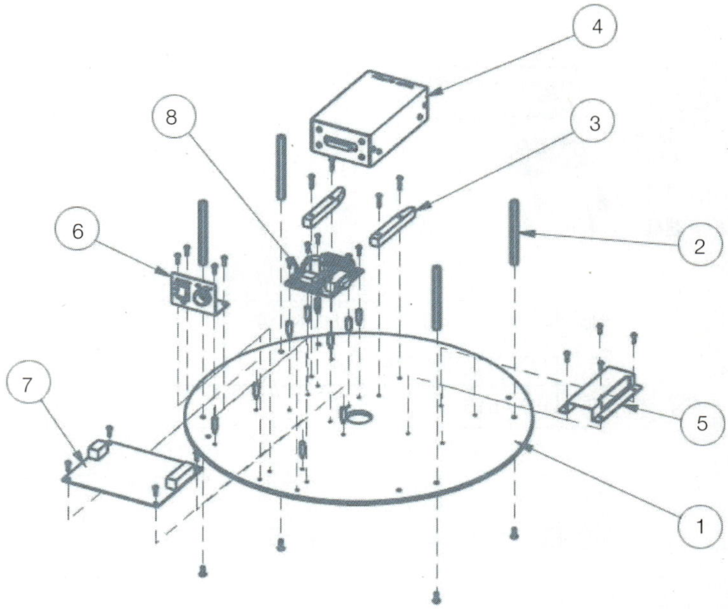

[그림 9-49]
ED-7273로봇의 중부

No	PART NAME	Qty
1	ED7273_MID_PANEL	1
2	ED7273_STANDING2	4
3	ED7273_GUIDE	2
4	ED7273_BATTERY	1
5	ED7273_USB_FIX	1
6	ED7273_POWER_FIX	1
7	PCB	1
8	ED_4657	1

ED-7273로봇의 중부는 ED-7273로봇과 노트북 PC와의 통신을 연결을 담당하는 부분이다. 하판에서 받아들인 센서값을 노트북에 알려주고 노트북의 프로그램에 의해 만들어진 명령을 하부에 통신을 하여 ED-7273로봇이 움직이게 하는 교량 역할을 한다.

ED-7273로봇 중부는 노트북과 로봇 사이의 통신을 할 수 있게 해주는

USB_FIX, 전원을 공급하여 주는 POWER_FIX, 배터리, 배터리를 고정시켜주는 GUIDE 한 쌍, 배터리를 로봇과 연결시켜 주는 ED-4657, 하부에서 올라오는 센서값을 받아들여 노트북에 보내주거나 노트북에서 내려오는 명령을 하판에 전달해주기 위한 PCB, 하부와 마찬가지로 지지대와 패널로 이루어져 있다.

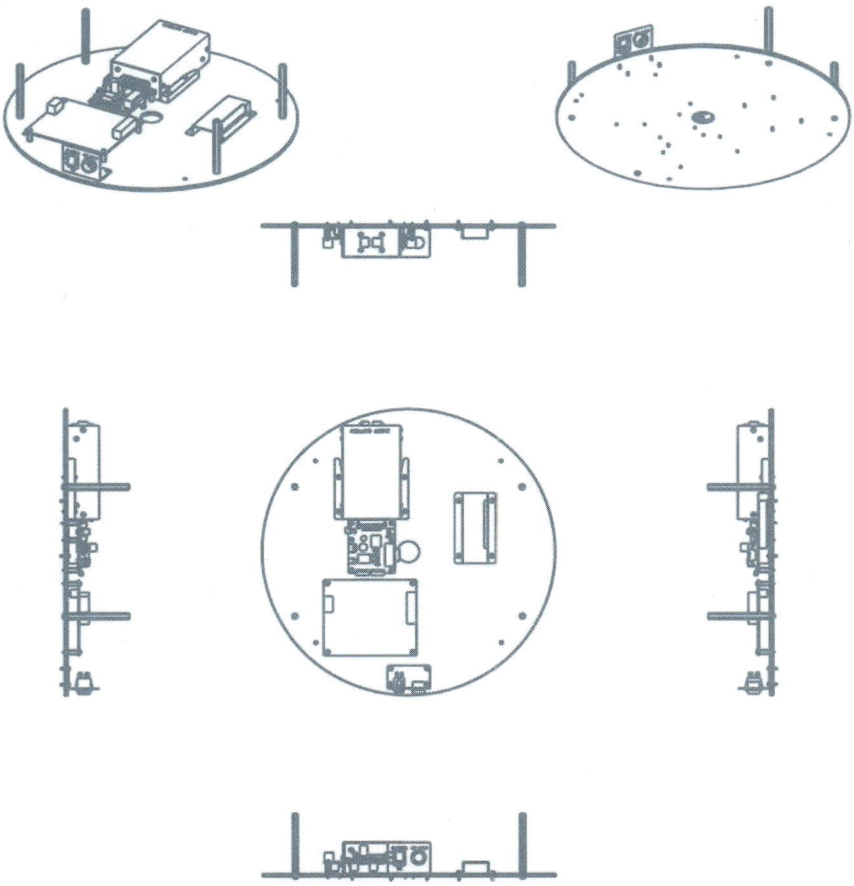

[그림 9-50]
ED-7273로봇 중판 조립 모습

(3) 지능형 로봇시스템(ED-7273)의 상판구성

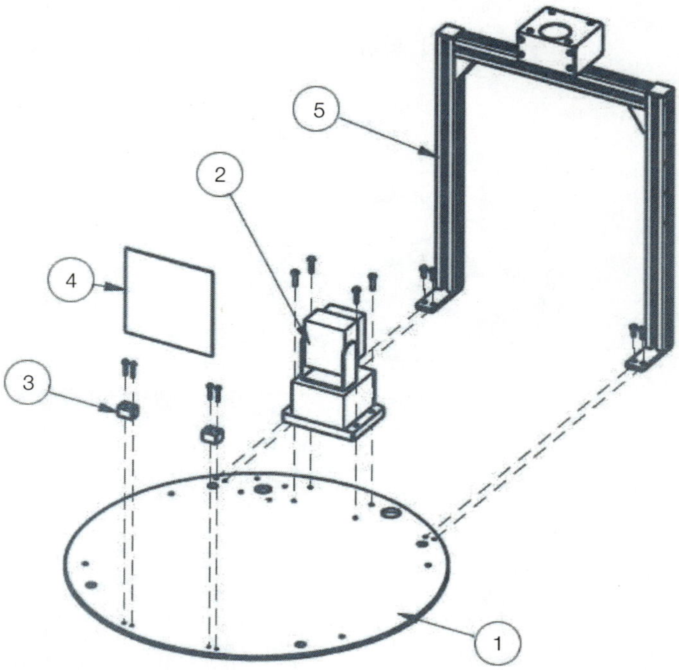

[그림 9-51]
ED-7273로봇 상판

ED-7273로봇의 상판은 영상처리를 위한 RC모터로 제어되는 카메라, 위치 인식을 위한 센서, 영상처리를 하기 위한 판, 판을 고정시키기 위한 고정쇠, 하, 중부와 마찬가지로 패널로 구성되어 있다. 그리고 패널의 가운데 부분에 노트북을 고정시키기 위한 벨크로가 부착되어 있어 노트북을 얹고 로봇이 움직여도 노트북이 떨어지지 않는다.

No	PART NAME	Qty
1	ED7273_TOP_PANEL	1
2	ED7273_CAM	1
3	ED7273_FIX_UNIT	2
4	ED7273_SIGNAL	1
5	ED7273_STARGAZER	1

① 스타게이저(STARGAZER)

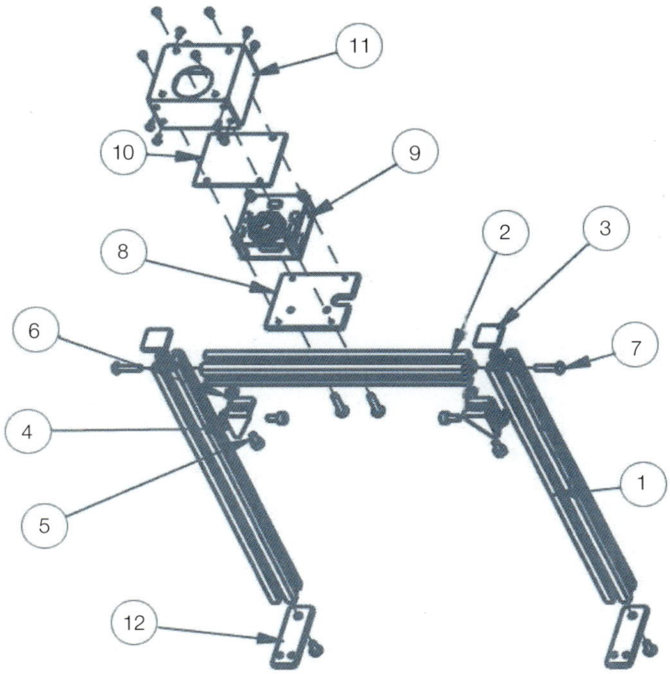

[그림 9-52]
스타게이저R

No	PART NAME	Qty
1	ED7273_ALP0501-01X300	2
2	ED7273_ALP0501-01X220	1
3	CAP2020	2
4	ALBRKT_RBD2018	2
5	WRENCH_BOLT_M5X10L	4
6	SQ8X8XM5	4
7	RDBOLT_M5X20L	4
8	ED7273_STARGAZER_MOUNT	1
9	STARGAZER	1
10	ED7273_STARGAZER_WINDOW	1
11	ED7273_STARGAZER_HOUSING	1
12	ED7273_STARGAZER_MOUNT_LOWER	2

② ED-7273 상판의 조립된 모습

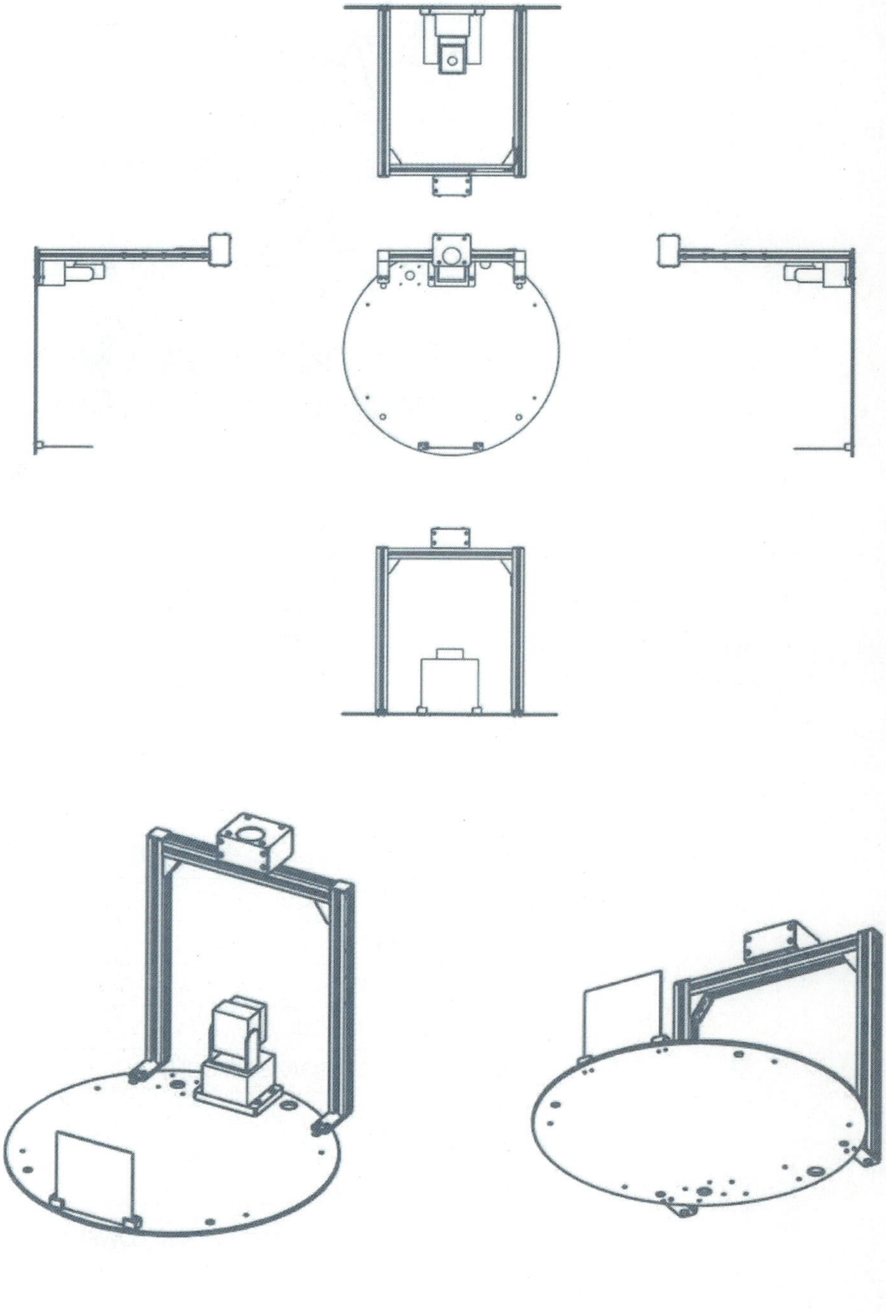

[그림 9-53]
ED-7273로봇 상판
조립 모습

3) 지능형 로봇시스템의 조립시 주의사항

(1) 분해형 조립 로봇

① 사용 후 배터리 방전을 위해 받듯이 전원 스위치를 OFF를 하여야 한다.
② 초기 사용의 경우에는 배터리의 충전상태를 확인 후 60~70%인 경우에는 충전 후 사용을 하여야 한다.
③ 배터리의 잔량이 30%이하의 경우에는 외부 전원 및 충전 후 사용을 하여야 배터리의 손상을 방지 할 수 있다.
④ 유저 베이스 부분에 최대 Payload는 10kg이므로 이상의 부하를 받지 않도록 한다.
⑤ 시스템의 IP의 경우에는 공장에서 출시시 임의적으로 설정되어 있기 때문에 사용자가 반드시 재설정하여 사용하여야 한다.(옵션인 메인 시스템을 공급하는 경우)
⑥ 외부의 강한 충격시 내부 시스템의 손상이 있으므로 이동시에는 로봇 손잡이를 이용하여 안전하게 이동을 한다.
⑦ 난간 및 계단에서 실험/실습을 하는 경우에는 1명 이상 로봇의 상태를 관찰하고 있어야 한다.
⑧ 초음파 센서 주변에 이물질이 발생하지 않도록 사용 전·후 체크를 하여야 한다.
⑨ 높이 20mm 이상의 둔 턱 및 장애물을 이동하는 경우 로봇 하부에 손상을 발생하므로 20mm 이상의 둔 턱 및 장애물에 대하여 실험/실습을 자재한다.
⑩ 외부 전원 케이블(충전케이블)과 연결시 커넥터 방향을 확인 후 연결을 한다.
⑪ 실험 환경 중 바닥이 카펫의 경우에는 마찰면적이 증가하므로 배터리의 소모가 빨리 발생할 수 있다.
⑫ 리모콘의 1.5M 이내에서 사용하며 송신부, 수신부 사이에는 장애물이 없음을 확인 후 사용한다.

9장

(2) 충전기

① 배터리 충전 완료시에는 충전 장치를 OFF를 하여야 한다.

② 배터리 충전과 로봇을 동시에 사용을 하는 경우 배터리 충전시간이 증가된다.

③ 배터리 충전시 항시 충전 완료를 확인을 하여야 하며, 실험/실습이 완료된 경우에도 주기적으로 확인 후 전원을 반드시 OFF하여야 한다.

④ 배터리 충전 장치는 배터리 충전용으로 설계되어 있으므로 다른 용도로 사용 시 안정상에 문제가 발생을 한다.

⑤ 충전 완료 후에는 배터리 충전 케이블을 별도로 분리하여 보관 장소에 보관한다.

(3) IRES 프로그램

① 사용 전 노트북의 IP를 프로그램에 입력을 하여야 한다.

② 소프트웨어 다운로드 시간이 오래 걸리는 경우 네트워크 속도 지연이 발생하는 경우로 프로그램 다운 현상이 아니므로 네트워크 상태를 체크한다.

③ 여러 사람이 로봇에 다운로드하는 경우 최종으로 다운로드된 프로그램이 실행이 되므로 실행 전 다운로드 파일을 확인한다.

④ 로봇 이동(모터)를 최고로 설정 후 프로그램 하는 경우 네트워크 상황에 사용자의 정지 명령이 지연이 발생할 수 있으므로 네트워크 상황을 체크 후 속도를 조절하여 사용을 하여야 한다.

⑤ 로봇 주 운영 시스템이 Windows 구성되어 있으므로 보안이 필요한 경우에는 별도의 프로그램을 설치 후 사용을 하여야 한다.

Chapter

10

IRES를 이용한 지능형 로봇시스템의 응용실습

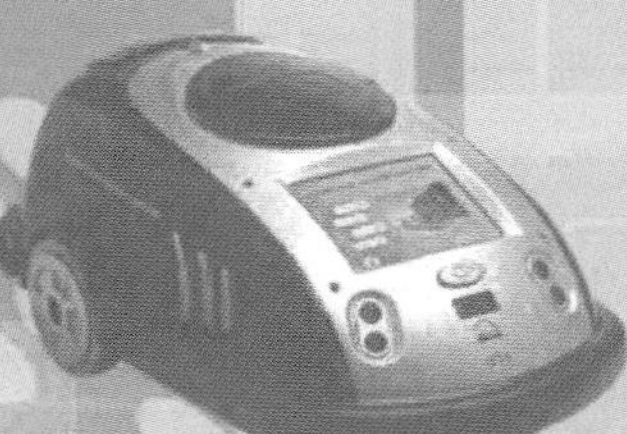

10.1 지능형 로봇시스템의 IRES 설치 및 설정

1) 디바이스 드라이브 설치

지능형 로봇시스템의 장치 하드웨어는 USB 2.0 인터페이스 방식으로 제어를 하며, 모든 하드웨어에는 아래와 같이 디바이스 드라이버를 설치하여야 한다.

지능형 로봇 실험실습 장치는 제품 출하시에는 아래 부분에 대한 디바이스 드라이버가 설치된 상태로 납품이 되며, 사용 도중 드라이버 설치를 요구하는 경우 아래와 같이 디바이스 드라이버를 설치하면 된다.

드라이버를 설치하려면 IRES 프로그램을 먼저 설치하고 드라이버를 설치한다.

(1) ED Motion Control Device 설치

① 전원 스위치를 켠 후 USB 케이블로 PC와 연결한다.

② PC는 "ED Motion Control Device"라는 하드웨어를 발견한다.

③ "목록 또는 특정 위치에서 설치(고급)(S)를 선택한다.

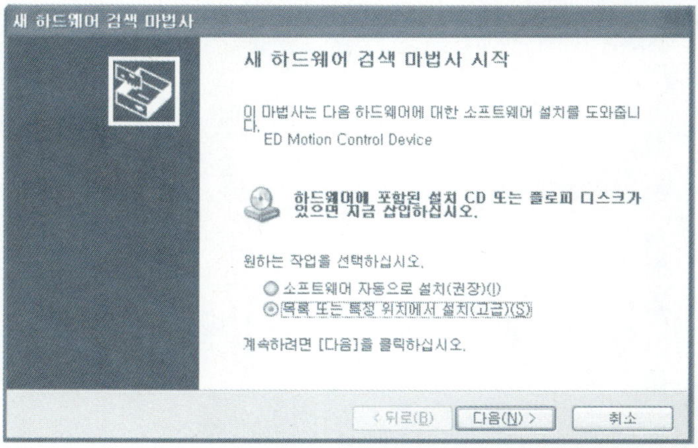

④ “Motion Control Device” USB 드라이버 폴더를 지정해준다.

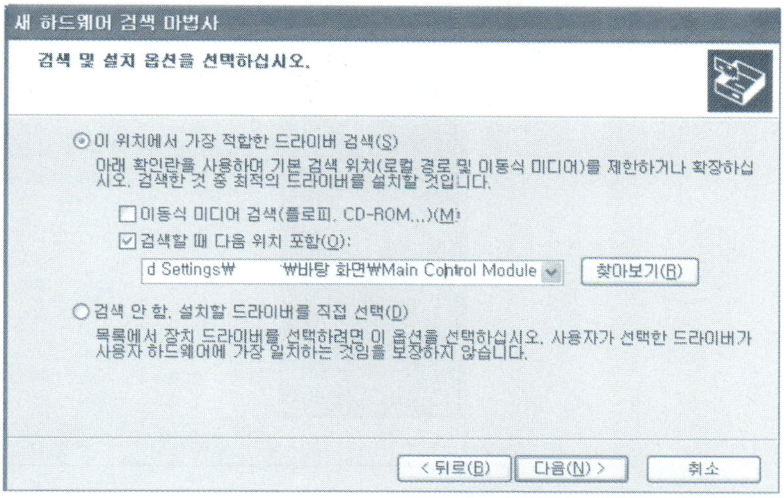

※ C:\Program Files\ED.co.kr\ED_IRES\Driver\ED-4509

⑤ “ED Intelligent Robot Motion Control Device”가 선택되고, “계속”을 클릭한다.

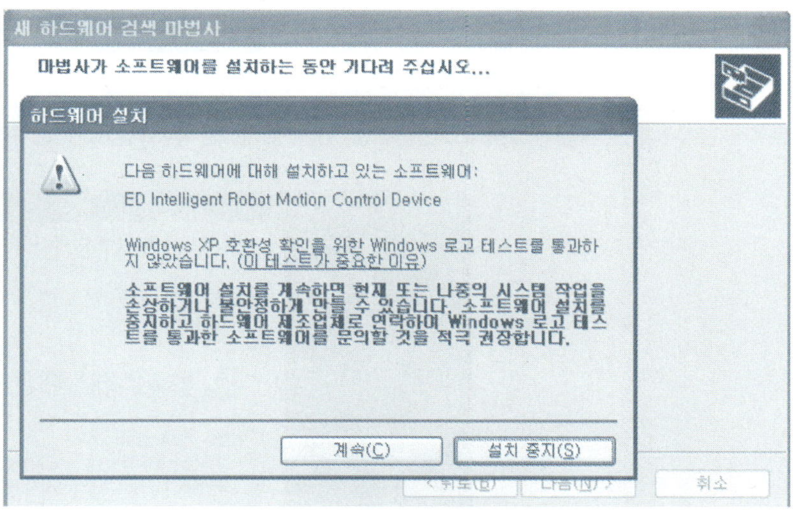

10장

⑥ 다음과 같은 메시지가 출력되면 모션 컨트롤러 부분의 USB 드라이버 설치는 완료된다.

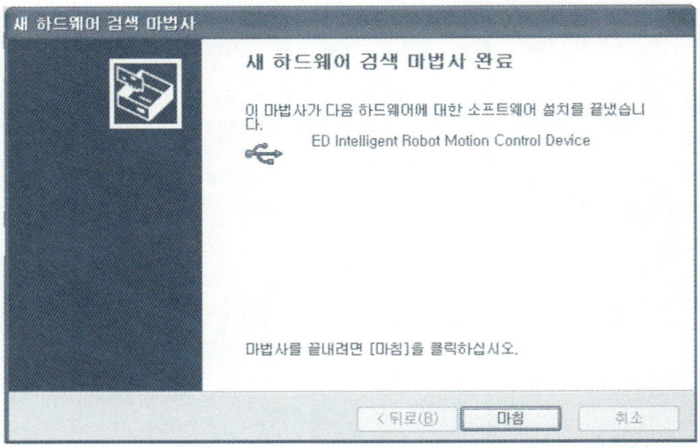

(2) USB To Serial 드라이브 설치

① PC는 "USB Device"라는 하드웨어를 발견한다.

② "목록 또는 특정 위치에서 설치(고급)(S)"를 선택한다.

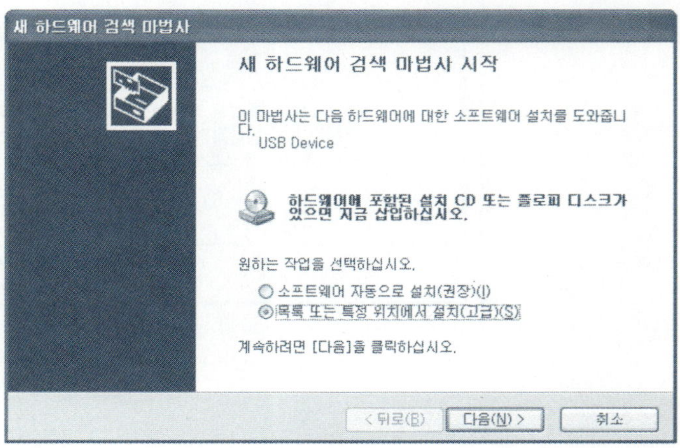

③ "USB Device"의 USB 드라이버 폴더를 지정해준다.

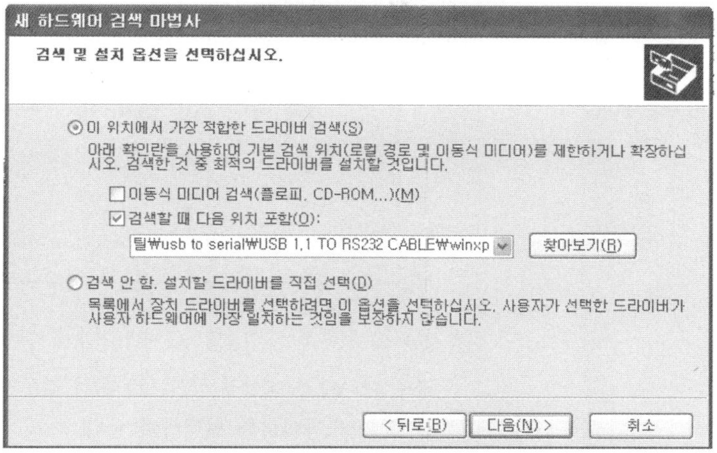

※ C\Program Files\ED.co.kr\ED_IRES\Driver\USB TO Serial\
USB 1.1 TO RS232 CABLE\Winxp

④ "Prolific USB-to-Serial Comm Port"가 선택되고, "계속"을 클릭한다.

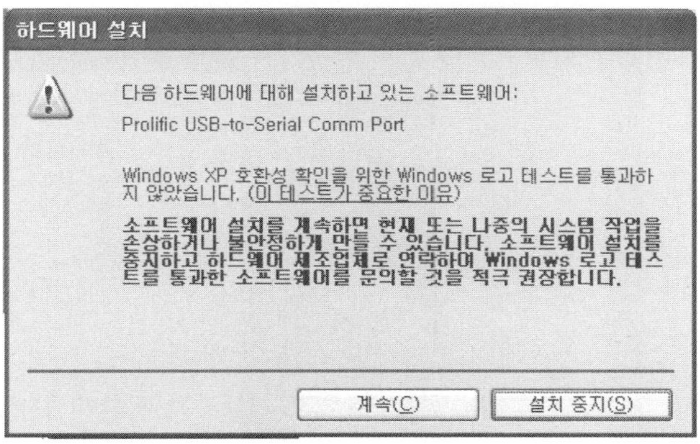

10장

⑤ "ser2pl.sys"라는 파일을 찾는데 "찾아보기" 클릭 후 "③"에서 지정했던 폴더를 다시 지정해준다.

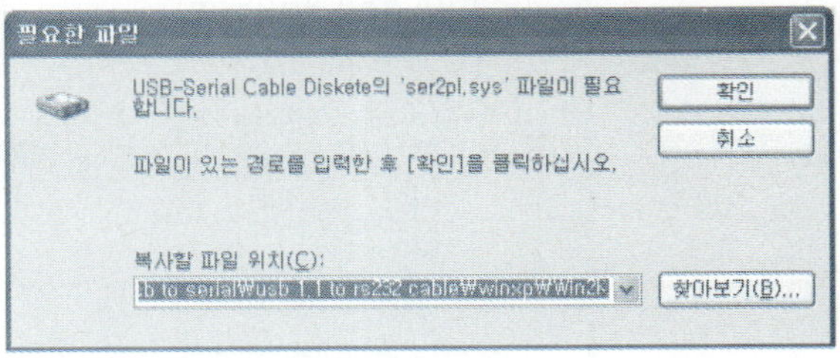

※ ⑤번의 경우에는 윈도우 시스템 정보에서 "Ser2pl.sys"의 위치 정보가 삭제된 경우 나타나는 메시지 창이므로 ⑤의 경우가 발생이 되는 경우에는 아래 경로를 찾아 드라이브를 선택하여 준다.

※ C:\Program Files\ED.co.kr\ED_IRES\Driver\USB TO Serial\USB 1.1 TO RS232 CABLE\Winxp

⑥ 다음과 같은 메시지가 출력되면 센서 컨트롤러 부분의 USB 드라이버 설치는 완료된다.

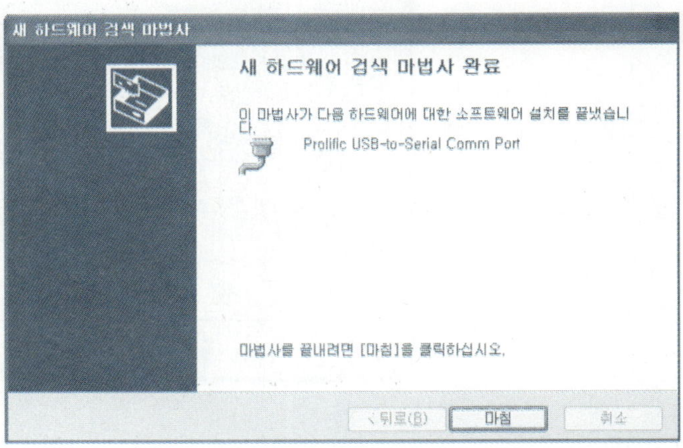

(3) USB 카메라 장치 드라이버 설치

주의 : 카메라와 관련된 드라이버를 설치 후 반듯이 PC와 카메라를 연결한다.

① 설치 CD에서 "m2driver.exe" 파일을 실행시킨다.

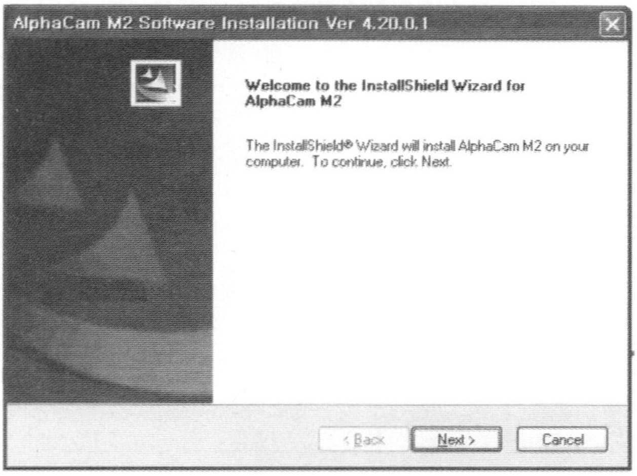

② 전체 설치를 선택하고 "Next"를 클릭한다.

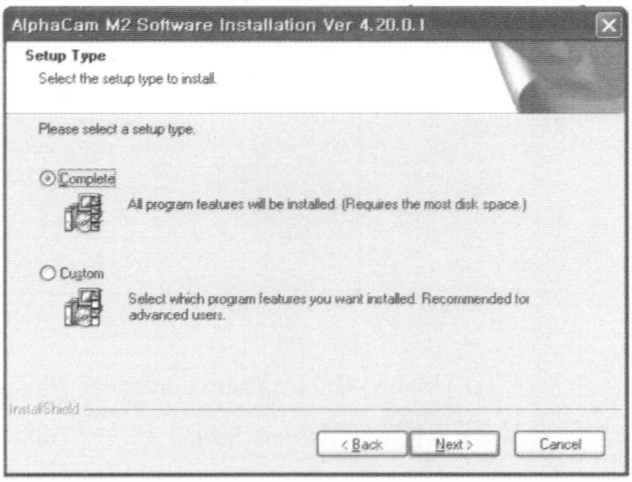

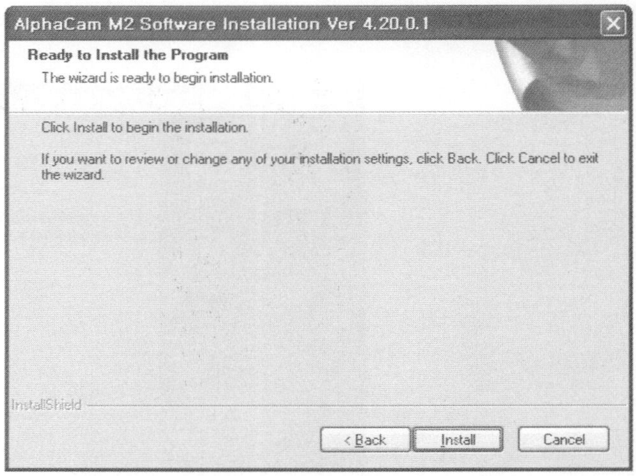

③ USB 드라이버를 하드디스크에 복사한다.

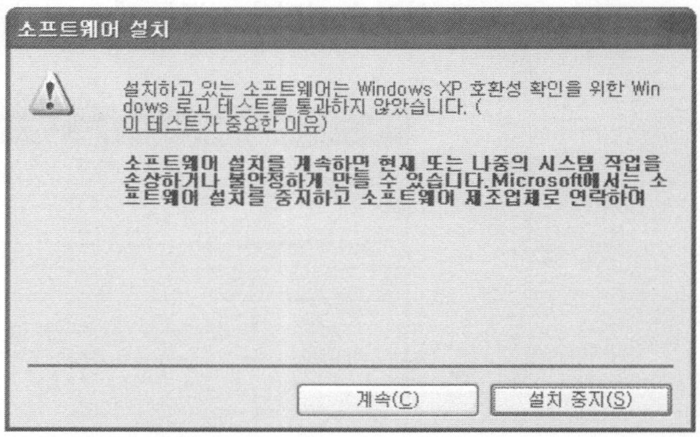

④ USB 카메라를 Main Controller Module(ED-7273-15) USB 포트에 연결한다. 전원이 켜있다면 PC는 "Alpha Cam"이라는 하드웨어를 발견을 한다.

⑤ "소프트웨어 자동으로 설치(권장)"을 선택하고 "다음"을 클릭한다.

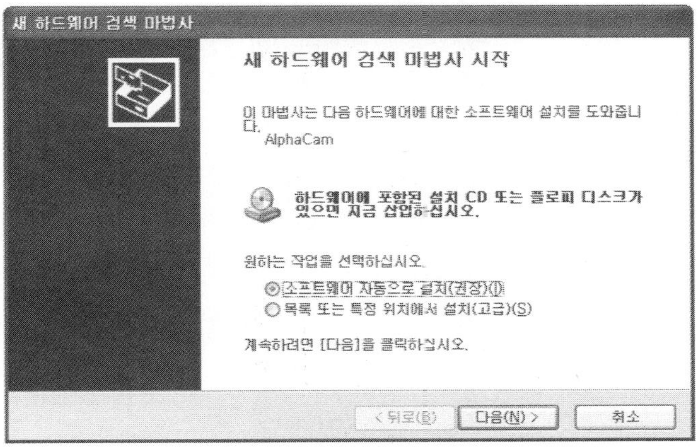

⑥ 하드웨어 검색 후 "Alpha Cam"의 드라이버 설치를 계속한다.

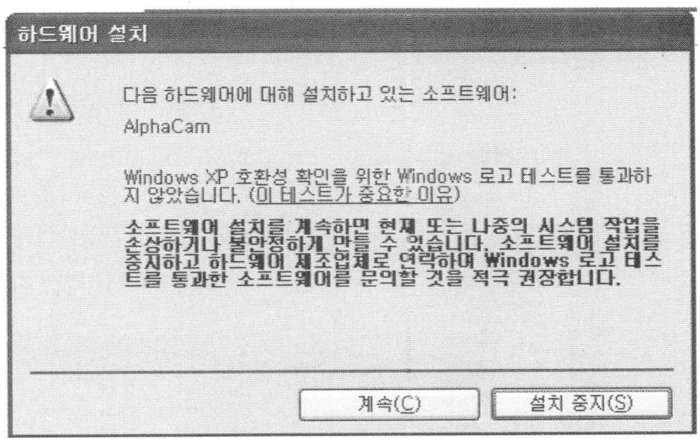

⑦ USB Camera의 USB 드라이버 설치가 완료된다.

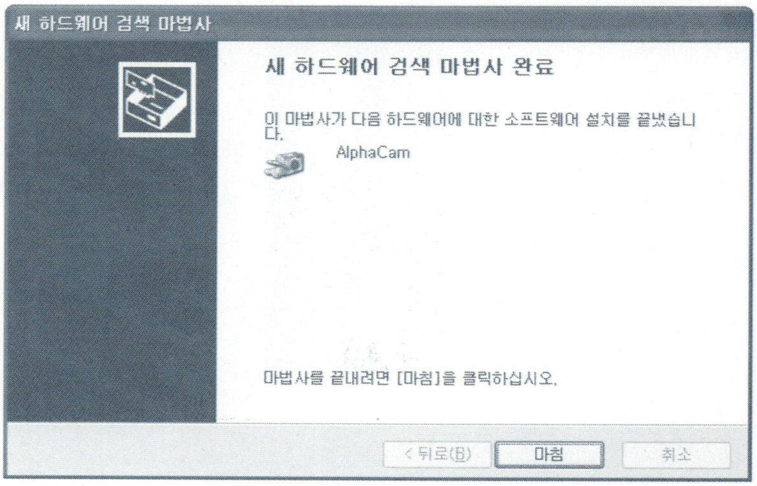

(4) 프로그램 설치

지능형 로봇 실험실습 장치를 구동하기 위해서는 대화형 응용 프로그램(Intelligent Robot Education Studio)을 아래와 같이 설치하여야 한다.

① 설치 CD에서 "Setup.exe" 파일을 실행시킨다.

② "다음"을 선택하여 프로그램 설치를 진행한다.

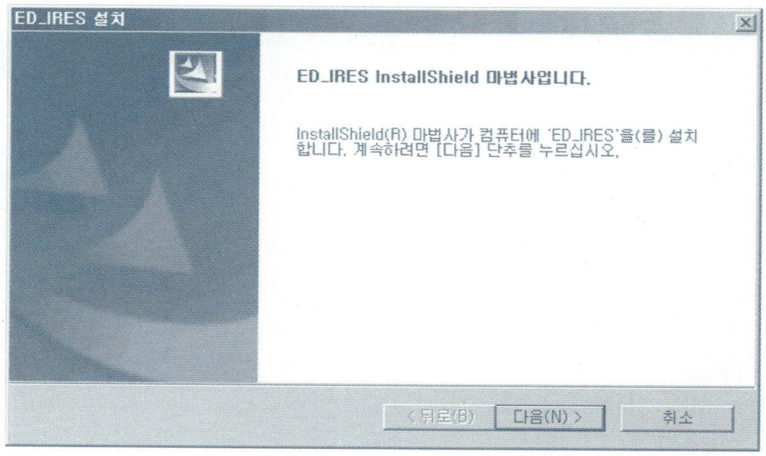

③ 프로그램의 약관을 필히 필독 후 "사용권 계약의 조항에 동의합니다."를 선택 후 "다음"을 진행한다.

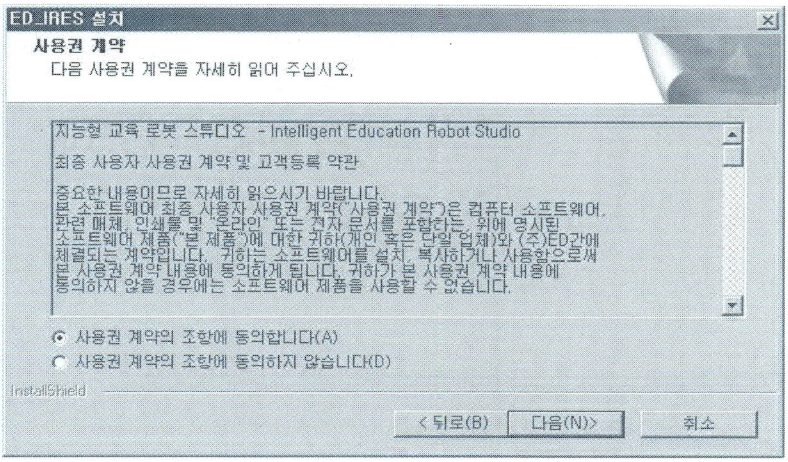

④ 사용하고자 하는 사용자 및 학교명을 입력 후 "다음"을 진행한다.

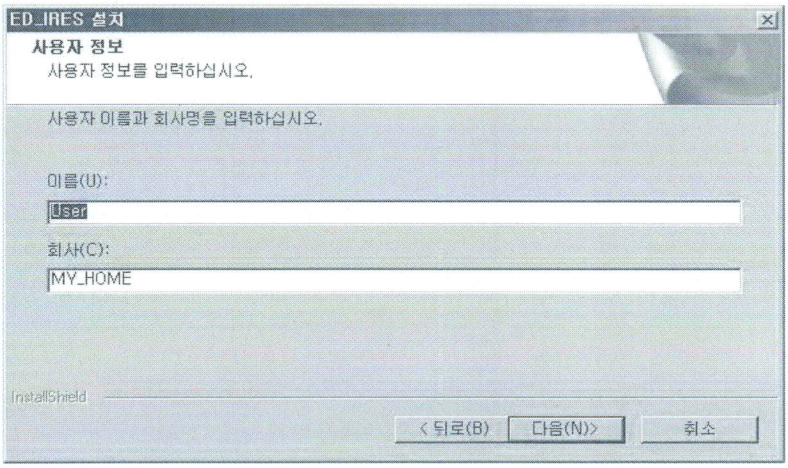

10장

⑤ 사용하고자 하는 제품명을 아래와 같이 선택 후 "다음"을 선택한다. 분해형 로봇 키트를 선택 후 "다음"을 클릭한다.

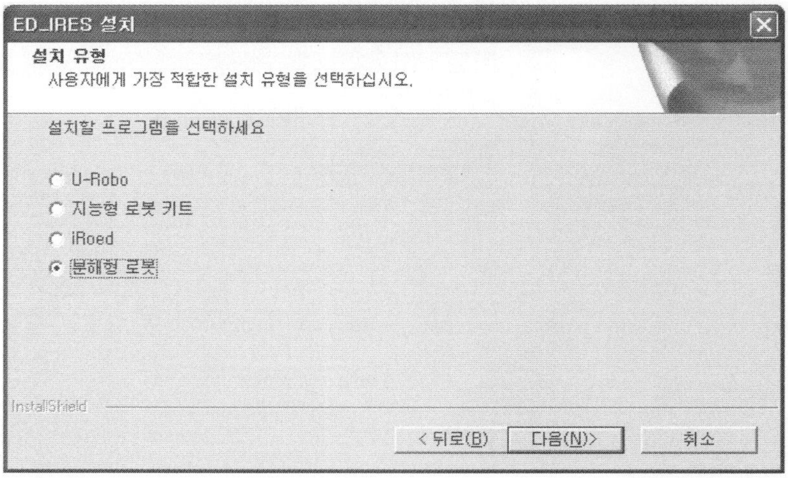

⑥ 설치유형에 "없음"을 선택하고 "다음"을 클릭한다.

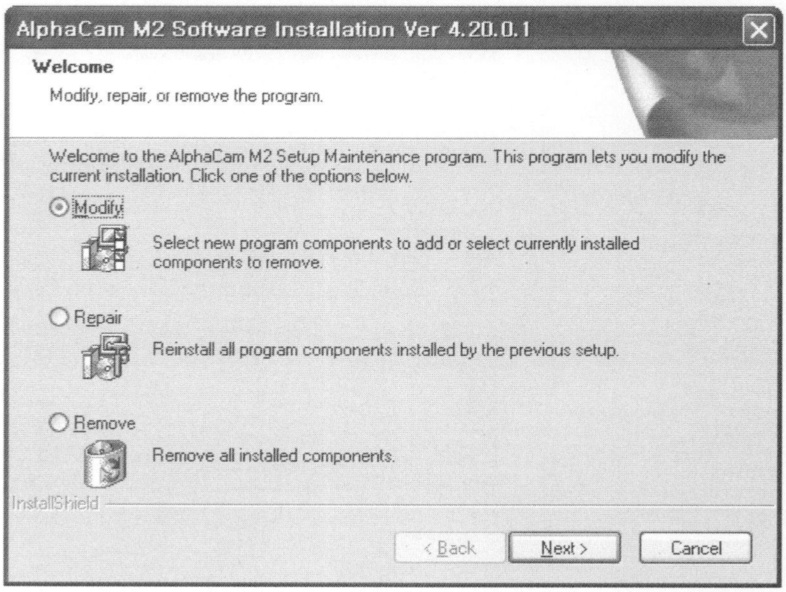

- Modify를 선택을 한 후 "Next"를 클릭한다.
- "Next"를 클릭한다.

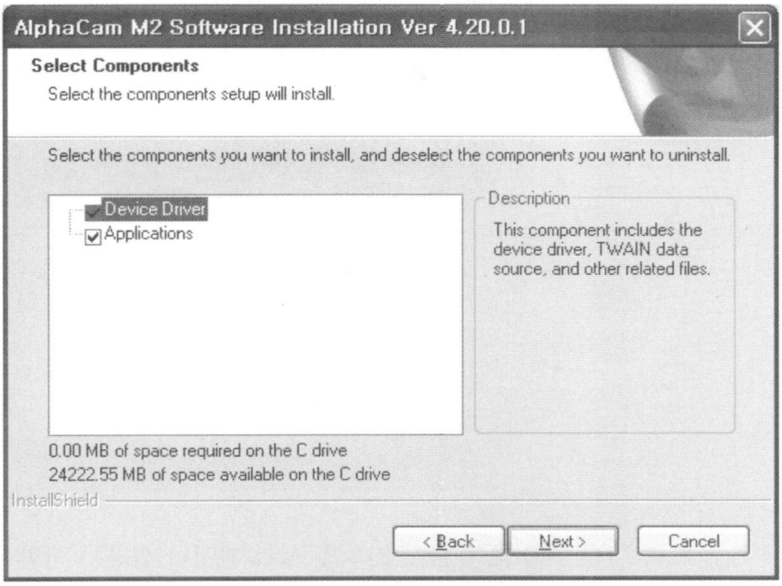

- "Finish"를 클릭한다.

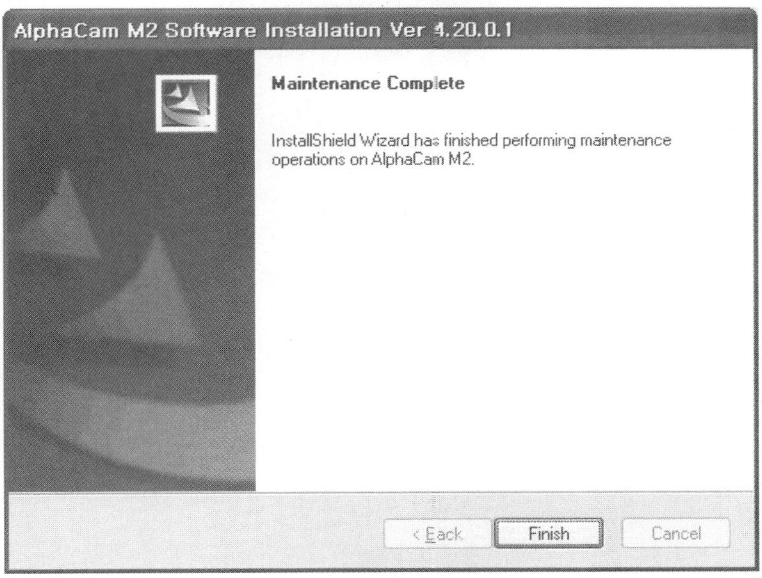

⑦ 프로그램이 내 컴퓨터 C:\에 설치가 된다.

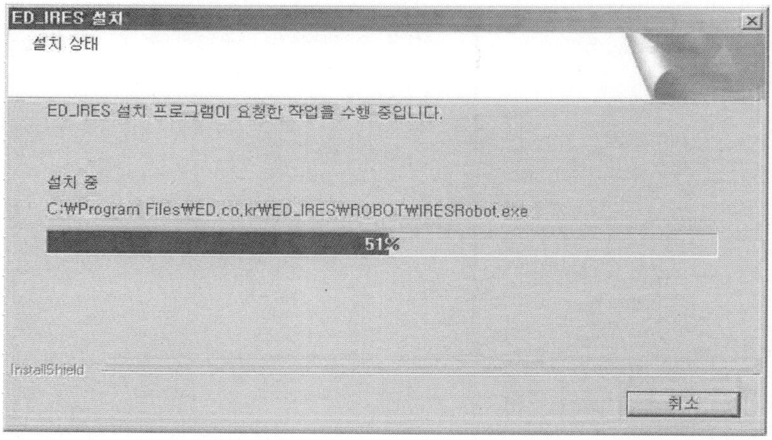

⑧ 모든 프로그램 및 설정 과정이 완료가 되면 아래와 같이 프로그램 설치가 완료가 된다.

⑨ 설치가 완료가 되면 바탕화면 및 프로그램에 아래와 같이 바로가기 및 프로그램이 등록된다.

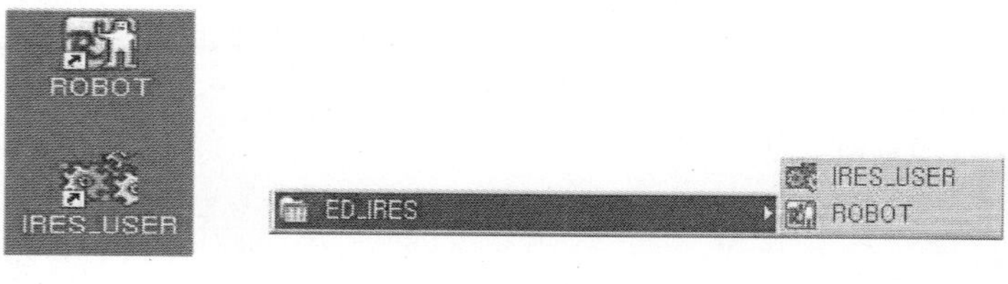

(5) 프로그램 삭제

① 설치 CD에서 "Setup.exe" 파일을 실행 및 프로그램 추가/제거에서 다음과 같이 선택한다.

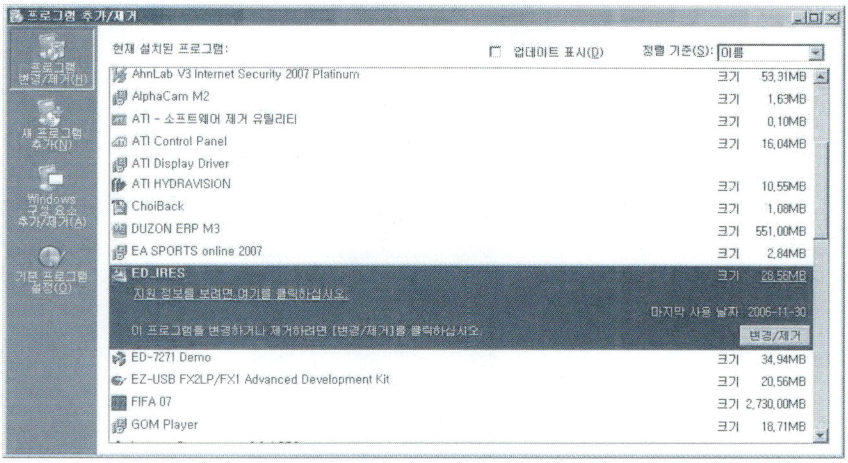

② 아래와 같이 프로그램 "제거"를 선택 후 "다음"을 진행한다.

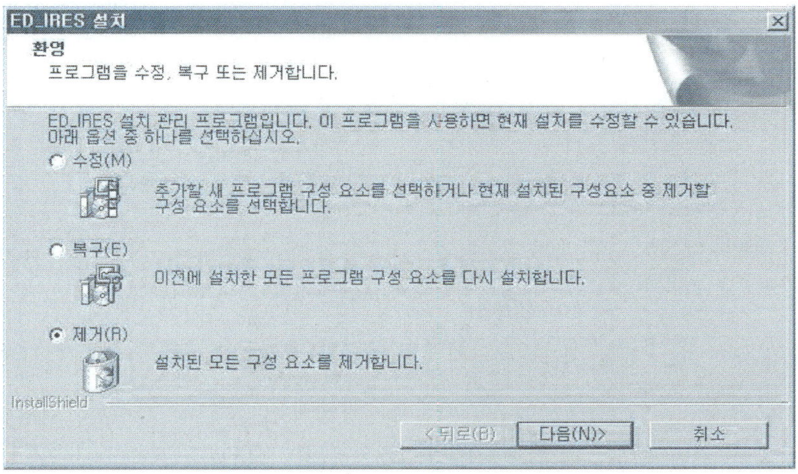

③ 프로그램 삭제시 모든 구성요소를 삭제하여야 한다.

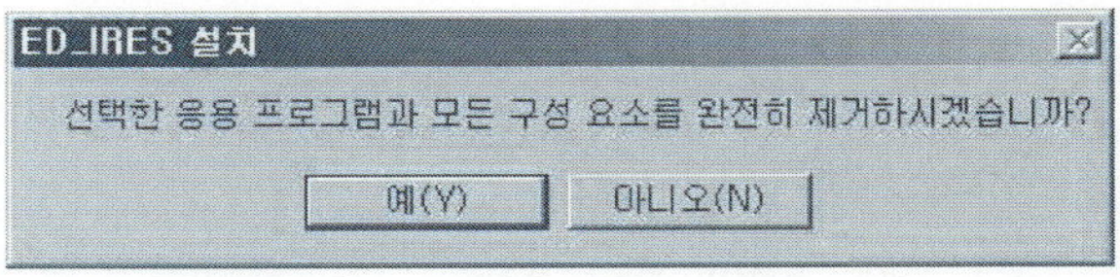

④ 모든 프로그램 파일 및 구성요소가 삭제가 되면 아래와 같이 프로그램이 내 컴퓨터에서 삭제가 된다.

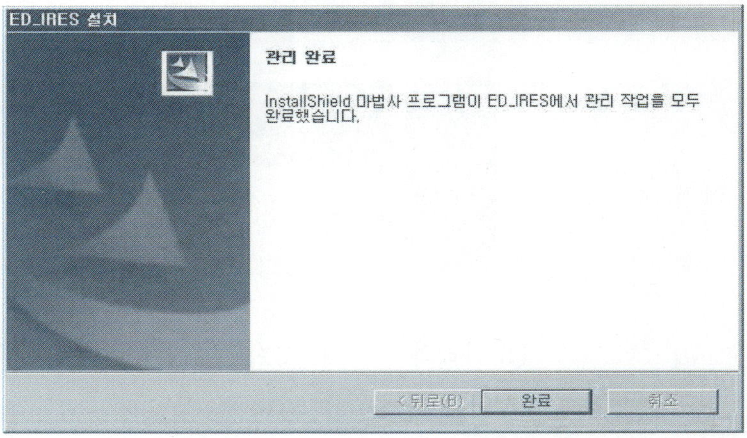

2) 대화형 응용 프로그램

(1) 개 요

로봇 응용 시스템에서 사용하는 순서도 기반의 로봇 제어 소프트웨어는 Intelligent Robot Education Studio의 앞 글자를 따서 “IRES”라고 명한다. IRES는 지능형 로봇 실험실습 장치(ED-7271)뿐만 아니라 로봇(ED-7270, 7272, 7273)의 세 제품에도 사용할 수 있는 로봇 제어 프로그램이다.

현재 지능형 로봇 제품(ED-7270[Urobo], 7271, 7272,7273)은 Visual C++에서 사용할 수 있는 로봇 제어 라이브러리를 제공하는데 이 제어 라이브러리를 사용하려면 Visual C++언어를 충분히 다룰 수 있는 사용자이어야 한다. 하지만 Intelligent 로봇 제품군은 Visual C++의 언어를 사용치 않아도 로봇을 동작 시킬 수 있도록 만들어져 있다. 즉, IRES는 Visual C++을 대신해 로봇을 제어가 가능한 순서도 기반(Flowchart base)의 프로그래밍 언어이다. 프로그래밍 언어에 익숙하지 못한 초보자들에게 또는 로봇을 간단히 테스트 및 제어하고 싶은 사용자를 위해 만들어져 있어 그 사용방법이 간단명료하다.

(2) 구 성

로봇 응용 시스템에서 사용하는 순서도 기반(Flowchart Base)의 로봇 제어 소프트웨어는 Intelligent Robot Education Studio의 앞 글자를 따서 “IRES”라고 명한다. IRES는 ED-7273뿐만 아니라 로봇(ED-7270, 7271, 7272)의 제품에도 사용할 수 있는 로봇 제어 프로그램이다. 현재 로봇 제품 IRES는 IRES Execute와 IRES User의 두 개의 프로그램을 통틀어 말한다.

가. IRES Execute

로봇 실행기는 사용자가 프로그램한 정보를 로봇에게 전달하여 로봇을 동작 확인할 수 있는 프로그램이다.

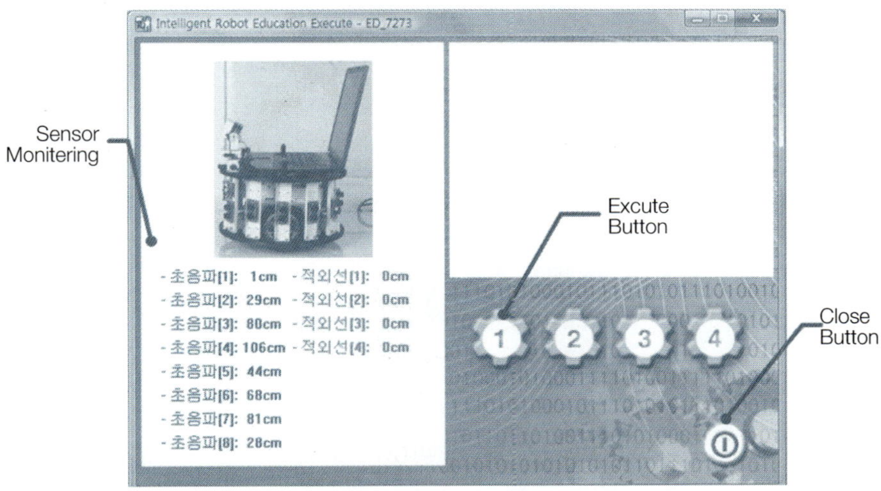

① Execute Button : 사용자가 작성한 프로그램을 실행하는 버튼이다. 단일 프로그램으로 4개의 프로그램을 저장할 수 있으며 각각의 버튼에 사용자가 프로그램한 내용이 저장된다. 프로그램을 다운로드했을 경우 실행기

버튼의 색이 붉은색으로 바뀐다. 사용자가 프로그램을 다운로드한 후 사용자가 버튼 클릭을 하면 로봇이 동작하고 다시 클릭하면 정지하는 방식으로 이루어져 있다.

② Close Button : 로봇 실행기를 종료하는 버튼이다.

③ Sensor Monitering : 지능형 로봇 실험실습 장치에 장착된 센서 데이터가 표시된다.

④ IR Sensor : 초음파 센서와 구별되게 적색으로 표시한다.

⑤ Ultra Sonic Sensor : 파란색으로 초음파 센서의 값을 표시하다.

※ 초음파 및 적외선 거리감지 센서를 제외한 센서는 검정색으로 표기한다.

나. IRES 유저

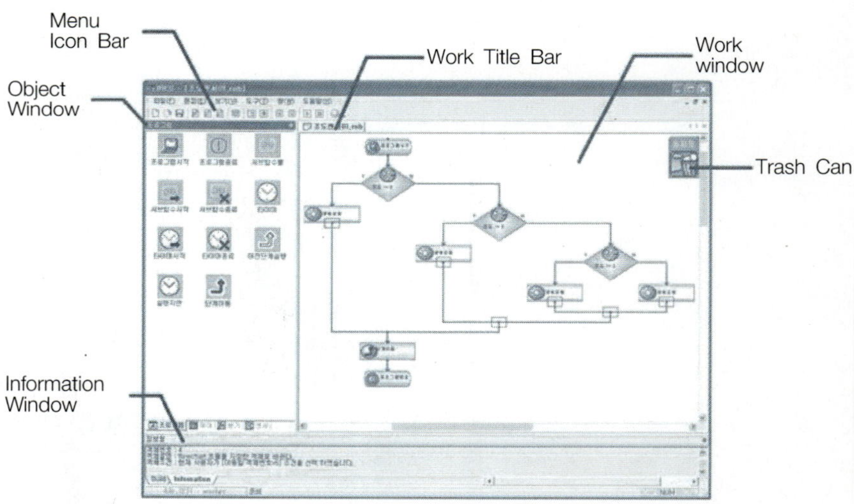

① 메뉴 아이콘 바(Menu Icon Bar) : IRES의 전반전인 기능을 수행할 수 있는 메뉴 바

② Object window : 작성할 프로그램의 객체들이 모여 있는 곳이다. 여기의 객체들을 "Work Window"에 끌어다 놓음으로써 프로그램을 작성할 수 있다.

③ Work Title Bar : 지금 작성하고 있는 프로그램의 이름을 나타낸다.

④ Work Window : 프로그램을 작성하는 공간이다.

⑤ Trash Can : 객체들을 "Work Window"에서 이곳으로 끌어다 놓으면 삭제할 수 있다.

⑥ Information Window : 객체를 클릭하면 객체에 대한 상세 정보를 표시하고, 컴파일시(Compile) 에러나 경고를 나타낸다.

다. 프로그램 아이콘

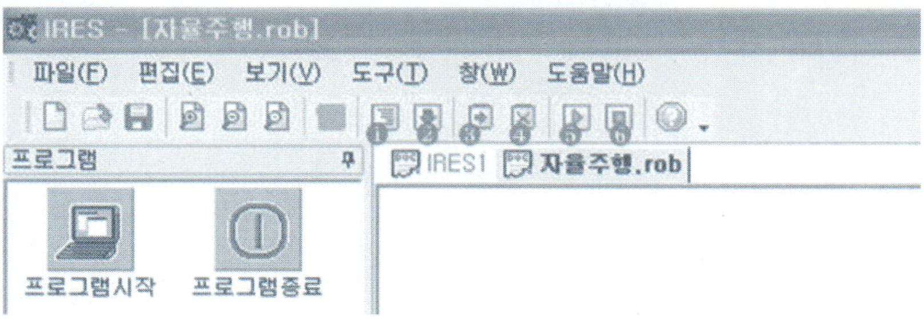

① Compile Button : 사용자가 프로그램한 내용을 컴파일하는 버튼

② Download Button : 프로그램을 로봇에게 전송하는 프로그램

③ Debug execute Button : 사용자가 프로그램을 한 내용을 화면상에서 실행되는 흐름을 보면서 로봇을 실행하는 버튼(로봇과 통신을 하면서 프로그램을 실행하기 때문에 로봇 제어하는게 약간 느리다)

④ Debug Stop Button : 로봇을 디버그용으로 실행했을 때 정지하는 버튼

⑤ execute Button : 로봇에게 프로그램한 내용을 실행하는 버튼

⑥ stop button : 로봇 정지 버튼

(3) 메 뉴

A. 메뉴 구성

일반적인 윈도우즈 프로그램과 거의 비슷한 형태의 구성을 취하고 있으며, 사용자 프로그램을 주로 하는데 메뉴를 단순하게 구성하여 프로그램을 쉽게 작성할 수 있도록 구성되어 있다.

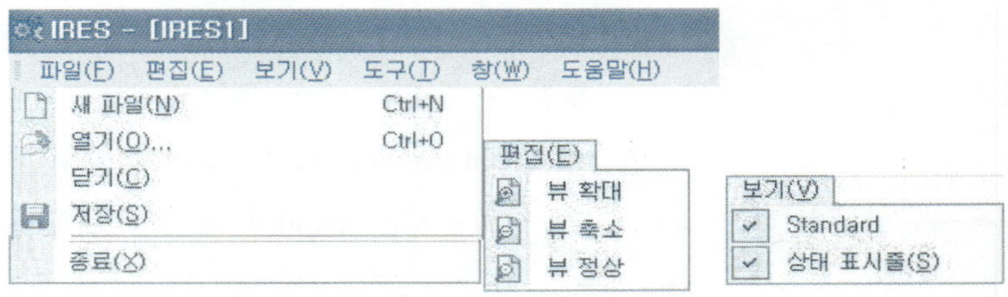

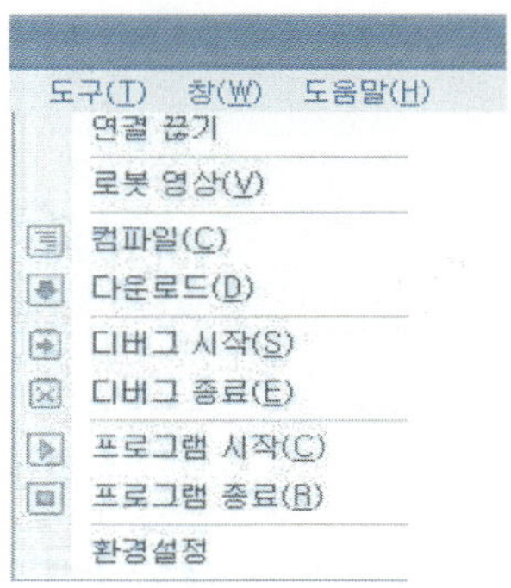

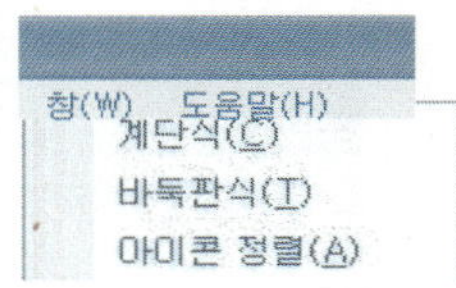

B. 아이콘 설명

① 새 파일 : 프로그램을 새로 작성할 작업창을 생성한다.

② 파일 열기 : 이전에 작성했던 프로그램을 읽어온다. 이때의 확장자는 rob의 형태를 가진다.

③ 파일 저장 : 프로그램을 작성하고 파일로 작업내용을 저장할 수 있다.(파일명.rob)

④ Zoom In : 작업창의 객체를 확대해서 볼 수 있다.

⑤ Zoom Out : 작업창의 전체 객체를 볼 수 있어 프로그램의 양이 많아졌을 때 사용하면 편리하다.

⑥ Zoom default : 초기 화면 형태의 사이즈로 되돌린다.

⑦ 메인 함수로 이동 : 초기에 메인 함수의 작업창으로 이동한다. 메인 함수

의 작업창에서 서브함수를 포함시킬 수 있는데 서브함수 내용을 작성하고 메인함수로 되돌아올 때 사용한다.

⑧ 컴파일 : 프로그램을 컴파일한다.

⑨ 다운로딩 : 프로그램 다운로딩한다.

⑩ 프로그램 디버깅 시작 : 컴파일 및 다운로딩 후 프로그램 실행을 하는데 어떤 절차로 프로그램이 동작하는지 눈으로 확인할 수 있다.

⑪ 프로그램 디버깅 종료 : 프로그램 종료

⑫ 프로그램 시작

⑬ 프로그램 종료

⑭ IRES 정보

(4) 컴포넌트(Component)

로봇을 제어할 수 있도록 각 제어 부분을 도시화하여 컴포넌트 형태로 IRES 프로그램에서 프로그래밍할 수 있다. 다음은 IRES에서 제공되는 컴포넌트에 대하여 특징 및 기능에 대하여 설명을 한다.

A. 컴포넌트의 특징

프로그램 왼쪽 부분에서는 여러 컴포넌트들이 있는데 여기 컴포넌트들만 있으면 로봇 혹은 로봇 응용 시스템을 원활하게 제어할 수 있다. 컴포넌트 아이콘과 함께 있는 다이얼로그는 각 컴포넌트에 해당하는 환경설정에 대한 내용이다. 환경설정을 하는 방법은 컴포넌트를 작업윈도우에 컴포넌트를 옮겨 놓고 해당 컴포넌트에서 더블클릭이나 오른쪽 클릭 후 환경설정을 클릭해주면 환경설정 다이얼로그를 활성화할 수 있다.

※ 주의 사항

환경설정이 있는 객체는 필히 환경설정을 해야 컴파일할 때 에러가 발생하지 않는다. 환경설정은 버튼에 두 번 더블클릭하거나 마우스 오른쪽 버튼을 눌러서 환경설정을 할 수 있다.

B. 컴포넌트의 구성

① 프로그램 컴포넌트

- 프로그램 시작 : 메인 함수의 시작을 의미한다. 모든 프로그램 작성시 꼭 들어가야 하는 객체이다. IRES에서 "프로그램 시작 객체"가 없다면 프로그램이 실행 및 컴파일이 되지 않는다.

- 환경설정

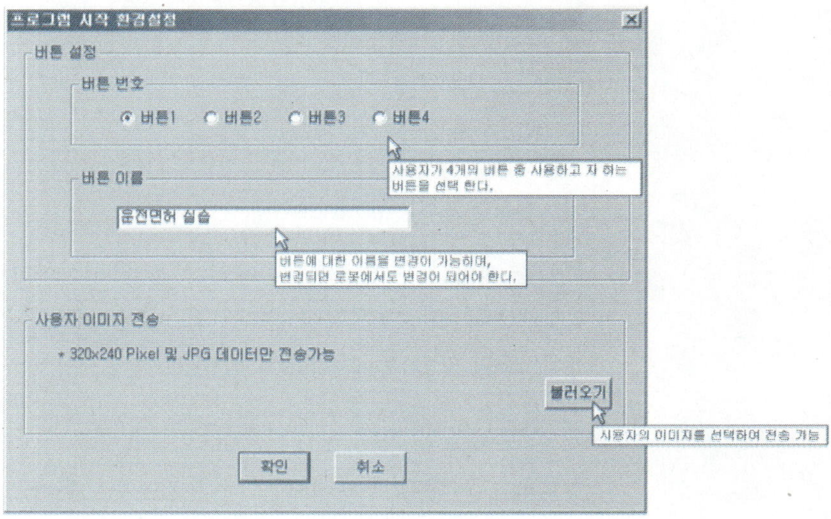

- 버튼 설정 : IRES Execute의 실행 버튼과 연결 설정하는 부분이다.
  - ▸ 버튼번호 : 버튼1로 체크하고 다운로딩하고 IRES Execute의 첫 번째 실행 버튼을 클릭하면 프로그램이 시작이 된다.
  - ▸ 버튼이름 : 실행 버튼의 이름을 생성한다. 각 각의 버튼마다 버튼의 이름을 부여할 수 있다.(한글 16단어까지 가능하다) ※필히 부여해야 한다.
- 사용자 이미지 전송 : 사용자가 필요한 이미지를 로봇 쪽에 전송할 수 있다. (단 이미지의 크기는 320 * 240의 jpg 파일만 가능하다)

- 프로그램 종료 : 이 객체 역시 "프로그램 시작" 객체와 마찬가지로 모든 프로그램 내 포함되어야 할 객체이고 없으면 컴파일 때 에러 메시지를 띄운다. 메인 함수의 종료를 나타낸다.

• 서브함수 콜 : 서브함수를 사용할 때 이 객체 하위에 프로그램을 작성할 수 있다. 이 객체를 작업창에 드래그하여 놓고 더블클릭 또는 오른쪽 마우스를 클릭함으로써 서브함수내에 들어가 프로그램 작성이 가능하다. 서브함수 콜 기능을 사용하는 것은 횟수에 상관없이 사용할 수 있다.

서브함수 콜 안에는 서브함수 시작과 서브함수 종료 버튼이 반드시 포함되어야 사용이 가능하다.

• 환경설정

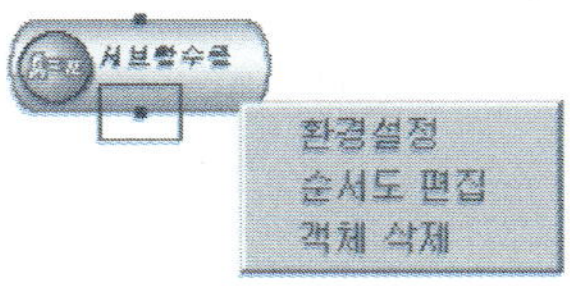

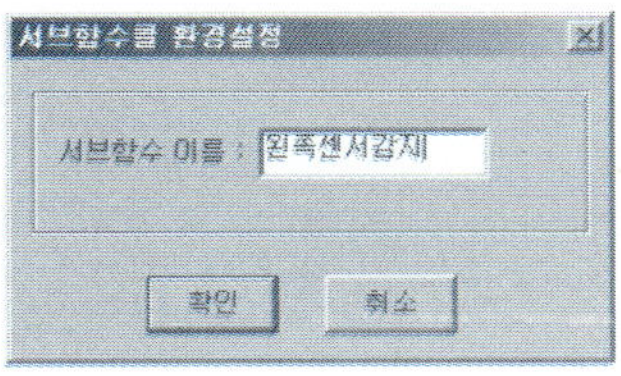

서브함수 이름은 최대 6글자까지 입력이 가능하다.

• 서브함수 시작 : "프로그램 시작" 객체와 같은 개념으로 서브함수 내에서 프로그램 시작 위치를 가리킨다.

• 서브함수 종료 : 서브함수 함수 종료를 의미한다. 서브함수 내에서 이 객체가 없으면 컴파일 때 에러 메시지를 띄운다.

• 타이머 : 타이머 함수. 프로그램 작성할 때는 "서브함수 콜" 객체와 비슷한 개념이다. 더블클릭하고 객체 안으로 들어가 별도의 프로그램작성이 가능하다. 하지만 다른 점은 "서브함수 콜"은 메인 프로그램과 서브함수로 이어서 순차적으로 동작하는데 반하여 타이머는 그 순차적인 동작과 관계없이 별도의 프로그램 시작과 종료를 일정 주기의 설정값에 의해 반복 실행한다.

타이머 함수를 사용하는 횟수 제안은 없지만 너무 많은 타이머는 시스템 전체를 느리게 할 수 있다. 타이머 함수 안에는 반드시 타이머 시작 버튼과 종료 버튼을 생성해야 컴파일시 에러가 없다.

- 환경 설정

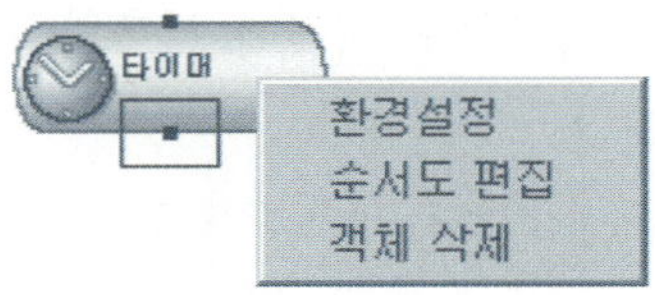

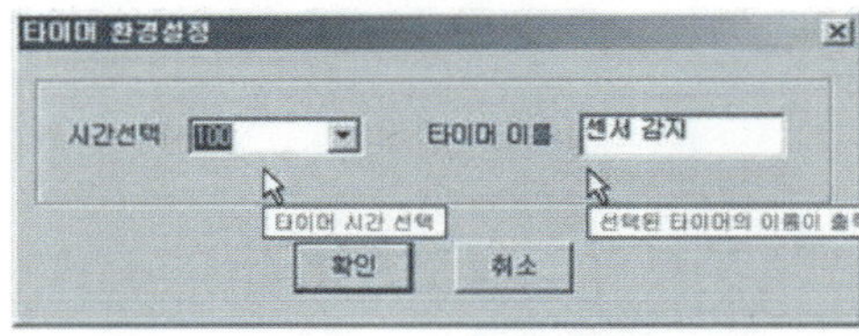

- 시간선택 : 사용자는 타이머의 시간을 선택할 수 있으며 타이머는 최대 4개까지 생성할 수 있다.

  타이머 이름은 최대 6글자까지 입력이 가능하다.

- 타이머 시작 : 타이머 함수 내에서 함수의 시작을 나타내는 객체이다.
- 타이머 종료 : 타이머 함수 내에서 함수의 종료를 나타내는 객체이다.
- 이전단계 실행 : 바로 위의 객체를 반복 실행하는 작업을 수행한다.
- 실행지연 : 딜레이 함수 루틴이다. 이 객체에서 설정한 시간동안 잠시 대기하고 다음 객체를 실행한다.

- 환경설정

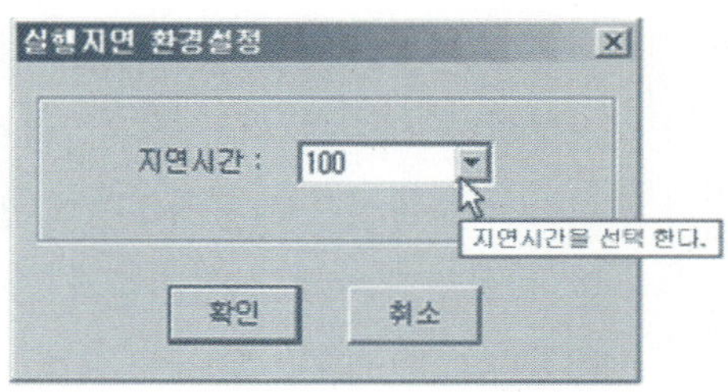

- 지연시간 : 바로 위의 객체를 실행하고 그 다음 루프 실행 간의 시간 간격을 말한다. 100은 100msec마다 반복 실행 설정을 말한다.
- 단계이동 : 반복할 구간을 설정하면 그 구간의 객체들을 반복 실행한다.
- 환경설정

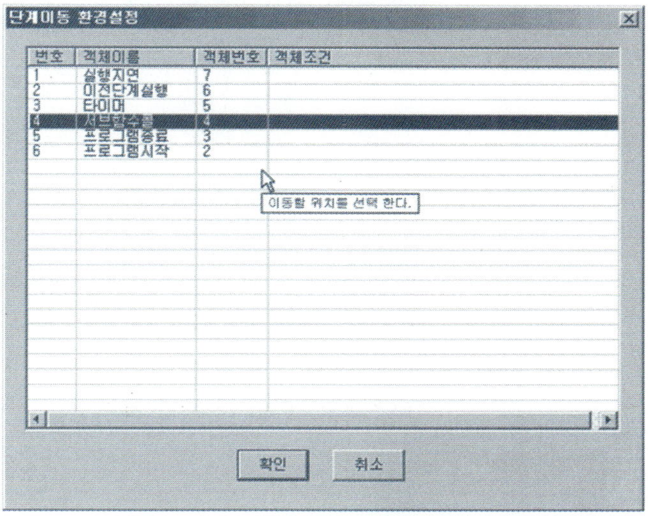

현재 작업 윈도우에 있는 객체들을 표시하고 있다. 목록 중 객체를 선택하면 단계이동 객체를 실행할 때 선택한 객체로 점프를 하게 된다. 이 객체를 이용해서 무한 반복이나 조건 실행 등 다양한 프로그램 루프를 작성할 수 있다.

② 분기 컴포넌트

분기 객체는 IF 제어문의 순서도 모양인 마름모 형태이며, 객체를 더블클릭해 각각의 객체속성에 맞게 환경설정 다이얼로그에 조건 설정을 해주면 된다.

- 영상 센서 : 영상 카메라의 값을 읽고 조건을 생성하고 조건에 대한 분기를 할 수 있다. 환경설정에 따라 영상 패널의 종류와 카메라로부터 패널까지 거리를 판단할 수 있다.

- 환경설정

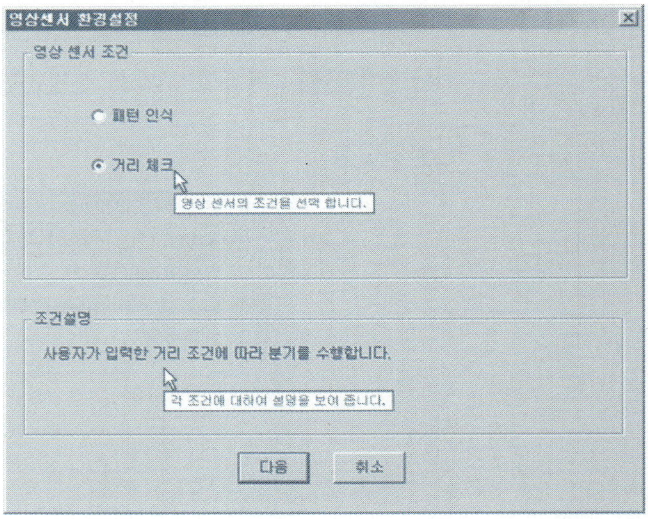

영상 센서 객체는 2가지 환경설정을 제공한다. 인식 패널과 카메라 사이의 거리를 조건으로 생성할 수 있고, 패널의 인식여부만을 가지고 분기조건을 생성한다.

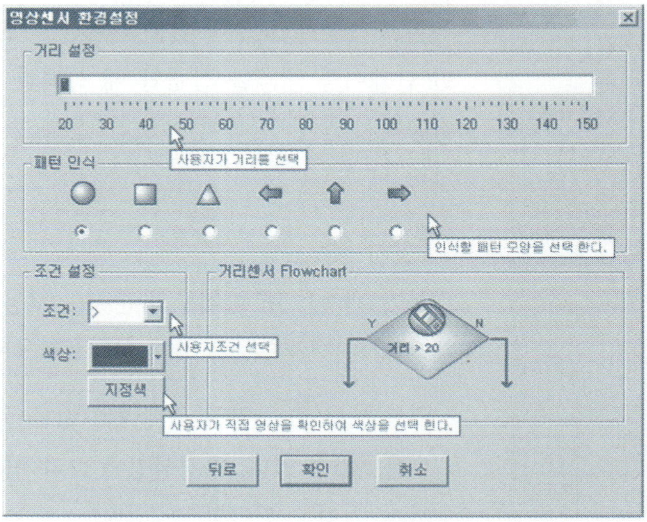

• 거리 체크 : 이 기능은 사용자가 지정한 패턴의 색과 모양과 거리가 같아야 동작하는 기능이다. 로봇이 영상만을 가지고 거리를 체크할 수 있다.

사용방법은 패널과 측정하고자 하는 거리를 선택하고 조건을 선택한다. 지정색 버튼을 사용하여 비교하고자 하는 패널의 색을 선택하거나 화면상에 있는 Panel의 색상부분에 마우스를 드래그하여 색을 직접 선택한다.

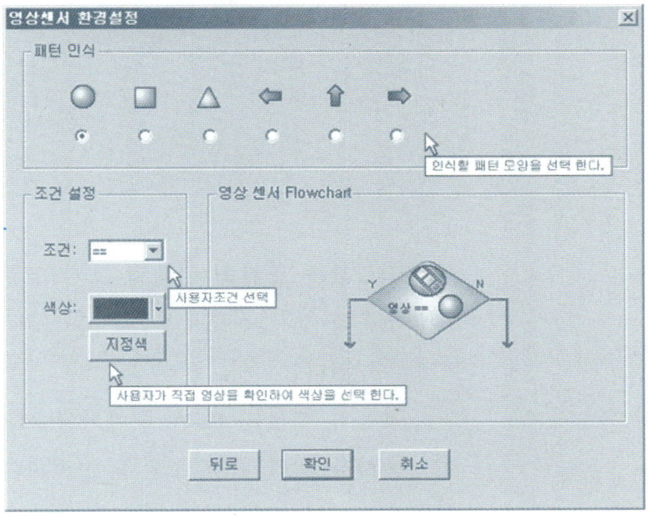

• 패턴 인식 : 패턴 인식은 화면상에 색상과 물체의 모양이 같은 경우를 인식하여 로봇에게 알려주는 기능이다. 화면상에 1개만 인식할 수 있으며 주변의 비슷한 색이 많으면 인식 결과가 현저하게 떨어지거나 실패할 수 있다.

사용방법은 비교하고자 하는 패널의 모양을 선택 후 조건 설정한 다음 지정색 버튼을 눌려서 패널의 색을 선택한다. 지정색 버튼을 눌렀을 경우 화면상에 로봇의 카메라에 비쳐지는 장면이 비쳐지는데 로봇의 정면에 패널을 위치한 후 화면상에 마우스로 패널의 색부분을 드래그하여 색을 선택한다.

• 초음파 센서 : 초음파 센서 모듈의 거리값을 읽고 거리에 대한 조건을 생성하며 조건에 대한 분기를 할 수 있다. 반드시 해당하는 조건을 선택 해야지 컴파일시 오류가 없다.

• 환경설정

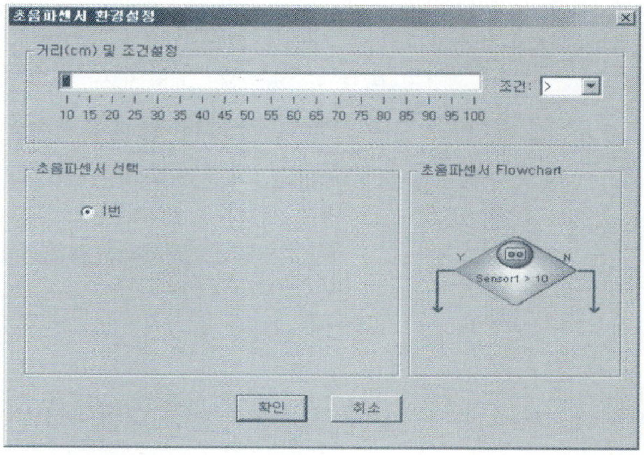

거리값과 조건을 선택해 분기 조건을 선택하면 거리를 측정할 수 있다.

초음파 센서 선택부분은 사용자가 사용하고자 하는 부분의 센서를 선택할 수 있다.

초음파 센서는 1Cm ~ 400Cm까지 범위를 측정할 수 있다. 이 조건을 사용자가 여러 환경 조건을 고려하여 거리 조건 설정을 해야 한다.

• 적외선 거리 센서 : 적외선 거리 센서 모듈의 거리값을 읽고 거리에 대한 조건을 생성하며 조건에 대한 분기를 할 수 있다. 반드시 해당하는 조건을 선택해야지 컴파일시 오류가 없다.

• 환경설정

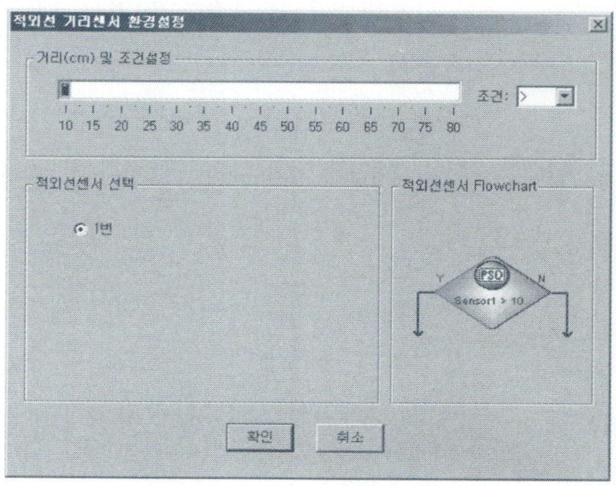

거리값과 조건을 선택하면 분기 조건을 생성한다.

적외선 센서는 10Cm ~ 80Cm까지 범위를 측정할 수 있다. 이 조건의 범위 내에서 사용자가 선택해 사용한다.

- RC모터 : 움직이고자 하는 목적의 방향값을 설정하여 그 값만큼 움직이게 조건에 대한 분기를 적용할 수 있다. 반드시 해당하는 조건을 선택해야지 컴파일시 오류가 없다. RC모터의 방위각은 Pan(가로)은 45도, Tilt(세로)는 아래로 10도 위로 45이므로 값 설정시 유의하기 바랍니다.

- 환경설정

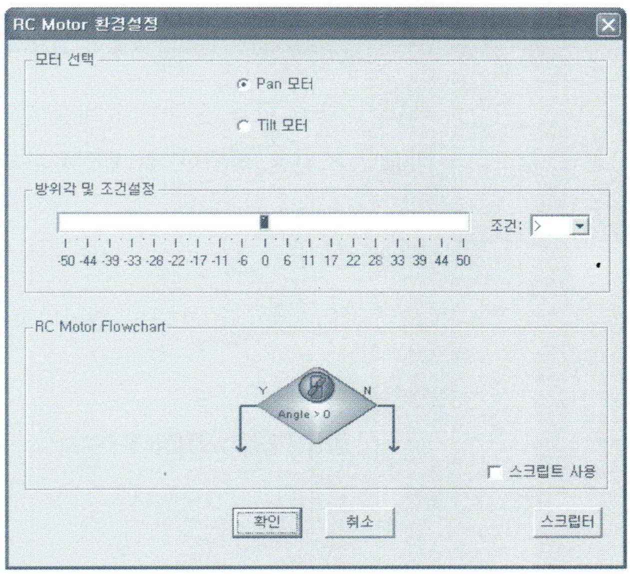

Pan / tilt 방향을 설정한다.

방위각 및 조건을 설정한다.

비교할 조건을 선택한 후 확인을 누른다.

- 배틀 : 배틀시 사용자가 데미지 정도의 조건에 대한 분기를 설정할 수 있다. 반드시 해당하는 조건을 선택해야지 컴파일시 오류가 없다.

• 환경설정

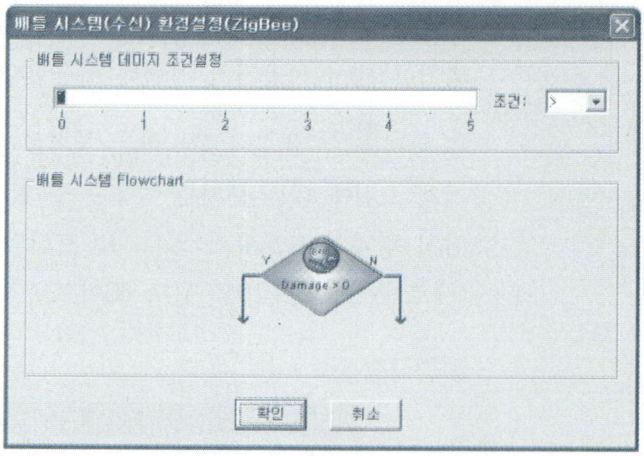

데미지 값을 이동 슬라이더 바를 움직여 설정한다.
비교할 조건을 선택한 후 확인을 누른다.

③ 제어 컴포넌트

• DC모터 제어  : DC모터의 회전방향, 속도, 이동거리를 제어할 수 있다.

• 환경설정

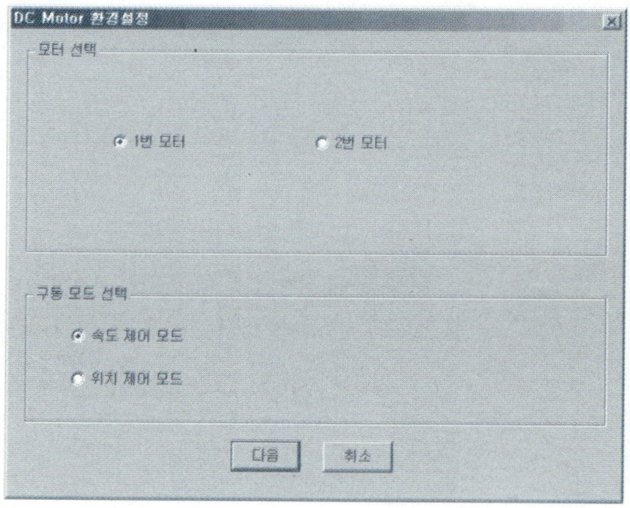

DC모터의 환경설정은 두 가지 모드로 이루어져 있다. 상단의 다이얼로그는 속도제어 모드, 하단의 다이얼로그는 위치제어 모드이다.

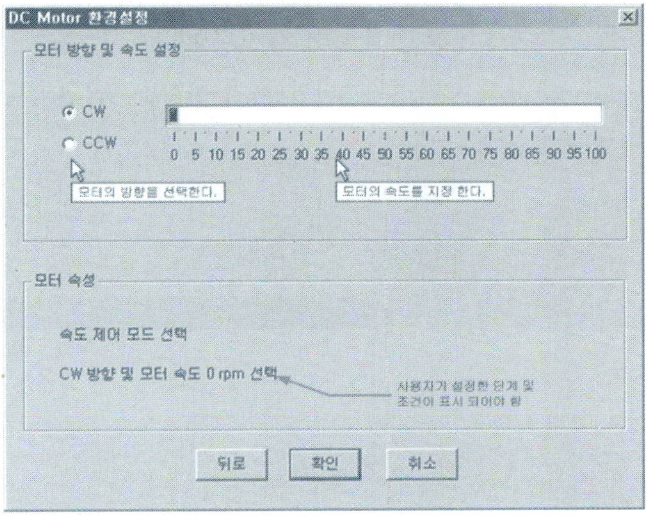

- 속도제어 모드 : 속도값을 선택해주면 그 속도로 모터는 회전을 한다.
  - –CW : 모터가 회전하는 방향이 시계 방향
  - –CCW : 모터가 회전하는 방향이 시계반대 방향

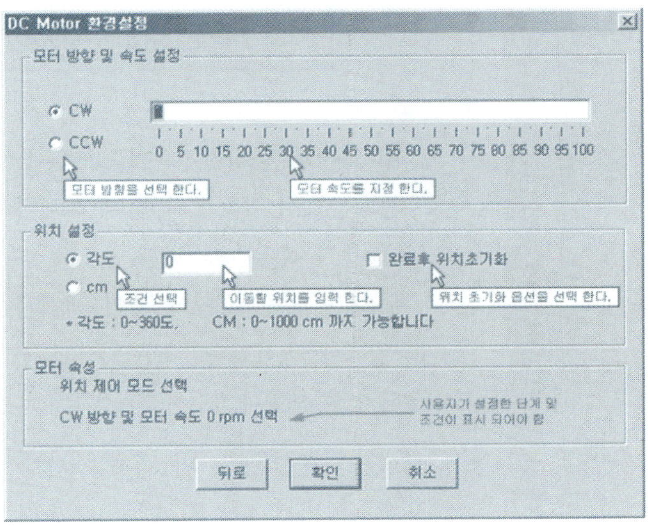

- 위치제어 모드 : 현재 위치를 기준으로 속도와 목표거리 혹은 목표 각도를 정해주면 그 정해진 값만큼만 회전을 하고 "완료 후 위치초기화"를 선택하면 기준 위치를 초기화한다.
  - cm : 모터가 몇 cm만큼만 이동하는 값 설정
  - 각도 : 모터의 회전 방향만큼의 회전 각도값 설정

- RC모터 제어 : RC모터의 방향과 각도 제어할 수 있다.

- 환경설정

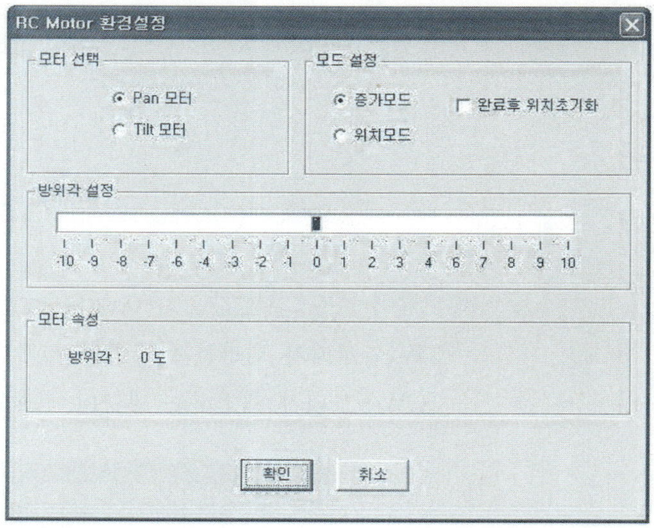

RC모터의 환경설정은 RC모터를 선택하고, 모드선택을 할 수 있다.

증가 모드는 RC모터 제어 객체가 실행될 때마다 설정한 각도만큼 일정하게 증가 혹은 감소한다.

위치 모드는 RC모터 제어 객체가 실행될 때마다 설정한 각도만큼 원하는 위치에 움직인다. 즉 위치 모드는 객체가 실행되면 그 목표 각도값으로 모터가 회전한다.

- 음성합성(옵션) : 이 객체가 실행되면 입력된 텍스트를 읽어 준다.

음성인식은 반드시 License가 등록되어야 사용할 수 있는 기능이다.

License 등록 방법은 제공 되는 음성인식 CD나 (주)ED에 문의한다. 음성인식을 사용하기 위해서는 제공되는 Voice Process 프로그램을 실행 후 사용하여야만 사용이 가능하다.

- 환경설정

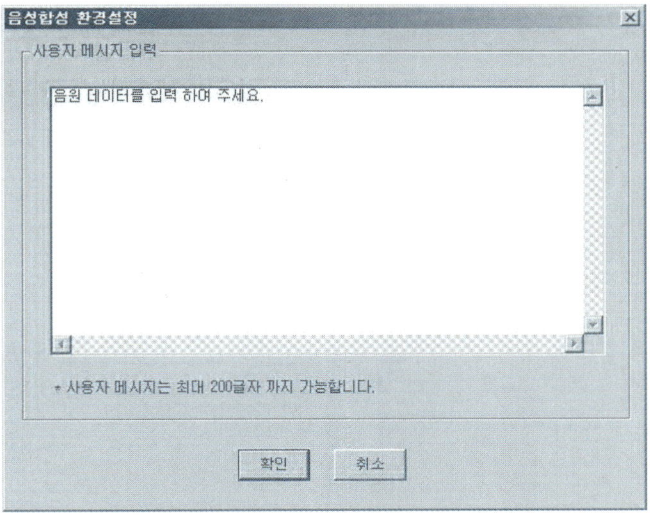

사용자가 음성합성을 하고자 하는 단어 또는 문자를 EDIT 창에 입력 후 "확인" 버튼을 클릭하면 입력된 테스트를 한국어로 합성하여 준다.

- 배틀(옵션) : 이 객체가 실행되면 총소리 음이 발생한다.

상대방이 송신부에서 쏜 값이 로봇에 명중되면 로봇은 이 객체를 불러와 소리를 생성한다.

이 객체는 환경설정 창이 없으며 배틀 분기문에서 데미지를 받았을 경우 사용하면 된다.

스피커가 연결되어 있어야 하고 윈도우 환경설정을 해서 원하는 볼륨을 맞추어 사용한다.

C. 프로그램 작성방법

① 프로그램 작업준비

IRES Execute(IRESRobot.exe)를 실행한다.

앞에서 언급한대로 IRES에서는 프로그램을 작성하며, IRES Execute는 작성한 프로그램을 실행한다. 서로 연결되어야 디버깅 및 실행이 가능하다.

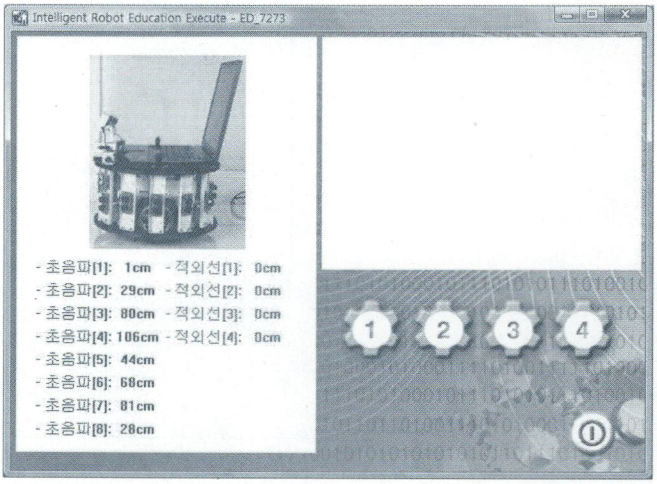

IRES를 실행한다.

제품 선택 다이얼로그에서 로봇 응용 시스템에 맞는 ED-7273을 선택하고 확인을 클릭하면 IRES의 프로그램이 실행된다. 이렇게 함으로써 프로그램 작성할 준비작업은 끝난다.

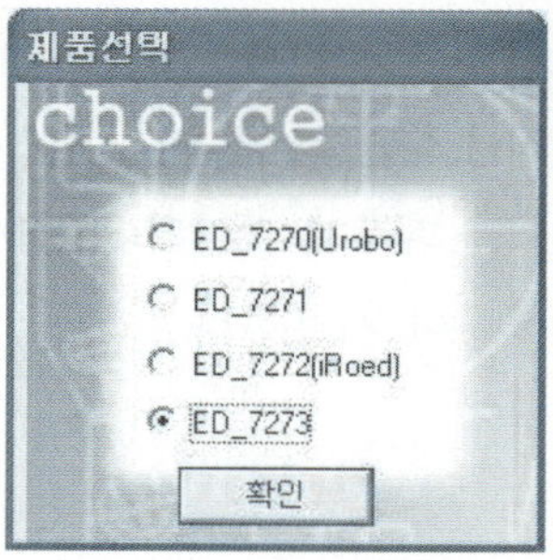

② 객체 삽입

프로그램을 작성하기 위한 최소한의 작업으로 좌측의 객체 윈도우에서 우측의 작업 윈도우로 객체를 옮겨 놓음으로써 프로그램 작성이 시작된다. 객체 윈도우에서 원하는 객체를 한번 클릭 후 우측의 작업 윈도우에서 다시 한번 클릭하면 작업 윈도우에 객체가 하나 추가되는 것을 볼 수 있다. 여기서는 객체 윈도우에서 작업 윈도우까지 드래그하는 경향이 있는 드래그가 아니라 객체 윈도우에서 클릭 작업 윈도우에서 클릭이다.

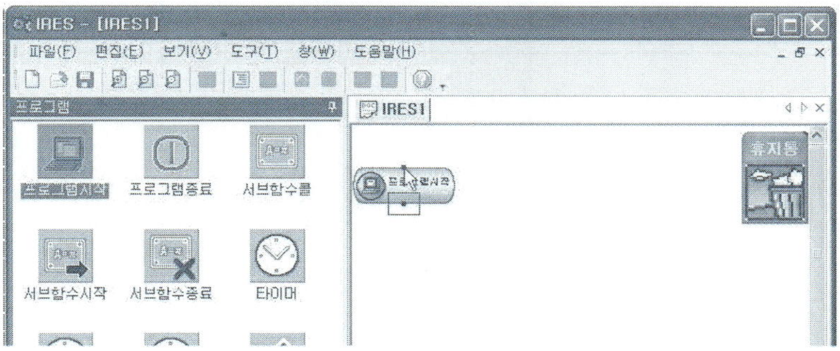

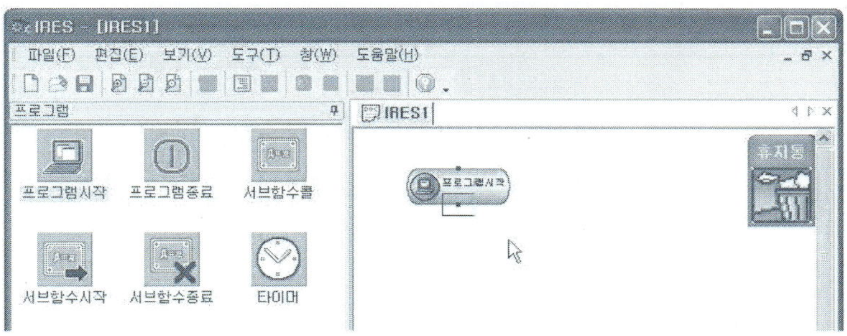

③ 객체 연결

IRES는 객체의 연결 순서에 따라 순서도 형식으로 프로그램을 작성하여 동작시키는 애플리케이션 소프트웨어이다. 순서도 형식으로 연결하기 위해 아래의 객체를 이동하여 위의 객체의 네모 박스에 마우스 커서를 놓으면 연결선이 생성되어 두 객체가 연결되는 것을 볼 수 있다.

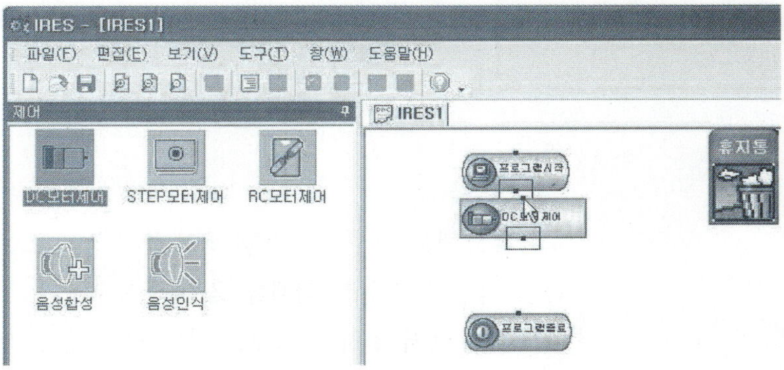

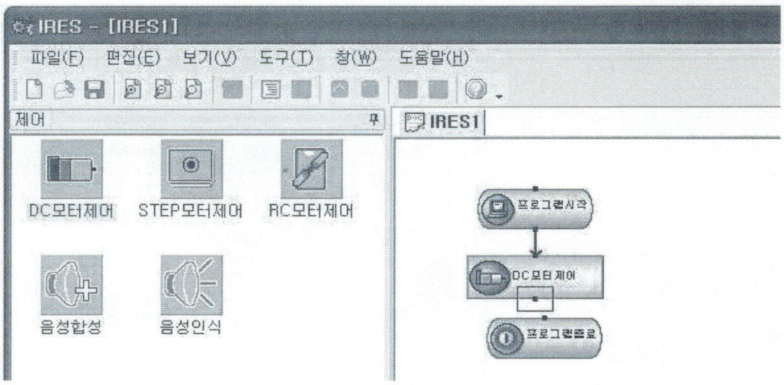

④ 객체 분리

프로그램을 작성 도중 객체를 잘못 옮기거나 실수로 객체를 생성했을 때 객체를 이동 혹은 삭제할 필요가 있다. 객체를 옮기는 방법은 옮기고 싶은 객체를 영역 선택하는 방법처럼 드래그하여 선택한 후 클릭하면 객체는 연결선이 사라지면서 마우스 커서와 함께 움직인다.

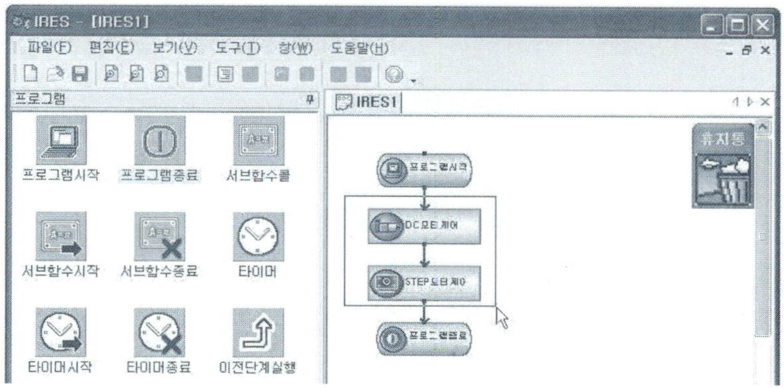

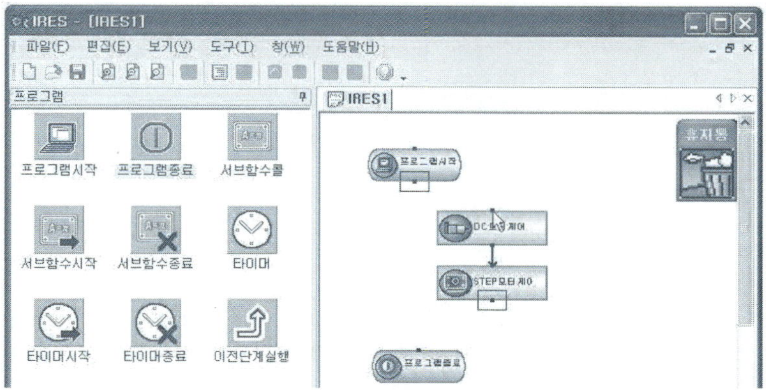

⑤ 객체 삭제

객체를 삭제하는 방법은 드래그하여 객체 분리 이후 작업창 우측위의 "휴지통" 영역에서 클릭하면 객체는 사라진다.

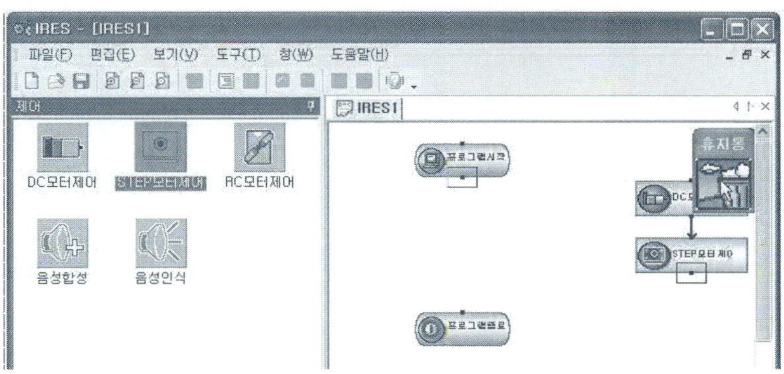

다음과 같이 객체가 삭제된 것을 확인할 수 있다.

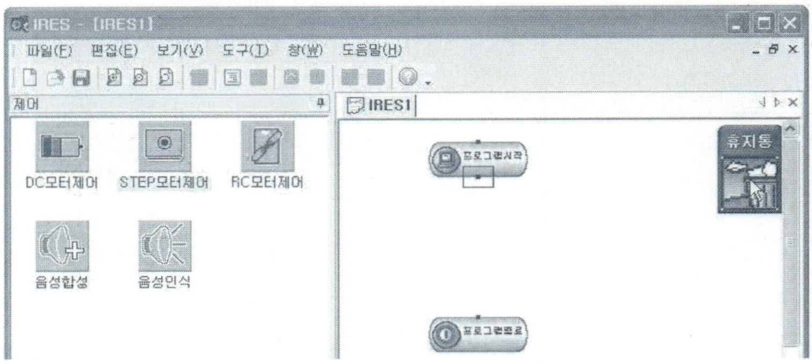

⑥ Sample 프로그램 작성

앞에서 설명했던 과정을 복습하는 의미로 프로그램의 작성과정을 따라 해 보겠다.

샘플 프로그램은 로봇을 기준으로 하여 전진하는 것을 작성해볼 것이다.

ⓐ IRES Execute를 실행한다.

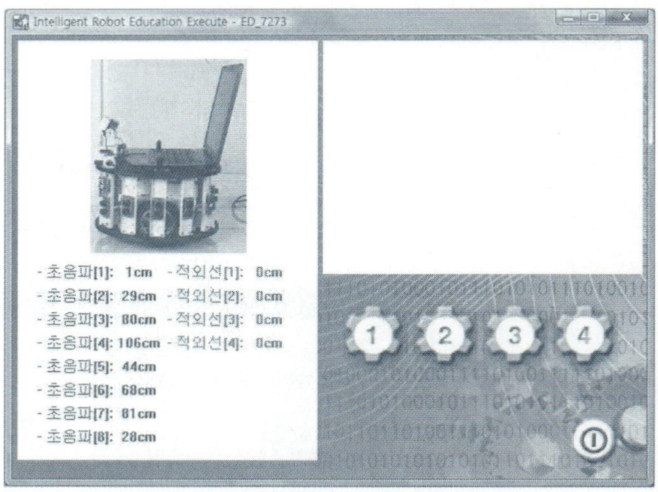

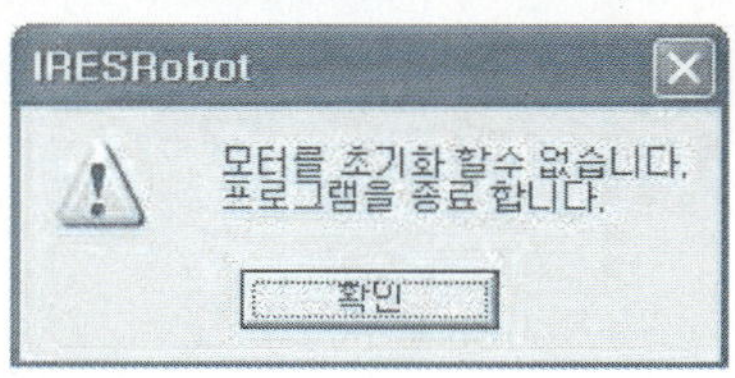

장비가 정상적으로 설치가 되지 않은 경우에는 앞 그림과 같은 메시지가 출력이 된다.

ⓑ IRES를 실행하면 제품 선택 다이얼로그가 나온다. 해당 제품을 선택(ED_7273)한다.

IRES의 초기화면을 볼 수 있다.

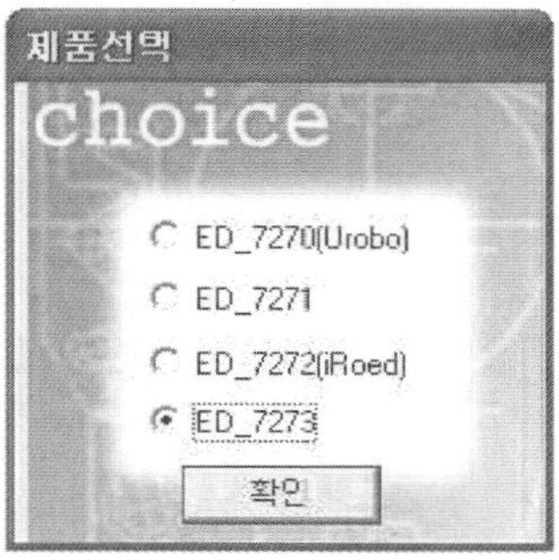

ⓒ IRES(로봇 프로그램)과 IRES Excute(로봇 실행기)를 연결한다.

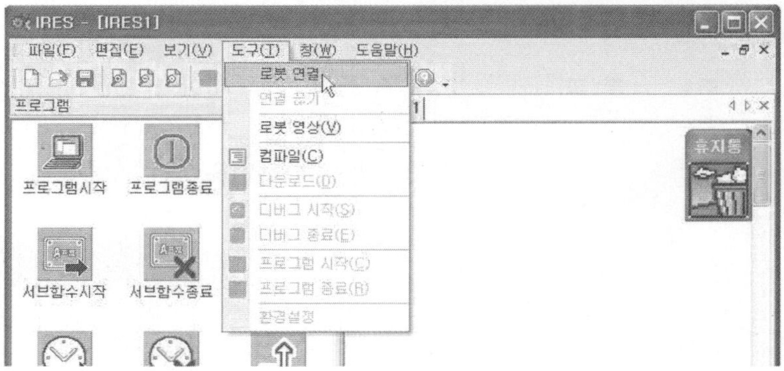

로봇 연결 후에는 다음과 같이 아이콘이 활성화되는 것을 확인할 수 있다. 이렇게 아이콘이 활성화되어야 작성한 프로그램을 다운로딩 및 실행을 할 수 있다.

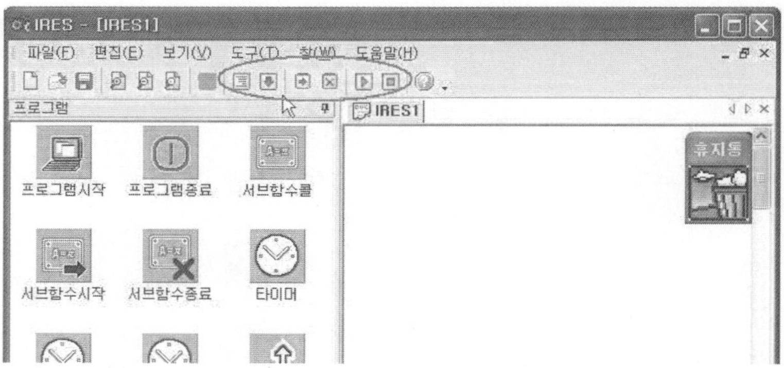

ⓓ 프로그램 객체들을 작업창에 옮겨 놓는다. 가장 먼저 "프로그램 시작" 객체와 "프로그램 종료" 객체를 작업창이 옮겨 놓는다.

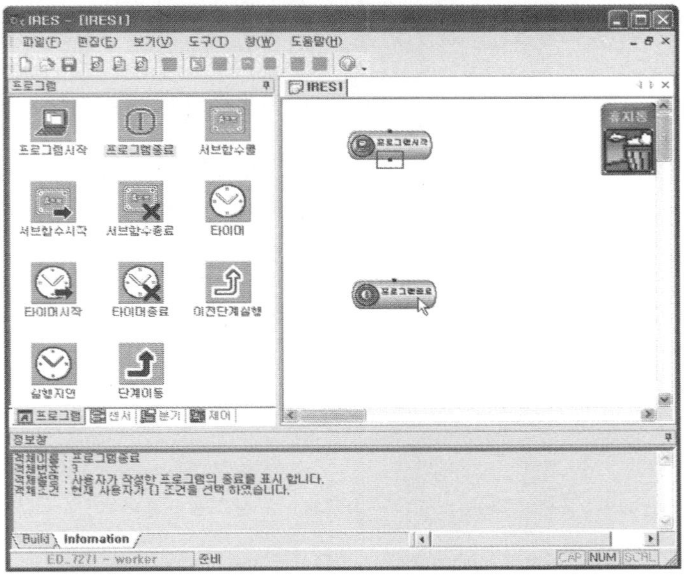

ⓔ "프로그램시작"을 더블클릭해서 환경설정한다.

버튼 번호를 선택하고 버튼 이름을 넣어준다. 여기서는 "테스트"라고 넣자. 마지막으로 확인을 클릭해 다시 원래 IRES의 화면으로 돌아온다.

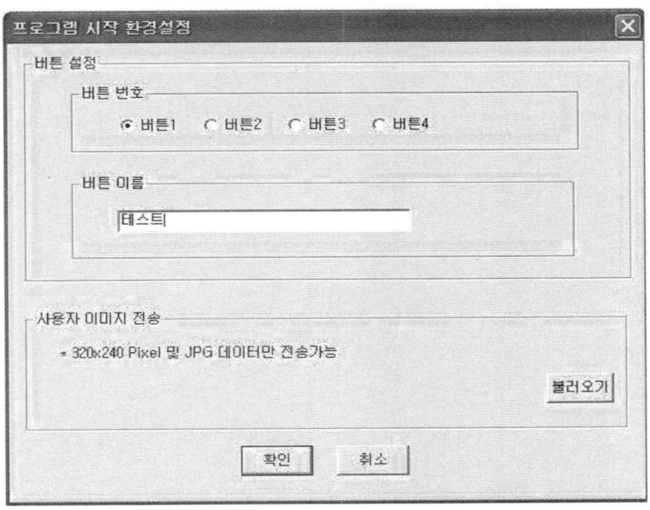

10장

※ 여기서 버튼1이라 하는 것은 로봇 실행기의 첫 번째 버튼을 의미한다. 프로그램을 작성 후 컴파일 및 프로그램 다운로딩이 끝나면 프로그램을 실행할 때 IRES Execute에서 실행 버튼을 눌러 프로그램을 동작시킬 수 있다.

ⓕ 제어 객체 윈도우에서 "DC모터 제어" 객체를 끌어 놓는다.

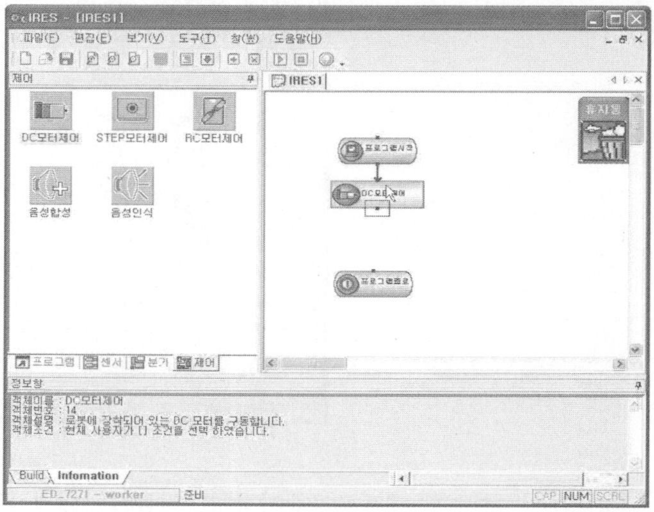

ⓖ DC모터 제어 환경설정을 한다.

1번 모터, 속도제어, 방향은 CW, 속도는 40rpm으로 설정한다.

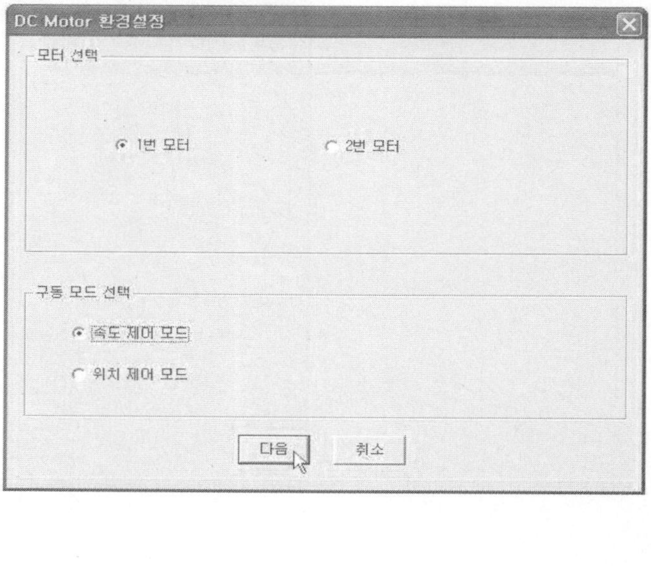

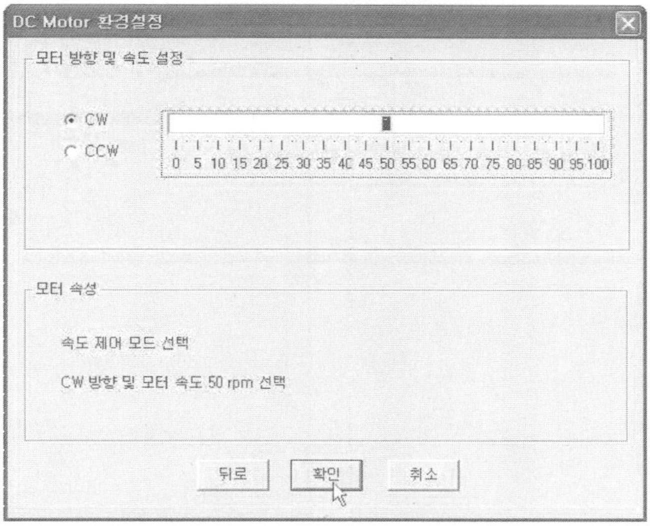

ⓗ "단계이동" 객체를 옮겨놓고 환경설정을 한다.

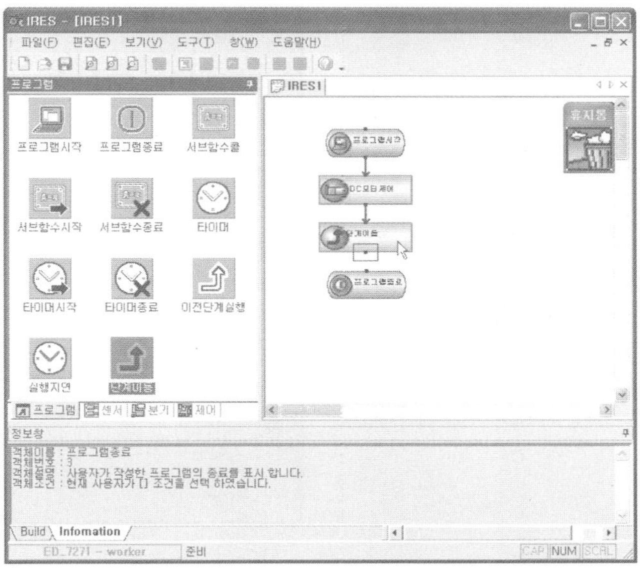

환경설정은 "프로그램 시작"을 선택한다. 이렇게 선택을 하면 "단계이동" 객체를 실행하면 다시 "프로그램 시작" 객체로 되돌아가 무한 루프 동작을 한다.

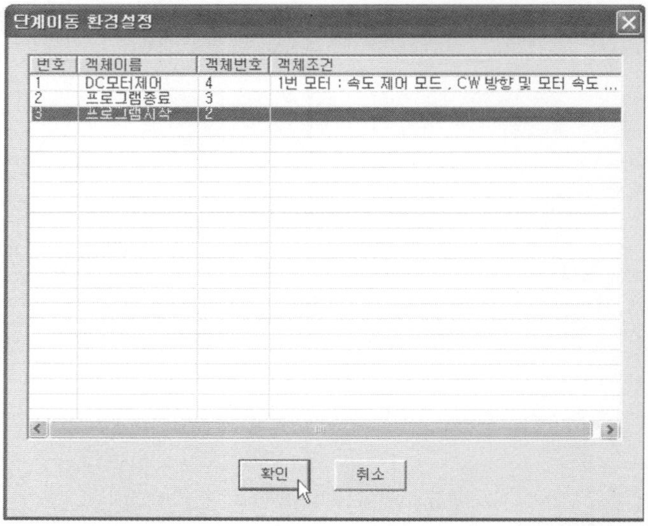

ⓘ “프로그램 종료” 객체를 연결한다.

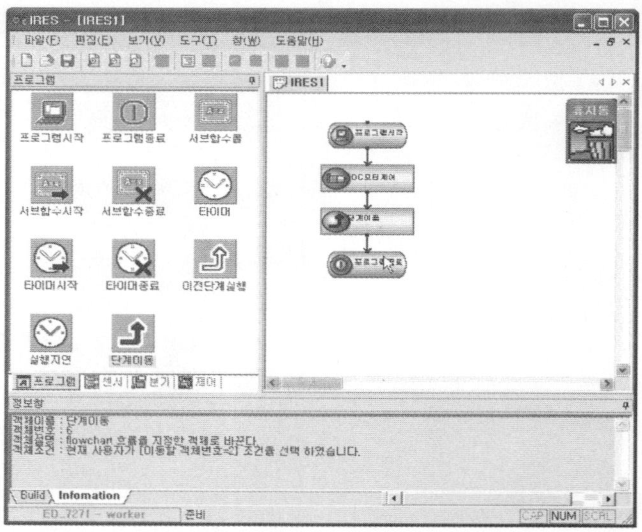

ⓙ 컴파일한다.

컴파일하면 정보 창에 “Building end : 4Object, 0error(s), 0 Warning (s)” 라고 표시되며 에러 없이 올바르게 컴파일된 것을 알 수 있다.

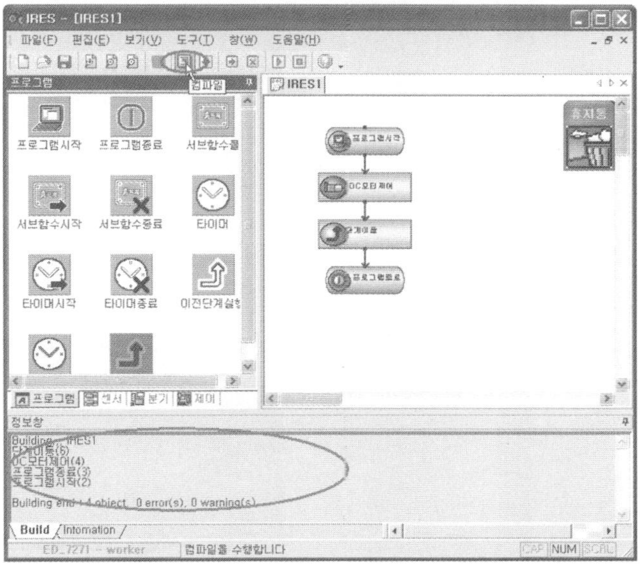

ⓚ 다운로딩한다. 다운로딩하면 “전송이 완료 되었습니다.”라는 창이 뜬다.

10장

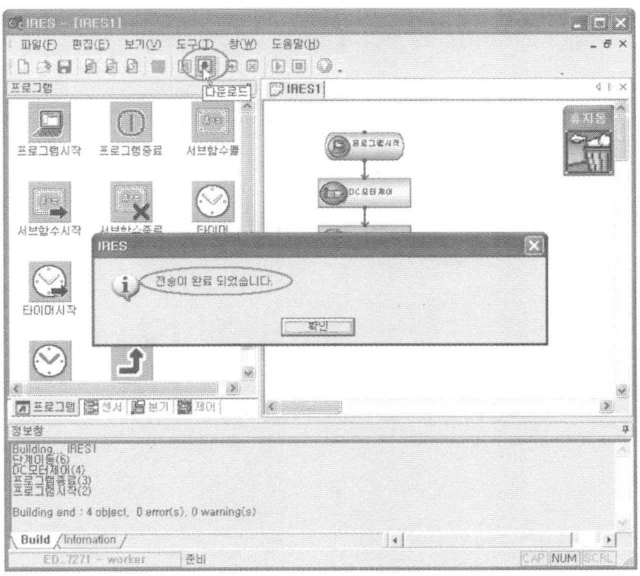

① 디버그 시작을 눌러 프로그램을 동작시켜 본다. 프로그램이 시작되었다는 창을 띄울 것이다.

디버그 시작은 현재 어떤 객체를 실행하고 있는지 실행되는 객체에 음양표시로 표시하고 그 객체를 실행하고 있다는 것을 눈으로 보여준다.

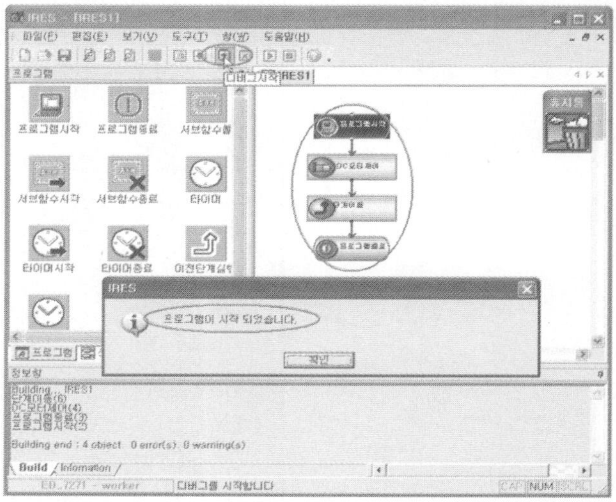

※ 프로그램을 시작하는 방법은 총 3가지이다. IRES(로봇 프로그램)에서는 위에서 실행했던 "디버그시작"과 "프로그램시작"이 있다. 나머지 한 가지 방법은 앞에서 설명했던 IRES Execute(로봇 실행기)에서 직접 버튼을 클릭하여 실행하는 방법이 있다.

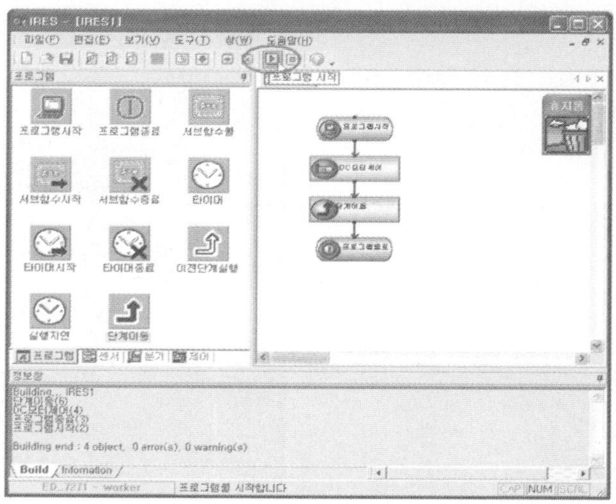

IRES Execute의 화면 프로그램 시작" 객체와 연결된 것을 버튼의 색깔이 분홍빛으로 변한 것을 확인할 수 있다. 이것은 프로그램이 올바르게 다운로딩되어 실행기에서 실행할 수 있다는 것을 의미한다.

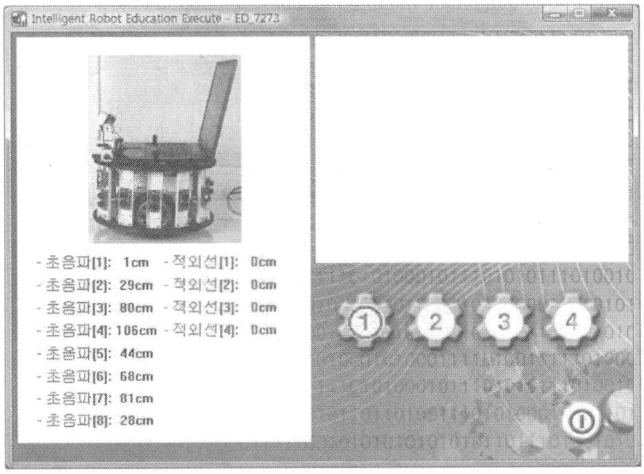

ⓜ 프로그램 종료한다.

디버그 종료 혹은 프로그램 종료 아이콘을 클릭한다. 회전하던 모터는 종료되고 프로그램이 종료되었다는 창을 띄우며 실행했던 프로그램이 종료된다.

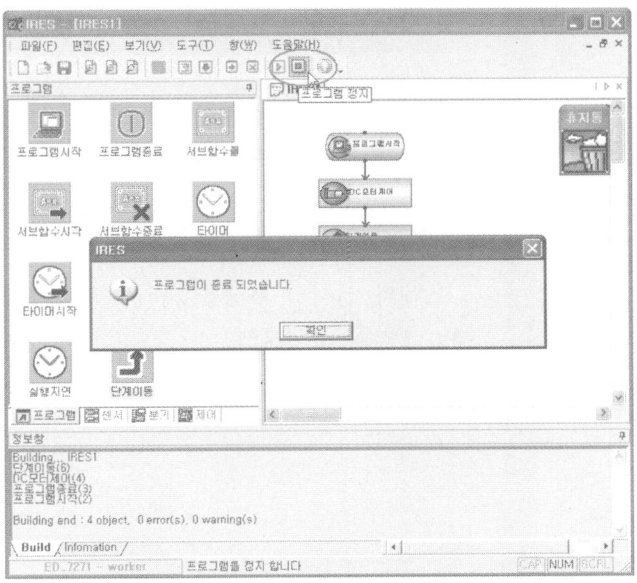

이렇게 기본적인 프로그램 작성과 컴파일 그리고 다운로딩하여 실행까지 해보았다. 그렇게 어렵지 않다. 이제 실제 센서나 모터를 동작시키며 프로그램을 작성하여 실행을 하며 로봇을 동작시켜 보자.

10.2 IRES 응용실습

1) 초음파 센서 모듈을 이용한 DC모터 이동거리 제어

(1) 목 표

지능형 로봇이 자율주행 중 물체를 회피할 수 있는 기능은 로봇 주변에 부착되어 있는 거리감지 센서인 초음파, 적외선 거리감지 센서를 이용하여 특정이상의 거리가 감지가 된 경우 로봇을 정지하거나 회전을 하는 프로그램이 되어 있어 물체를 회피할 수 있게 한다. 이 수업에서는 이러한 초음파, 적외선 거리 감지 센서를 활용하여 모터를 제어하는 방법에 대한 프로그램을 확인할 수 있다.

(2) 실습과제

초음파 센서로 장애물과의 거리가 5cm 이내로 측정이 되면 10cm 후진하여 오른쪽 방향으로 직진하는 프로그램을 작성한다.

(3) 실습목표

초음파 센서의 특성을 파악하고, 지능형 로봇의 가장 기본적인 장애물 회피 알고리즘을 이해한다.

(4) 순서도 작성

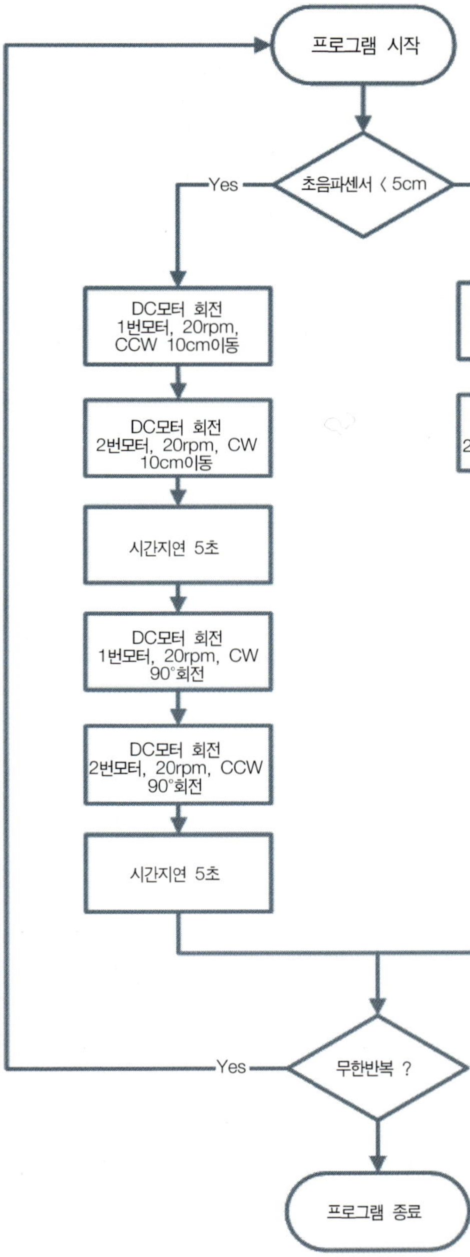

[그림 10-1]
순서도

(5) 프로그램 작성

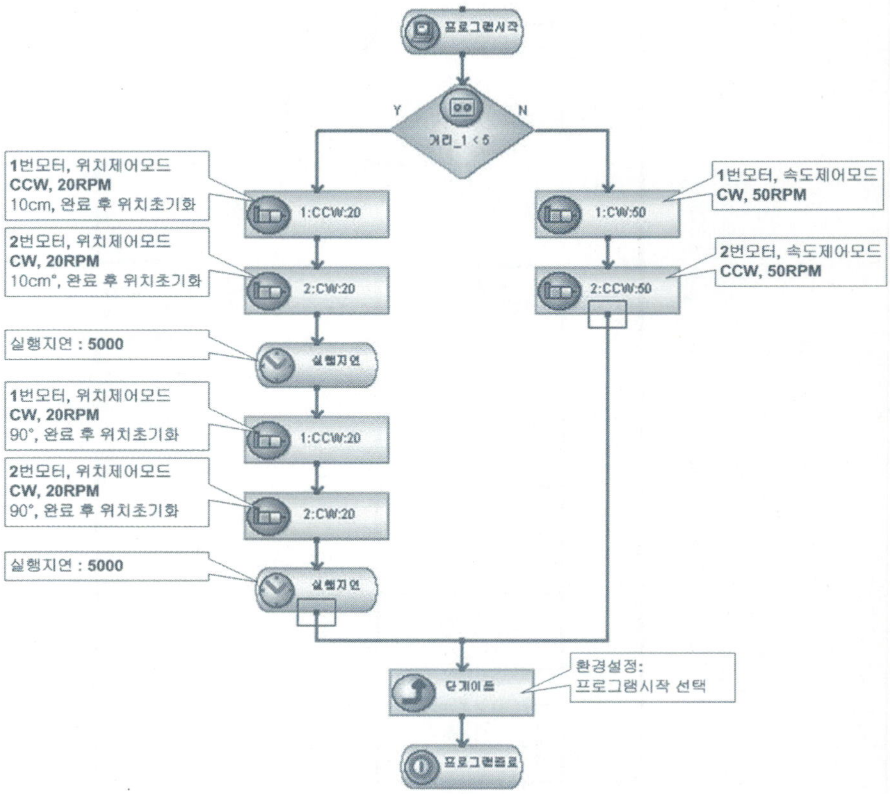

[그림 10-2]
프로그램

(6) 동작확인

작성한 프로그램이 올바르게 동작하는지 알아보자.

① 거리에 따라 초음파 센서의 출력값도 똑바로 출력되는지 확인해 본다.
② 제공된 슬라이드 모듈의 아크릴 조각이외에 다른 장애물로 초음파 센서의 출력값을 확인해본다. 초음파 센서의 특성을 다시 한 번 생각하면서, 어떤 형태의 장애물은 초음파 센서로 측정이 불가능한지 생각해보자.

2) 미로찾기 로봇

(1) 목 표

현재까지 지능형 로봇 실험실습 장치를 이용하여 로봇에 부착되어 있는 센서 활용에 대한 간단한 실험실습을 통하여 로봇이 이동하다 정지하고 판단할 수 있는 프로그램에 대하여 알아보았다. 그럼 지능형 로봇이 자율주행을 어떻게 하는지에 대해 여러 가지 방법이 있으나, 현 지능형 로봇 실험실습 장치가 있는 초음파와 적외선 센서를 이용하여 특정 공간에서 목적지까지 주행할 수 있는 프로그램을 하여 로봇이 특정 목적지까지 최단 거리로 이동하는 프로그램에 대하여 알아본다.

(2) 실습내용

다음과 같은 미로가 있다고 가정하자.

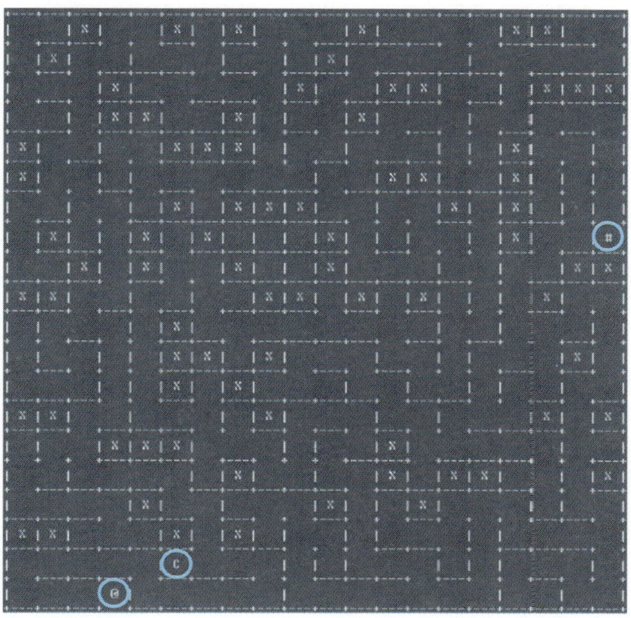

[그림 10-3] 미로

여기서 C는 이번에 만들 로봇, X는 장애물, @는 시작위치, #는 목표위치, -와 |는 벽이라 하자. 미로를 구성하는 조그만 정사각형의 각 변의 길이를 15cm 이라고 하자.

우리는 로봇이 시작위치에서 목표위치까지 이동하게 만들고 싶다. 안타깝게도 로봇 구현 프로그램으로는 메모리 할당을 할 수가 없어 효율적인 로봇을 만들 수는 없다. 그러나 간단한 방법을 이용하면 미로를 통과하는 로봇을 만들 수 있다.

미로를 통과하는 가장 간단한 방법은 '왼쪽 벽을 따라가기'이다. 즉, 왼쪽 벽에 손을 대고 이동을 하기만 하면 언젠가는 미로를 통과한다는 것이다. 이번 예제는 로봇을 조립하지는 않고 초음파 센서(로봇의 왼쪽을 감지)와 적외선 센서(로봇의 앞쪽을 감지)가 Bi-directional Driving Module 위에 있다고 가정하고 왼쪽 벽을 따라 이동하는 로봇을 구현할 것이다.

(3) 실습목표

이 프로그램에서는 초음파 센서에 따른 DC모터를 위 미로찾기 방식과 같이 구현하는 방법에 대하여 확인하여 보며, 장애물이 만나는 경우에는 정확히 로봇이 정지하여야 하며, 그 외의 경우에는 로봇이 정면으로 진행하여야 한다.

(4) 프로그램 작성

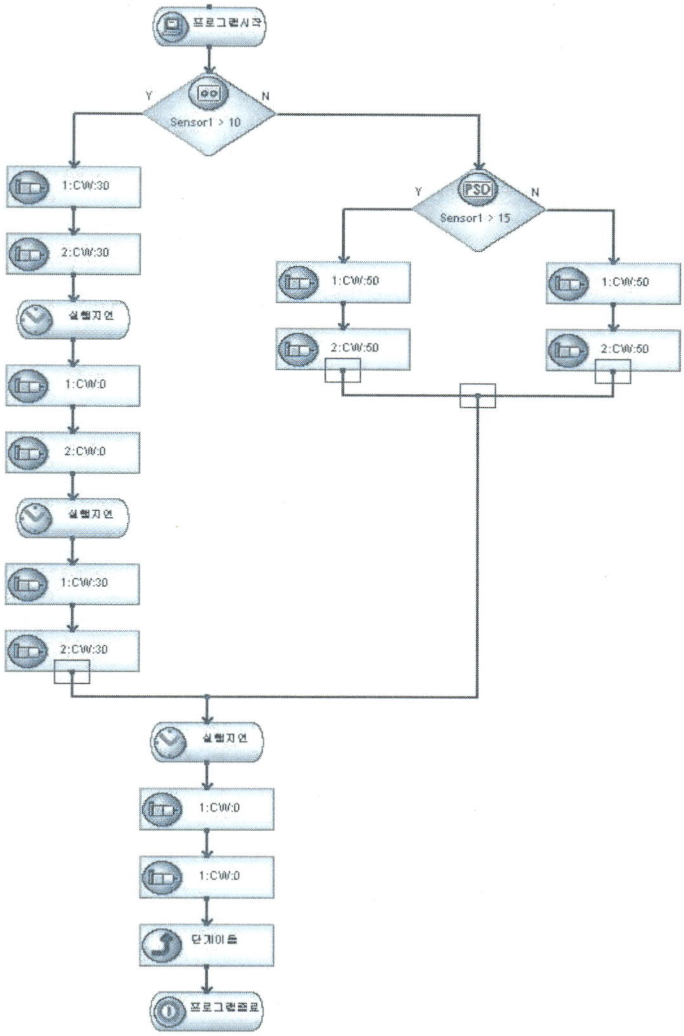

[그림 10-4]
프로그램

(5) 동작확인

이 실습 프로그램에는 몇 가지 가정이 필요하다.

우선, Bi-directional Driving Module 위에 왼쪽을 감지하는 초음파 센서와 앞쪽을 감지하는 적외선 센서가 존재한다. 그리고 적외선 센서는 미로의 벽을 감지할 수 있다고 가정한다.

① 초음파 센서를 이용하여 로봇의 왼쪽 벽이 있는지 없는지 감지한다. 이 프로그램에서는 로봇의 왼쪽에서 10cm 이내에서 감지가 되면 벽이 있다고 간주하고, 감지가 되지 않으면 벽이 없다고 생각하고 로봇을 왼쪽으로 90° 회전한 다음 앞으로 1 Block 움직인다.

② 왼쪽에 벽이 있다고 하면 이번에는 적외선 센서를 이용하여 로봇의 앞쪽에 벽이 있는지를 감지한다. 이 프로그램에서는 로봇의 앞쪽에서 15cm 이내에 벽이 없다고 하면 앞으로 1 Block 전진하고, 있다고 감지가 되면 로봇을 오른쪽으로 90° 회전한다.

③ 단계이동 1로 돌아가 반복 실행한다.

3) 영상 패널을 이용한 RC모터 제어실습

(1) 목 표

이 수업에서는 영상 센서(이미지 센서)를 이용하여 RC모터를 인식된 영상 Panel과 유사한 형태의 모양으로 구동시키는 제어실습 부분과 로봇을 실시간으로 제어하기 위해서는 타이머 등을 이용하여 필요한 Action을 하여야 한다. 이 프로그램에서는 타이머를 이용하여 복합적인 제어실습을 통하여 실제 로봇이 주행중에 발행할 수 있는 예외적인 사항에 대한 프로그램을 하여 보는 것을 목적으로 한다.

(2) 실습과제

영상 센서를 이용하여 Target Panel에서 지시하는 모양과 유사한 형태로 RC모터를 제어하는 실습과제로 영상 Panel에 해당하는 Motion Capture 를 하여 RC모터를 제어하여야 한다. 만약 원모양의 Panel을 검출하는 경우에는 원 형태의 RC모터를 제어를 하여야 하며, 사각형 모양의 Panel이 검출이 되는 경우에는 RC모터는 사각형 형태의 Motion을 하여야 한다.

(3) 실습목표

영상 Panel 검출 결과에 따른 제어방법을 이해를 하며, 영상 Panel 검출 방법을 이해한다.

(4) 프로그램 작성

영상 Panel을 총 6가지 Panel을 사용하며, 각각의 영상 Panel에 대한 Action은 서브함수를 구현을 하여 전체적인 프로그램을 간결하게 작성한다.

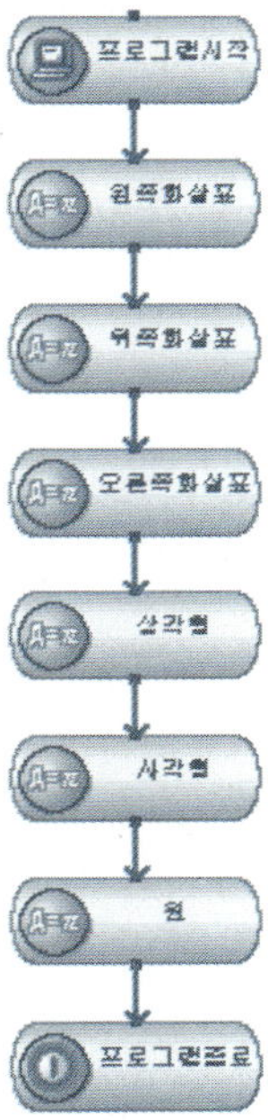

[그림 10-5] 프로그램

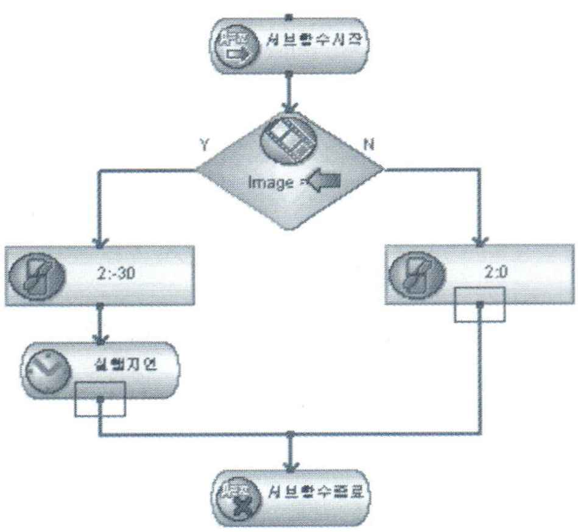

[그림 10-6] 프로그램

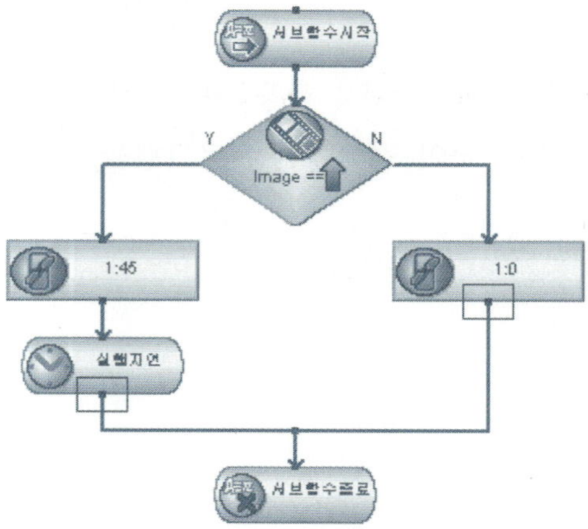

[그림 10-7]
프로그램

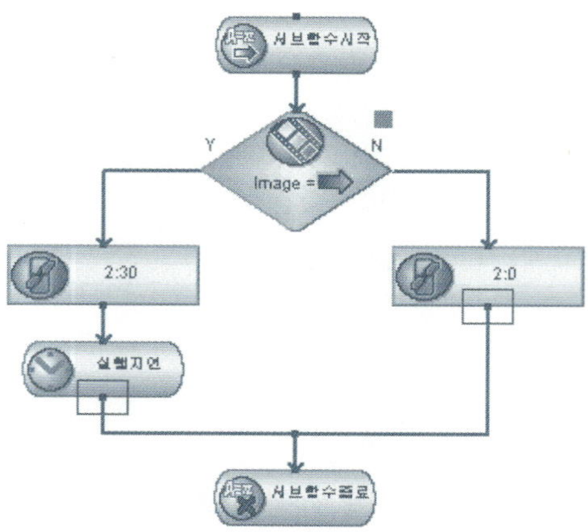

[그림 10-8]
프로그램

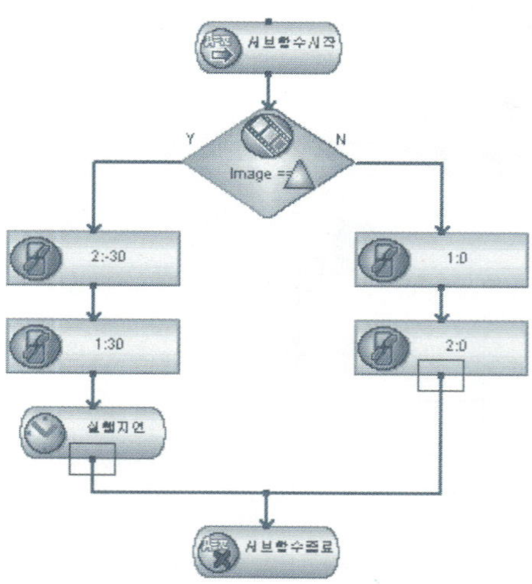

[그림 10-9]
프로그램

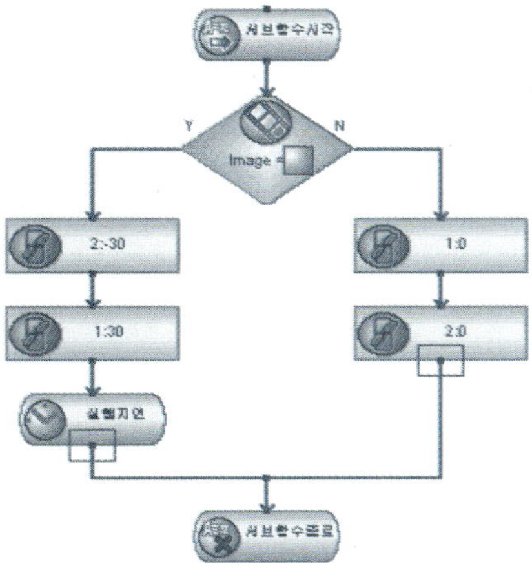

[그림 10-10]
프로그램

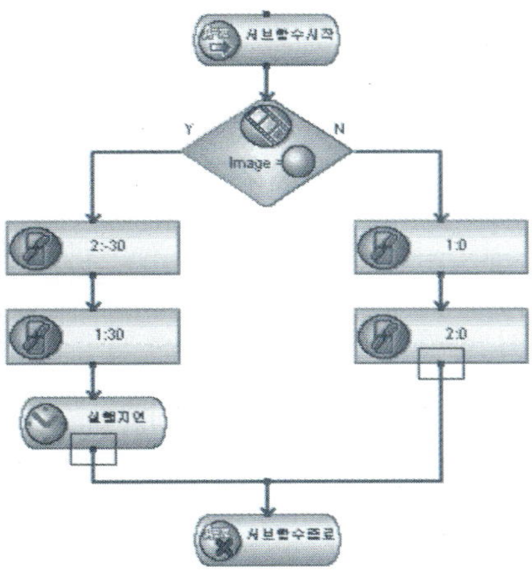

[그림 10-11]
프로그램

(5) 동작확인

작성한 프로그램이 올바르게 동작하는지 확인한다.

이 프로그램에서는 해당 Panel에 대한 패턴 인식을 통한 제어 방법이므로 영상 센서의 조건 선택시 패턴에 대한 조건과 해당 Panel의 색채정보를 정확히 Setting하여야 원하는 영상 검출과 Action이 가능하다.

① Target Panel이 왼쪽 화살표인 경우에는 RC모터가 왼쪽으로 이동한다.

② Target Panel이 오른쪽 화살표인 경우에는 RC모터가 오른쪽으로 이동한다.

③ Target Panel이 위쪽인 경우에는 RC모터가 위쪽으로 이동한다.

④ Target Panel이 삼각형인 경우에는 RC모터가 삼각형의 Motion Action을 한다.

⑤ Target Panel이 원인 경우에는 RC모터가 원 형태의 Motion Action을 한다.

⑥ Target Panel이 사각형인 경우에는 RC모터가 사각형 형태의 Motion Action을 한다.

4) 배틀 센서를 이용한 실습

(1) 목 표

배틀 센서의 사용방법과 사용자끼리의 로봇 대결 프로그램을 하여 보는 것을 목적으로 한다.

(2) 실습과제

배틀 센서를 이용하여 송신 배틀 센서를 수신 배틀 센서로 쏘면 배틀을 종료하고 종료 소리를 내면서 프로그램을 정지한다.

(3) 실습목표

배틀 센서 제어방법을 이해하고 사용자간의 배틀 알고리즘 방법을 구상하여 본다.

(4) 프로그램 작성

배틀 분기문과 제어의 배틀 소리 컴포넌트를 이용하여 프로그램을 작성한다.

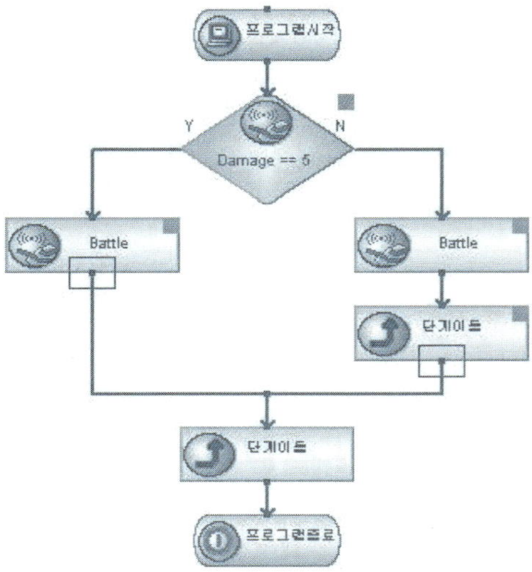

[그림 10-12]
프로그램

(5) 동작확인

작성한 프로그램이 올바르게 동작하는지 확인한다.

이 프로그램에서는 총 다섯 번의 수신부에 송신값이 들어오면 종료 소리를 내면서 프로그램을 정지한다. 송신부에서 수신부 쪽으로 정확하게 값을 전달해야지만 원하는 배틀 제어가 가능하다.

① 송신부에서 값을 쏘면 수신부 LED가 하나씩 사라진다.

② 수신부에 다섯 번의 값이 들어오면 LED는 깜박임을 반복한다.

Chapter

11

MFC를 이용한 지능형 로봇시스템의 구현

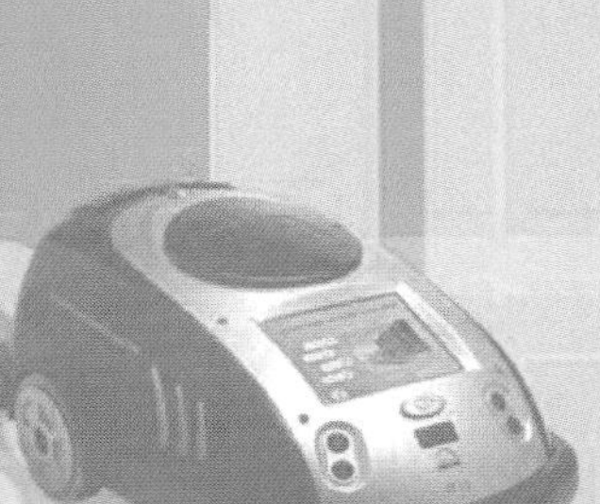

11.1 MFC의 개요

MFC(Microsoft Foundation Class)란 MS사에서 만든 C++ 언어를 기반으로 한 윈도우즈 응용 프로그램(Win32) 제작을 위한 C++ 클래스 라이브러리의 집합이다.

MFC는 크게 다음과 같은 역할을 한다.

- Win32 API의 레퍼 클래스(Wrapper class) 역할을 한다.
- 운영체제의 확장된 지원을 프로그램하는데 편리한 클래스를 제공한다.
- 문자열, 자료구조, 날짜, 시간 등에 관련된 다양한 클래스를 제공한다.

MFC는 기본적으로 700개가 넘는 방대한 Win32 API를 기반으로 윈도우즈 응용 프로그램을 제작할 때 자주 사용되는 API들을 클래스화하여 묶어 놓고, 마이크로소프트사의 새로운 기술들이 소개될 때마다 해당 API를 클래스화하여 윈도우즈 응용 프로그램을 제작하는 프로그래머에게 제공되는 아주 유용한 클래스 라이브러리이다.

이를테면 API의 GetClientRect() 함수는 CWind::GetClientRect() 멤버함수와 동일한 역할을 한다. 즉 API의 GetClientRect() 함수를 해당 클래스의 멤버함수로 클래스화 한 것이다.

또한, MFC는 OLE, ODBC/DAO(데이터베이스 프로그래밍), ISAPI(IIS(웹서버 프로그래밍)), WinSock(네트워크 프로그래밍) 등에 대한 클래스를 포함하고 있으며 CString(문자열처리), CTime(날짜와 시간에 대한 클래스) 등과 다양한 목적으로 사용할 수 있는 자료 관련 클래스들도 준비되어 있다.

윈도우즈 응용 프로그램을 개발할 때 Win32 SDK(API)를 사용하는 것보다 MFC를 사용하면 많은 이점을 누릴 수 있다.

간단하게 다음과 같은 이점이 있다.

- 객체지향을 이용하여 C++ 프로그래밍을 하면서도 Win32 SDK 함수를 그대로 사용할 수 있다.
- Win32 SDK 함수를 이용하여 윈도우즈 응용 프로그램을 개발하는 것에 비하여 MFC를 사용하면 덜 복잡하다.
  - 프로젝트 생성만으로 메뉴, 툴바, 상태바 등이 부착된 윈도우 창을 만들 수 있다.
  - 메뉴 및 각종 컨트롤 부착이 간단하게 이루어 진다.
- C++에서 제공하는 강한 타입 체크(strong type-checking), 예외처리(exception-handling), 객체의 생성자와 소멸자를 이용한 메모리 할당과 해지 등에 대한 이점을 누릴 수 있다.
- 안전한 동적 메모리 관리 그리고 할당 영역 검증, 디버깅 등의 기능을 활용하여 버그가 적은, 즉 안전한 프로그램을 작성할 수 있다.
- 다른 운영체제로 이식을 할 수 있다. 즉 MFC로 작성된 프로그램을 매킨토시나 유닉스 버전으로 포팅할 수 있다.
- Win32 SDK(API)에 비하여 많은 노력을 하지 않아도 된다.
- Win32 SDK(API)에 비하여 유지 보수가 쉽다.

11.2 MFC 기본 프로그램 실행방법

1) MFC 설치

(1) Microsoft Visual C++ 6.0 설치

① 다음과 같은 아이콘(

)을 더블클릭하면 아래의 화면이 나온다.

② 약관에 동의한 뒤 "다음" 버튼을 클릭한다.

③ 제품번호와 사용자/회사 이름을 차례로 등록한 뒤 "다음" 버튼을 클릭한다.

④ Enterprise 설치 옵션을 선택한다.

여기서는 이미 지정되어 있는 Visual Studio Enterprise 제품들을 설치하기 위해 일반제품들을 선택하였다.

(사용자 정의 또는 서버 응용 프로그램을 선택할 수 있다.)

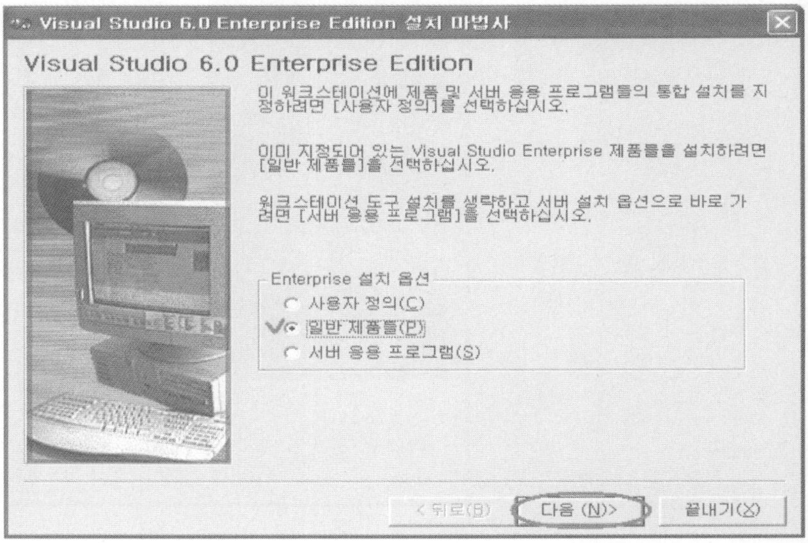

⑤ 공통 파일들을 위한 폴더를 선택하고(특별히 지정하지 않아도 됨) "다음"버튼을 클릭한다.

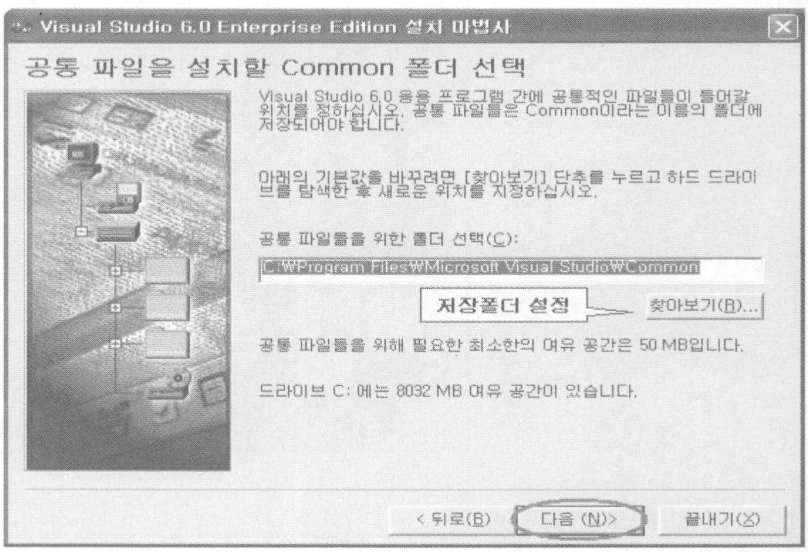

⑥ Visual Studio의 개별 도구를 설치한다. 여기서는 Visual C++6.0 Enterprise Edition만 선택하였지만, 의사에 따라 추가할 수 있다.

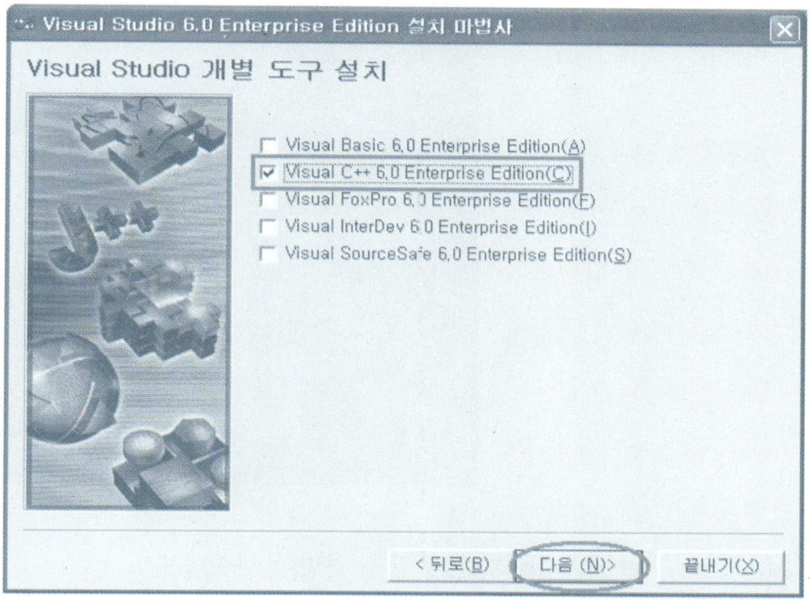

⑦ Visual Studio 6.0 Enterprise 설치를 시작한다.

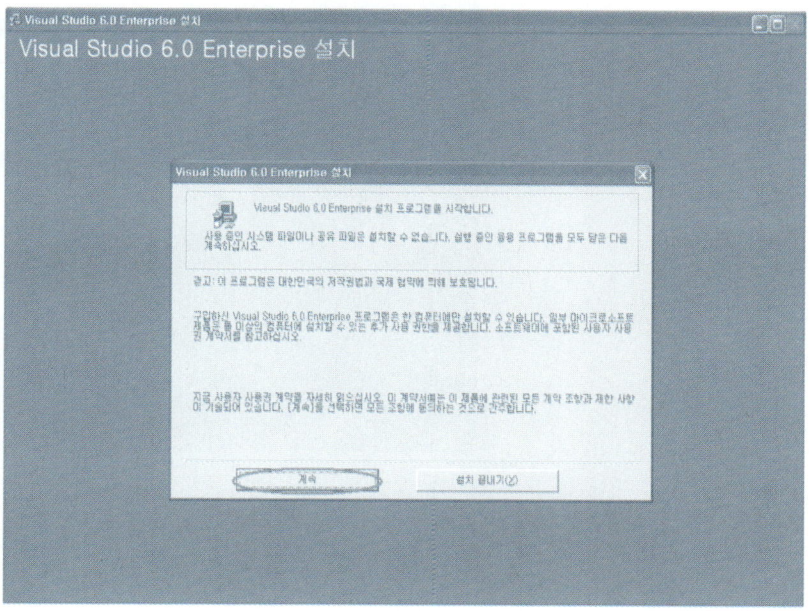

⑧ 해당 제품 ID가 나오면 "확인" 버튼을 클릭한다.

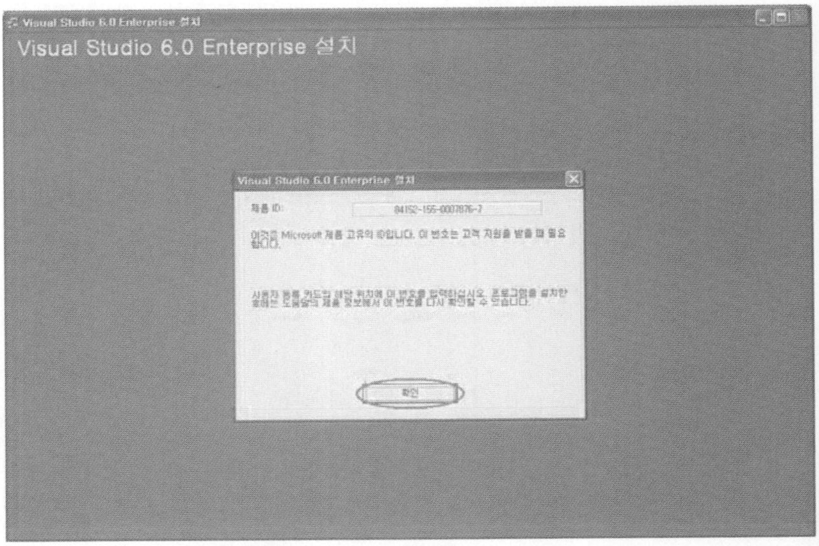

⑨ 다음과 같은 화면이 나온다.

⑩ 설정이 되어 있는 상태로 "계속" 버튼을 클릭한다.

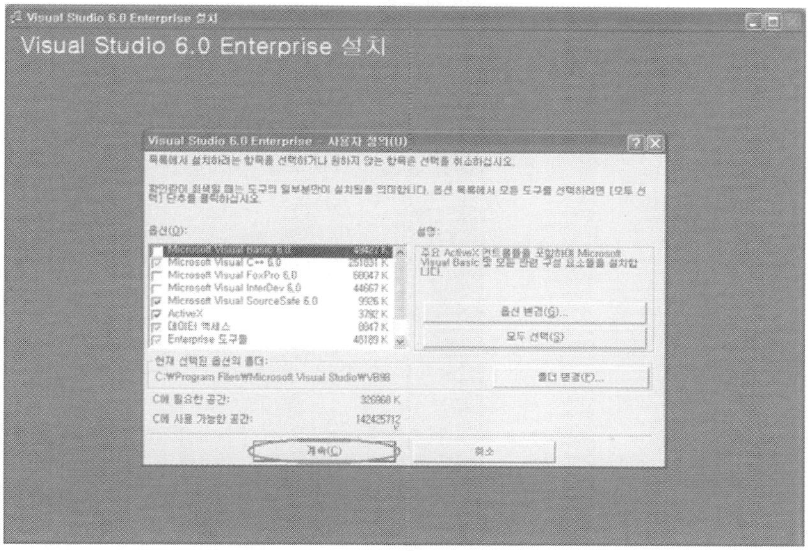

⑪ 환경 변수 등록을 체크하고 "확인" 버튼을 클릭한다.

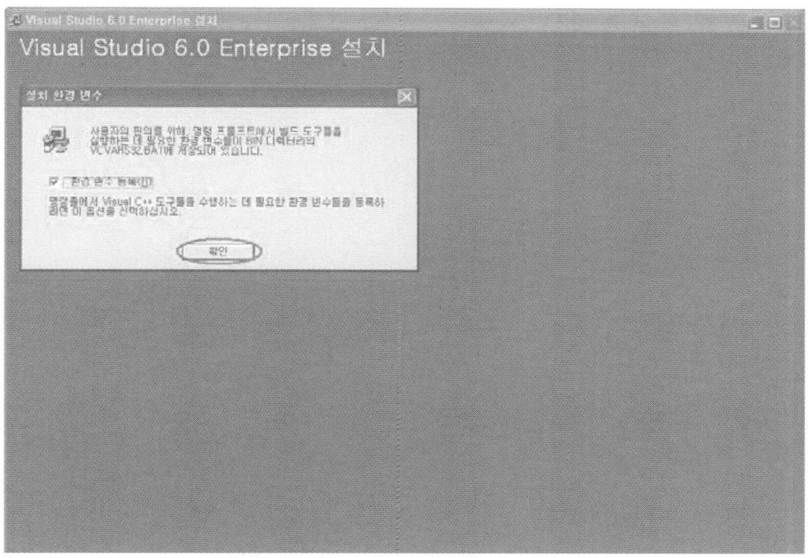

⑫ VSS DB 유형에 따라 다음 사항을 선택한다.
(업그레이드시 모든 클라이언트가 V6 소프트웨어를 가지고 있으면 "예" 버튼을, 아니면 "아니오" 버튼을 클릭한다.)

⑬ 다음과 같은 화면이 나온다.

⑭ 다음과 같은 화면이 나오면서 설치가 진행된다.

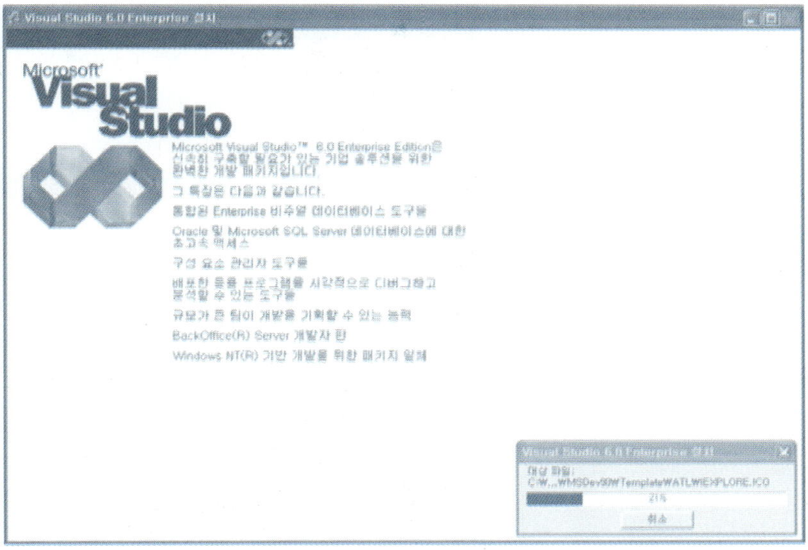

⑮ 다음과 같은 메시지가 나오면 "확인" 버튼을 클릭한다.

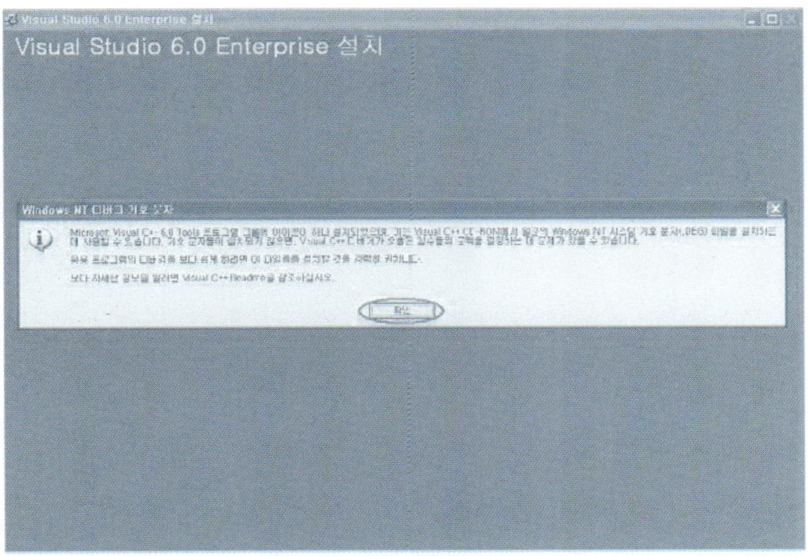

⑯ Windows를 다시 시작하면 설치가 완료된다.

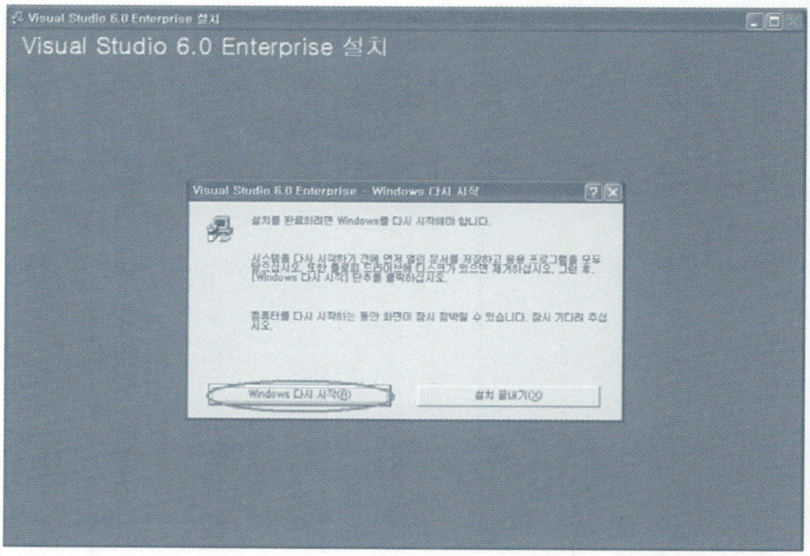

(2) Visual Studio 6.0 Service Pack 6 설치

① 다음과 같은 아이콘(SETUPSP6.EXE MS-Setup Setup Exe Microsoft Corporation)을 더블클릭하면 아래의 화면이 나온다.

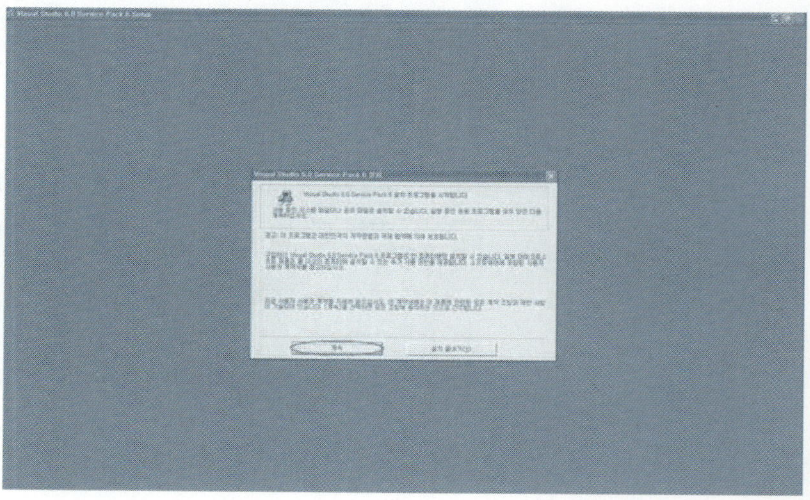

② 다음과 같은 화면이 나타난다.

③ 사용 계약서에 동의를 한다.

④ 다음과 같은 화면이 나타난다.

⑤ Service Pack이 설치중에 있다.

⑥ 다음과 같은 화면이 나타난다.

⑦ 설치가 완료되었다.

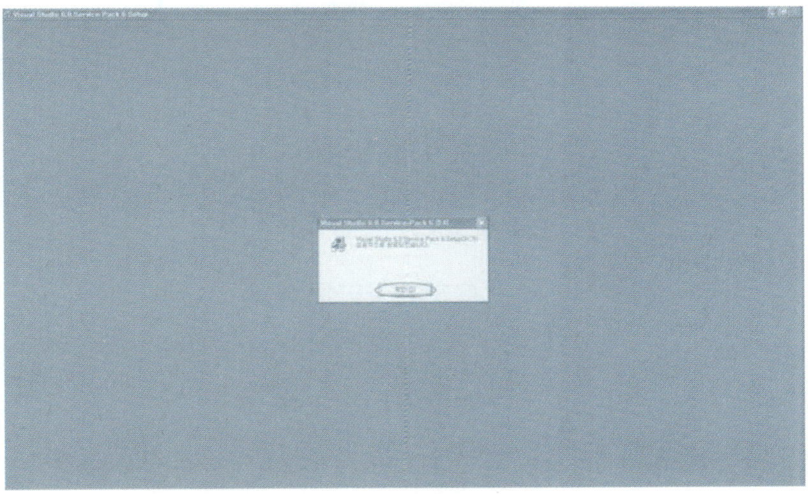

2) 프로그램 구조도

지능형 로봇시스템의 기본 프로그램은 4가지의 프로그램으로 되어 있다. 모터, 센서, 영상, 전체 테스트 프로그램으로 구성되어 있다.

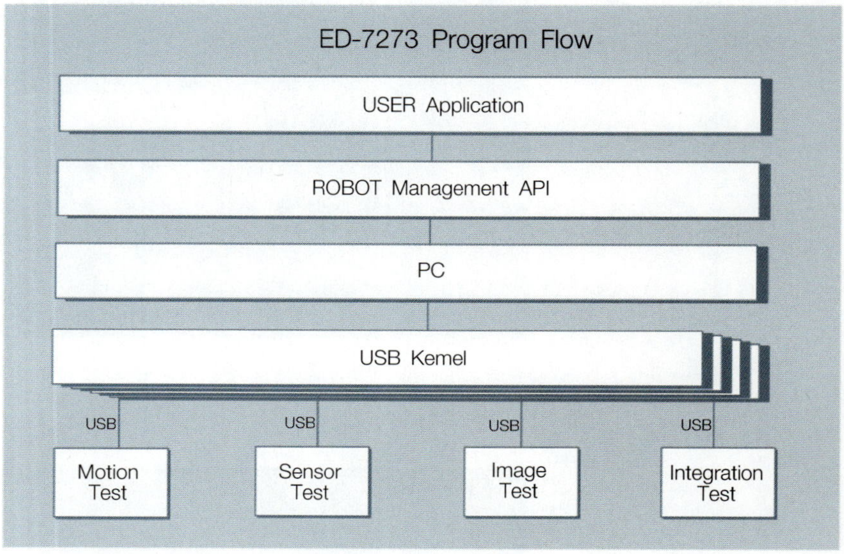

3) 프로그램 설명

(1) 모 터

A. 프로그램 아이콘 설명

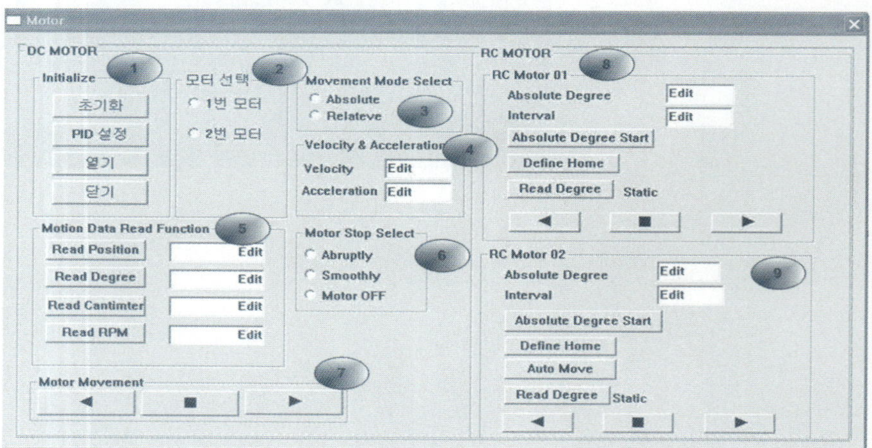

① 초기화(Initialize)

- 초기화 : DC모터(motor)를 초기화하는 버튼이다.
- PID 설정

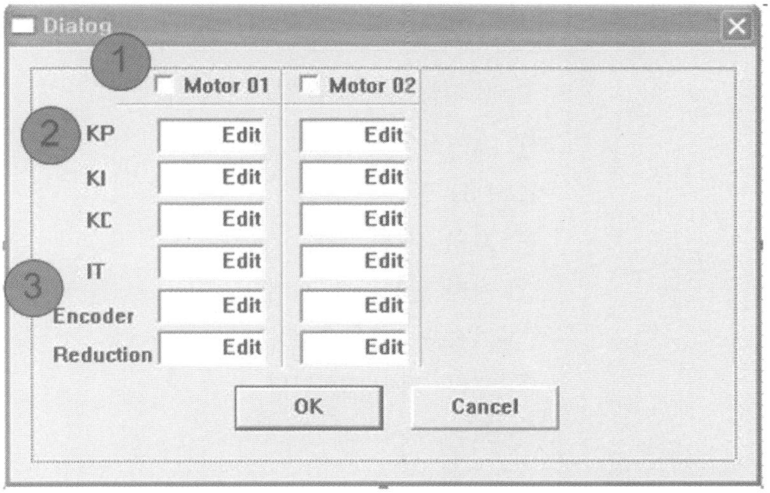

❶ 모터를 선택할 수 있는 체크 버튼이다. 선택하고자 하는 곳에 체크한다.

❷ PID 설정을 하는 곳이다. 모터의 상태에 맞는 값을 입력한다.

❸ 모터의 Encoder과 Reduction 값을 입력한다.

② DC모터 선택 : 모터를 선택하는 버튼이다. 움직이고자 하는 버튼을 선택할 수 있다.

③ DC모터 움직임 선택 : 모터 움직임 상태를 선택한다. 상대, 절대 움직임 정보를 선택할 수 있다.

④ DC모터 속도 및 가속도 선택 : 모터의 가속와 속도를 지정할 수 있다.

⑤ DC모터 상태값 가져오기 : 현재 모터의 움직임 정보를 출력한다.

⑥ DC모터 정지상태 설정 : 모터의 정지하는 방식을 선택하다.

⑦ DC모터 동작 : 움직일 모터를 선택 후 모터의 움직임 방향을 선택할 수 있다.

⑧ RC모터(가로)

- Interval은 모터가 한 번에 움직일 각도를 설정한다.
- Absolute Degree의 edit 박스에 값을 지정

- Absolute Degree Start 버튼은 설정한 degree 값만큼 모터를 동작한다.
- defineHome 모터를 초기화 위치에 놓는다.
- read Degree는 현 모터의 위치값을 보여준다.

⑨ RC모터(세로) : 8번의 버튼과 동일하며 세로축 모터를 움직일 수 있다.

B. 동작방법

① 초기화
② PID 설정
③ 모터 선택
④ 모터 동작방법 선택
⑤ 가속도 및 속도 설정
⑥ 모터 정지방법 선택
⑦ 모터 동작

(2) 센 서

A. 프로그램 아이콘 설명

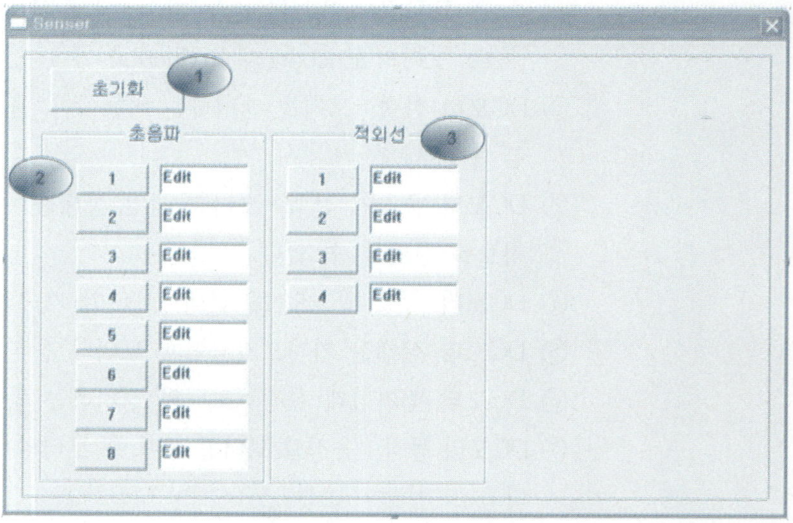

① 초기화 : 센서를 초기화한다.
② 초음파 : 1번부터 8번까지의 초음파 센서의 거리값을 가져와 보여준다.

③ 적외선 : 1번부터 4번까지의 적외선 센서의 거리값을 가져와 보여준다.

B. 동작방법

① 초기화

② 초음파 센서 확인

③ 적외선 센서 확인

(3) 전체 테스트

A. 버튼 설명

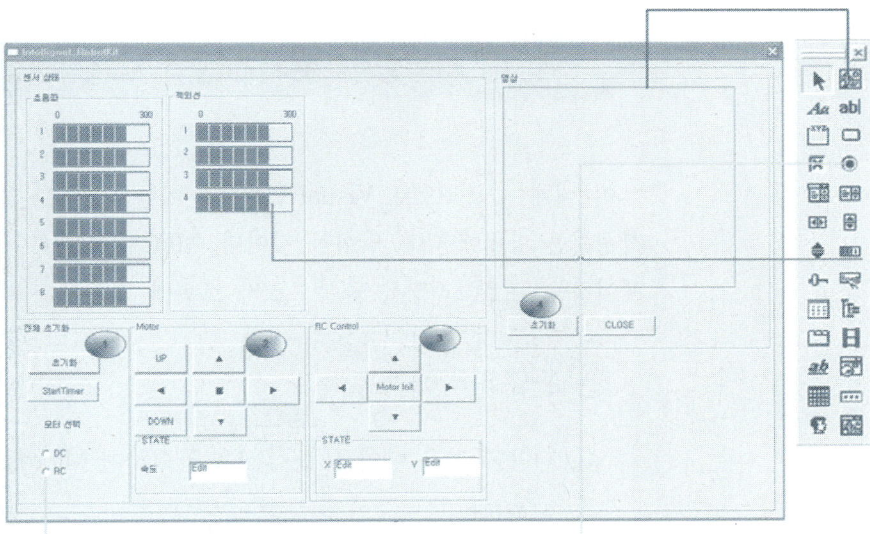

① 전체 초기화

- 초기화 : 모터와 센서를 한 번에 초기화하는 부분이다.
- SetTimer : 센서의 값을 실시간으로 읽어와서 화면상에 뿌려준다.
- 모터 선택 : DC모터와 RC모터를 키보드로 제어하는 것을 선택한다.

② DC move : 각각의 모양 버튼의 생김새와 똑같이 모터를 작동한다.

③ RC move : 각각의 모양 버튼의 생김새와 똑같이 모터를 작동한다.

④ 영상

- 초기화 : 화면상에 카메라로 들어온 영상을 출력한다.

- Close : 카메라를 정지한다.

B. 동작방법

① 초기화(센서, 모터)

② 모터 선택

③ StatrTimer 확인

④ 센서값 확인

11.3 지능형 로봇시스템의 MFC 실습

이 예제는 처음으로 Visual-C++ 을 이용하여 로봇을 제어하는 프로그램을 작성하는 방법에 대해 알아볼 것이다. MFC를 이용하여 쉽고 간단하게 로봇을 제어하는 프로그래밍을 해봄으로써 로봇에 대해서 자세히 알아보자.

1) MFC 따라하기

① 다음과 같은 아이콘(
)을 클릭하여 Microsoft사의 'Visual C++'를 실행한다.

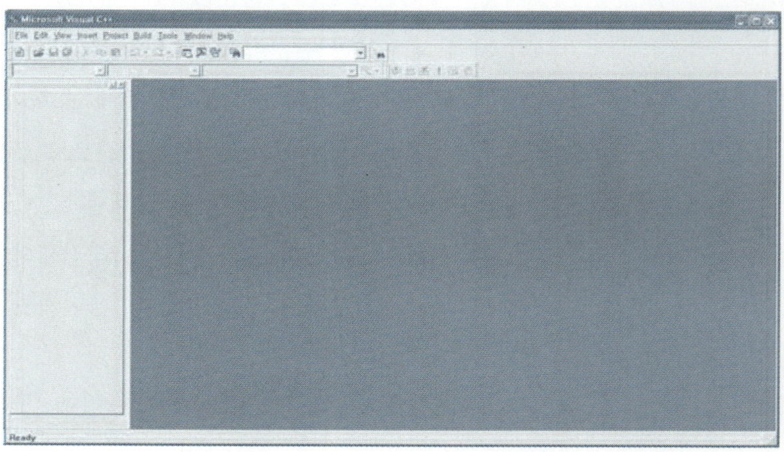

② 초기 실행 화면에서 메뉴창의 File을 클릭한 후 New를 선택한다.

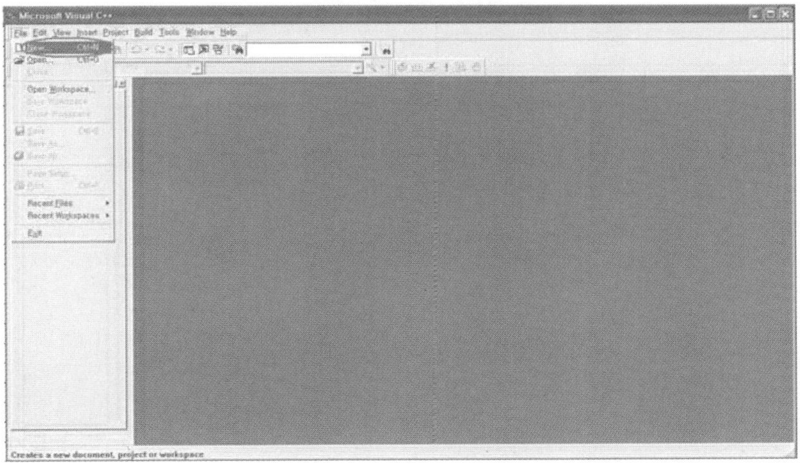

③ 다음과 같은 창이 열리면 좌측 상단의 Projects를 선택한 후, 'MFC AppWizard(exe)'를 클릭하고, Project name과 Location을 기입한 뒤 "OK"버튼을 클릭한다. (Location은 지정된 폴더에 Project name으로 하위 폴더가 생성되어 자동 저장된다.)

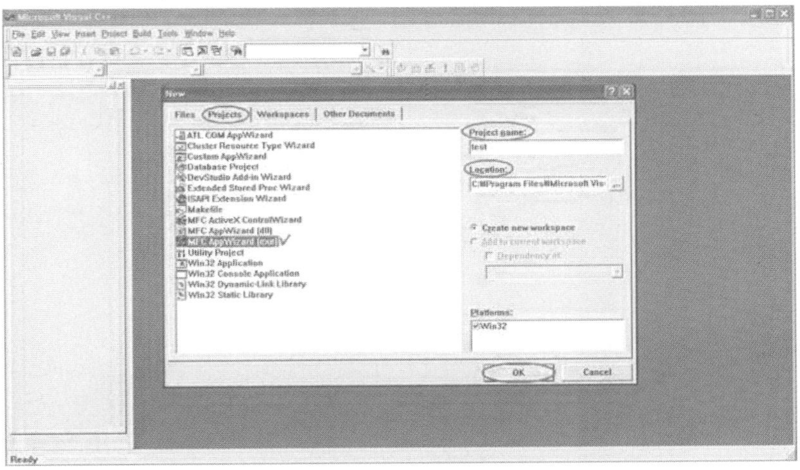

④ Dialog based를 선택한 뒤 “Finish” 버튼을 클릭한다.

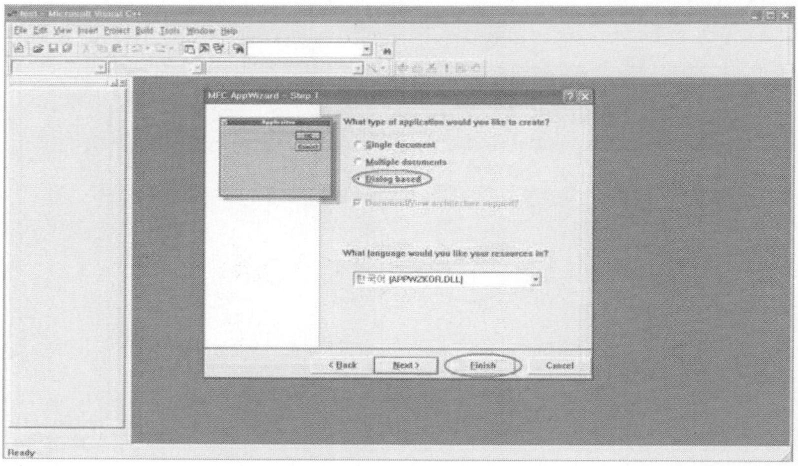

⑤ 최종적으로 생성된 프로젝트의 정보가 나와 있는 창이 열리게 되며 “OK” 버튼을 클릭하면 이것으로 기본적인 프로젝트의 생성은 끝이 난다.

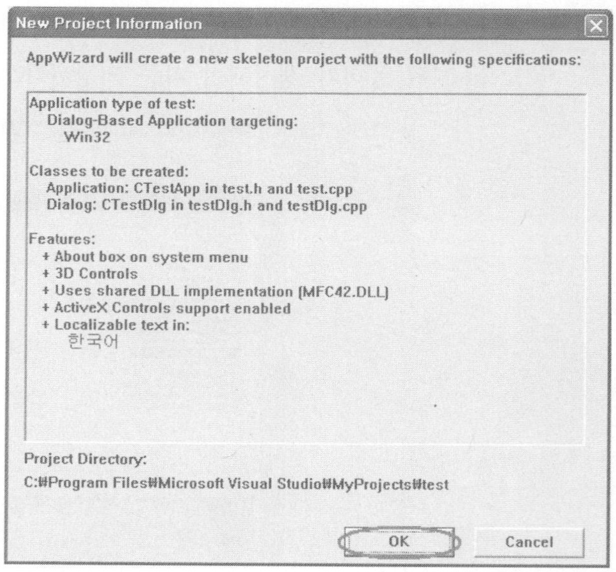

⑥ OK를 누르면 다음과 같은 창이 뜨게 되는데, 기본적인 Dialog창이 생성되어 있음을 볼 수 있다. 우선 아래 동그랗게 체크된 것(TODO, 확인, 취소)을 삭제해 줘야 한다. 삭제방법은 ⑦과 같다.

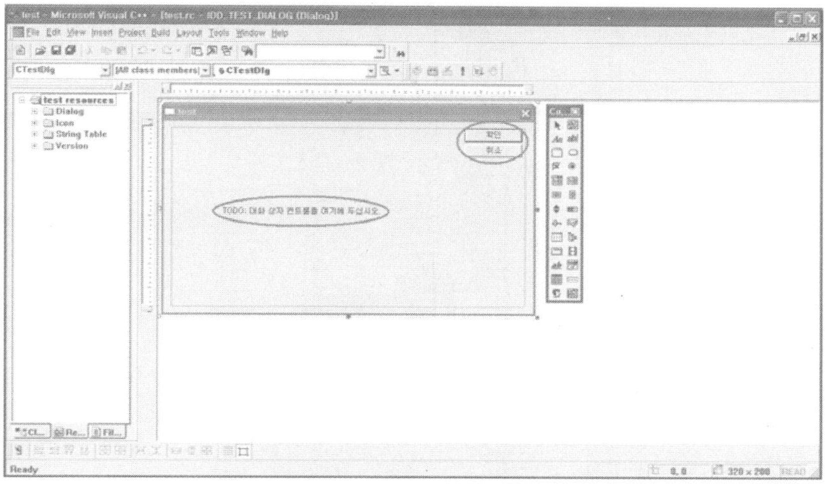

⑦ [TODO : 대화 상자 컨트롤..]을 선택한 뒤 마우스 오른쪽을 클릭하여 Cut 해주거나, 또는 Delete키를 눌러 삭제해 준다.
(확인/취소 버튼은 필히 삭제할 필요는 없다. : 선택사항)

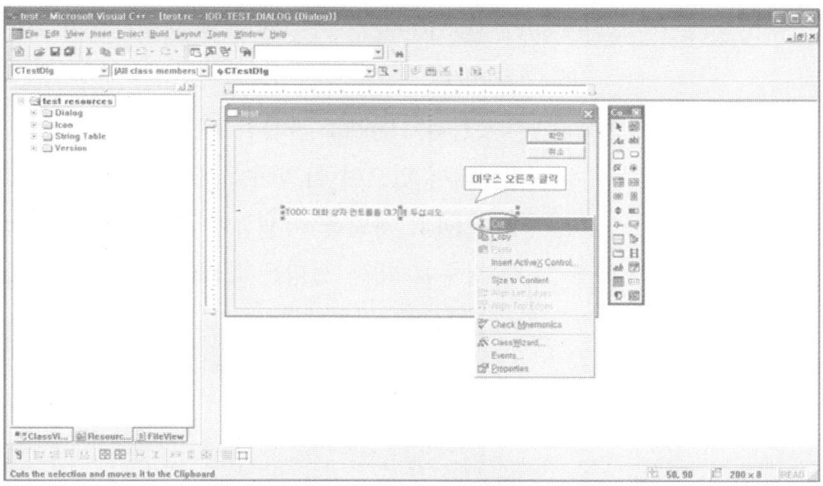

⑧ 실습예제로 ED 7273 지능형 로봇시스템에 있는 DC모터를 제어하는 기본 프로그램을 작성해보도록 하겠다.

먼저 DC모터 제어에 필요한 Header 파일을 프로젝트에 추가하기 위하여 Work Space 하단의 'File View'를 선택한 후 하위 폴더를 열어 그림과 같이"Header File"을 마우스 오른쪽 버튼으로 클릭하여"Add File to Folder..."를 선택한다.

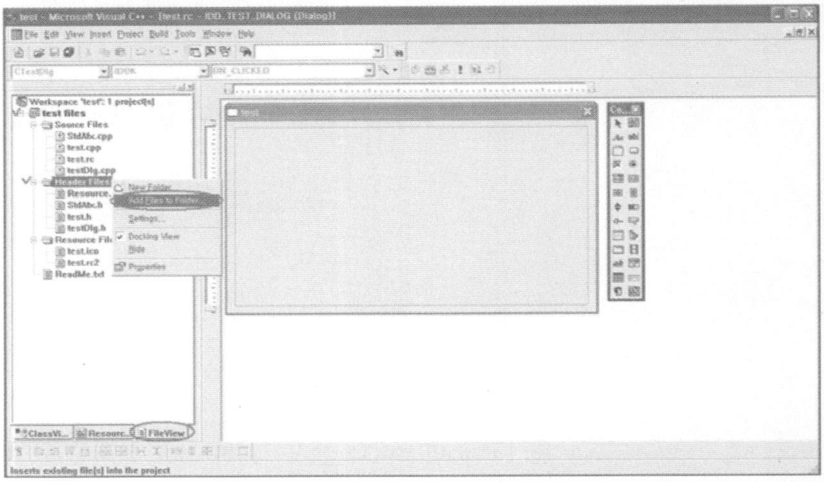

⑨ 제공된 파일이 있는 폴더를 선택한 후"Motion_Library.h"파일을 추가한다. (D:\ED7273 지능형 로봇 프로그래밍\지능형 로봇프로그래밍 Source\Library)

추가된 Header 파일의 내부에는 DC모터 제어에 필요한 여러 함수가 정의되어 있으며 이 함수들을 이용하여 프로그램을 작성하고 프로그램 실행시 DLL 파일을 이용하여 DC모터를 제어하게 된다. Header 파일내의 각 함수에 대한 설명은 Library 설명을 참조하기 바란다.

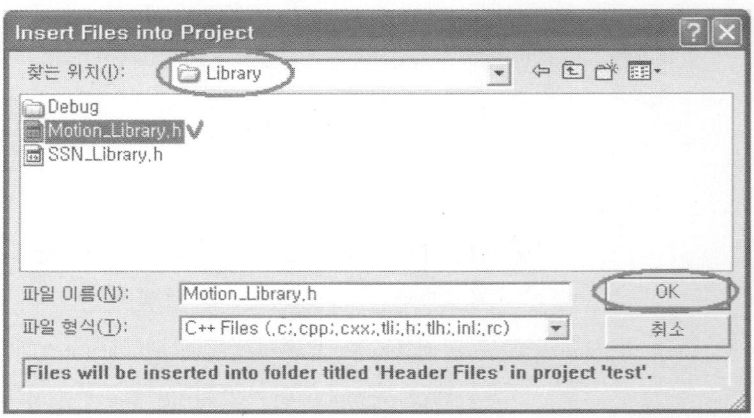

⑩ 다음으로 Library 파일을 복사하여 현재 프로젝트가 저장되고 있는 MyProjects 폴더에 "붙여넣기"한다.

Library와 MyProjects의 일반적 저장 위치는 다음과 같다.

```
D:₩ED7271 지능형 로봇 프로그래밍₩지능형 로봇프로그래밍 Source₩Library
C:₩Program Files₩Microsoft Visual Studio₩MyProjects
```

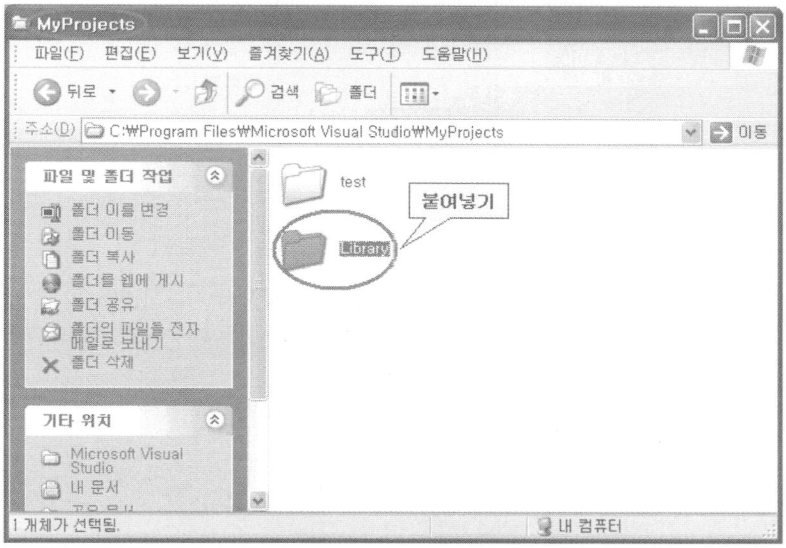

⑪ Header 파일을 추가한 후 프로젝트 내에서 사용할 수 있도록 하기 위하여 Work Space의 Header 파일 폴더안의"StdAfx.h"을 더블클릭하여 밑줄로 표시된 부분을 추가한다.

```
#include "../Library/Motion_Library.h"
```

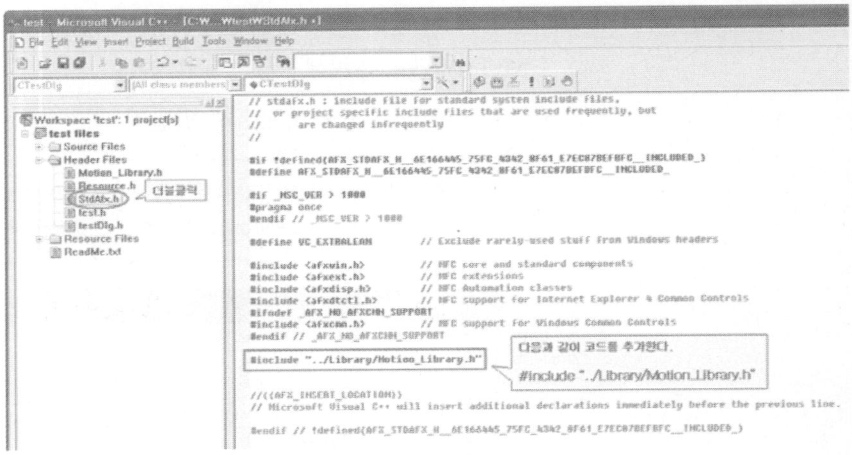

⑫ 제공된 .lib 파일을 프로젝트에 연결하기 위하여 다음 그림처럼 메뉴 항목의 'Project'를 선택한 후 'Setting'을 클릭한다.

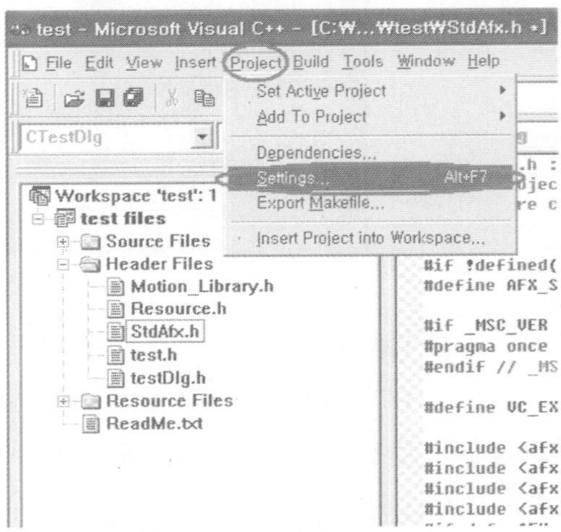

⑬ Project Setting 창이 열리면 'Link'를 선택한 후 그림에 표시된 부분을 그림과 같이 변경한다. 우선 'Output file name:'항목은 프로그램 작성 후 실행 파일이 생성되는 svhf더와 실행 파일의 이름을 사용자가 변경할 수 있는 부분이며, 'Object/Library modules:'항목은 ED7271 시스템의 DC 모터를 제어하기 위한 Library 파일을 프로젝트에 연결하기 위한 부분으로 '../Library/ED_4509A_DLL.lib'를 추가한다.

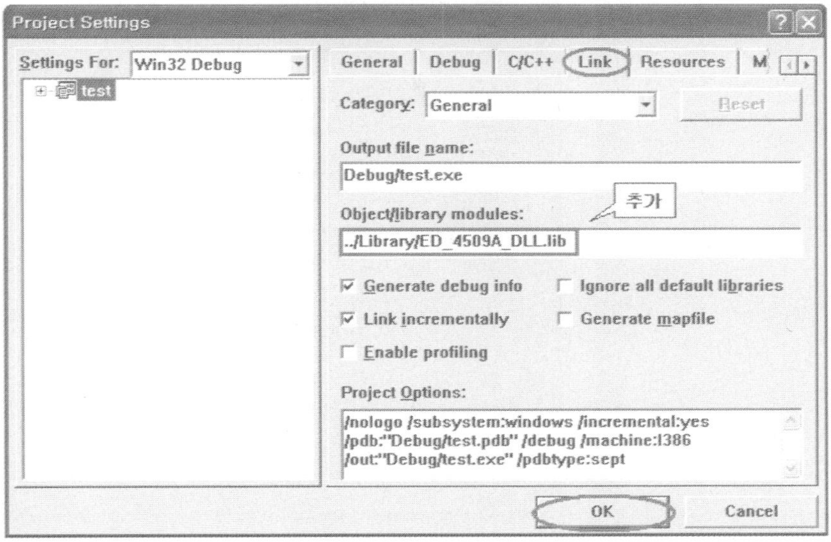

⑭ 'Output file name :'에 해당되는 폴더(그림상에서는 Debug 폴더)에 제공된 'ED_4509A_DLL.dll' 파일을 복사한다.

⑮ Work Space의 Header 폴더에 있는 'tsstDlg.h' 파일에서 다음과 같이 코드를 추가한다. 이 객체를 이용하여 DC모터를 제어하는 Library의 함수를 이용할 수 있다.

```
MOTION_SESSION pMotion
```

11장

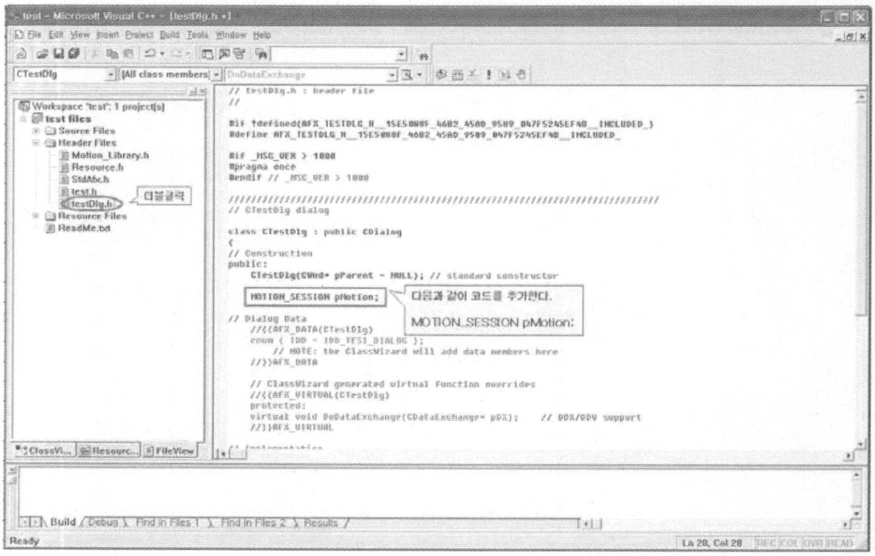

* 프로그램을 작성하기 위한 사전 준비는 이것이 끝이며, 이제부터 실제 프로그램의 작성이다.

Chapter 12

MFC를 이용한 지능형 로봇시스템의 DC모터 제어

12.1 DC모터 제어실습

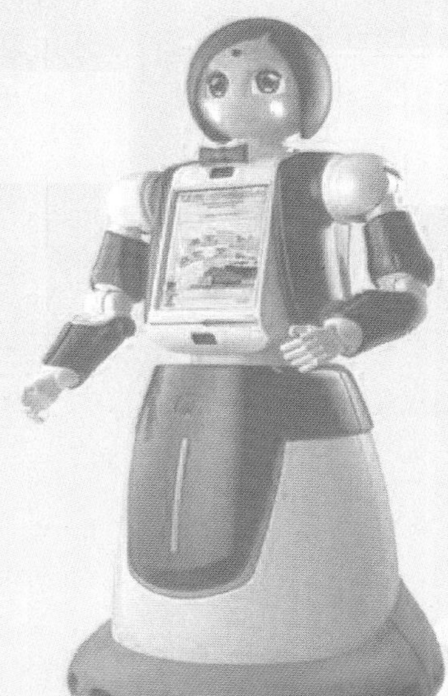

12.1 DC모터 제어실습

1) 초기 프로그램

① 모터(MOTOR) 초기 프로그램은 프로그램과 라이브러리 함수를 연결하기 위해 초기화 해주는 과정이다. 로봇을 제어하는 라이브러리를 링크하기 위해서는 ED_4509A.DLL을 연결해야 한다. 우선 [그림 12-1]처럼 Project → Setting를 선택한다.

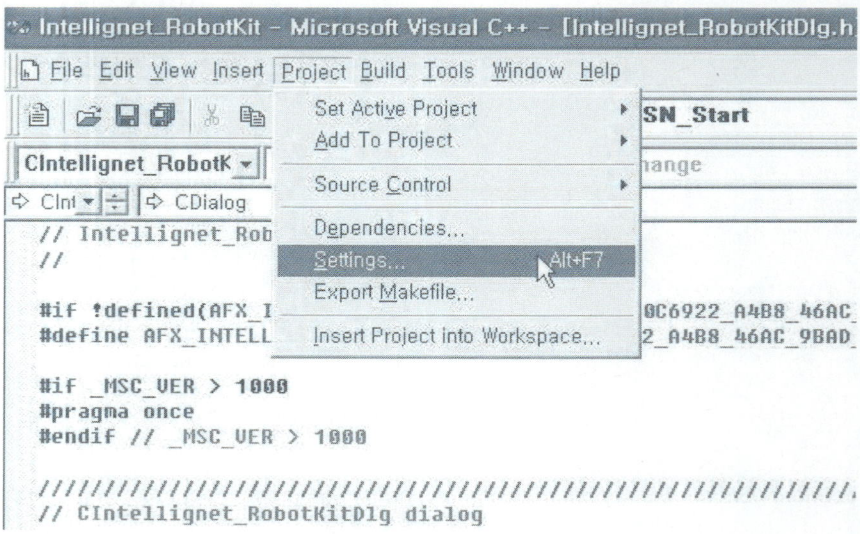

[그림 12-1]
ED-4509A.DLL 연결

② [그림 12-2]처럼 링크 탭을 선택한 후 name과 library에 경로를 입력한다. 다음 그림처럼 연결을 하면 프로젝트를 만든 곳에 복사한 Bin 폴더에 실행 프로그램이 들어가게 된다.

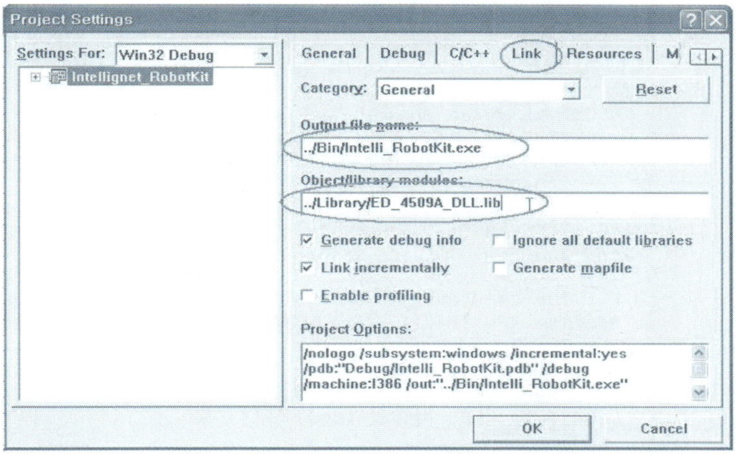

[그림 12-2]
DLL 연결 Link 탭

③ [그림 12-3]처럼 모터 제어 라이브러리 함수에 접근하기 위해 라이브러리 헤더파일을 추가한다.

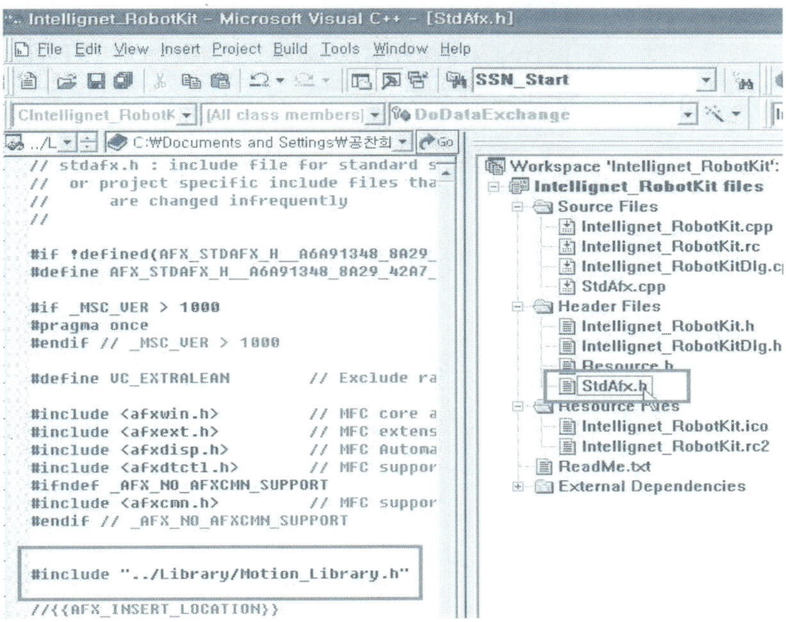

[그림 12-3]
라이브러리 헤더파일 추가

④ [그림 12-4]의 그림처럼 Intellignet_RobotKitDlg.h 파일에 객체를 생성한다. 이 객체를 이용하여 모션제어하는 라이브러리의 함수를 이용할 수 있다.

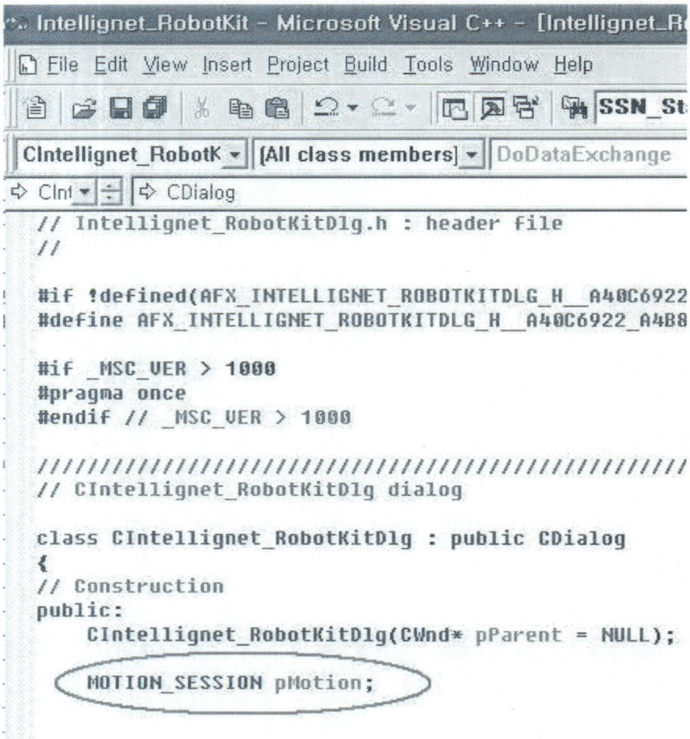

[그림 12-4]
모터 제어 객체생성

2) MOTOR 초기화

① 지금부터는 모터에 직접적으로 연결해서 로봇을 동작해 보기 위한 실제적으로 코드를 작성하는 부분이다. [그림 12-5]는 모터를 초기화하기 위한 버튼은 생성하는 부분이다.

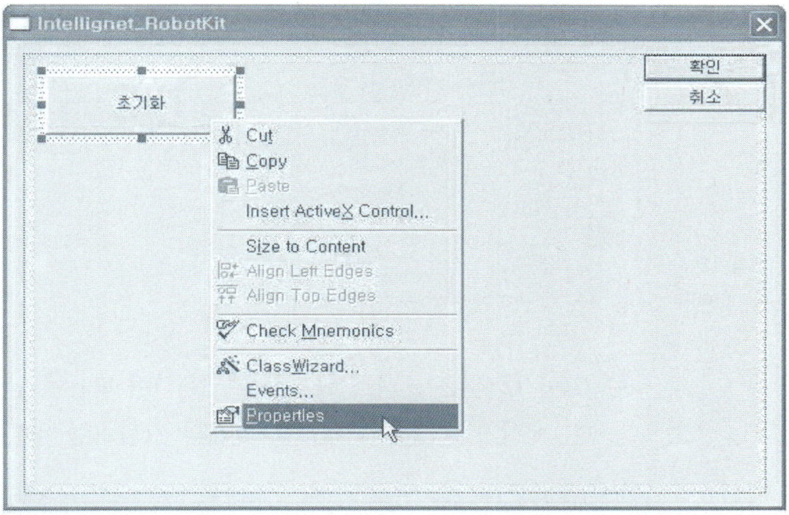

[그림 12-5] Motor Init

② [그림 12-6]은 버튼의 이름을 설정하는 부분이다.

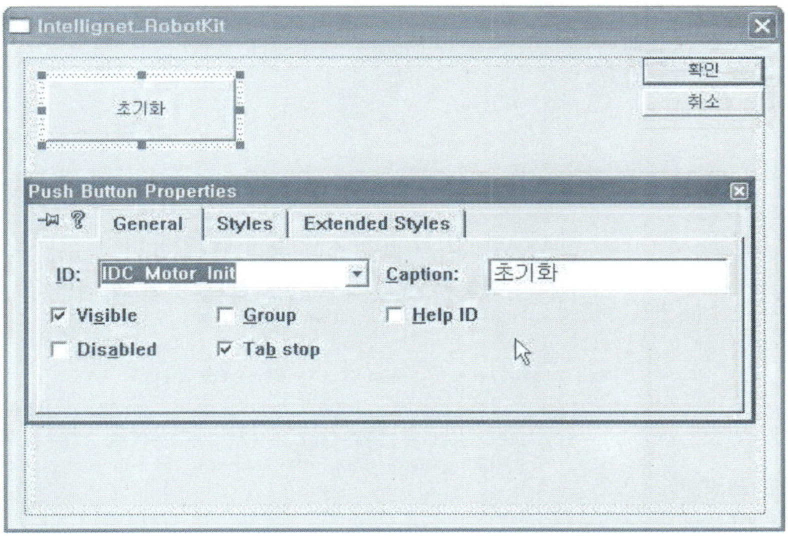

[그림 12-6] Button name set

③ [그림 12-7]은 클래스 위저드를 사용하여 버튼에 함수를 연결하는 부분이다. 메뉴의 View →ClassWizard(Ctrl+W)를 선택한다.

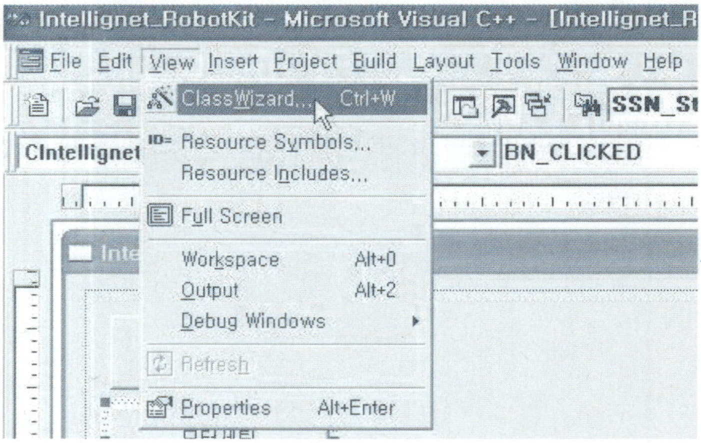

[그림 12-7]
Button create

④ [그림 12-8]은 클래스 위저드를 사용하여 버튼에 함수를 연결하는 부분이다. 메시지 맵탭을 선택하고 아래의 그림처럼 버튼을 생성한다.

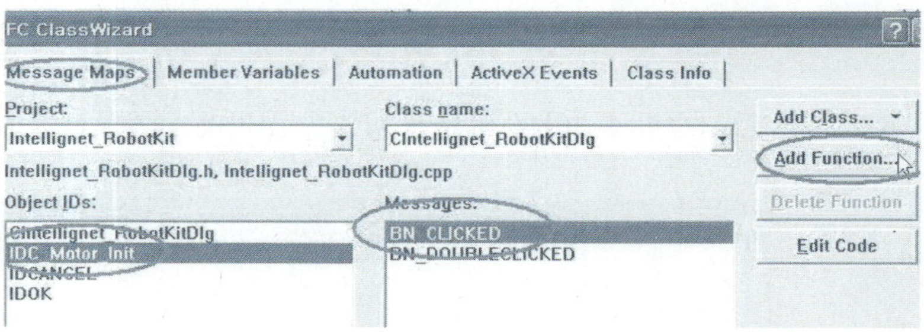

[그림 12-8]
Button Create 2

⑤ [그림 12-9]는 초기화 버튼을 눌렀을 때 실행되는 코드이다.

DCServo01_Initialize() 함수를 이용하여 모터를 초기화한다. 만약 모터를 초기화하지 못하면 초기화를 하지 못했다는 출력이 나타날 것이다.

```
void CIntellignet_RobotKitDlg::OnMotorInit()
{
    pMotion = NULL;  // object init
    if( DCServo01_Initialize( m_hWnd, &pMotion ) != EDROBOT_API_OK )
        ::MessageBox( NULL, "DCServo01_Init Error", "Function Error", MB_OK );

}
```

[그림 12-9]
Motor init code

3) MOTOR PID Setting

① 이 절은 모터의 PID를 설정하는 함수를 호출한다.

DCServo01_FillterSet() 함수는 모터의 PID를 설정해서 모터를 제어할 수 있도록 해주는 함수이다. [그림 12-10]은 PID 설정을 연결하는 버튼을 생성하는 부분이다. 버튼에 마우스 오른쪽 버튼을 클릭해서 속성을 선택한다.

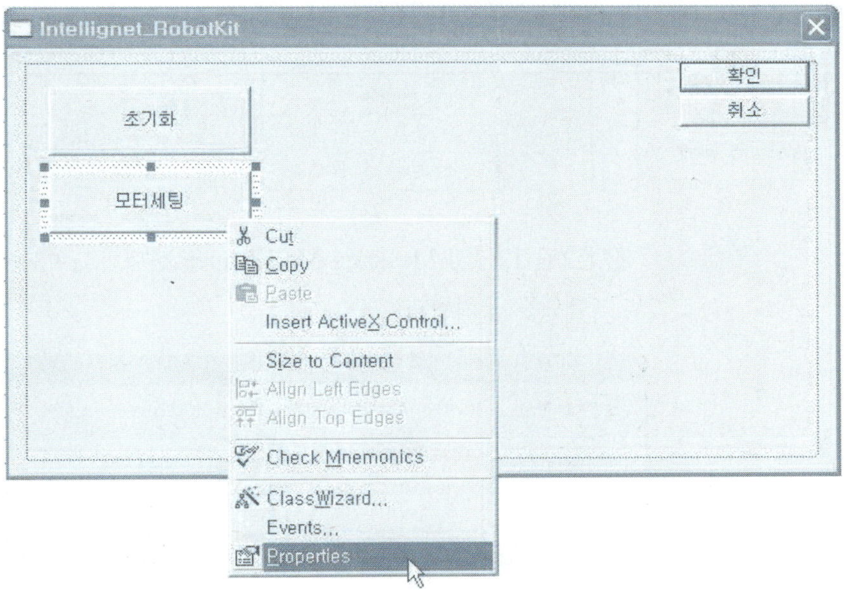

[그림 12-10]
PID set Button create

② [그림 12-11]은 버튼의 이름을 정하는 부분이다. 아래의 그림처럼 버튼의 이름을 다이얼로그에 적는다.

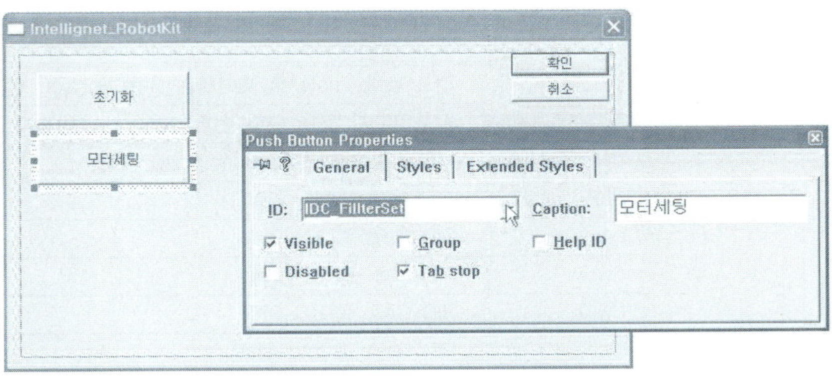

[그림 12-11]
Button name set

③ [그림 12-12] 버튼 생성하기 위한 클래스 위저드 실행이다. 메뉴의 View → ClassWizard를 선택한다.

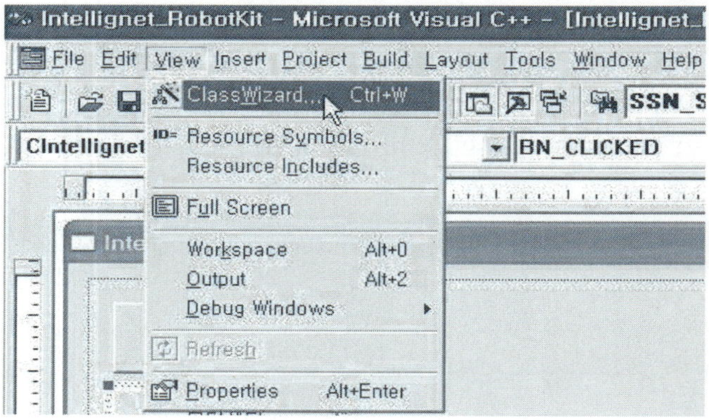

[그림 12-12]
ClassWizard width button create

④ [그림 12-13] Message Maps tap을 선택하고 아래의 그림처럼 선택한 후 함수를 추가한다.

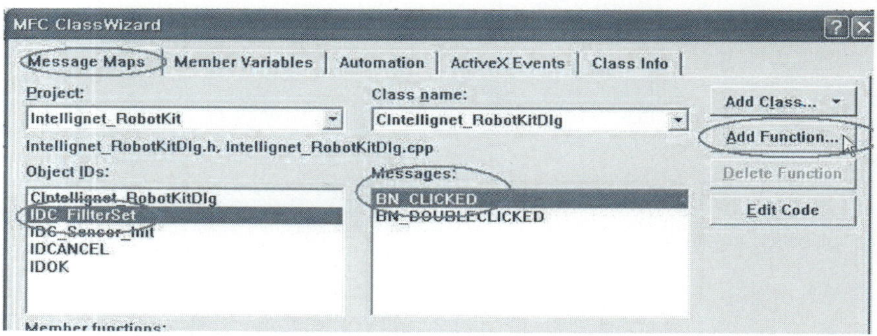

[그림 12-13]
fillterset function Button create view]

⑤ [그림 12-14]의 code는 모터의 PID 설정하는 코드이다. 함수 안의 인자를 살펴보면 <표 12-1>의 순서와 같다.

〈표 12-1〉
parameter info

pMotion	DC Servo motor를 제어하기 위한 Session 핸들 정보
nSelectMotor	사용하고자 하는 모터 번호, 모터 1~4번까지 사용 가능
dwEncoder	Motor와 연결된 Encoder pulse 입력
dbReduction	감속기의 감속비 입력
dwKp	PID Gain 중 KP 입력
dwKi	PID Gain 중 KI 입력
dwKd	PID Gain 중 KD 입력
dwil	PID Gain 중 Interval 입력

```
void CIntellignet_RobotKitDlg::OnFillterSet()
{
    UpdateData(TRUE);
    DCServo01_FillterSet( pMotion, 1, 14, 30, 200, 0, 0, 0 );  // PID set 1 motor
    DCServo01_FillterSet( pMotion, 2, 14, 30, 200, 0, 0, 0 );  // PID set 2 motor
}
```

[그림 12-14]
PID setting code

4) MOTOR Acceleration Setting

① 이 절은 모터의 가속도를 설정한다.

DCServo01_SetAbsoluteAcceleration 함수를 이용하여 모터의 절대값을 입력하여 모터를 입력한다. [그림 12-15]는 가속도를 설정하는 버튼을 생성한다. 아래의 그림처럼 마우스 오른쪽을 클릭하여 속성을 선택한다.

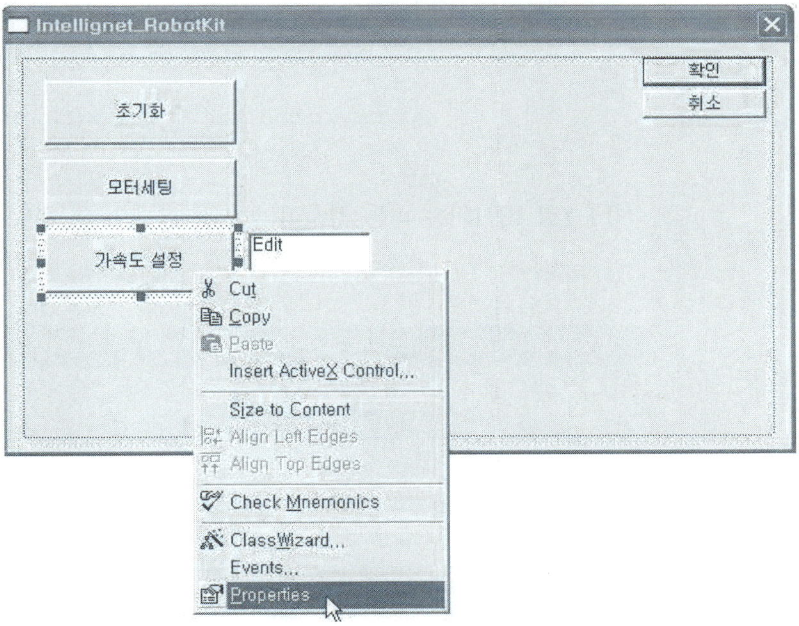

[그림 12-15]
Acceleration button create

② [그림 12-16]은 버튼의 이름을 정하는 부분이다. 아래의 그림처럼 버튼의 이름을 다이얼로그에 적는다.

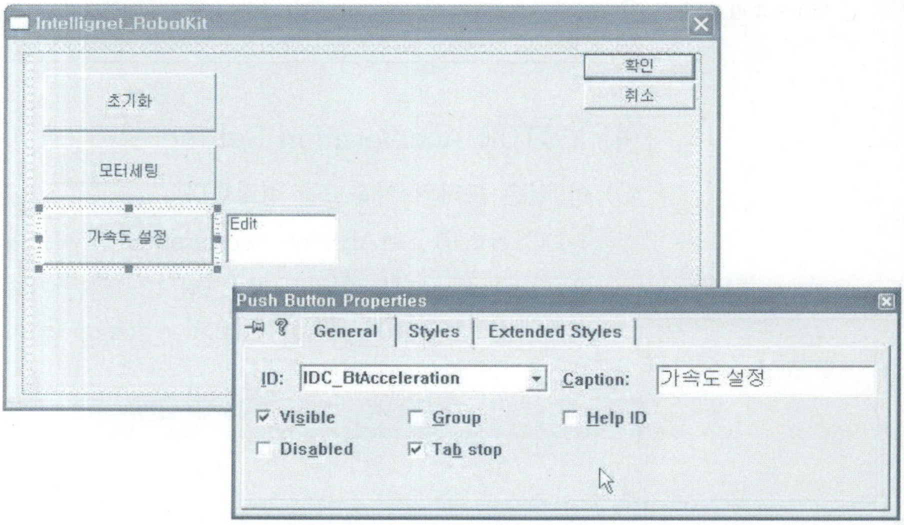

[그림 12-16]
name set]

③ [그림 12-17]은 버튼 생성하기 위한 클래스 위저드 실행이다. 메뉴의View →ClassWizard를 선택한다.

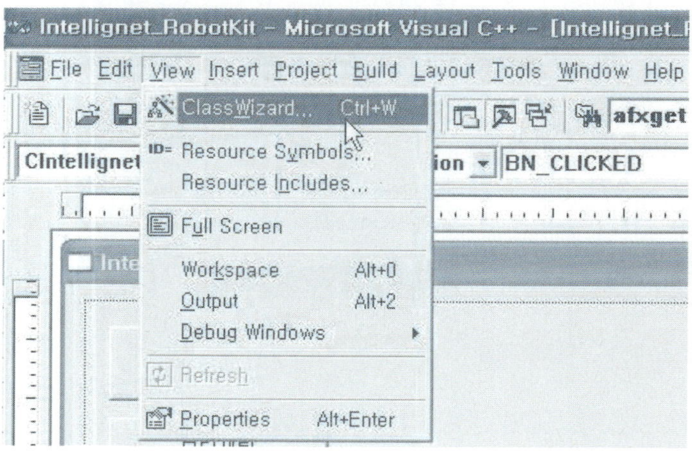

[그림 12-17]
ClassWizard width
button create

④ [그림 12-18]은 Message Maps tap을 선택하고 아래의 그림처럼 선택을 한 후 함수를 추가한다.

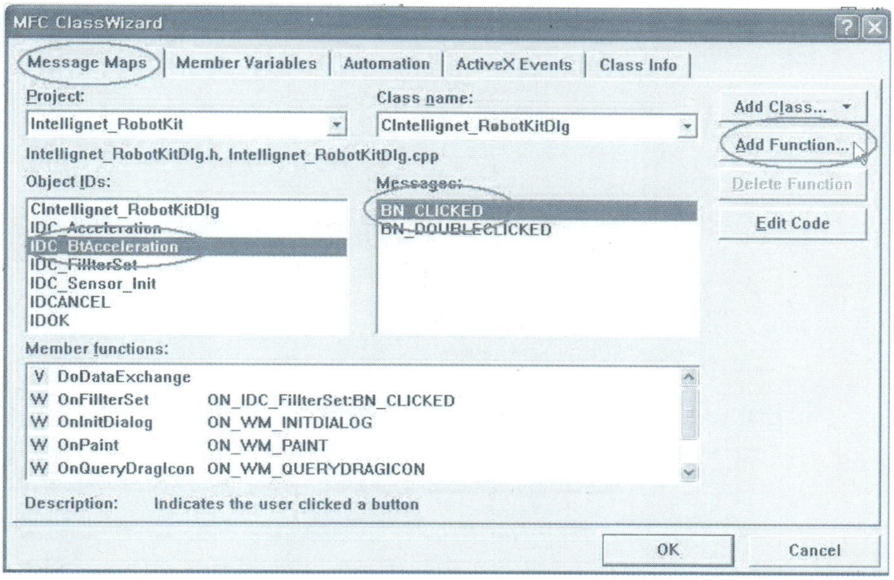

[그림 12-18]
function Button create view

⑤ [그림 12-19]는 가속도값을 입력하는 edit box이다. 아래의 그림처럼 마우스 오른쪽을 클릭하여 속성을 선택한다.

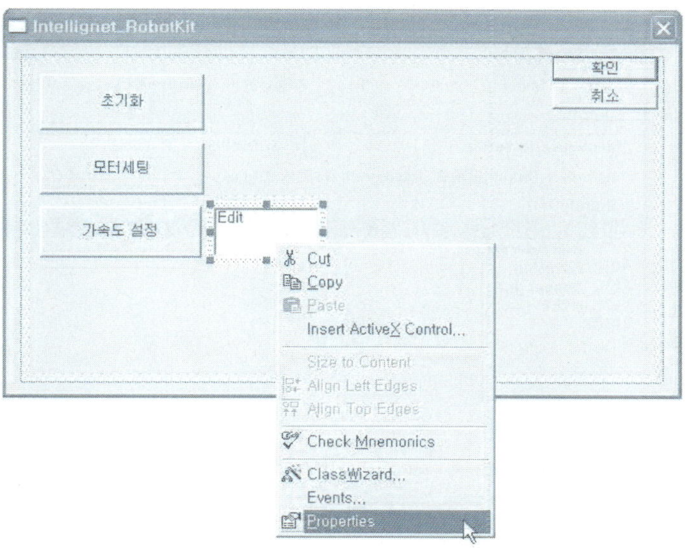

[그림 12-19]
input data Acceleration

12장

⑥ [그림 12-20]은 ID 이름을 정하는 부분이다. 아래의 그림처럼 버튼의 이름을 다이얼로그에 적는다.

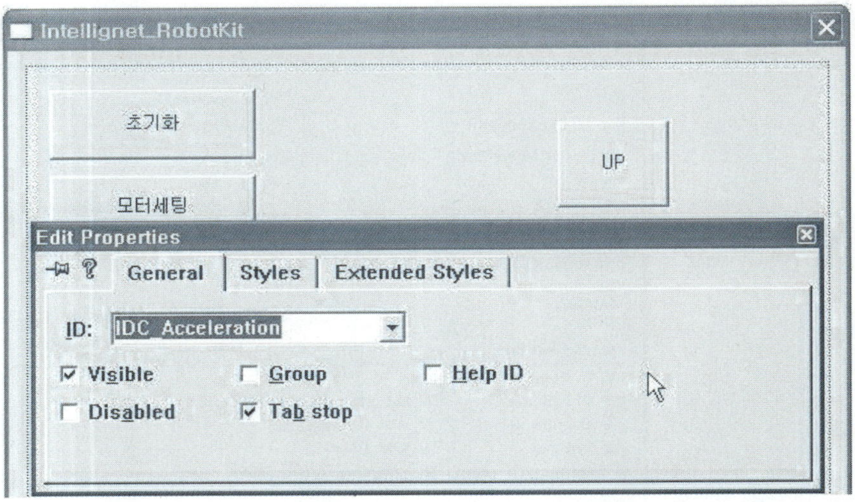

[그림 12-20]
name set

⑦ [그림 12-21], [그림 12-22]처럼 클래스 위저드를 열어서 Member Variables tap을 선택하고 아래의 그림처럼 선택을 한 후 변수의 이름과 변수의 타입을 설정한다. 앞으로 이 변수를 통하여 가속도 속도설정을 할 것이다.

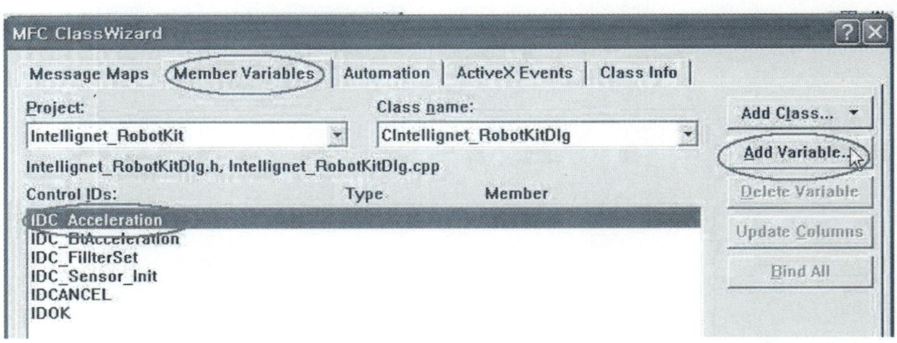

[그림 12-21]
classwizard add value

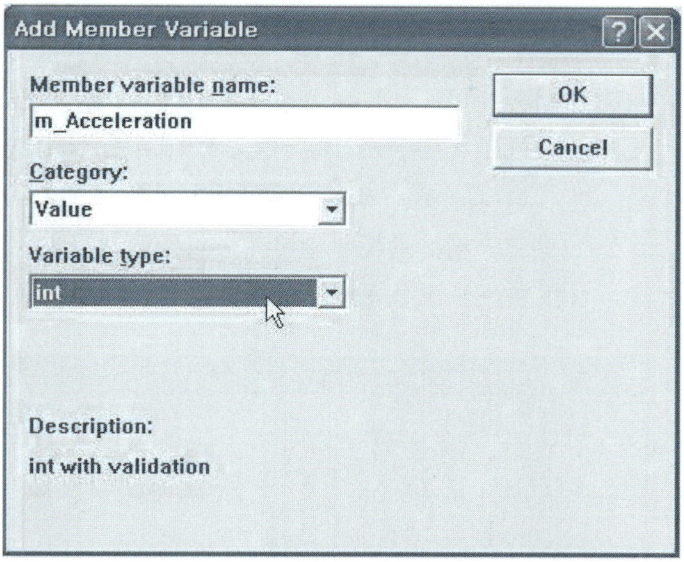

[그림 12-22]
input value name and type

⑧ [그림 12-23]의 코드는 가속도 설정함수이다. 가속도 설정함수의 인자는 터를 제어하는 객체와 모터번호, 가속도값이다. m_Acceleration를 통하여 사용자가 가속도값을 설정할 수 있다.

```
void CIntellignet_RobotKitDlg::OnBtAcceleration()
{

    UpdateData(TRUE);

    DCServo01_SetAbsoluteAcceleration( pMotion, 1, m_Acceleration );
    DCServo01_SetAbsoluteAcceleration( pMotion, 2, m_Acceleration );

    UpdateData(FALSE);


}
```

[그림 12-23]
acceleration function code]

5) MOTOR Velocity Setting

① 이 절은 모터의 속도를 조절한다. DCServo01_SetAbsoluteVelocity 함수는 모터의 속도를 조절하여 로봇을 제어할 수 있다. 이 함수의 인자를 보면 모터 제어하는 객체, 모터 선택 번호, 속도값으로 이루어져 있다. [그림 12-24]는 속도를 설정하는 버튼을 생성하는 과정이다. 아래의 그림처럼 마우스 오른쪽을 클릭하려 속성을 선택한다.

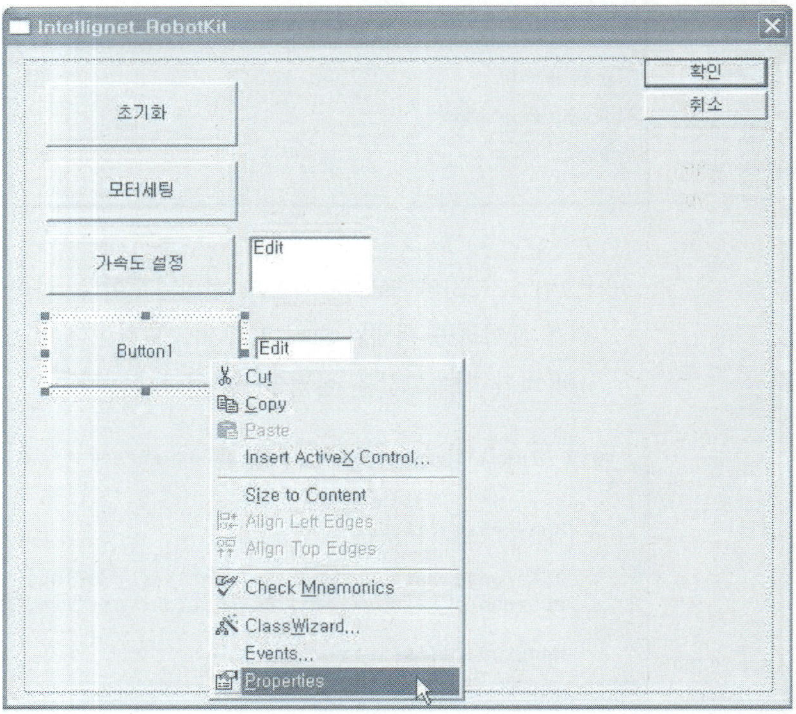

[그림 12-24]
Velocity button create

② [그림 12-25]는 버튼의 이름을 정하는 부분이다. 아래의 그림처럼 버튼의 이름을 다이얼로그에 적는다.

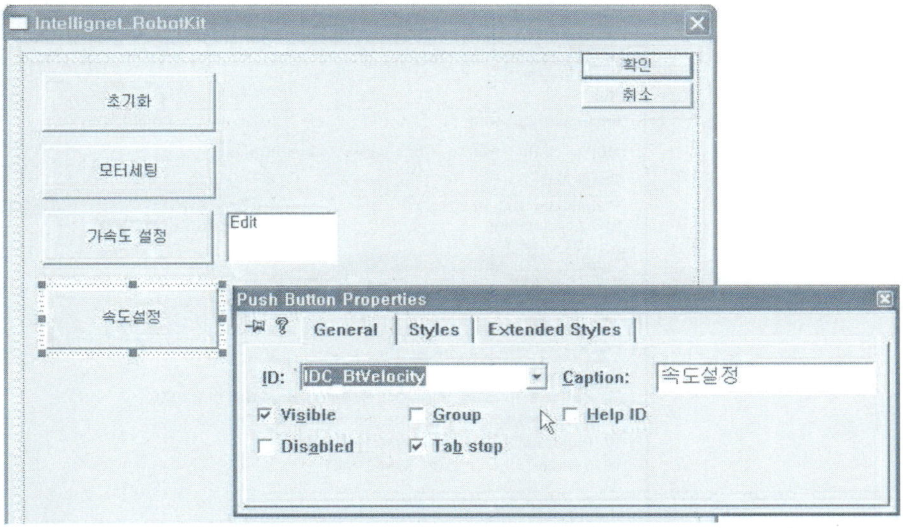

[그림 12-25]
Velocity name set]

③ [그림 12-26]은 버튼 생성하기 위한 클래스 위저드 실행이다. 메뉴의 View→ClassWizard를 선택한다.

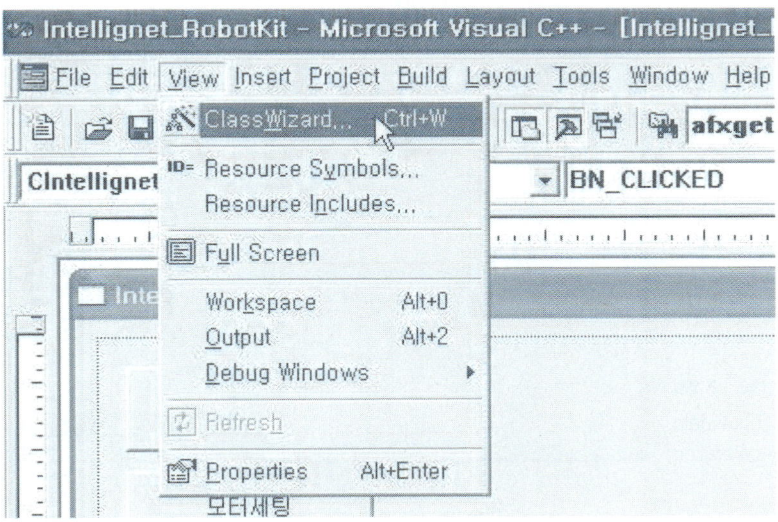

[그림 12-26]
ClassWizard used
Button create]

12장

④ [그림 12-27]은 Message Maps tap을 선택하고 아래의 그림처럼 선택을 한 후 함수를 추가한다.

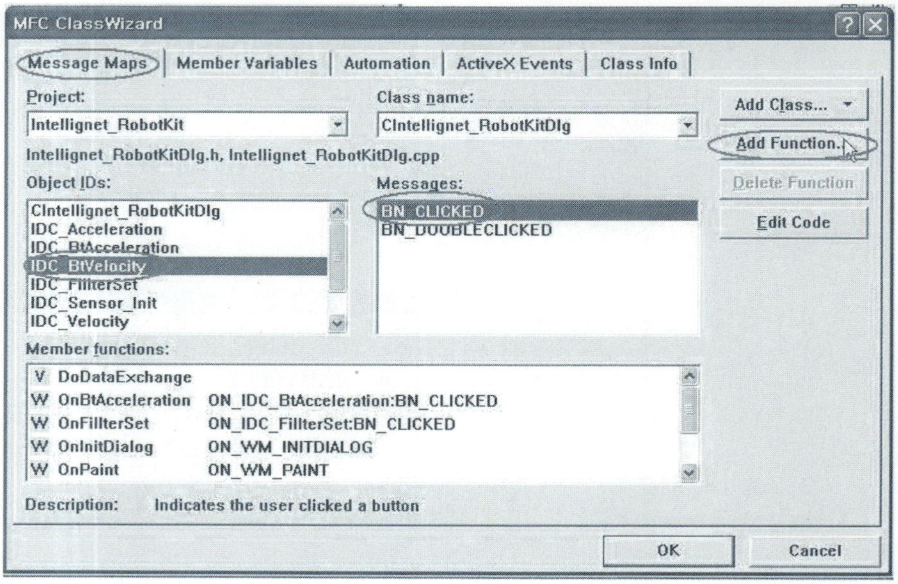

[그림 12-27]
function Button
create view

⑤ [그림 12-28]은 속도값을 입력하는 edit box이다. 아래의 그림처럼 마우스 오른쪽을 클릭하여 속성을 선택한다.

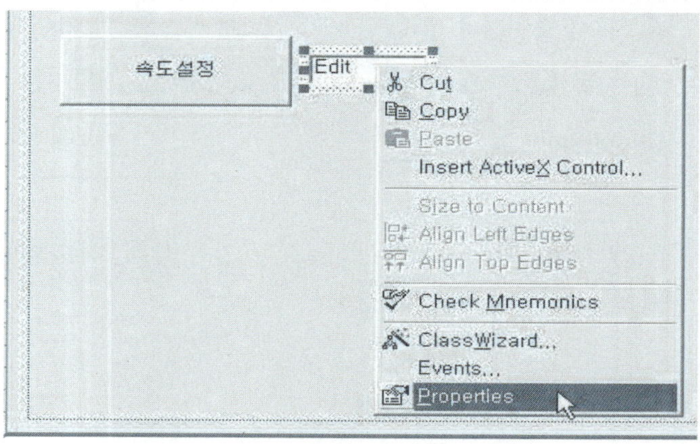

[그림 12-28]
input data
Acceleration

⑥ [그림 12-29]는 ID 이름을 정하는 부분이다. 아래의 그림처럼 버튼의 이름을 다이얼로그에 적는다.

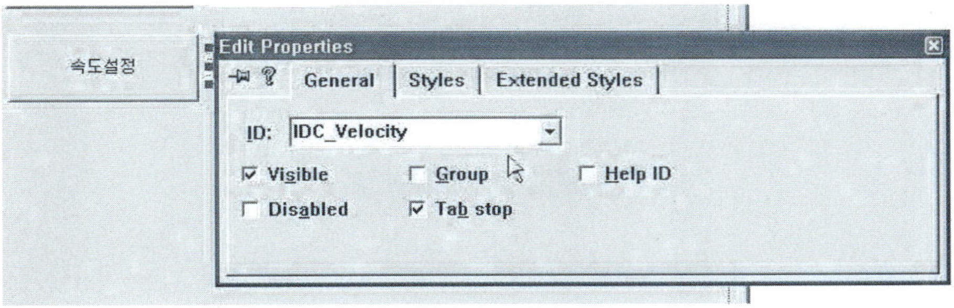

[그림 12-29]
name set

⑦ [그림 12-30], [그림 12-31]처럼 클래스 위저드를 열어서 Member Variables tap을 선택하고 아래의 그림처럼 선택을 한 후 변수의 이름과 변수의 타입을 설정한다. 앞으로 이 변수를 통하여 속도설정을 할 것이다.

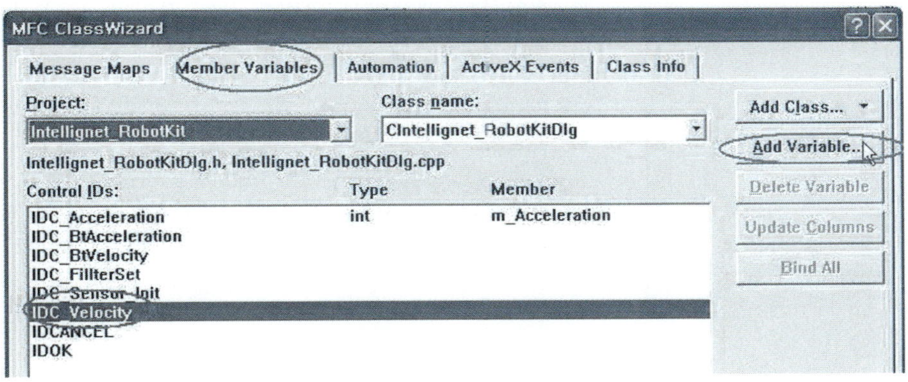

[그림 12-30]
classwizard add value

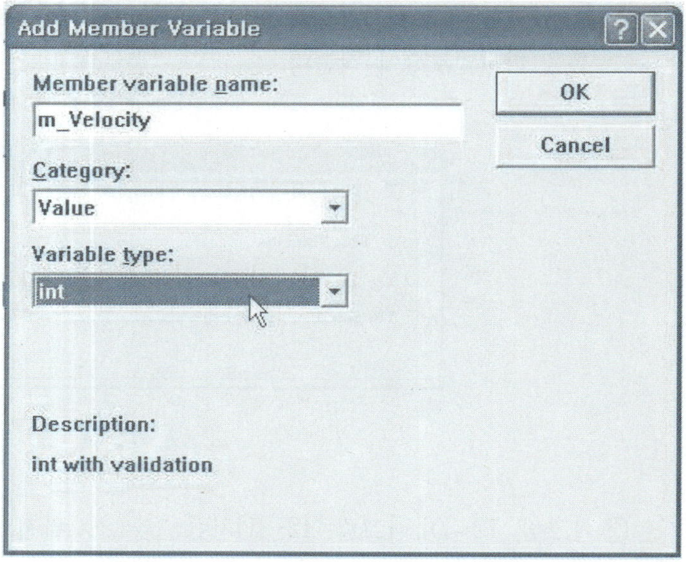

[그림 12-31]
input value name and type

⑧ [그림 12-32]의 코드는 속도 설정함수이다. 속도 설정함수의 인자는 모터를 제어하는 객체와 모터번호, 속도값이다. m_Velocity를 통하여 사용자가 속도값을 설정할 수 있다.

```
void CIntellignet_RobotKitDlg::OnBtVelocity()
{
    UpdateData(TRUE);
    DCServo01_SetAbsoluteVelocity( pMotion, 1, m_Velocity );
    DCServo01_SetAbsoluteVelocity( pMotion, 2, m_Velocity );
    UpdateData(FALSE);
}
```

[그림 12-32]
velocity set code

6) MOTOR Forward

① 이 절은 모터를 실제적으로 앞으로 나가는 부분이다. Forward 함수를 이용하여 모터를 실질적으로 돌려볼 수 있다. [그림 12-33]처럼 버튼을 생성한다.

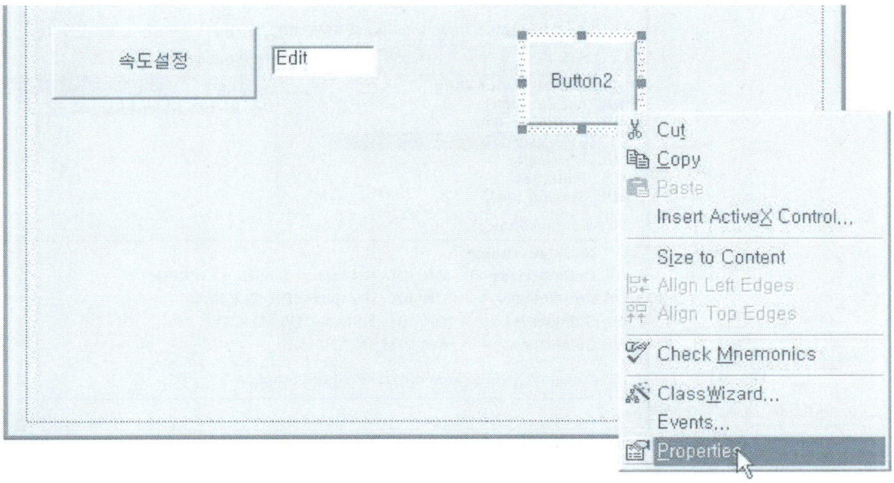

[그림 12-33] motor propeties name set

② [그림 12-34]처럼 버튼의 이름을 설정한다.

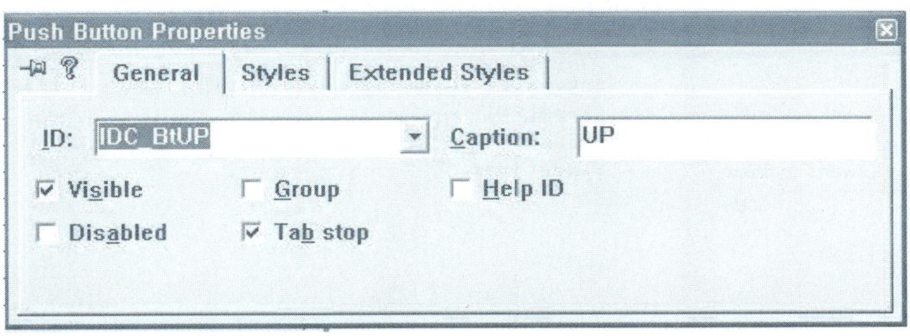

[그림 12-34] neme set

③ [그림 12-35]처럼 버튼의 함수 이름을 설정한다. 아래 그림과 같이 설정을 한 후"OK"버튼을 누른다.

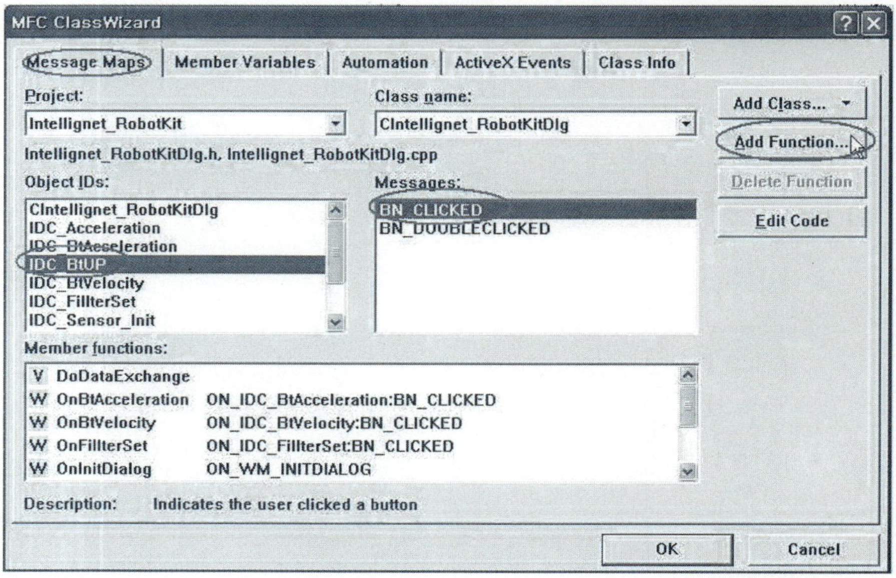

[그림 12-35] classwizard used make function

④ [그림 12-36]은 STOP 함수 부분에 아래와 같이 코딩을 한다.

```
void CIntellignet_RobotKitDlg::OnBtUP()
{

    DCServo01_ForwardStart( pMotion, 2 );
    Sleep(30);
    DCServo01_BackwardStart( pMotion, 1 );
    Sleep(30);
}
```

[그림 12-36] forward function code

7) MOTOR Stop

① 이 절은 모터를 정지하는 부분이다. Stop 함수를 이용하여 모터를 정지하는 프로그램을 작성해 보자.

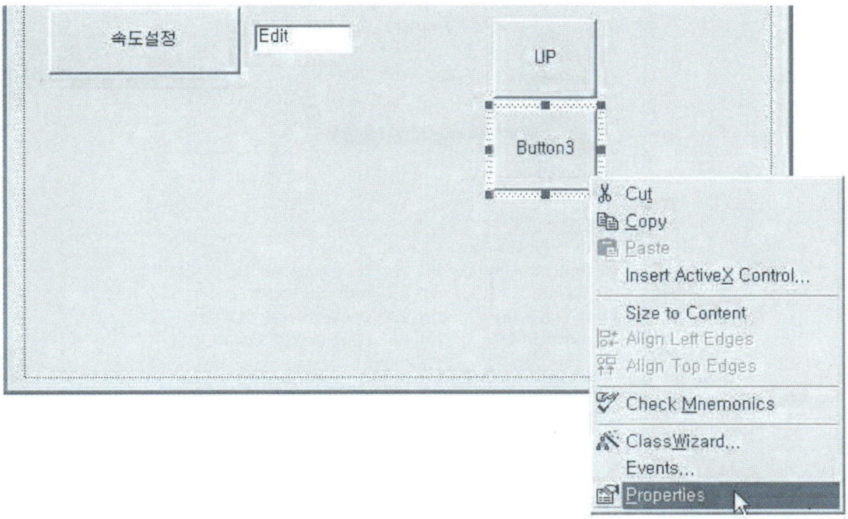

[그림 12-37]
motor propeties name set

② [그림 12-38]처럼 버튼의 이름을 설정한다.

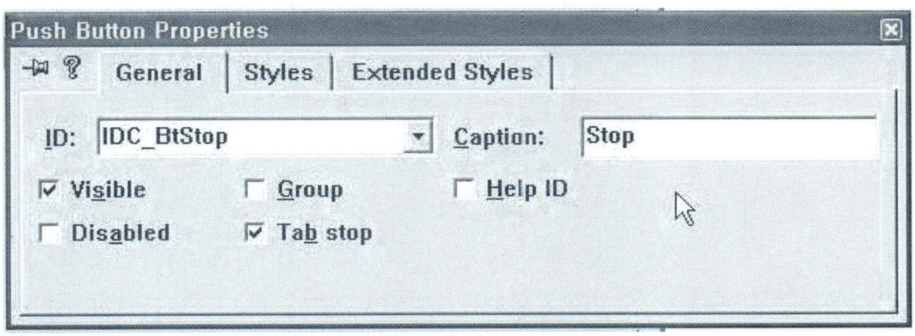

[그림 12-38]
name set

③ [그림 12-39]처럼 그림과 같이 설정을 한 후 "OK"버튼을 누른다.

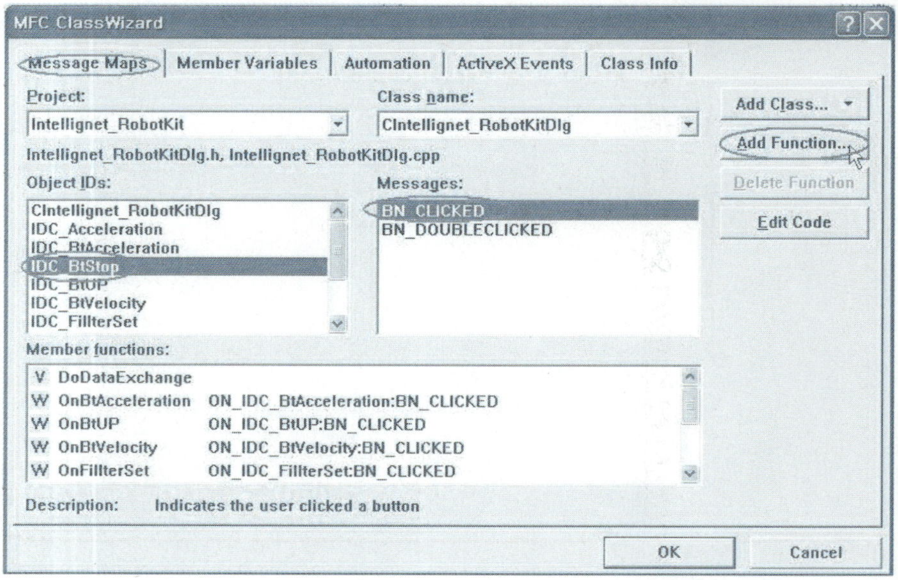

[그림 12-39]
classwizard used make function

④ [그림 12-40]처럼 버튼의 함수 이름을 설정한다. 아래 그림과 같이 설정을 한 후 "OK" 버튼을 누른다.

```
void CIntellignet_RobotKitDlg::OnBtStop()
{
    DCServo01_StopSmoothly( pMotion, 1 );
    DCServo01_StopSmoothly( pMotion, 2 );

}
```

[그림 12-40]
stop function code

⑤ 이제 설정이 끝났으면 로봇과 컴퓨터를 연결한 후 모터를 실제로 돌려보자. 이제까지 모터 부분 따라하기 프로그램을 잘 해왔다면 초기화 →모터 세팅(PID 설정을 한다) → 가속도 설정(변수값을 입력 후 버튼을 가속도 버튼을 누른다.) → 속도값 설정 → Up 버튼을 순차적으로 실행한다. 이제 모터가 설정한 속도값에 따라 움직이는 것을 볼 수 있다. 정지하려면 "Stop" 버튼을 누른다.

8) MOTOR LEFT

① 이 절은 모터를 왼쪽으로 회전하는 부분이다.

DCServo01_ForwardStart() 함수를 이용하여 각각의 모터를 회전할 수 있다. [그림 12-41]처럼 버튼을 생성하여 마우스 오른쪽을 클릭하여 속성을 선택한다.

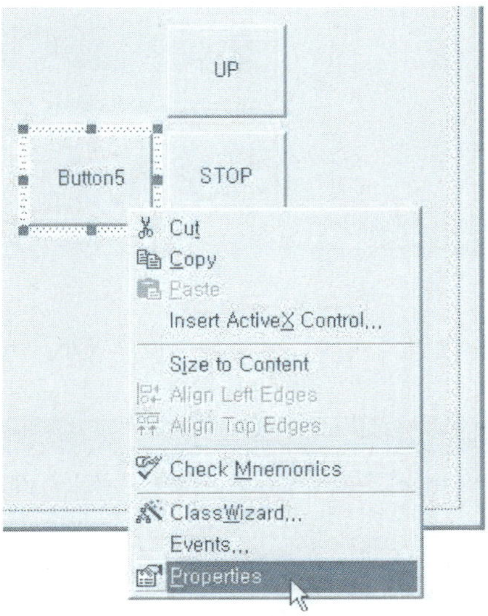

[그림 12-41]
Motor Left Button

② [그림 12-42]처럼 버튼의 이름을 설정한다.

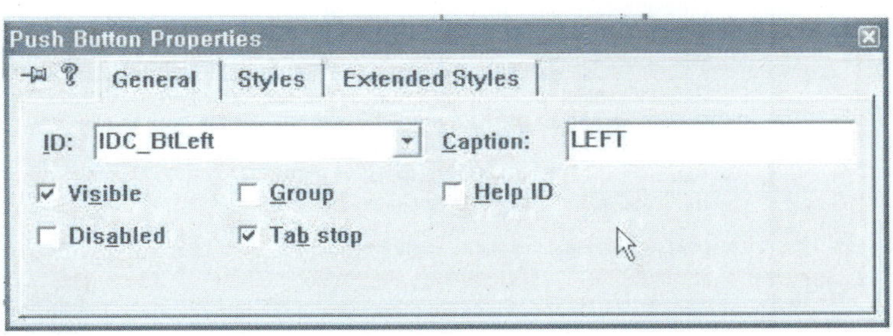

[그림 12-42]
name set

③ [그림 12-43]의 그림과 같이 클래스 위저드를 설정을 한다.

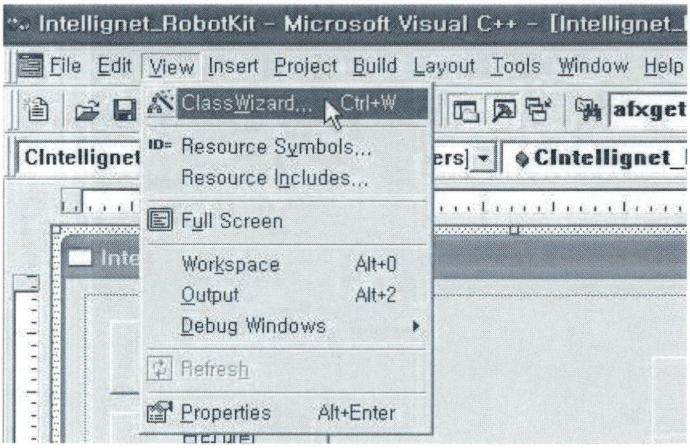

[그림 12-43]
클래스 위저드

④ [그림 12-44]의 그림과 같이 설정을 한 후"OK" 버튼을 누른다.

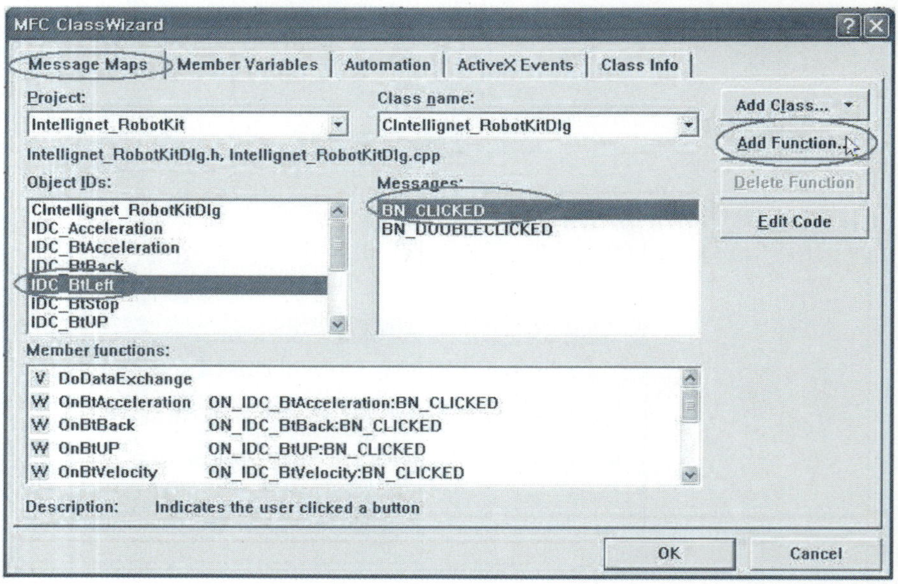

[그림 12-44]
classwizard used
make function

⑤ [그림 12-45]처럼 버튼의 함수 이름을 설정한다. 아래 그림과 같이 설정을 한 후 “OK” 버튼을 누른다.

```
void CIntellignet_RobotKitDlg::OnBtLeft()
{

    DCServo01_ForwardStart( pMotion, 1 );
    Sleep(30);
    DCServo01_ForwardStart( pMotion, 2 );
    Sleep(30);
}
```

[그림 12-45]
motor left code

9) MOTOR RIGHT

① 이 절은 모터를 오른쪽으로 회전하는 부분이다.

DCServo01_BackwardStart() 함수를 이용하여 각각의 모터를 회전할 수 있다. [그림 12-46]처럼 버튼을 생성하여 마우스 오른쪽을 클릭하여 속성을 선택한다.

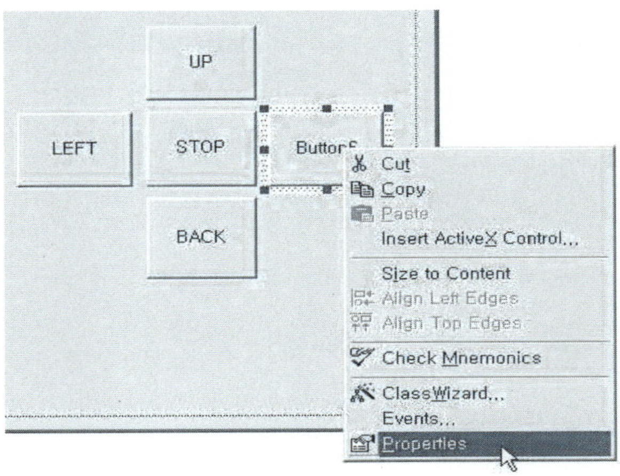

[그림 12-46]
right button create

② [그림 12-47]처럼 버튼의 이름을 설정한다.

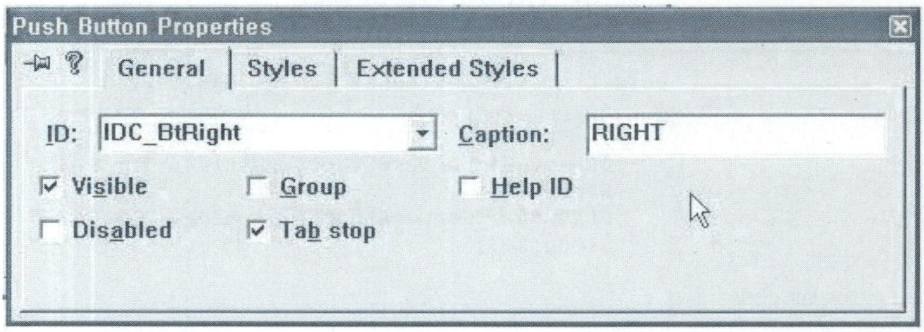

[그림 12-47]
name set

③ [그림 12-48]의 그림과 같이 클래스 위저드를 설정한다.

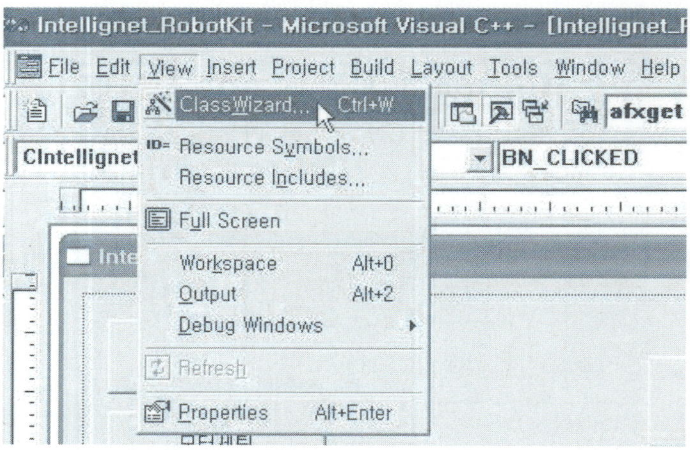

[그림 12-48]
클래스 위저드

④ [그림 12-49]처럼 그림과 같이 설정을 한 후 "OK" 버튼을 누른다.

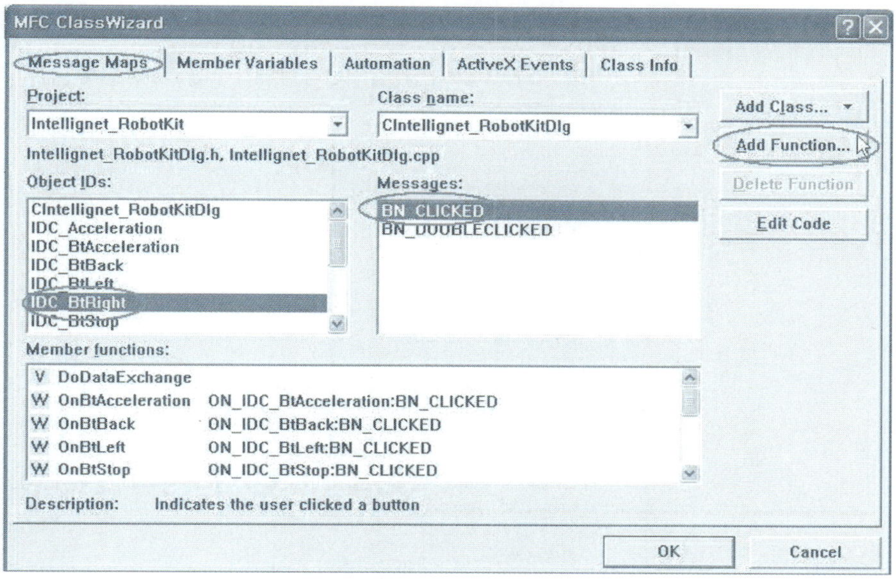

[그림 12-49]
classwizard used make function

⑤ [그림 12-50]처럼 버튼의 함수 이름을 설정한다. 아래 그림과 같이 설정을 한 후 "OK" 버튼을 누른다.

```
void CIntellignet_RobotKitDlg::OnBtRight()
{
    DCServo01_BackwardStart( pMotion, 1 );
    Sleep(30);
    DCServo01_BackwardStart( pMotion, 2 );
    Sleep(30);

}
```

[그림 12-50]
motor right code

10) MOTOR BACK

① 이 절은 모터를 뒤로 움직이는 부분이다. [그림 12-51]처럼 버튼을 생성하여 마우스 오른쪽을 클릭하여 속성을 선택한다.

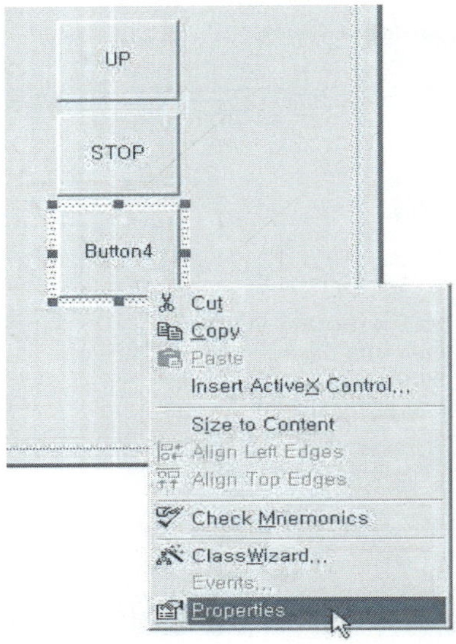

[그림 12-51]
right button create

② [그림 12-52]처럼 버튼의 이름을 설정한다.

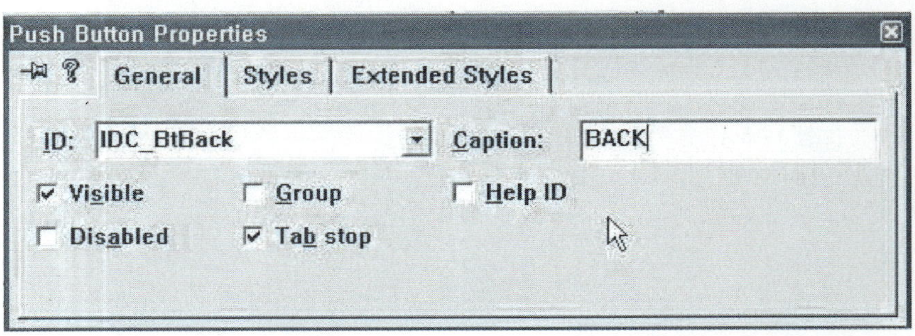

[그림 12-52]
name set

③ [그림 12-53]과 같이 클래스 위저드를 설정한다.

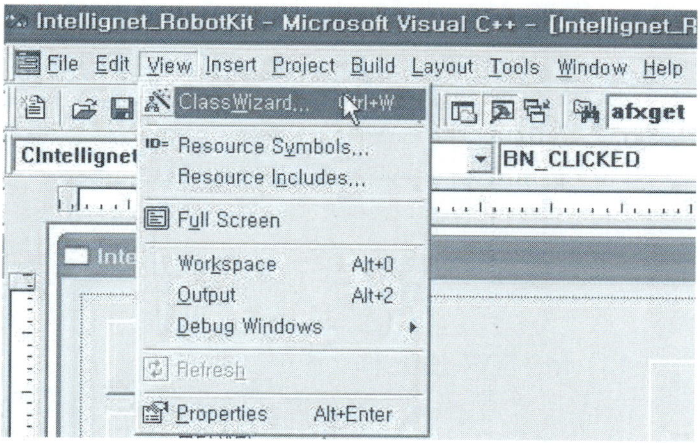

[그림 12-53]
ClassWizard

④ [그림 12-54]와 같이 설정을 한 후 "OK" 버튼을 누른다.

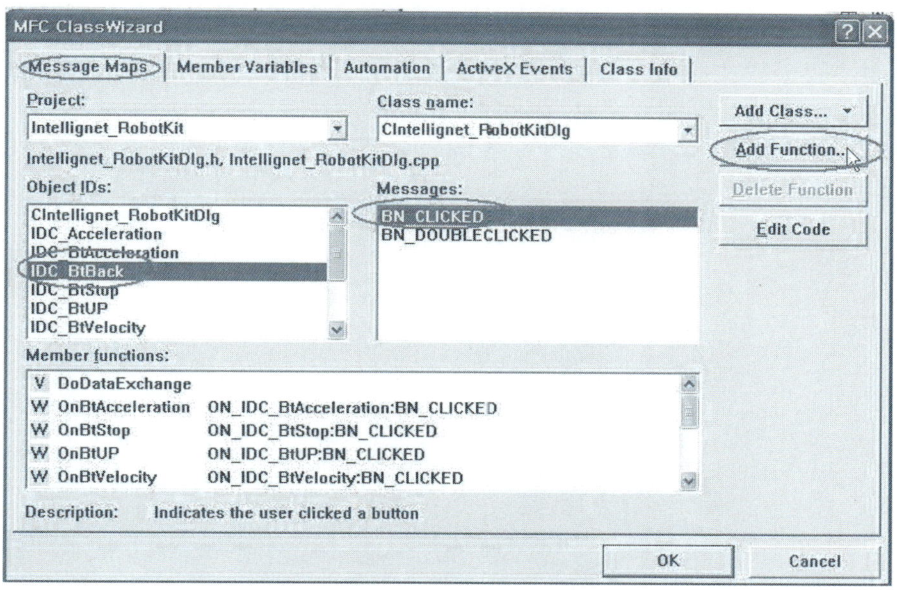

[그림 12-54]
classwizard used
make function

12장

⑤ [그림 12-55]처럼 버튼의 함수 이름을 설정한다. 아래 그림과 같이 설정을 한 후 “OK” 버튼을 누른다.

```
void CIntellignet_RobotKitDlg::OnBtBack()
{
    DCServo01_ForwardStart( pMotion, 1 );
    Sleep(30);
    DCServo01_BackwardStart( pMotion, 2 );
    Sleep(30);
}
```

[그림 12-55]
motor back code

11) MOTOR Info Read

① 이 절은 모터의 상태 정보를 읽어와서 확인할 수 있다. 각각의 함수를 통하여 모터의 rpm, degree, position, cantimeter 정보를 알 수 있다. [그림 12-56]은 사용자가 모터를 직접 테스트해 보면서 모터의 상태를 체크할 수 있는 버튼들이다. 각각의 버튼들을 생성하여 <표 12-2>와 같이 변수와 ID값을 입력한다. 추가하는 방법은 위의 예제처럼 작성하면 쉽게 할 수 있을 것이다.

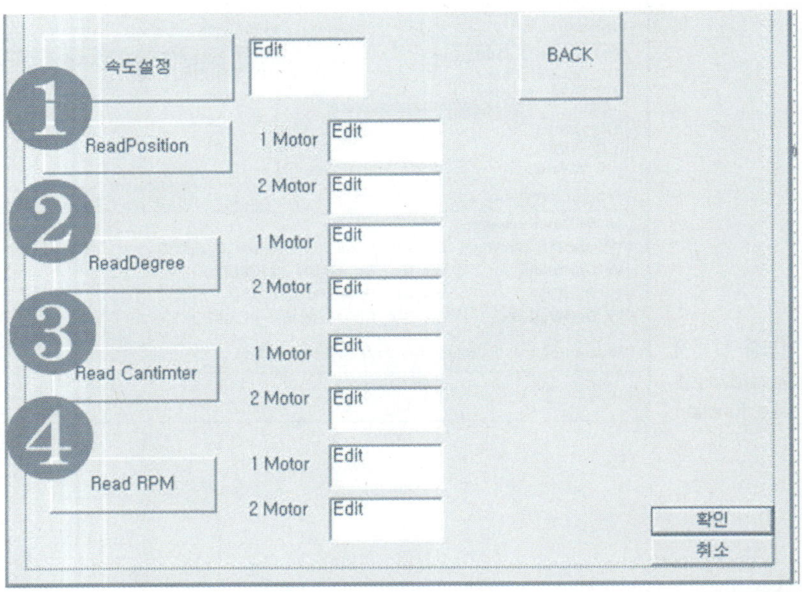

[그림 12-56]
read info dialog view

〈표 12-2〉
value name set

NUMBER	name	IDs	Type	Member
❶	button	IDC_BtReadPosition		
	1 motor	IDC_ReadPosition	double	m_ReadPosition
	2 motor	IDC_ReadPosition2	double	m_ReadPosition2
❷	button	IDC_BtReadDegree		
	1 motor	IDC_ReadDegree	double	m_ReadDegree
	2 motor	IDC_ReadDegree2	double	m_ReadDegree2
❸	button	IDC_BtReadCantimter		
	1 motor	IDC_Read_Cantimter	int	m_Read_Cantimter
	2 motor	IDC_Read_Cantimter2	int	m_Read_Cantimter2
❹	button	IDC_BtReadRPM		
	1 motor	IDC_Read_RPM	double	m_ReadRPM
	2 motor	IDC_Read_RPM2	double	m_ReadRPM2

② 다음 그림처럼 각 버튼에 함수를 코딩한다.

❶

```
void CIntellignet_RobotKitDlg::OnBtReadPosition()
{
    UpdateData(TRUE);

    if( DCServo01_ReadPosition( pMotion, 1, m_ReadPosition ) != EDROBOT_API_OK )
        ::MessageBox( NULL, "DCServo01_ReadPosition Error", "Function Error", MB_OK );
    if( DCServo01_ReadPosition( pMotion, 2, m_ReadPosition2 ) != EDROBOT_API_OK )
        ::MessageBox( NULL, "DCServo01_ReadPosition Error", "Function Error", MB_OK );

    UpdateData(FALSE);

}
```

[그림 12-57]
readposition code

❷

```
void CIntellignet_RobotKitDlg::OnBtReadDegree()
{
    UpdateData(TRUE);
    if( DCServo01_ReadDegree( pMotion, 1, m_ReadDegree )
        != EDROBOT_API_OK ) ::MessageBox( NULL, "DCServo01_ReadDegree Error", "Function Error", MB_OK );

    Sleep(50);

    if( DCServo01_ReadDegree( pMotion, 2, m_ReadDegree2 )
        != EDROBOT_API_OK ) ::MessageBox( NULL, "DCServo01_ReadDegree Error", "Function Error", MB_OK );
    UpdateData(FALSE);

}
```

[그림 12-58]
readDegree code

❸

```
void CIntellignet_RobotKitDlg::OnBtReadCantimter()
{
    UpdateData(TRUE);

    if( DCServo01_ReadCantimeter( pMotion,1 , m_Read_Cantimter ) != EDROBOT_API_OK )
        ::MessageBox( NULL, "DCServo01_ReadCantimeter Error", "Function Error", MB_OK );

    Sleep(50);

    if( DCServo01_ReadCantimeter( pMotion, 2, m_Read_Cantimter2 ) != EDROBOT_API_OK )
        ::MessageBox( NULL, "DCServo01_ReadCantimeter Error", "Function Error", MB_OK );

    UpdateData(FALSE);
}
```

[그림 12-59]
cantimter code

❹

```
void CIntellignet_RobotKitDlg::OnBtReadRPM()
{
    UpdateData(TRUE);

    if( DCServo01_ReadRpm( pMotion, 1, m_ReadRPM ) != EDROBOT_API_OK )
        ::MessageBox( NULL, "DCServo01_ReadRpm Error", "Function Error", MB_OK );

    Sleep(50);

    if( DCServo01_ReadRpm( pMotion, 2, m_ReadRPM2 ) != EDROBOT_API_OK )
        ::MessageBox( NULL, "DCServo01_ReadRpm Error", "Function Error", MB_OK );


    UpdateData(FALSE);
}
```

[그림 12-60]
readRPM code

Chapter

13

MFC를 이용한 지능형 로봇시스템의 RC모터 제어

13.1 RC모터 제어실습

13.1 RC모터 제어실습

1) RC Motor 초기화

RC모터 초기화 과정은 DC모터 초기화 과정과 동일하게 프로그램을 작성한다.

① 모터 초기 프로그램은 프로그램과 라이브러리 함수를 연결하기 위해 초기화해주는 과정이다. 로봇을 제어하는 라이브러리를 링크하기 위해서는 ED_4509A.DLL을 연결해야 한다. 우선 [그림 13-1]처럼 Project → Setting를 선택한다.

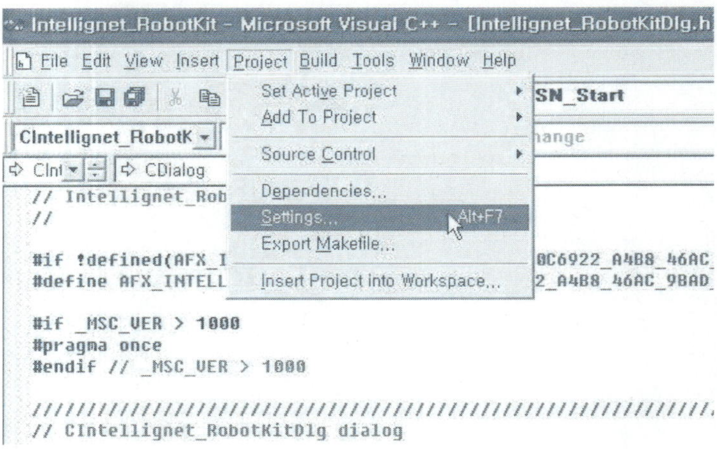

[그림 13-1]
ED 4509A.DLL 연결

② [그림 13-2]처럼 링크 탭을 선택한 후 name과 library에 경로를 입력한다. 아래의 그림처럼 연결을 하면 프로젝트를 만든 곳에 복사한 Bin 폴더에 실행 프로그램이 들어가게 된다.

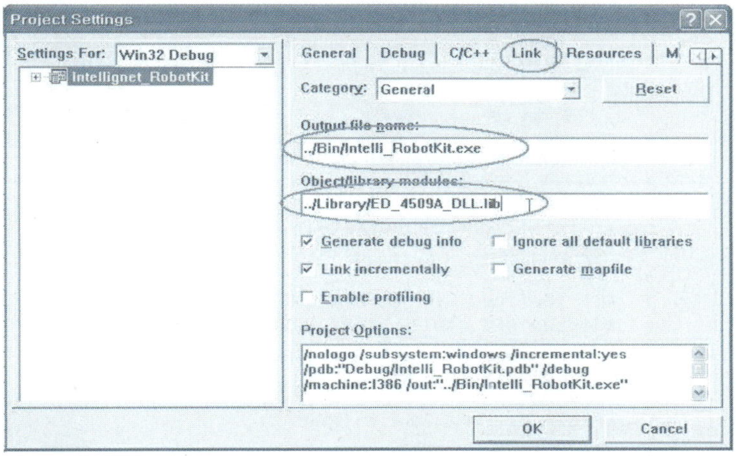

[그림 13-2]
DLL 연결 Link 탭

③ [그림 13-3]의 그림처럼 모터 제어 라이브러리 함수에 접근하기 위해 라이브러리 헤더파일을 추가한다.

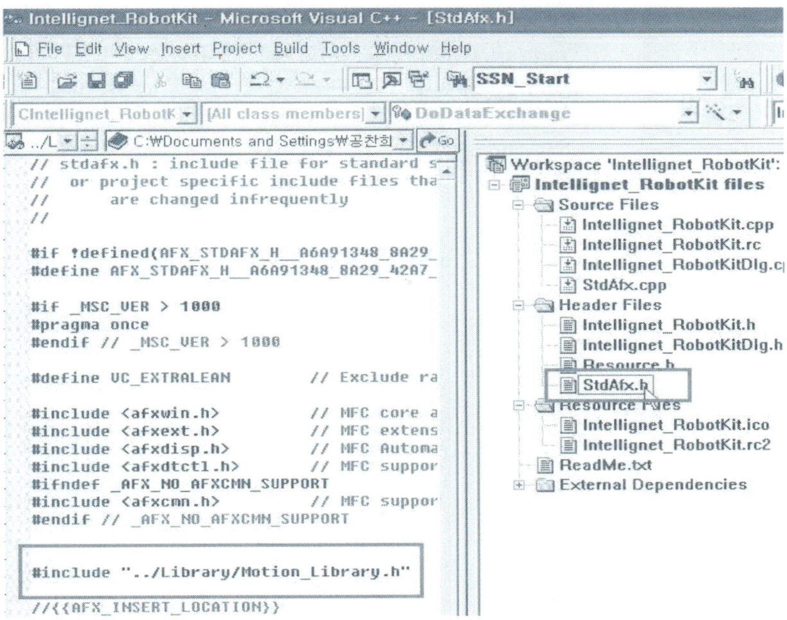

[그림 13-3]
라이브러리 헤더파일 추가

④ [그림 13-4]의 그림처럼 Intellignet_RobotKitDlg.h 파일에 객체를 생성한다. 이 객체를 이용하여 모션제어하는 라이브러리의 함수를 이용할 수 있다.

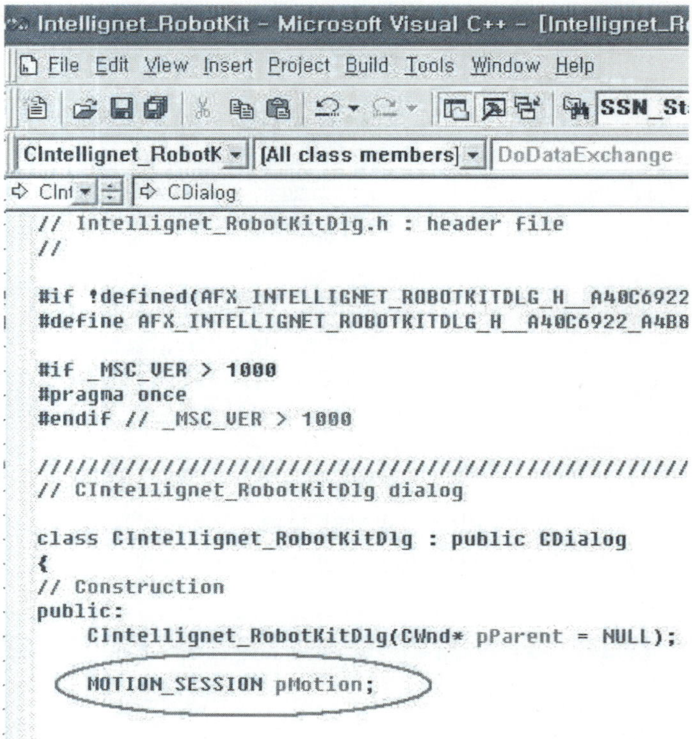

[그림 13-4]
모터 제어 객체생성

2) MOTOR 초기화

① 지금부터는 RC모터에 직접적으로 연결해서 로봇을 동작해 보기 위한 실제적으로 코드를 작성하는 부분이다. [그림 13-5]는 RC모터를 초기화하기 위한 버튼은 생성하는 부분이다.

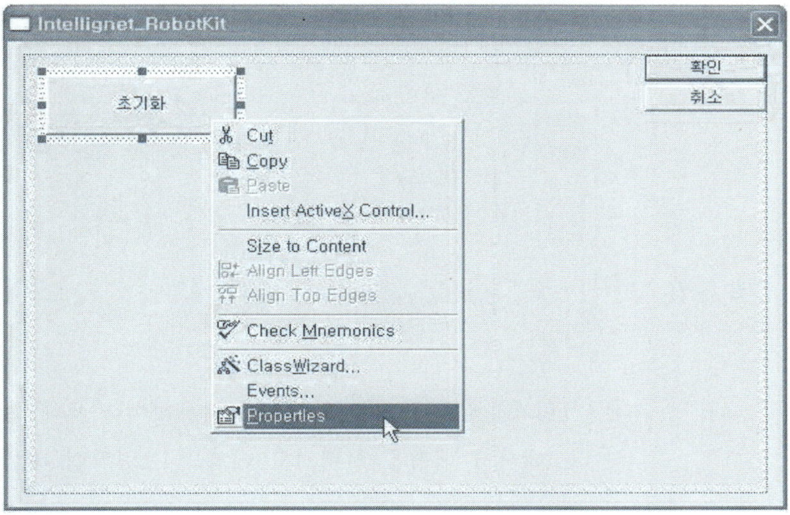

[그림 13-5]
Motor Init

② [그림 13-6]은 버튼의 이름을 설정하는 부분이다.

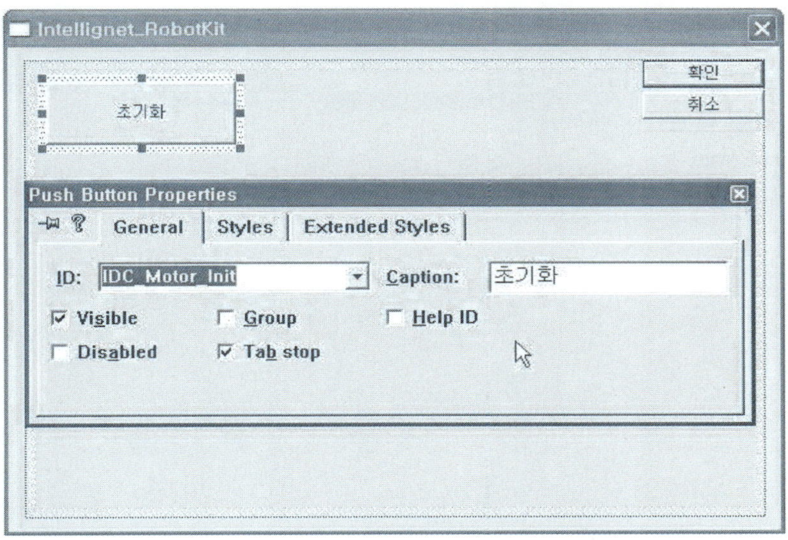

[그림 13-6]
Button name set

③ [그림 13-7]은 클래스 위저드를 사용하여 버튼에 함수를 연결하는 부분이다. 메뉴의 View → ClassWizard(Ctrl+W)를 선택한다.

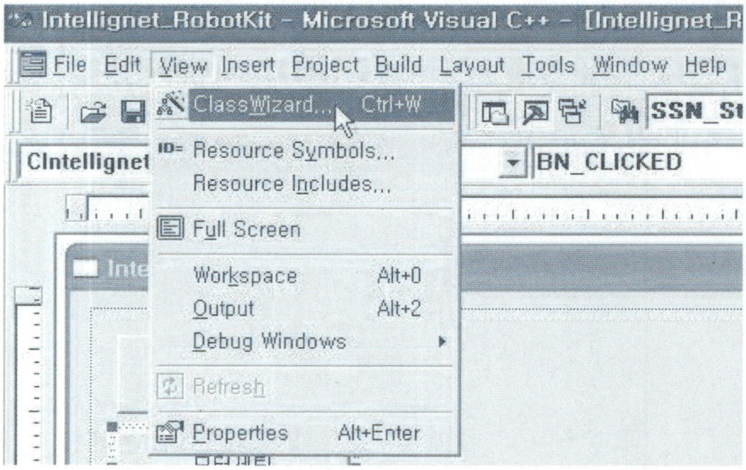

[그림 13-7]
Button create

④ [그림 13-8]은 클래스 위저드를 사용하여 버튼에 함수를 연결하는 부분이다. 메시지 맵탭을 선택하고 아래의 그림처럼 버튼을 생성한다.

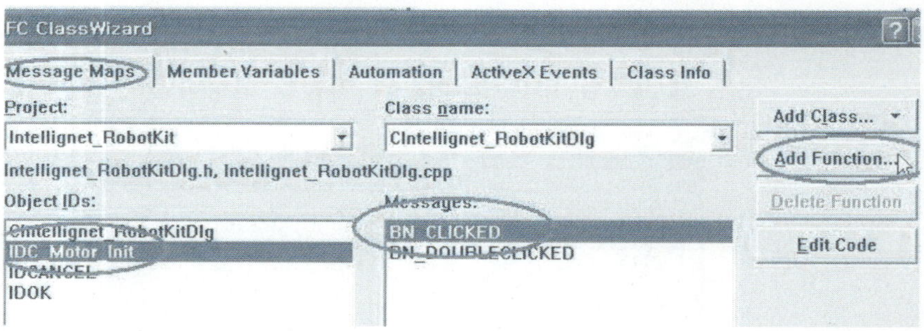

[그림 13-8]
Button Create 2

⑤ [그림 13-9]는 초기화 버튼을 눌렀을 때 실행되는 코드이다.

DCServo01_Initialize() 함수를 이용하여 모터를 초기화한다. 만약 모터를 초기화하지 못하면 초기화를 하지 못했다는 출력이 나타날 것이다.

```
void CIntellignet_RobotKitDlg::OnMotorInit()
{
    pMotion = NULL;  // object init
    if( DCServo01_Initialize( m_hWnd, &pMotion ) != EDROBOT_API_OK )
        ::MessageBox( NULL, "DCServo01_Init Error", "Function Error", MB_OK );
}
```

[그림 13-9]
Motor init code

3) RC Absolute Degree Pan

① 이 절은 RC모터의 가로 방향의 움직임을 절대값을 이용하여 움직일 수 있게 하는 부분이다. RC_AbsoluteDegree() 함수를 사용하여 모터를 제어할 수 있다. [그림 13-10]처럼 버튼을 생성하여 마우스 오른쪽 클릭을 한 후 속성창을 클릭하다.

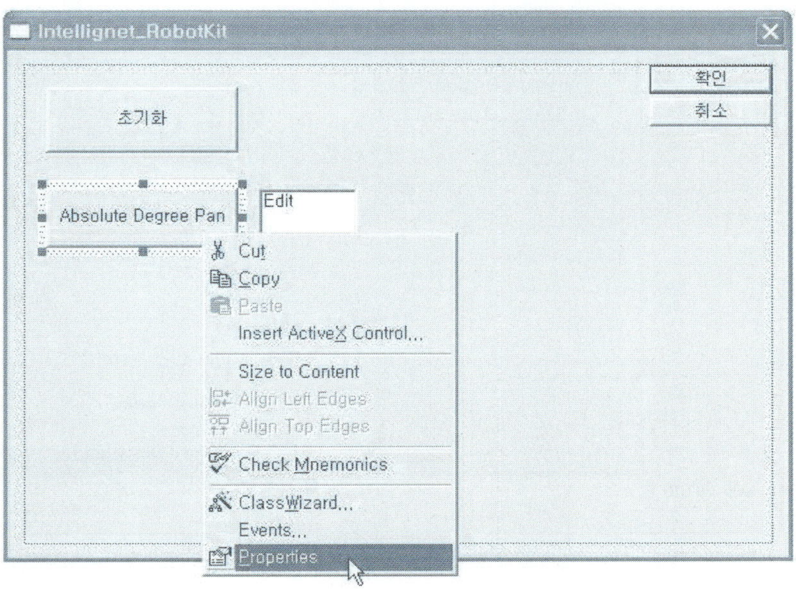

[그림 13-10]
RC motor degree button

② [그림 13-11]과 같이 이름을 작성한다.

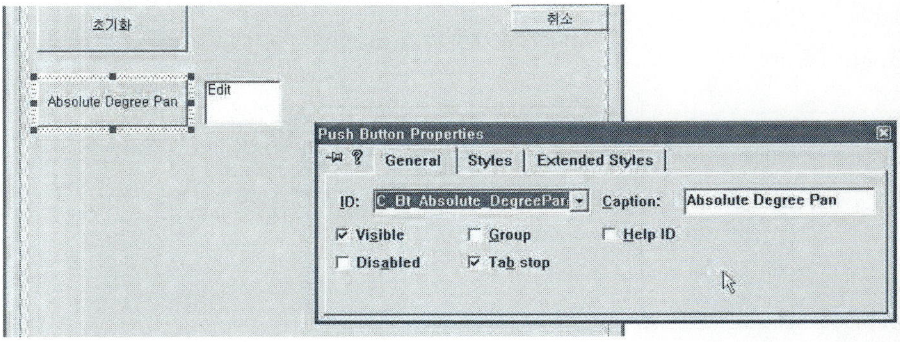

[그림 13-11]
name set

③ [그림 13-12]는 RC모터를 변수값을 이용하여 제어하기 위하여 프로그램 작성하는 과정이다.

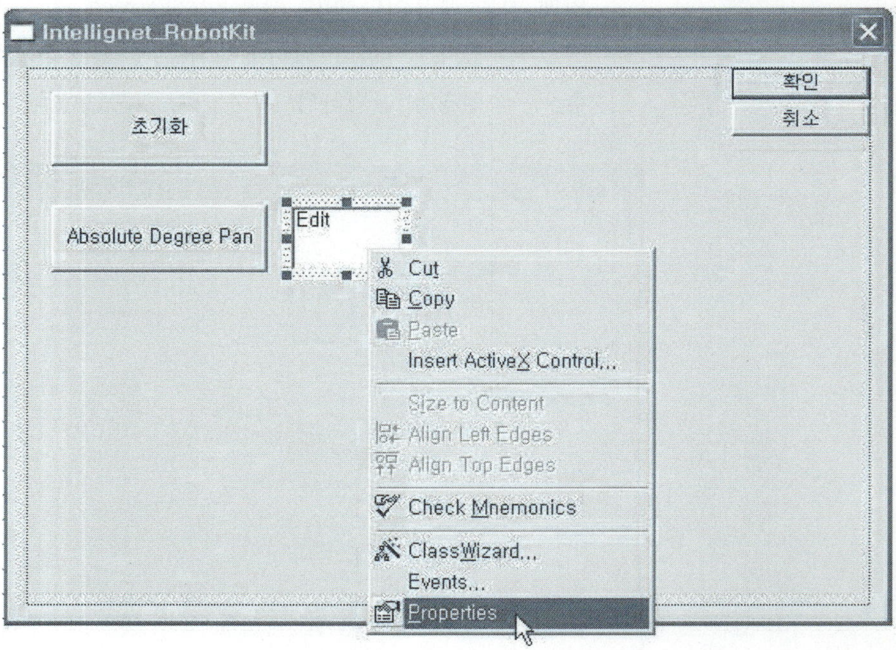

[그림 13-12]
motor set value

④ [그림 13-13]은 RC모터를 변수값을 이용하여 제어하기 위하여 프로그램 작성하는 과정이다.

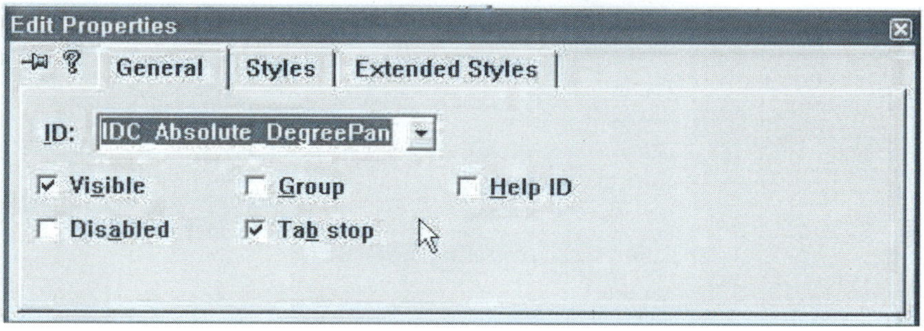

[그림 13-13]
name set

⑤ [그림 13-14]처럼 클래스 위저드를 연다. menu→View→Classwizard를 선택한다.

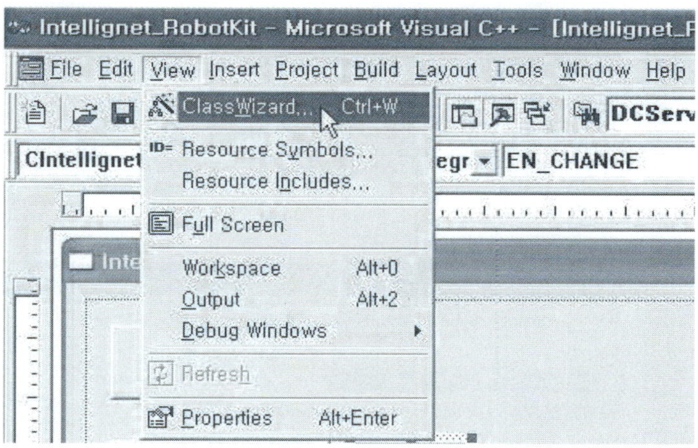

[그림 13-14]
classwizard select

⑥ [그림 13-15]처럼 클래스 위저드를 연다. menu→View→Classwizard 를 선택한다.

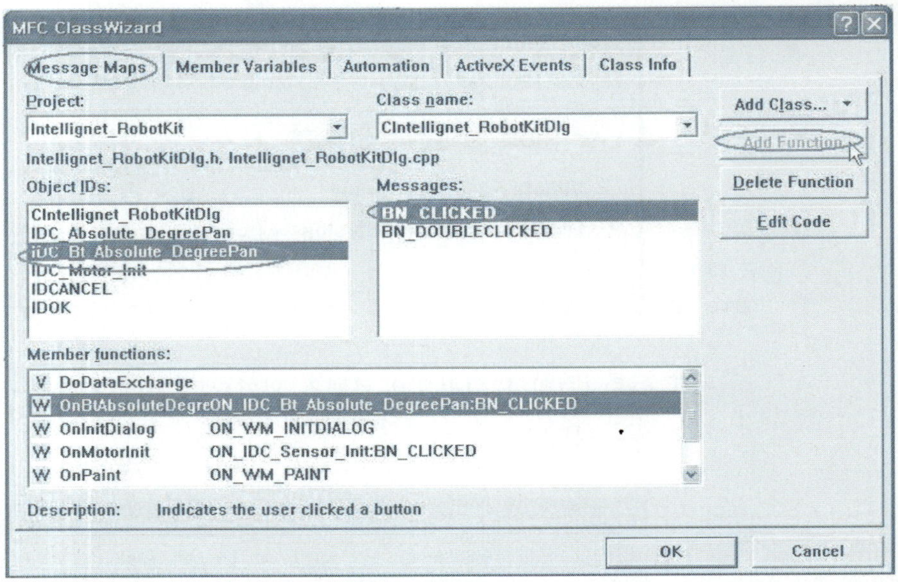

[그림 13-15]
classwizard used make function

⑦ [그림 13-16], [그림 13-17]처럼 Member Variable 탭을 선택하여 변수를 추가한다.

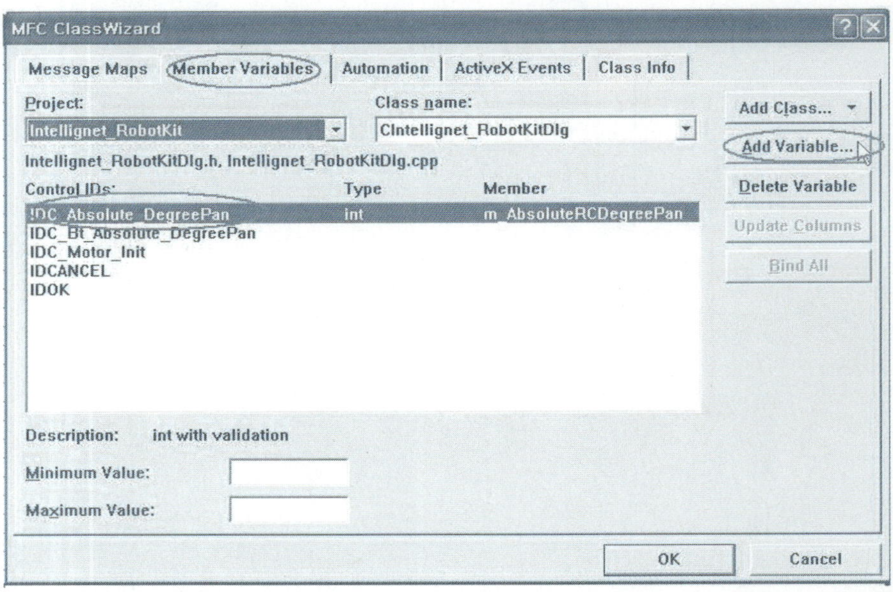

[그림 13-16]
value setting

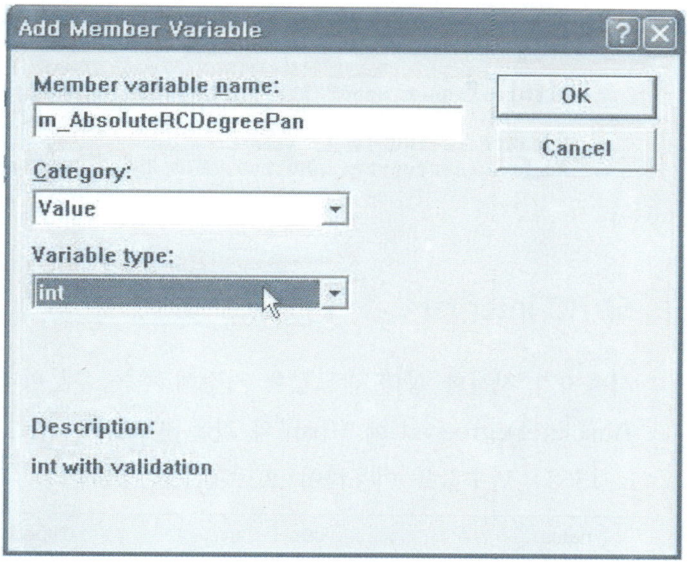

[그림 13-17]
value setting

⑧ [그림 13-18]처럼 버튼 함수에 코드를 삽입한다.

```
void CIntellignet_RobotKitDlg::OnBtAbsoluteDegreePan()
{

    UpdateData(TRUE);
    RC_AbsoluteDegree( pMotion, 1,m_AbsoluteRCDegreePan);

}
```

[그림 13-18]
degree code

4) RC Absolute Degree Tilt

이 절은 RC모터의 세로 방향의 움직임을 절대값을 이용하여 움직일 수 있게 하는 부분이다. RC_AbsoluteDegree() 함수를 사용하여 모터를 제어할 수 있다. 위의 예제(pan)와 같은 방식으로 프로그램을 작성하면 된다. <표 13-1> 변수값을 이용하여 프로그램을 작성한다.

〈표 13-1〉
value name set

name	IDs	Type	Member
button	IDC_Bt_Absolute_DegreeTilt		
edit	IDC_Absolute_DegreeTilt	double	m_AbsoluteRCDegreeTilt

[그림 13-19]는 추가한 버튼에 함수를 코드한다.

```
void CIntellignet_RobotKitDlg::OnBtAbsoluteDegreeTilt()
{
    UpdateData(TRUE);
    RC_AbsoluteDegree( pMotion, 2,m_AbsoluteRCDegreeTilt);
}
```

[그림 13-19]
RC tilt code

5) RC Interval

사용자가 지정한 상대 각도값을 지정해 주는 부분이다.

AbsoluteDegreepan 예제(pan)와 같은 방식으로 프로그램을 작성하면 된다. <표 13-2> 변수값을 이용하여 프로그램을 작성한다.

〈표 13-2〉
value name set

name	IDs	Type	Member
button	IDC_BtInterval		
edit	IDC_Interval	int	m_Interval

[그림 13-20]은 추가한 버튼에 함수를 코드한다.

```
void CIntellignet_RobotKitDlg::OnBtInterval()
{
    UpdateData(TRUE);
}
```

[그림 13-20]
interval code

6) RC ReadDegree

이 부분은 RC모터의 현재 degree 값을 읽어와서 확인할 수 있는 부분이다. AbsoluteDegreepan 예제(pan)와 같은 방식으로 프로그램을 작성하면 된다. <표 13-3> 변수값을 이용하여 프로그램을 작성한다.

〈표 13-3〉
value name set

name	IDs	Type	Member
button	IDC_BtInterval		
text	IDC_ReadPan	CString	m_ReadPan
	IDC_ReadTilt	CString	m_ReadTilt

[그림 13-21]은 추가한 버튼에 함수를 코드한다.

```
void CIntellignet_RobotKitDlg::OnReadDeGree()
{
    double dbDegreepan = 0;
    double dbDegreetilt = 0;

    RC_ReadDegree( pMotion, 1, dbDegreepan );
    Sleep(50);
    RC_ReadDegree( pMotion, 2, dbDegreetilt );

    m_ReadPan.Format("%2.f[° ]", dbDegreepan );
    m_ReadTilt.Format("%2.f[° ]", dbDegreetilt );

    UpdateData(FALSE);
}
```

[그림 13-21]
readDegree code

7) RC UP

이 부분는 RC모터를 세로 방향 위쪽으로 움직이는 함수이다.

RC_IntervalStart() 함수 이용하여 모터를 선택하고 움직일 수 있다.

[그림 13-22]처럼 버튼을 생성하여 마우스 오른쪽 클릭을 한 후 속성 창을 클릭하다.

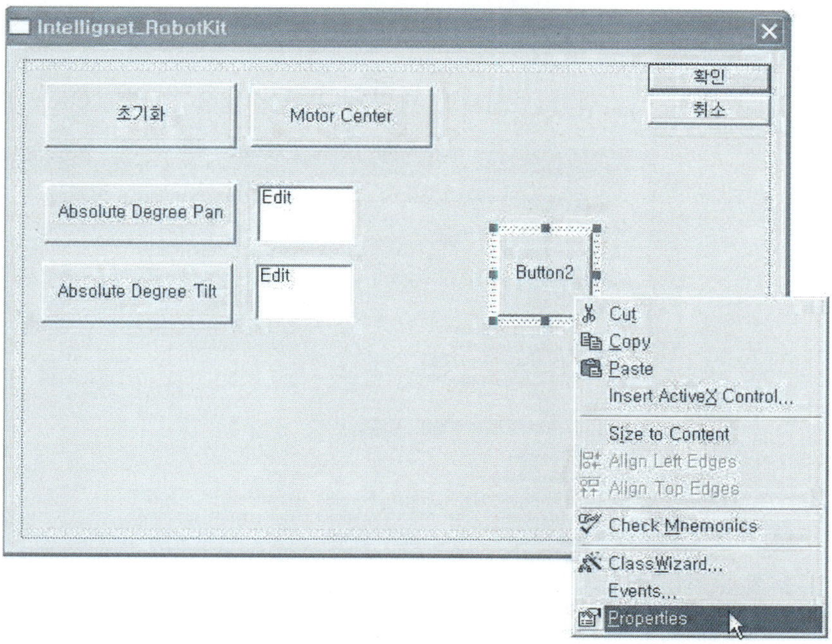

[그림 13-22]
create button

[그림 13-23]과 같이 이름을 입력한다.

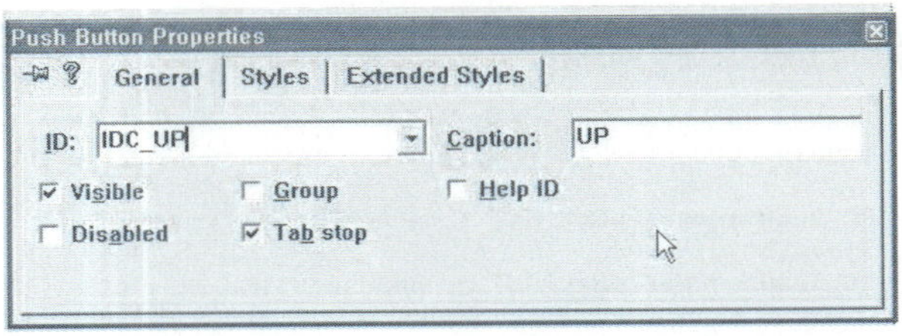

[그림 13-23]
name set

[그림 13-24]처럼 클래스 위저드를 연다. menu→View→Classwizard를 선택한다.

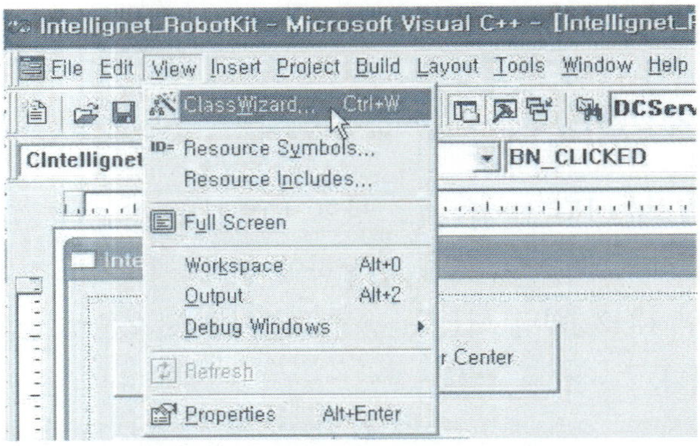

[그림 13-24]
classWizard select

[그림 13-25]처럼 그림과 같이 설정을 한 후 "OK" 버튼을 누른다.

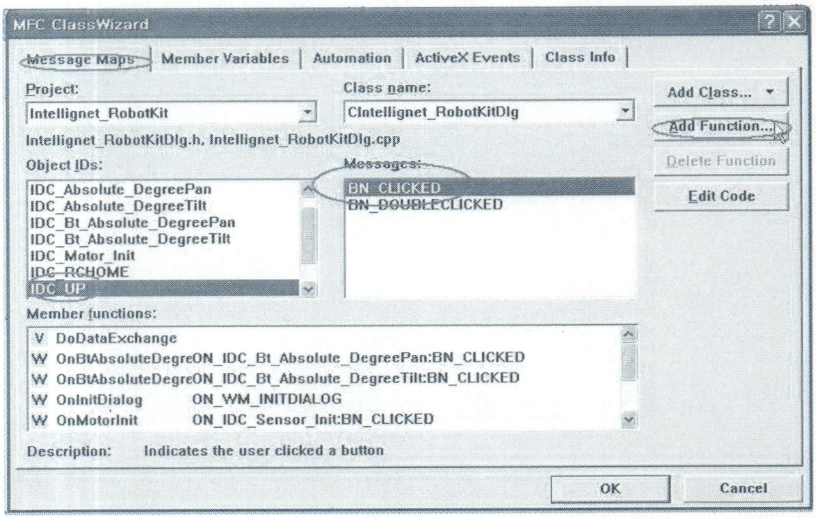

[그림 13-25]
ClassWizard function make

[그림 13-26]은 추가한 버튼에 함수를 코드한다.

```
void CIntellignet_RobotKitDlg::OnUp()
{
    UpdateData(TRUE);
    RC_IntervalStart( pMotion, 2, DIR_CCW, m_Interval );
}
```

[그림 13-26]
RC motor move up

8) RC Motor Moving

이 부분는 RC모터를 7번째 부분과 마찬가지로 아래, 오른쪽, 왼쪽, 모터 초기화 자리가기 버튼을 생성하여 프로그램을 만드는 과정이다. <표 13-4>와 같이 버튼의 ID를 입력하고 7번째 챕터와 같은 과정으로 버튼에 함수를 추가한다.

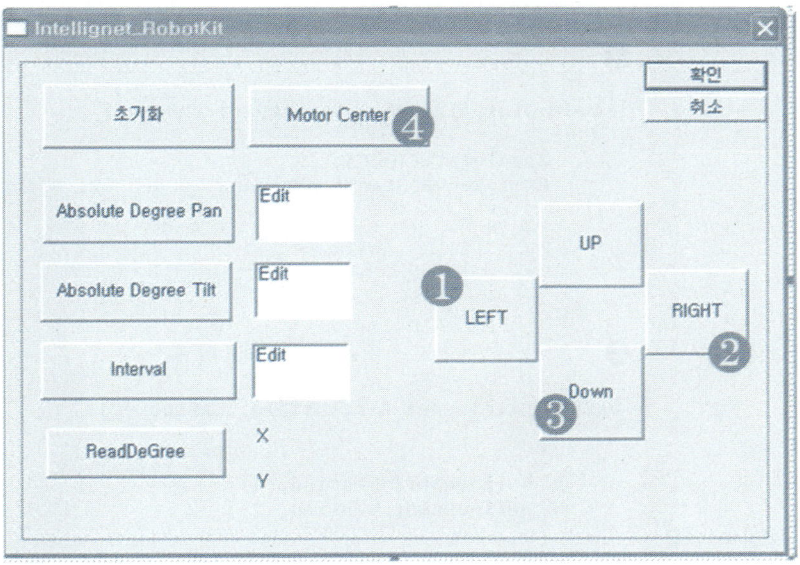

[그림 13-27]
button create view

〈표 13-4〉
value name set

NUMBER	name	IDs
❶	Left	IDC_Left
❷	Right	IDC_RIGHT
❸	Down	IDC_Down
❹	Motor center	IDC_RCHOME

[그림 13-28] 추가한 버튼에 함수를 코드한다.

❶

```
void CIntellignet_RobotKitDlg::OnLeft()
{
    UpdateData(TRUE);
    RC_IntervalStart( pMotion, 1, DIR_CW, m_Interval );

}
```

❷

```
void CIntellignet_RobotKitDlg::OnRight()
{
    UpdateData(TRUE);
    RC_IntervalStart( pMotion, 1, DIR_CCW, m_Interval );

}
```

❸

```
void CIntellignet_RobotKitDlg::OnDown()
{
    UpdateData(TRUE);
    RC_IntervalStart( pMotion, 2, DIR_CW, m_Interval );


}
```

❹

```
void CIntellignet_RobotKitDlg::OnRchome()
{

    RC_DefineHome( pMotion, 1);
    RC_DefineHome( pMotion, 2);

}
```

[그림 13-28]
소스코드

Chapter 14

MFC를 이용한 지능형 로봇시스템의 센서 제어

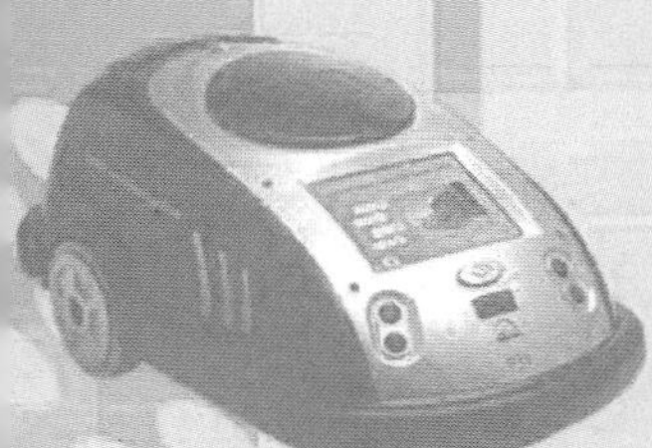

14.1 센서 제어실습

1) 센서 초기화

초기 프로그램은 프로그램과 라이브러리 함수, 센서를 연결하기 위해 초기화 해주는 과정이다. 로봇을 제어하는 라이브러리를 링크하기 위해서는 SSN.DLL을 연결해야 한다. 우선 초기화 프로그램 세팅이 끝난 다음 [그림 14-1]처럼 Project → Setting를 선택한다.

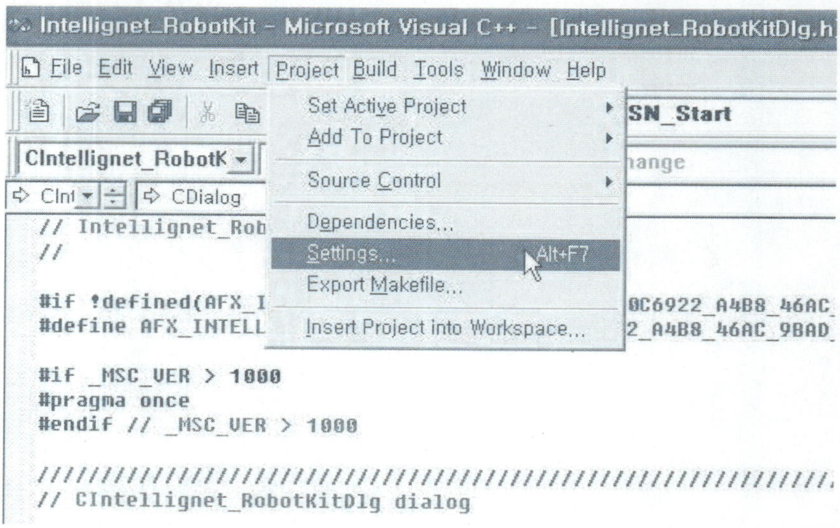

[그림 14-1]
SSN.DLL 연결

[그림 14-2]처럼 링크 탭을 선택한 후 name과 library에 경로를 입력한다. 다음의 그림처럼 연결을 하면 프로젝트를 만든 곳에 복사한 Bin 폴더에 실행 프로그램이 들어가게 된다.

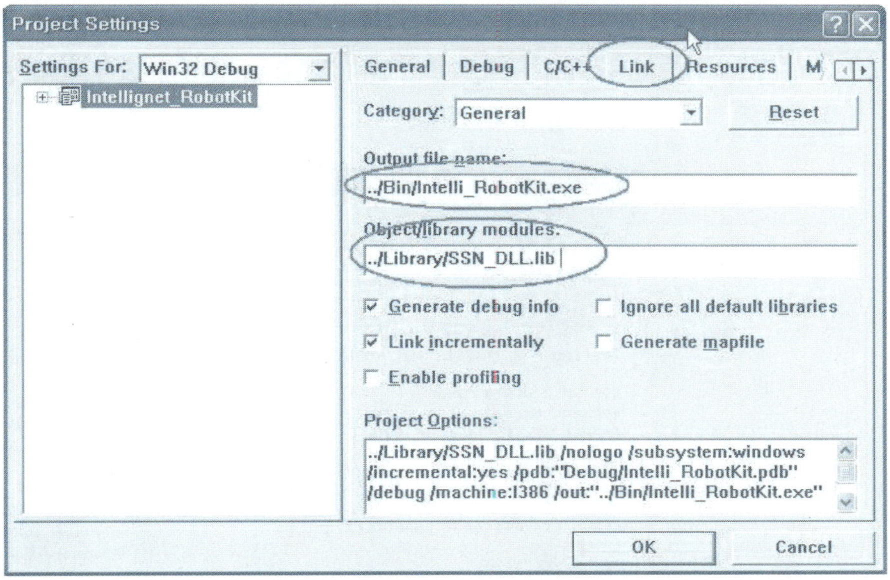

[그림 14-2]
DLL 연결 Link 탭

[그림 14-3]처럼 센서 제어 라이브러리 함수에 접근하기 위해 라이브러리 헤더파일을 추가한다.

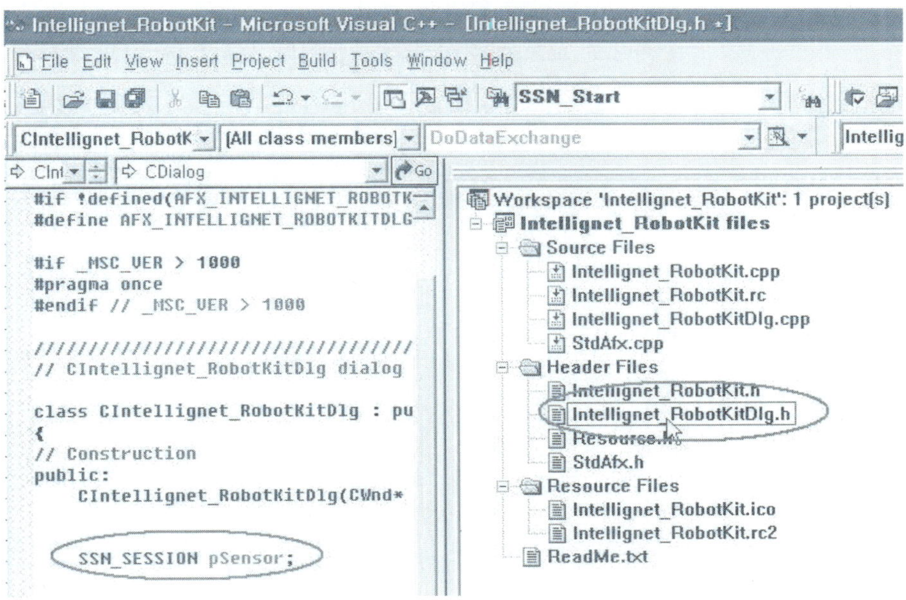

[그림 14-3]
라이브러리 헤더파일 추가

14장

[그림 14-4]의 그림처럼 Intellignet_RobotKitDlg.h 파일에 센서를 제어할 수 있는 객체를 생성한다. 이 객체를 이용하여 센서를 제어하는 라이브러리의 함수를 이용할 수 있다.

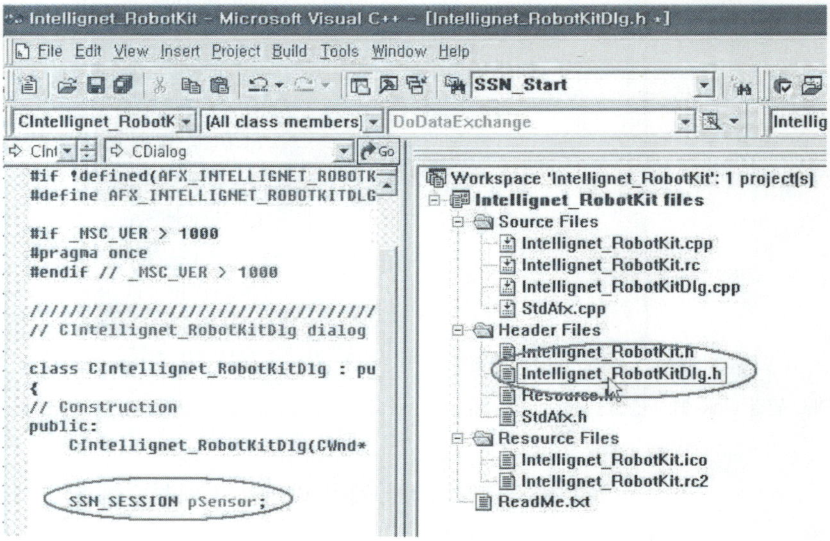

[그림 14-4]
모터 제어 객체생성

지금부터는 센서에 직접적으로 연결해서 센서의 정보를 보고 이용하는 실제적으로 코드를 작성하는 부분이다. [그림 14-5]는 센서를 초기화하기 위한 버튼은 생성하는 부분이다.

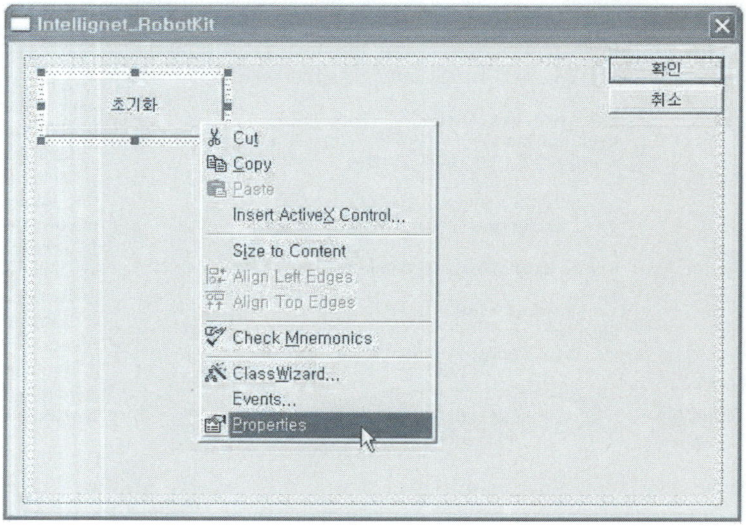

[그림 14-5]
sensor Init

[그리 14-6]은 버튼의 이름을 설정하는 부분이다.

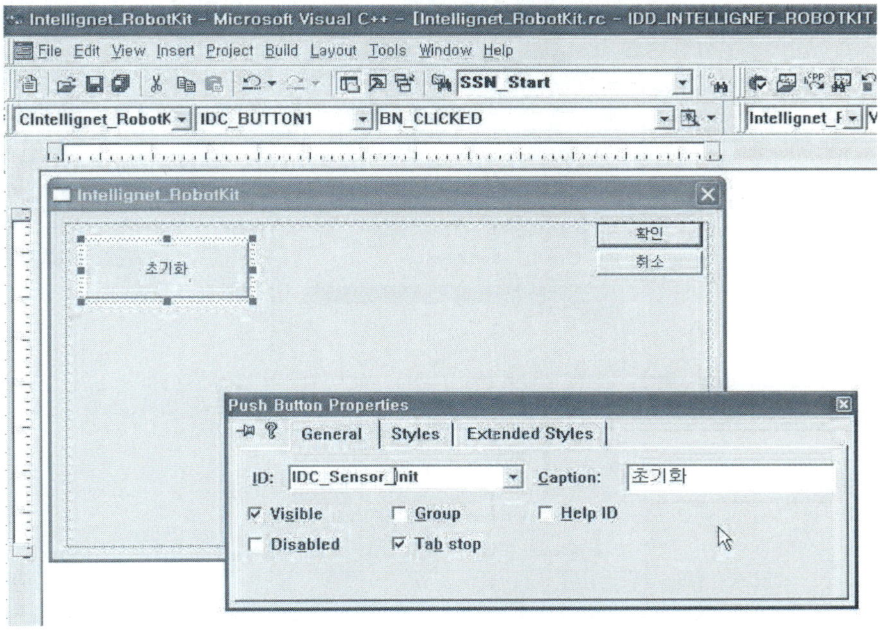

[그림 14-6]
Button name set

[그림 14-7]은 클래스 위저드를 사용하여 버튼에 함수를 연결하는 부분이다. 메뉴의 View → ClassWizard(Ctrl+W)를 선택한다.

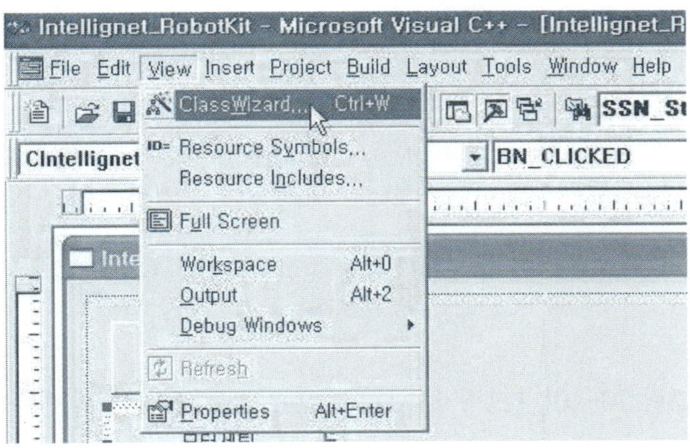

[그림 14-7]
Button create

14장

[그림 14-8]은 클래스 위저드를 사용하여 버튼에 함수를 연결하는 부분이다. 메시지 맵탭을 선택하고 아래의 그림처럼 버튼을 생성한다.

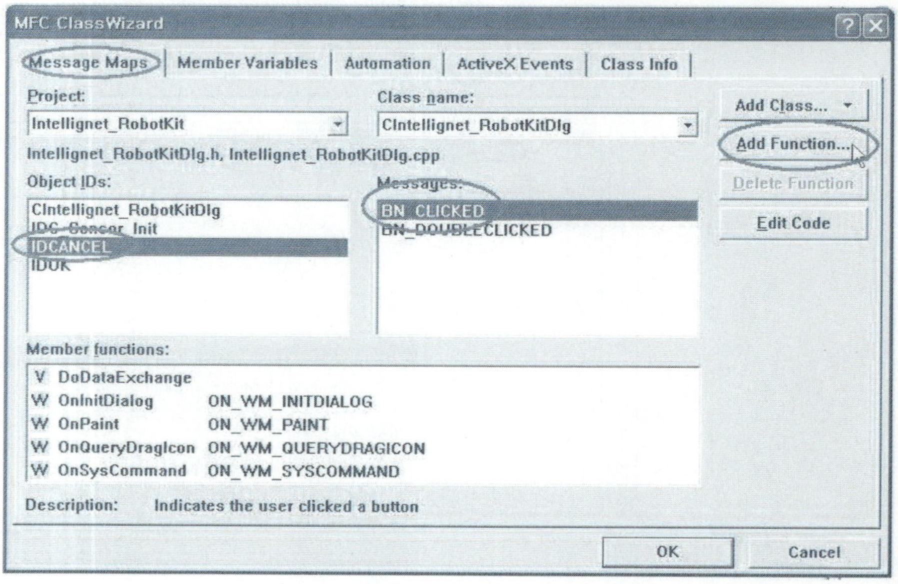

[그림 14-8]
Button Create

[그림 14-9]는 초기화 버튼을 눌렀을 때 실행되는 코드이다. SSN_Initialize() 함수를 이용하여 센서를 초기화한다. 만약 센서를 초기화하지 못하면 초기화를 하지 못했다는 출력이 나타날 것이다.

```
void CIntellignet_RobotKitDlg::OnSensorInit()
{

    if( EDROBOT_API_OK != SSN_Initialize(&pSensor, FALSE) )  // sensor init
        MessageBox("Sensor not Connect.");                   // error print

    SSN_Start(pSensor);                                       // sensor start

}
```

[그림 14-9]
Motor init code

[그림 14-10], [그림 14-11]은 프로그램 종료시 센서를 정지해서 센서가 동작하지 않게 하는 부분이다.

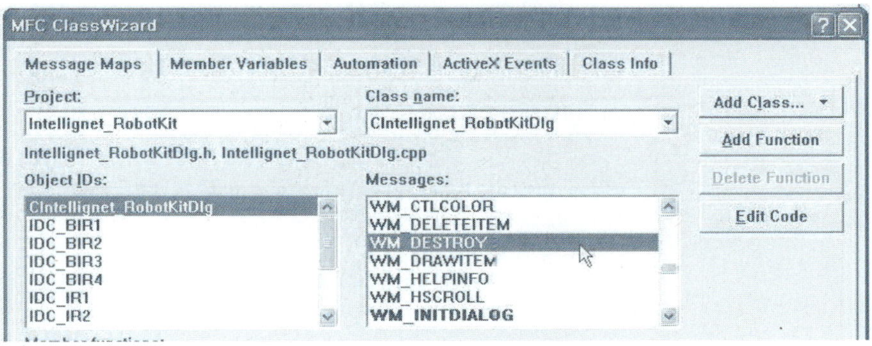

[그림 14-10]
destroy function call

```
void CIntellignet_RobotKitDlg::OnDestroy()
{
    CDialog::OnDestroy();

    SSN_Stop(pSensor);  //sensor close

}
```

[그림 14-11]
sensor stop code

2) 초음파 센서

이 절에서는 사용자가 직접적으로 초음파 센서를 이용하여 거리를 확인해 볼 수 있다. [그림 14-12]처럼 다이얼로그에 버튼과 EDIT 박스를 생성한다.

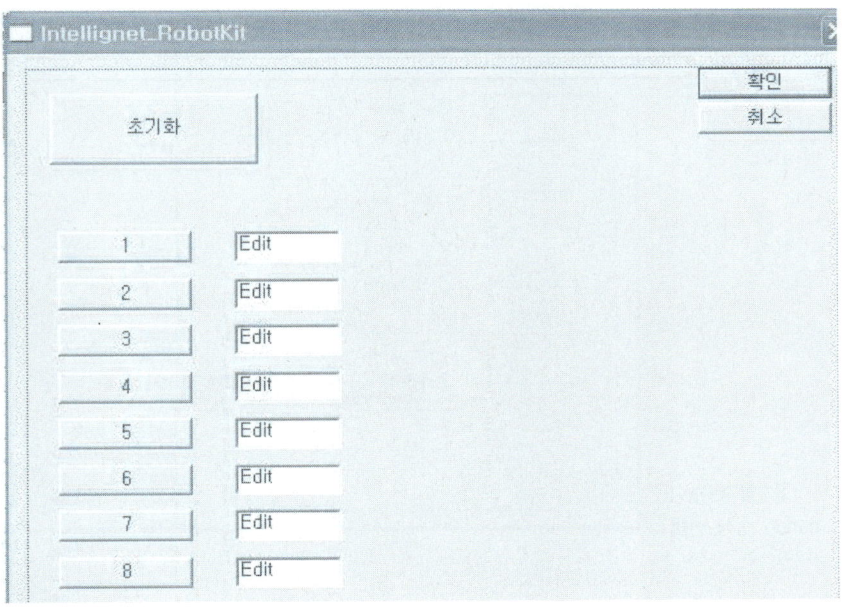

[그림 14-12]
초음파 센서 버튼 생성

[그림 14-13]처럼 Intellignet_RobotKitDlg.h 파일을 열어 coding한다.

nSelectSensor과 fUltrasion 변수는 초음파 센서에서 보내는 데이터를 받기 위한 변수이다.

```
class CIntellignet_RobotKitDlg : public CDialog
{
// Construction
public:
    CIntellignet_RobotKitDlg(CWnd* pParent = NULL); // standard constructor


    SSN_SESSION pSensor;                // sensor connect object

    unsigned char nSelectSensor[8];    // sensor get data buffer
    float fUltrasonic[8];              // senser data print buffer
```

[그림 14-13]
초음파 변수생성

[그림 14-14]처럼 버튼에 속성을 선택한다.

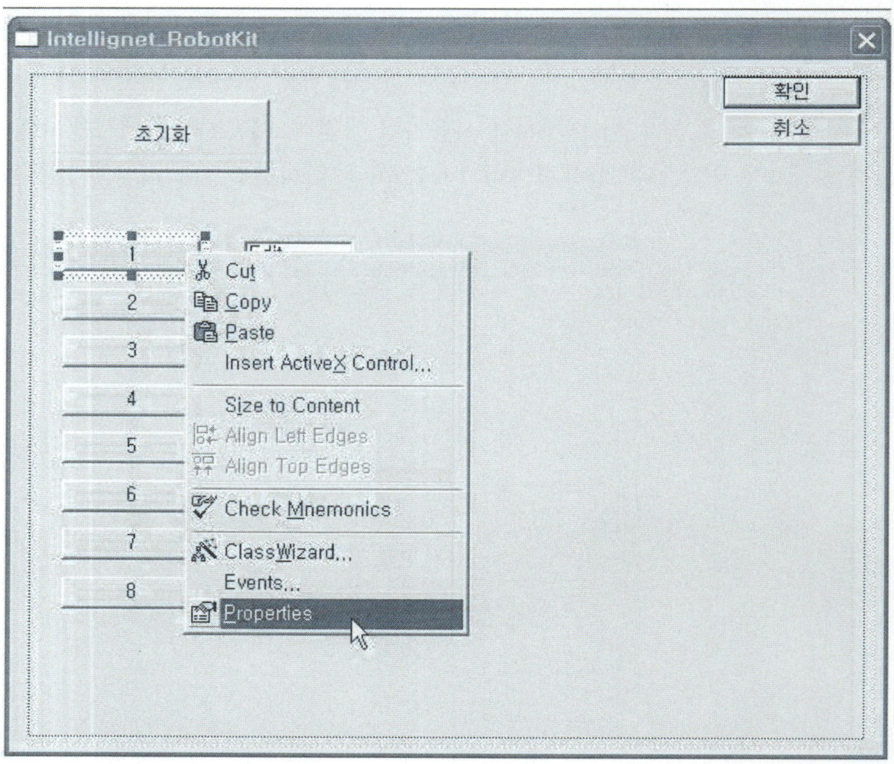

[그림 14-14]
button 속성 선택

[그림 14-15]는 속성 창에 버튼의 이름을 입력한다.

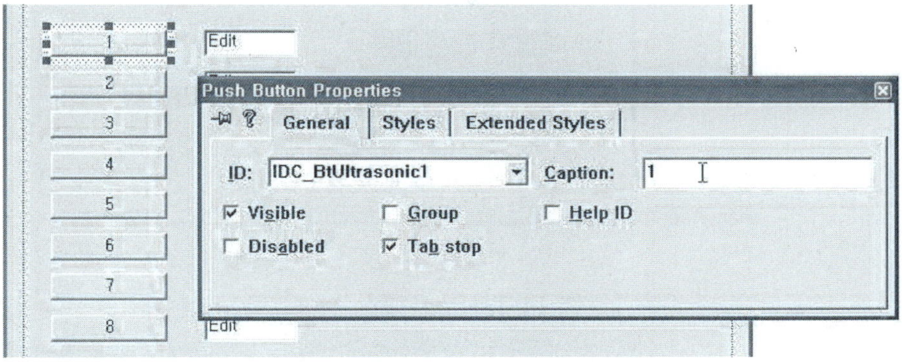

[그림 14-15]
button name set

[그림 14-16], [그림 14-17]과 같이 에디터 박스에 ID를 입력한다.

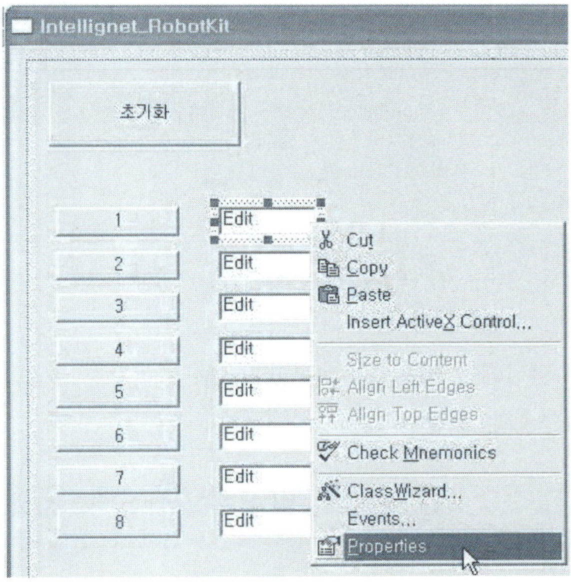

[그림 14-16]
ID input name

14장

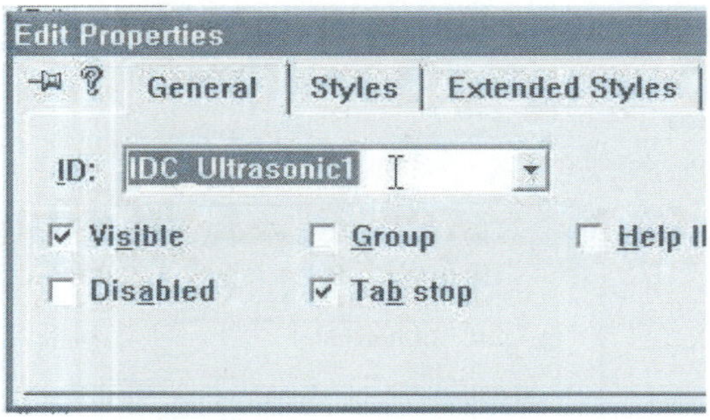

[그림 14-17]
name set

[그림 14-18]은 클래스 위저드를 선택한다.

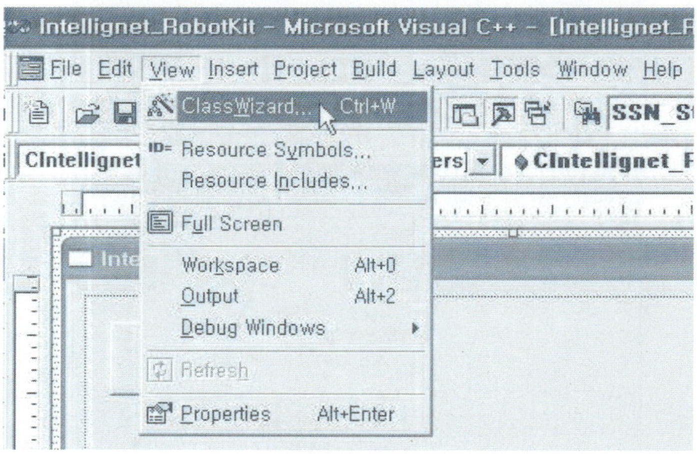

[그림 14-18]
classWizard select

[그림 14-19]는 Member variables 탭을 선택한 후 [그림 14-20]처럼 변수형을 float형으로 입력한다.

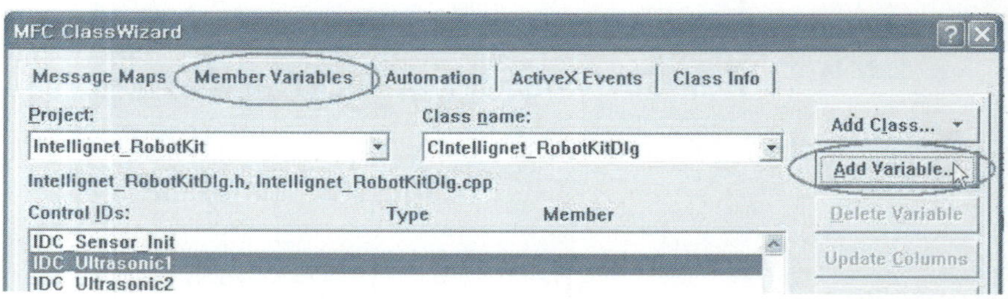

[그림 14-19]
member variable add function

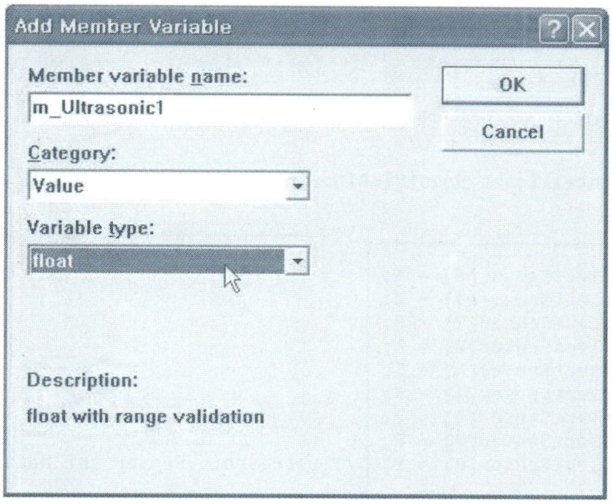

[그림 14-20]
input type

[그림 14-21]은 Message Maps 탭을 선택 후 함수를 추가한다.

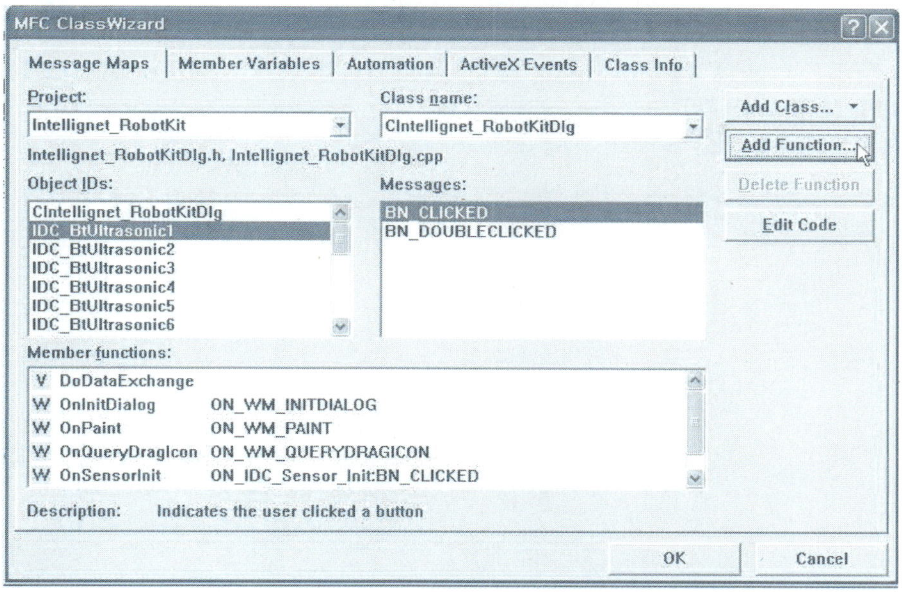

[그림 14-21]
button function add

위의 버튼과 edit box 추가 형식대로 1번부터 8번까지 버튼과 변수 함수를 추가한다.

[그림 14-22]는 초음파 센서 각각의 데이터를 담아오기 위해 변수에 센서 번호를 추가하고 센서번호를 설정하는 부분이다. 그림의 붉은색 박스 안에 있는 코드를 센서 초기화 함수 안에 코딩한다.

```
void CIntellignet_RobotKitDlg::OnSensorInit()
{

    nSelectSensor[0] = 1;
    nSelectSensor[1] = 2;
    nSelectSensor[2] = 3;
    nSelectSensor[3] = 4;
    nSelectSensor[4] = 5;
    nSelectSensor[5] = 6;
    nSelectSensor[6] = 7;
    nSelectSensor[7] = 8;
    nSelectSensor[8] = 9;  // ultrasonic sensor get data buffer init


    if( EDROBOT_API_OK != SSN_Initialize(&pSensor, FALSE) )  // sensor init
        MessageBox("Sensor not Connect.");                   // error print

    SSN_SetUtrasonic( pSensor, nSelectSensor, 8 );           // Utrasonic set

    SSN_Start(pSensor);                                      // sensor start

}
```

[그림 14-22]
초음파 센서 변수 초기화

[그림 14-23], [그림 14-24]는 초음파 센서 각각의 데이터를 담아오기 위해 SSN_GetUtrasonic() 함수를 이용하여 데이터를 가져오는 코드이다. 각각의 함수에 아래 그림과 같이 코딩을 한다.

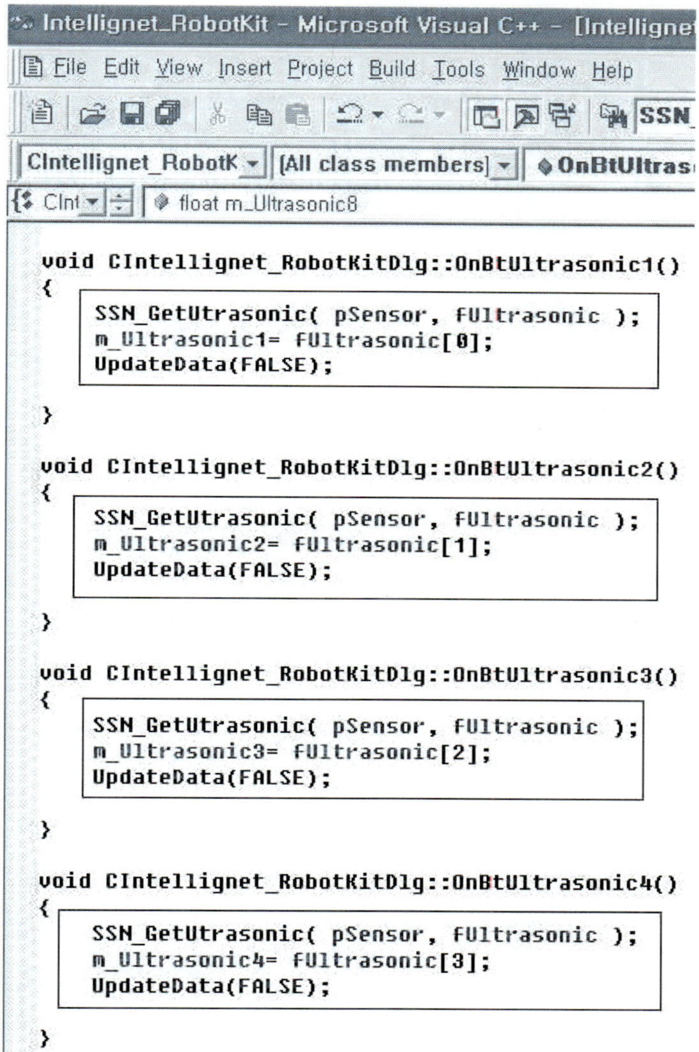

[그림 14-23]
초음파 센서 코드

14장

```
void CIntellignet_RobotKitDlg::OnBtUltrasonic5()
{
    SSN_GetUtrasonic( pSensor, fUltrasonic );
    m_Ultrasonic5= fUltrasonic[4];
    UpdateData(FALSE);

}
```

```
void CIntellignet_RobotKitDlg::OnBtUltrasonic6()
{
    SSN_GetUtrasonic( pSensor, fUltrasonic );
    m_Ultrasonic6= fUltrasonic[5];
    UpdateData(FALSE);

}
```

```
void CIntellignet_RobotKitDlg::OnBtUltrasonic7()
{
    SSN_GetUtrasonic( pSensor, fUltrasonic );
    m_Ultrasonic7= fUltrasonic[6];
    UpdateData(FALSE);

}
```

```
void CIntellignet_RobotKitDlg::OnBtUltrasonic8()
{
    SSN_GetUtrasonic( pSensor, fUltrasonic );
    m_Ultrasonic8= fUltrasonic[7];
    UpdateData(FALSE);

}
```

[그림 14-24]
초음파 센서 코드

3) 적외선 센서

이 절에서는 사용자가 직접적으로 적외선 센서를 이용하여 거리를 확인해 볼 수 있다. [그림 14-25]처럼 다이얼로그에 버튼과 EDIT 박스를 생성한다.

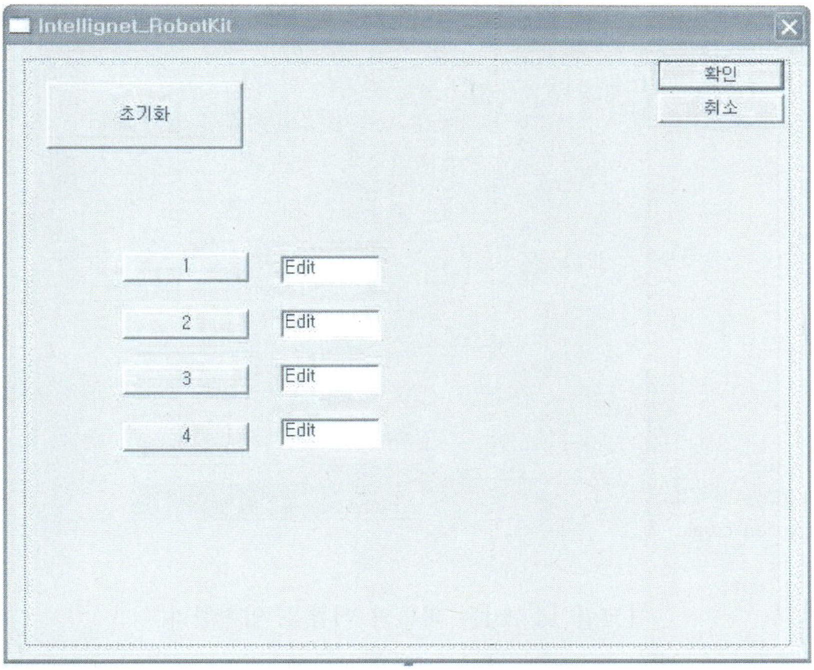

[그림 14-25]
create button

[그림 14-26]처럼 Intellignet_RobotKitDlg.h 파일을 열어 코딩한다.

nSelectSensor과 fIRDistance 변수는 적외선 센서에서 보내는 데이터를 받기위한 변수이다.

```
/////////////////////////////////////////////////////////////////////////////
// CIntellignet_RobotKitDlg dialog

class CIntellignet_RobotKitDlg : public CDialog
{
// Construction
public:
    CIntellignet_RobotKitDlg(CWnd* pParent = NULL); // standard constructor

    SSN_SESSION pSensor;
    unsigned char nSelectSensor[4];
    float fIRDistance[4];
```

[그림 14-26]
적외선 변수 생성

[그림 14-27]처럼 버튼에 속성을 선택한다.

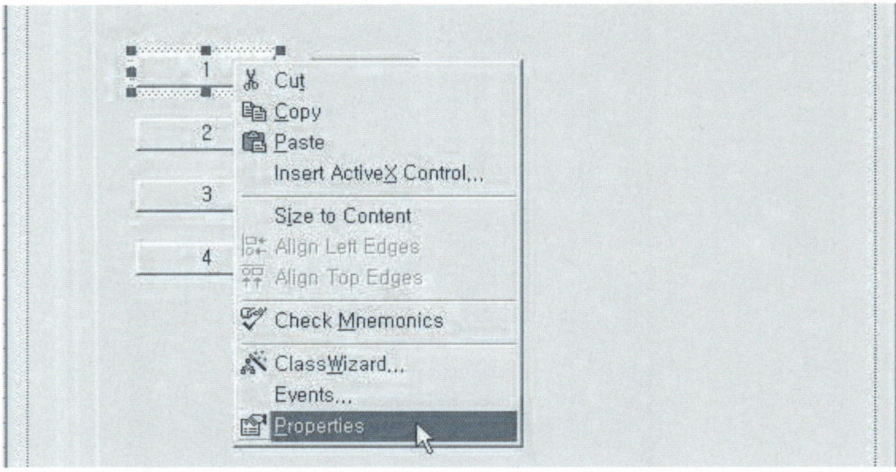

[그림 14-27]
button create

[그림 14-28]은 버튼의 이름을 입력한다.

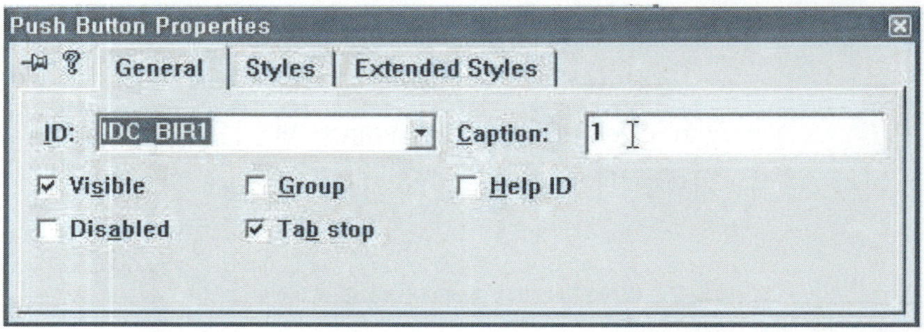

[그림 14-28]
name set

[그림 14-29], [그림 14-30]과 같이 에디터 박스에 ID를 입력한다.

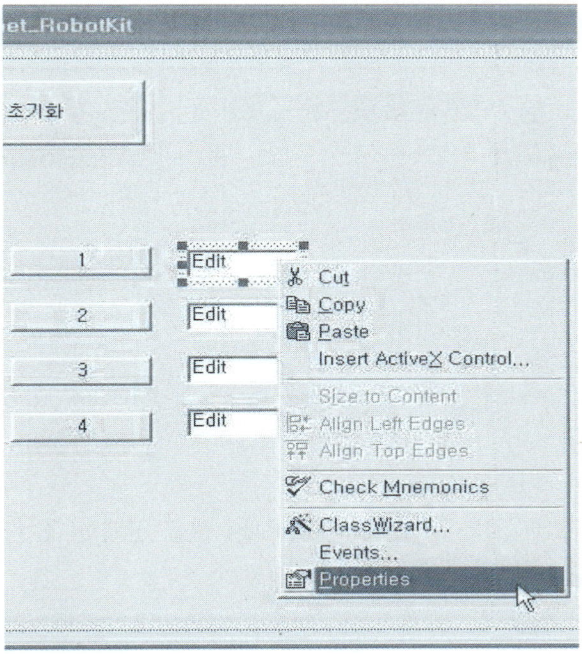

[그림 14-29]
ID input name

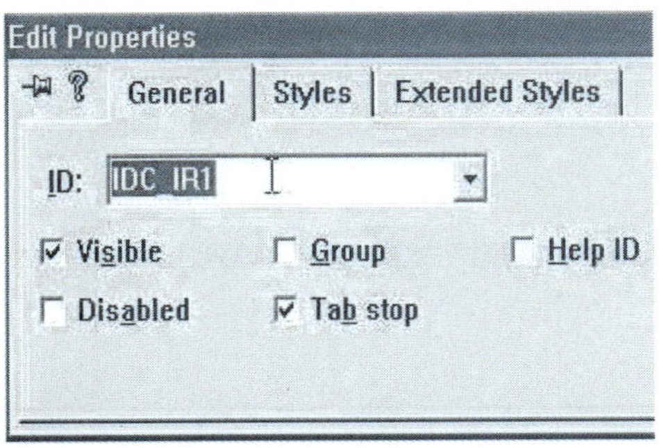

[그림 14-30]
name set

[그림 14-31]은 클래스 위저드를 선택한다.

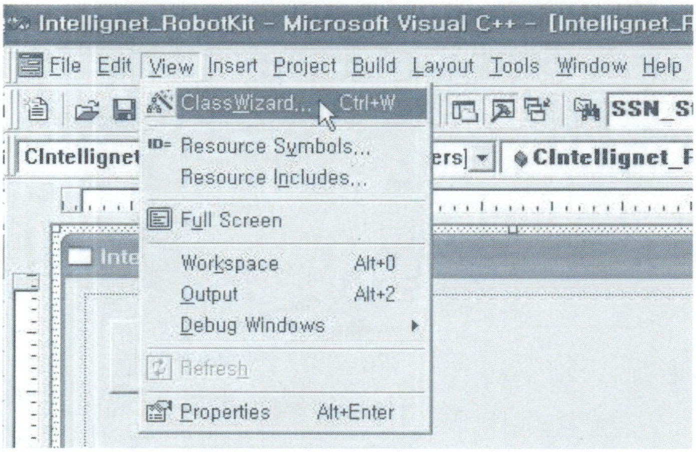

[그림 14-31]
classWizard select

[그림 14-32]는 Member variables 탭을 선택한 후 [그림 14-33]처럼 변수형을 float형으로 입력한다.

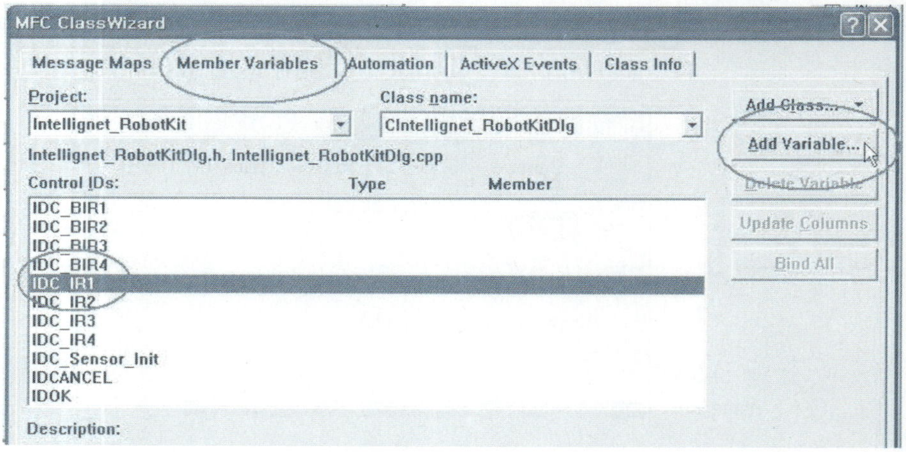

[그림 14-32]
memver variables add

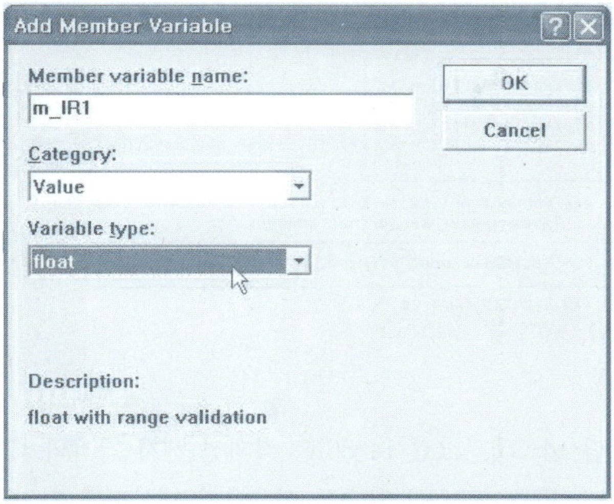

[그림 14-33]
value type input

[그림 14-34]는 Message Maps 탭을 선택 후 함수를 추가한다.

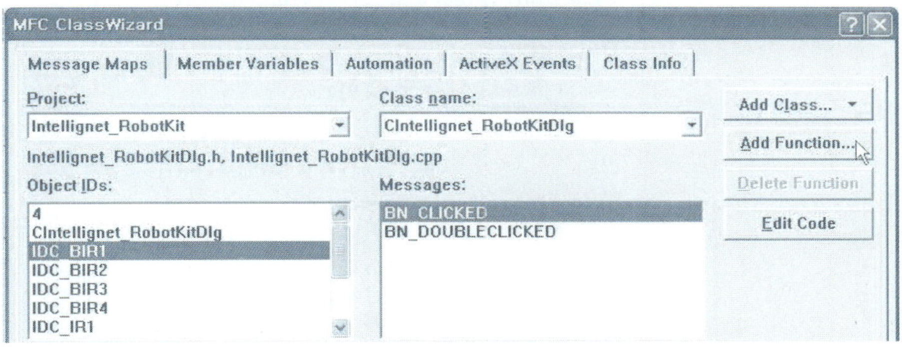

[그림 14-34]
적외선 함수 추가

위의 버튼과 edit box 추가 형식대로 1번부터 4번까지 버튼과 변수 함수를 추가한다.

[그림 14-35]는 적외선 센서 각각의 데이터를 담아오기 위해 변수에 센서 번호를 추가하고 센서번호를 설정하는 부분이다. 그림의 붉은색 박스 안에 있는 코드를 센서 초기화 함수 안에 코딩한다.

```
void CIntellignet_RobotKitDlg::OnSensorInit()
{
    nSelectSensor[0] = 1;
    nSelectSensor[1] = 2;
    nSelectSensor[2] = 3;
    nSelectSensor[3] = 4;  // IR sensor get data buffer init

    if( EDROBOT_API_OK != SSN_Initialize(&pSensor, FALSE) )  // sensor init
        MessageBox("Sensor not Connect.");                   // error print

    SSN_SetIRDistance( pSensor, nSelectSensor, 4 );          // set sensor

    SSN_Start(pSensor);                                      // sensor start

}
```

[그림 14-35]
적외선 센서 초기화

[그림 14-35], [그림 14-36]은 적외선 센서 각각의 데이터를 담아오기 위해 SSN_GetIRDistance() 함수를 이용하여 데이터를 가져오는 코드이다. 각각의 함수에 아래 그림과 같이 코딩을 한다.

```
void CIntellignet_RobotKitDlg::OnBir1()
{

    SSN_GetIRDistance( pSensor, fIRDistance );
    m_IR1=fIRDistance[0];
    UpdateData(FALSE);

}

void CIntellignet_RobotKitDlg::OnBir2()
{

    SSN_GetIRDistance( pSensor, fIRDistance );
    m_IR2=fIRDistance[1];
    UpdateData(FALSE);

}

void CIntellignet_RobotKitDlg::OnBir3()
{

    SSN_GetIRDistance( pSensor, fIRDistance );
    m_IR3=fIRDistance[2];
    UpdateData(FALSE);

}

void CIntellignet_RobotKitDlg::OnBir4()
{

    SSN_GetIRDistance( pSensor, fIRDistance );
    m_IR4=fIRDistance[3];
    UpdateData(FALSE);

}
```

[그림 14-36]
적외선 센서 코드

14.2 영상 센서 제어실습

이 절에서는 카메라(Camera)를 이용하여 영상을 화면에 나타내고 여러 가지 센서를 제어해 볼 수 있다.

1) 카메라 초기화 및 영상인식 실습

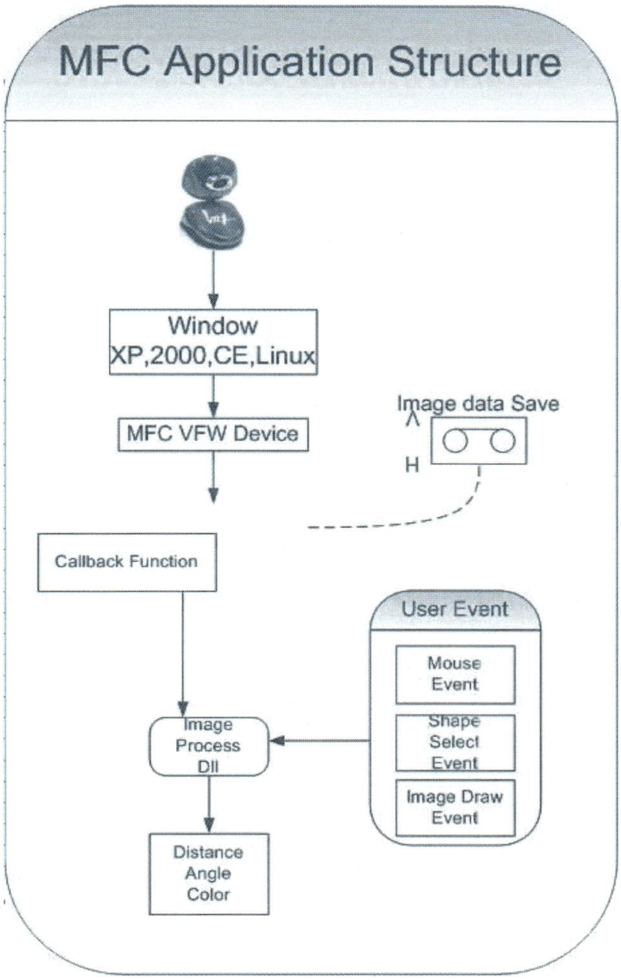

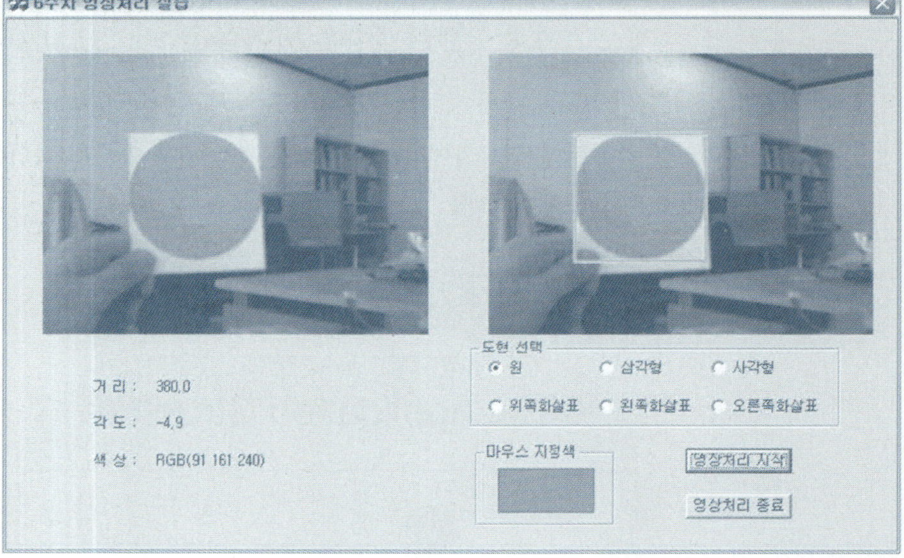

[그림 14-37] 프로그램 Architecture/실습 목표

2) 프로젝트 생성

MicroSoft사의 'Visual C++'를 실행한다.

'Visual C++'의 초기 실행 화면에서 메뉴창의 'File'을 클릭한 후 'New'를 선택한다.

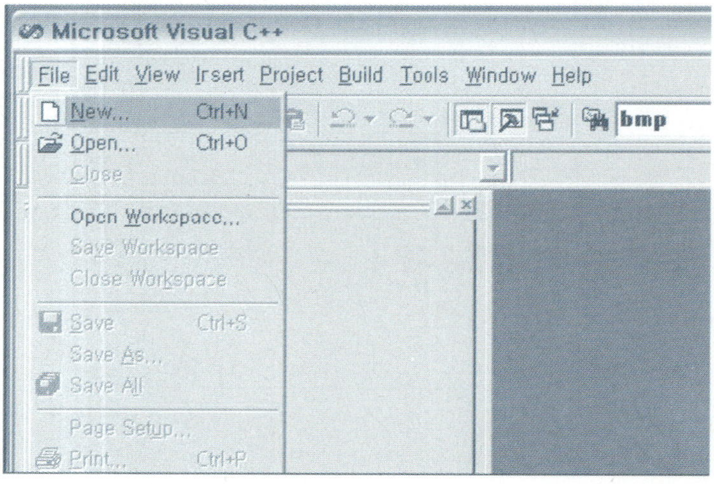

[그림 14-38] 메뉴

다음과 같은 새로운 창이 열리면 좌측 상단의 'Project'란을 선택한 후, 'MFC AppWizard [exe]'를 클릭한 후 'Project name' 를 기입하고, Project 파일들이 저장될 폴더를 'Location'란에 지정한다.(지정된 폴더에 'Project name'으로 하위폴더가 생성되어 저장된다.)

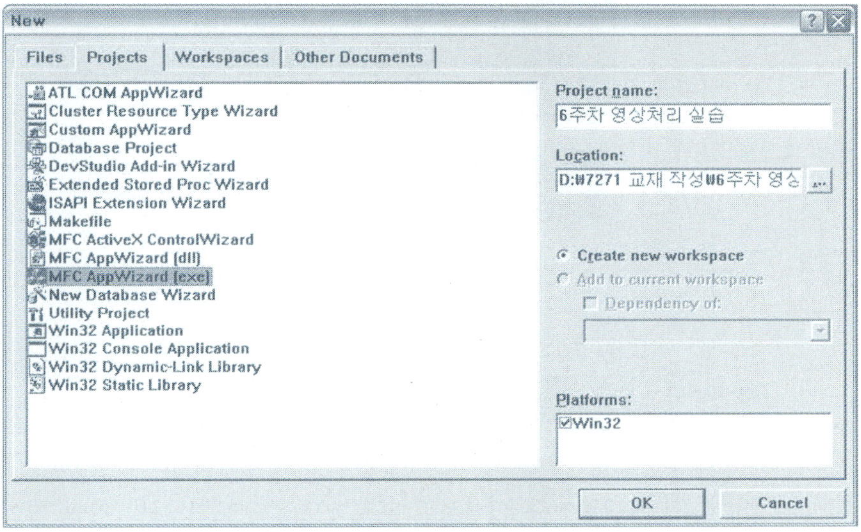

[그림 14-39]
프로젝트 종류와 이름, 폴더 지정

"OK" 버튼을 누르면 다음과 같은 화면이 나오며 'Dialog based'를 선택한 후 "NEXT"를 클릭한다.

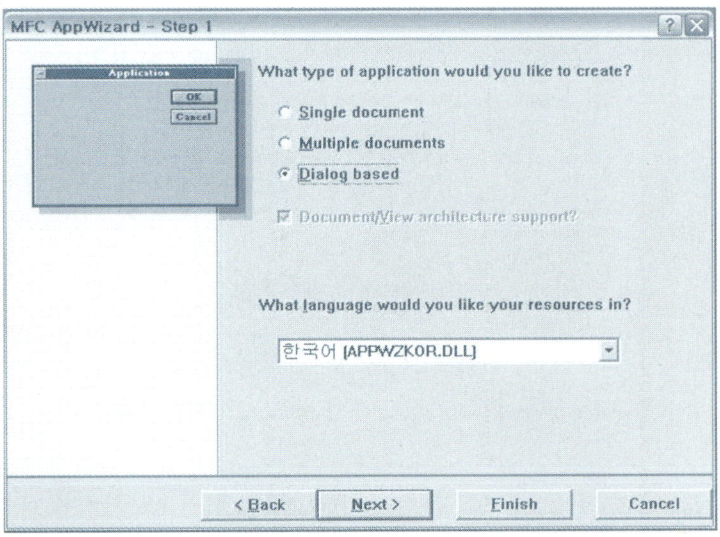

[그림 14-40]
Application Type 선택

TCP/IP 통신을 하기 위해서 'Windows Sockets'을 선택하고 "Finish" 버튼을 누른다.

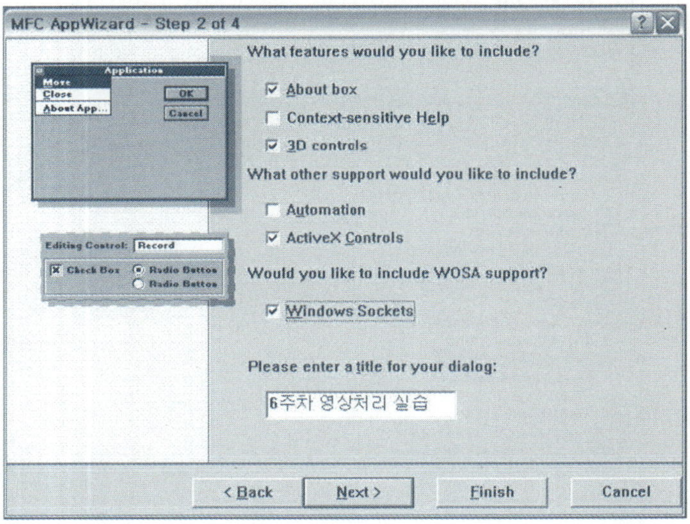

[그림 14-41]
Window Sockets 선택

최종적으로 생성된 프로젝트의 정보가 나와 있는 창이 열리며 "OK" 버튼을 클릭하면 기본적인 프로젝트의 생성은 끝난다.

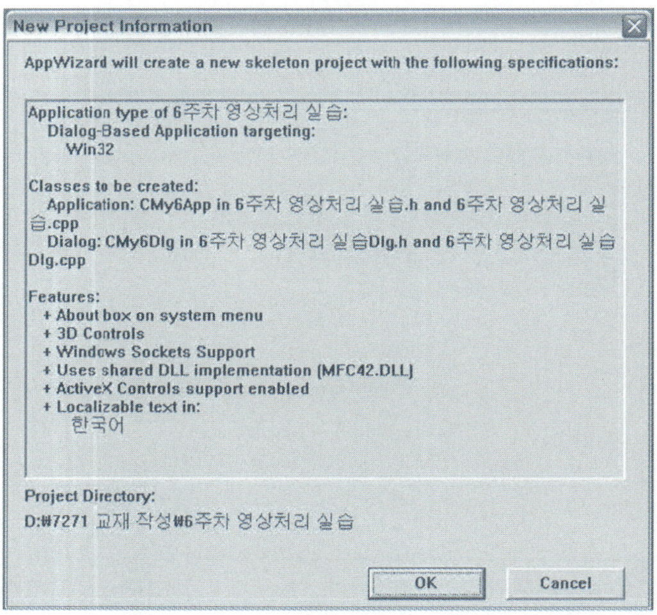

[그림 14-42]
프로젝트 생성 화면

"OK" 버튼을 클릭하면 다음 화면이 나오며 기본적인 Dialog 창이 생성되어 있음을 볼 수 있다. 우선 원으로 선택되어 있는 항목들을 삭제한다.(우측 상단의 "확인", "취소" 버튼을 필히 삭제할 필요는 없다. : 선택사항)

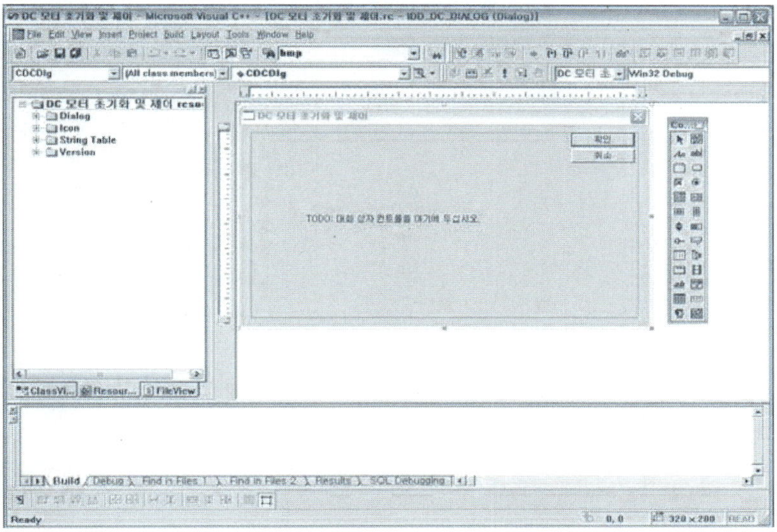

[그림 14-43]
기본 Dialog Box 생성 화면

3) 화면에 카메라 영상 출력

MFC Application에서 화면에 영상을 출력하기 위하여 윈도우 VFW 장치를 이용하면 CallBack 함수로 지정된 카메라의 영상을 화면상에 출력할 수 있다.

'6주차 영상처리 실습 Dlg.h' 파일에 다음과 vfw.h과 윈도우 핸들을 추가한다.

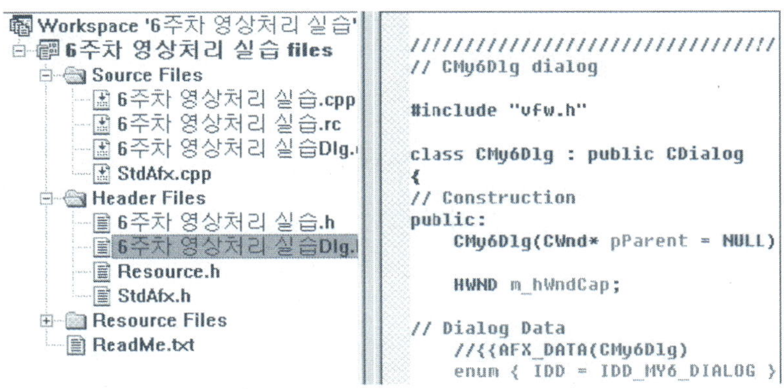

[그림 14-44]
vfw.h와 윈도우 핸들 추가

컴파일 링크 환경을 설정해 주기 위해 프로젝트 셋팅 메뉴에서 다음과 같이 추가한다.

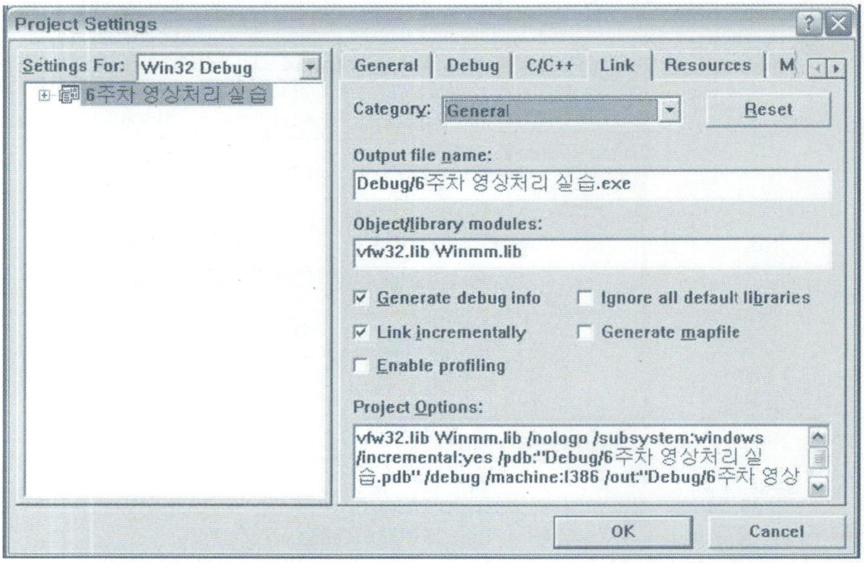

[그림 14-45] 프로젝트에 Library 연결

'6주차 영상처리 실습 Dlg.cpp' 파일에 다음과 같이 추가한다.

```
#undef THIS_FILE
static char THIS_FILE[] = __FILE__;
#endif

BITMAPINFO BmInfo;              // 장치 독립 비트맵(DIB)에 대한 컬러 정보를 포함하는 구조체
unsigned char *pImageBuffer;    // 영상을 담을 포인터

/////////////////////////////////////////////////////////////////////////////
// CAboutDlg dialog used for App About

class CAboutDlg : public CDialog
{
public:
```

[그림 14-46] 구조체와 포인터 추가

'6주차 영상처리 실습 Dlg.cpp' 파일의 생성자 부분에 'pImageBuffer' 변수를 NULL로 초기화시켜 준다.

```
CMy6Dlg::CMy6Dlg(CWnd* pParent /*=NULL*/)
    : CDialog(CMy6Dlg::IDD, pParent)
{
    //{{AFX_DATA_INIT(CMy6Dlg)
        // NOTE: the ClassWizard will add member initialization here
    //}}AFX_DATA_INIT
    // Note that LoadIcon does not require a subsequent DestroyIcon in Win32
    m_hIcon = AfxGetApp()->LoadIcon(IDR_MAINFRAME);

    pImageBuffer = NULL;     // 버퍼 초기화
}
```

[그림 14-47]
변수 초기화

'6주차 영상처리 실습 Dlg.cpp' 파일의 'OnInitDialog' 함수에 다음과 같이 작성한다.

```
    // TODO: Add extra initialization here

    // 주어진 위치에 주어진 화면 크기로 영상 출력
    m_hWndCap = capCreateCaptureWindow( _T( "Gomins Capture for Windows" ), WS_CHILD | WS_VISIBLE,
                                        30,30, 320, 240, this->m_hWnd, NULL );

    // 매 frame이 캡쳐될때마다 호출될 callback function 지정
    if ( capSetCallbackOnFrame( m_hWndCap, capCallbackOnFrame ) == FALSE ) return FALSE;

    // Camera Driver와 Capture Window 연결
    if ( capDriverConnect( m_hWndCap, 0 ) == FALSE ) return FALSE;

    // 현재 Video Format을 조사해서 24bits color가 아니면 24bits color로 바꿈
    capGetVideoFormat( m_hWndCap, &BmInfo, sizeof(BITMAPINFO) );
    if ( BmInfo.bmiHeader.biBitCount != 24 )
    {
        BmInfo.bmiHeader.biBitCount        = 24;
        BmInfo.bmiHeader.biCompression     = 0;
        BmInfo.bmiHeader.biSizeImage       = BmInfo.bmiHeader.biWidth*BmInfo.bmiHeader.biHeight*3;
        capSetVideoFormat( m_hWndCap, &BmInfo, sizeof(BITMAPINFO) );
    }

    capPreviewRate(m_hWndCap, 30);      // 주어진 프레임 속도로 프레임 캡쳐 후 화면에 출력
    capOverlay( m_hWndCap, false );
    capPreview(m_hWndCap, true);

    return TRUE;  // return TRUE  unless you set the focus to a control
}
```

[그림 14-48]
OnInitDialog 함수에
코드 추가

영상을 실시간으로 출력하기 위해서 'CallBack' 함수를 호출한다. 우선 '6주차 영상처리 실습 Dlg.h' 파일에 다음과 같이 CallBack 함수를 선언한다.

```
    //}}AFX_MSG
    DECLARE_MESSAGE_MAP()
};

LRESULT CALLBACK    capCallbackOnFrame( HWND hWnd, LPVIDEOHDR lpVHdr );

//{{AFX_INSERT_LOCATION}}
// Microsoft Visual C++ will insert additional declarations immediately befor
```

[그림 14-49]
Callback 함수 선언

보통의 함수가 사용자가 호출하는데 반해 CallBack 함수는 OS가 호출하는 함수이다. OS는 주기적으로 이 함수를 호출하면서 CallBack 함수의 내용을 처리하기 때문에 이를 이용하여 윈도우 화면에 영상을 나타낼 수 있다.

'6주차 영상처리 실습 Dlg.cpp' 파일의 하단에 다음과 같이 작성하여 화면에 영상을 출력한다.

```
LRESULT CALLBACK capCallbackOnFrame(HWND hWnd, LPVIDEOHDR lpVHdr)
                                        //윈도우 핸들, 비디오 헤더 구조체
{
    return( LRESULT ) TRUE;
}
```

[그림 14-50]
CallBack 함수 작성

클래스 위저드에서 'OnDestory()' 함수를 추가한 후 다음과 같이 작성한다.

```
void CAboutDlg::OnDestroy()
{
    CDialog::OnDestroy();

    if ( pImageBuffer != NULL ) delete [] pImageBuffer;
}
```

[그림 14-51]
OnDestory()
함수 추가/작성

이제 카메라를 연결하고 프로그램을 실행하면 Dialog에 영상이 나오는 것을 볼 수 있다.

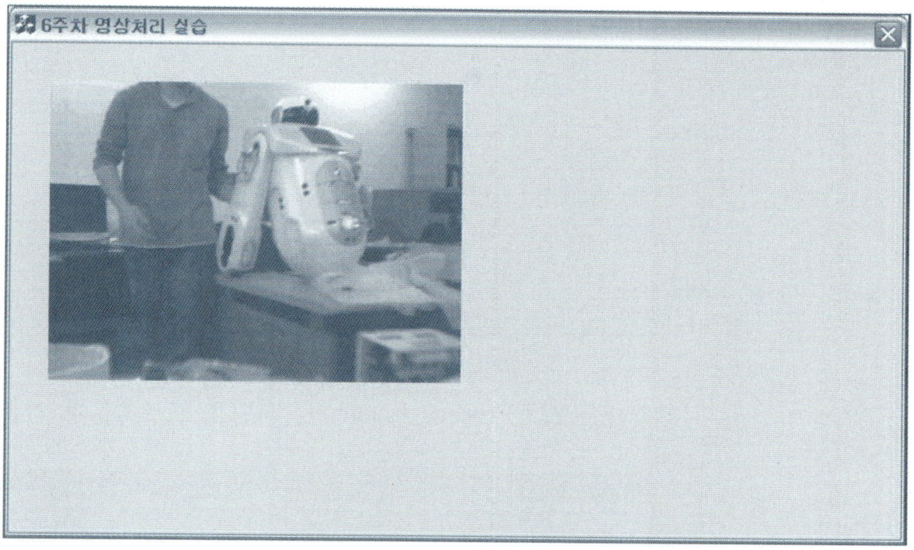

[그림 14-52]
실행 결과

영상을 뿌려줄 때 Preview 모드를 이용했기 때문에 지정한 Window의 위치 (30, 30)와 영상의 크기(320, 240)에서 영상을 볼 수 있다.

4) 영상처리 알고리즘 라이브러리 추가

앞 절에서 카메라로부터 윈도우 장치인 VFW 를 이용하여 Dialog Box에 나타나는 영상을 볼 수 있었다. 이제 이 영상을 영상처리의 알고리즘이 있는 DLL 파일을 이용하여 색을 선택하고 6개의 지정되어 있는 도형을 인식할 수 있는 Application을 만들어 보도록 하겠다.

제공되는 파일 중 DLL 파일은 현 프로젝트의 실행 파일이 생성되는 폴더에 6개의 도형 DB는 프로젝트 폴더에 복사한다.

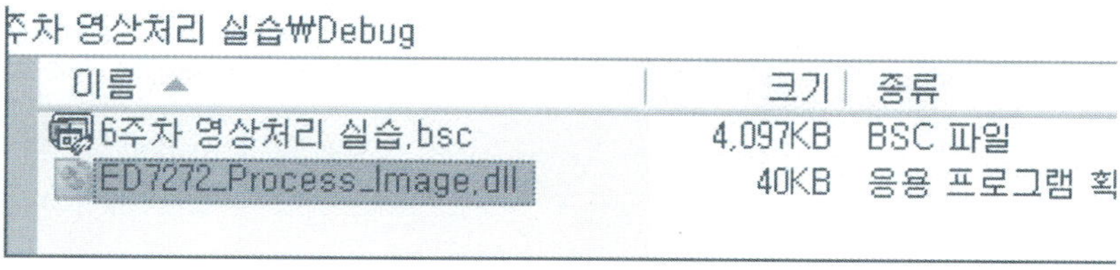

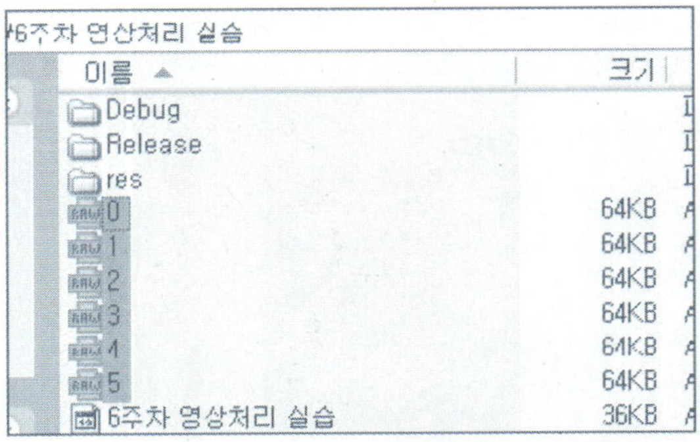

[그림 14-53]
파일 복사

'ED7272_Process_Image.lib' 파일을 프로젝트에 연결한다.

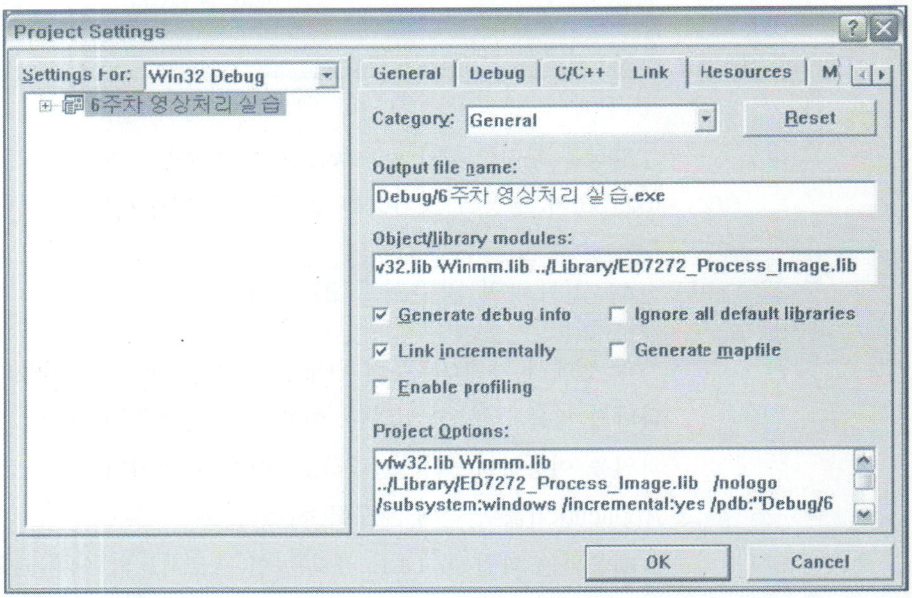

[그림 14-54]
프로젝트에 Library
파일 연결

Dialog box를 다음 그림과 같이 작성한다.

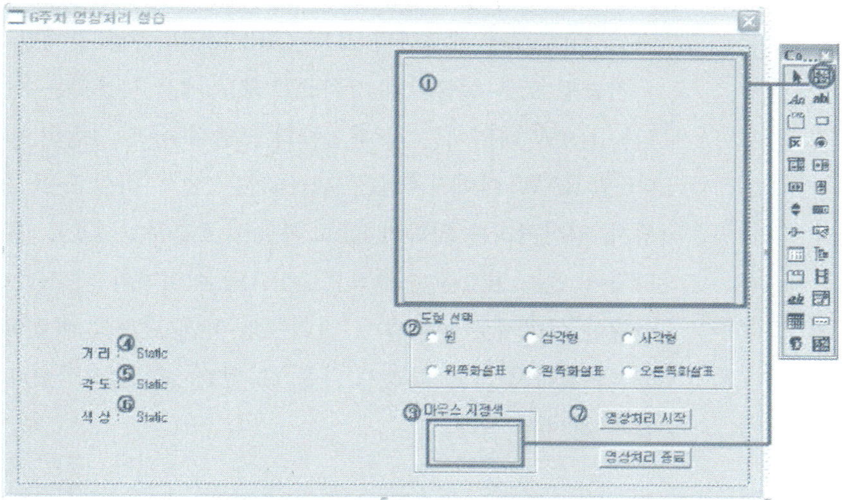

[그림 14-55]
Dialog box 배치

우선 다음과 같이 ID와 변수형, 변수명을 속성 창과 클래스 위저드를 사용하여 지정한다.

〈표 14-1〉
ID, 변수형, 변수명

번호		ID	변수형	변수명
1		IDC_PROCESS_VIEW	CStatic	m_View
2	원	IDC_CIRCLE	int	m_Shape
	삼각형	IDC_TRIANGLE	·	·
	사각형	IDC_RECT	·	·
	위쪽 화살표	IDC_UARR	·	·
	왼쪽 화살표	IDC_LARR	·	·
	오른쪽 화살표	IDC_RARR	·	·
3		IDC_MOUSE	·	·
4		IDC_DISTANCE	double	m_dbDistance
5		IDC_ANGLE	double	m_dbAngle
6		IDC_COLOR	CString	m_strColor
7	영상처리 시작	IDC_PROCESSSTART	·	·
	영상처리 종료	IDC_PORCESSSTOP	·	·

'Ctrl+D'을 누른 후 2번 Radio 버튼들에게 마우스 왼쪽 버튼을 사용하여 다음 그림과 같이 순서를 할당하고(1~6), 'IDC_CIRCLE' Radio 버튼의 속성 창에서 'Group'에 체크한다.(IDC_CIRCLE의 속성 창에만 체크)

지능형 로봇 실습실험 장치 ED-7273에서 사용하는 영상처리를 위하여 제공되는 RAW 파일에는 각 패널들의 모양이 아래 그림의 번호순으로 저장되어 있다(예 RAW 이미지 0번은 '원', 4번은 '왼쪽 화살표'를 가리킨다). 프로그램 실행시, 영상처리를 위하여 DLL 파일을 호출하고, DLL 내부에서는 각 모양에 해당되어 있는 번호를 순차적으로 RAW 이미지와 비교(라벨링 등)하여 사용자가 선택한 이미지를 판별한다. 그러므로 아래 그림의 번호와 도형 이름이 맞지 않을 때 원하지 않는 결과가 나올 수 있으므로 그림처럼 번호와 도형 이름을 똑같게 하여야 한다.

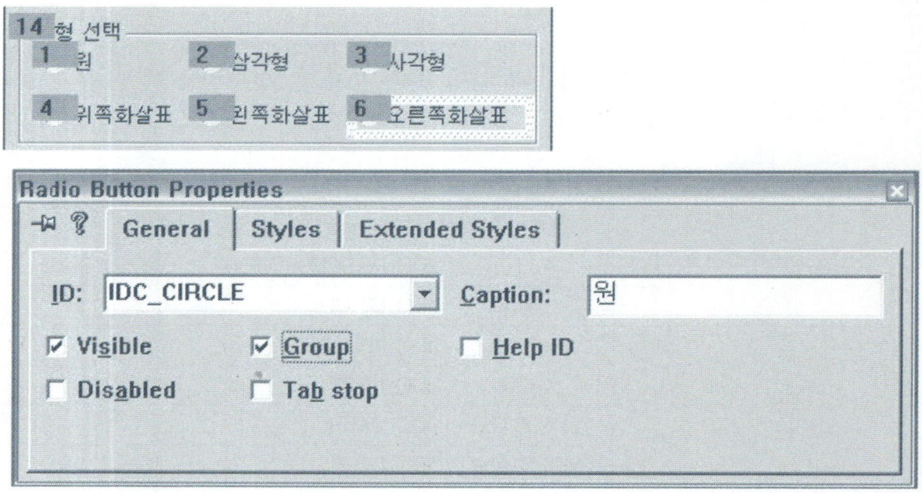

[그림 14-56]
Radio 버튼 번호 할당과 IDC_CIRCLR 속성 창에서 Group 체크

이제 각 Radio 버튼에 연결될 함수를 작성한다. 영상처리에서 도형의 모양을 정하기 위해서 사용자가 버튼을 클릭했을 때 찾고자 하는 도형의 모양을 알려주는 역할이다(m_Shape 변수에는 각 패널에 해당하는 번호가 저장된다.). 클래스 위저드에서 Radio 버튼에 해당하는 ID에 BN_CLICKED을 이용하여 각각의 함수를 생성한다. 혹은 Dialog box의 각 Radio 버튼을 더블클릭하여 생성한다. 생성된 함수들에게 다음 그림과 같이 모두 작성한다.

```
void CMy6Dlg::OnCircle()
{
    UpdateData( TRUE );
    Process.Shape = m_Shape; //DLL 파일에서 특정 모양을 찾으라는 명령 전달
    UpdateData( FALSE );
}

void CMy6Dlg::OnTriangle()
{
    UpdateData( TRUE );
    Process.Shape = m_Shape;
    UpdateData( FALSE );
}

void CMy6Dlg::OnRect()
{
    UpdateData( TRUE );
    Process.Shape = m_Shape;
    UpdateData( FALSE );
```

[그림 14-57]
생성된 Radio 버튼의 함수에 코드 작성

"영상처리 시작"과 "영상처리 종료" 버튼에 다음과 같이 함수를 생성, 작성한다.

```
void CMy6Dlg::OnProcessstart()
{
    process_flag = FALSE; // 영상처리의 ON/OFF 를 하는 변수
    UpdateData( FALSE );
}

void CMy6Dlg::OnProcessstop()
{
    process_flag = TRUE;
    UpdateData( TRUE );
}
```

[그림 14-58]
영상처리 시작, 종료 버튼의 함수에 코드 작성

'6주차 영상처리 실습 Dlg.h'에 다음 그림들과 같이 변수와 함수를 추가한다.

14장

```
public:
    CMy6Dlg(CWnd* pParent = NULL);  // standard constructor

    HWND m_hWndCap;

    HWND m_hWndCap;

    CRect m_Cap_Rect;
    CRect m_RectTrack;
    CRect m_RECT_mouse;
    unsigned char *MouseImg, ndir;
    COLORREF m_CaptureColor( unsigned char *InImg );
    // 마우스로 도형의 색을 추출하는 변수 초기화

// Dialog Data
    //{{AFX_DATA(CMy6Dlg)
    enum { IDD = IDD_MY6_DIALOG };

/////////////////////////// 생략 된 부분입니다. //////////////////////////////

    afx_msg void OnRarr();
    afx_msg void OnProcessstart();
    afx_msg void OnProcessstop();
    //}}AFX_MSG
    DECLARE_MESSAGE_MAP()
};

LRESULT CALLBACK    capCallbackOnFrame( HWND hWnd, LPVIDEOHDR lpVHdr );
void SaveToBitmapFile( LPCTSTR pFilename, BYTE *pSaveImage );

//{{AFX_INSERT_LOCATION}}
```

[그림 14-59]
header 파일에 변수, 함수 선언

'6주차 영상처리 실습 Dlg.cpp'에 다음 그림과 같이 전역변수를 추가한다.

※ 구조체 내에서 변수의 순서를 그림과 똑같이 작성해야 한다. 이 구조체를 이용하여 DLL 파일에 명령 등을 전달하는데, 동일한 양식으로 선언되어 있으므로 순서 등이 틀릴 경우 프로그램이 실행되지 않는다.

```
BITMAPINFO BmInfo;                  // 장치 독립 비트맵(DIB)에 대한 컬러 정보를 도
unsigned char *pImageBuffer;        // 영상을 담을 포인터

BOOL m_flagMouse;                   // mouse flag
BOOL process_flag;                  // image process flag
int SHAPE;                          // user select shape
COLORREF m_SelColor;                //선택되어진 Color

typedef struct tagProcess_Info
{
    int width;
    int height;
    unsigned char *m_Inimg;         // 영상을 저장할 버퍼
    int Shape;                      // 사용자가 지정한 도형
    int R;                          // 사용자가 지정한 색
    int G;
    int B;
    double distance;                // 거리
    double Angle;                   // 로봇과의 각도
    int Object_Top;
    int Object_Bottom;
    int Object_Left;
    int Object_Right;
    BOOL find_success;              // 물체를 찾았는지 성공 여부
    int robot_select;               // 도형 모양의 사용자 선택 -> 1
                                    // DB 안의 모든 도형 찾기 -> 2

}Process_Info,*KProcess_Info;
Process_Info Process;  //구조체 선언

#define EDROBOT_API extern "C" __declspec(dllimport)
EDROBOT_API void Proccess_Image( KProcess_Info Process );

//////////////////////////////////////////////////////////////////////////////
// CAboutDlg dialog used for App About
```

[그림 14-60]
전역변수 추가

'6주차 영상처리 실습 Dlg.cpp'의 생성자 함수에서 다음 그림과 같이 작성한다.

```
CMy6Dlg::CMy6Dlg(CWnd* pParent /*=NULL*/)
    : CDialog(CMy6Dlg::IDD, pParent)
{
    //{{AFX_DATA_INIT(CMy6Dlg)
    m_View = _T("");
    m_dbDistance = _T("");
    m_strColor = _T("");
    m_dbAngle = _T("");
    m_Shape = -1;
    //}}AFX_DATA_INIT
    // Note that LoadIcon does not require a subsequent DestroyIcon in Win32
    m_hIcon = AfxGetApp()->LoadIcon(IDR_MAINFRAME);

    pImageBuffer = NULL;    // 버퍼 초기화

    Process.m_Inimg = NULL; // Process 버퍼 초기화
    MouseImg = NULL;        // 버퍼 초기화
    process_flag = TRUE;    // Process flag
}
```

[그림 14-61]
전역변수 초기화

'6주차 영상처리 실습 Dlg.cpp'의 OnInitDialog 함수에서 다음과 같이 작성한다. 'Process.robot_select' 를 이용하여 프로그램 목적에 맞게 영상의 개별 선택 모드와 지정된 색의 모든 도형 선택 모드를 구분하여 사용할 수 있다.

```
// TODO: Add extra initialization here
m_view.GetWindowRect( &m_Cap_Rect );
ScreenToClient( &m_Cap_Rect );       // Process image rect get

GetDlgItem( IDC_MOUSE )->GetWindowRect( &m_RECT_mouse );
ScreenToClient( &m_RECT_mouse );       // mouse color drag rect get

GetDlgItem( IDC_PROCESS_VIEW )->SetWindowPos( &wndBottom,400,30,320,240,SWP_DRAWFRAME );
// 뿌려지는 화면위치 지정

// 주어진 위치에 주어진 화면 크기로 영상 출력
m_hWndCap = capCreateCaptureWindow( _T( "Gomins Capture for Windows" ), WS_CHILD | WS_VISIBLE,
                                    30,30, 320, 240, this->m_hWnd, NULL );

///////////////////// 생략된 부분입니다. //////////////////////

capOverlay( m_hWndCap, false );
capPreview(m_hWndCap, true);

pImageBuffer= new unsigned char[BmInfo.bmiHeader.biWidth*BmInfo.bmiHeader.biHeight*3];
// 저장할 버퍼의 크기 설정
SetTimer(0, 100,NULL);  // 타이머 설정

m_shape=0;               // Radio 버튼 초기화
Process.robot_select=1; // 1 -> 사용자가 영상을 Radio 버튼을 이용하여 개별 선택
                        // 2 -> DB안의 모든 영상을 자동적으로 비교하여 확인

return TRUE;  // return TRUE  unless you set the focus to a control
}
```

[그림 14-62]
Dialog 초기화 함수에 코드 추가

14장

다음은 마우스 선택 안에 들어간 픽셀들의 RGB값을 조사해서 평균치를 낸 후 RGB 값으로 Return해 주는 함수이다. 다음 그림과 같이 작성한다.

```
COLORREF CMy6Dlg::m_CaptureColor( unsigned char *InImg )
{
    int y,x,index,count=0;
    int count_r-0, count_g-0, count_b-0;

    int width=320;
    int height=240;


    for(y=(m_RectTrack.top-30); y<m_RectTrack.bottom-30; y++)

    {
        index = (height-y-1)*width*3;
        for(x=(m_RectTrack.left-400); x<(m_RectTrack.right-400); x++)
        {
            count_r += InImg[index+3*x+2];
            count_g += InImg[index+3*x+1];
            count_b += InImg[index+3*x  ];
            count++;
        }
    }
    if(count--0){
        count_r = InImg[(height-m_RectTrack.top-30-1)*width*3+3*(m_RectTrack.left-400)+2];
        count_g = InImg[(height-m_RectTrack.top-30-1)*width*3+3*(m_RectTrack.left-400)+1];
        count_b = InImg[(height-m_RectTrack.top-30-1)*width*3+3*(m_RectTrack.left-400)];
    }
    else {
        count_r = (int)(count_r/count);
        count_g = (int)(count_g/count);
        count_b = (int)(count_b/count);
    }
    return RGB(count_r,count_g,count_b);
}
```

[그림 14-63]
마우스의 선택 영역의 색추출 함수

영상처리를 하면서 저장되는 BMP 파일을 저장하는 함수이다. BMP 구조를 정의한 후 버퍼안의 내용을 파일에 복사한다.

```
void SaveToBitmapFile(LPCTSTR pFilename, BYTE *pSaveImage)
{

    BITMAPFILEHEADER    bmFileHeader;
    BITMAPINFOHEADER    bmInfoHeader;
    CFile               file;

    bmFileHeader.bfSize     = sizeof(BITMAPFILEHEADER);
    bmFileHeader.bfType     = 0x4D42;
    bmFileHeader.bfOffBits  = sizeof(BITMAPFILEHEADER) + sizeof(BITMAPINFOHEADER);

    bmInfoHeader.biSize             = sizeof(BITMAPINFOHEADER);
    bmInfoHeader.biWidth            = 320;
    bmInfoHeader.biHeight           = 240;
    bmInfoHeader.biPlanes           = BmInfo.bmiHeader.biPlanes;
    bmInfoHeader.biBitCount         = 24;
    bmInfoHeader.biCompression      = BmInfo.bmiHeader.biCompression;
    bmInfoHeader.biSizeImage        = (240 * 320 * 3);
    bmInfoHeader.biXPelsPerMeter    = BmInfo.bmiHeader.biXPelsPerMeter;
    bmInfoHeader.biYPelsPerMeter    = BmInfo.bmiHeader.biYPelsPerMeter;
    bmInfoHeader.biClrUsed          = BmInfo.bmiHeader.biClrUsed;
    bmInfoHeader.biClrImportant     = BmInfo.bmiHeader.biClrImportant;

    file.Open(pFilename, CFile::modeNoTruncate |
            CFile::modeCreate | CFile::modeReadWrite );
    file.Write(&bmFileHeader, sizeof(BITMAPFILEHEADER));
    file.Write(&bmInfoHeader, sizeof(BITMAPINFOHEADER));
    file.Write(pSaveImage, 320*240*3);
    file.Close();
}
```

[그림 14-64] BMP 파일 저장 함수

마우스를 드래그하여 선택된 영역의 색을 capture하기 위해선 마우스 event가 발생할 때마다 처리해 주는 Message Map 이 필요하다. 이를 생성하기 위하여 클래스 위저드를 열어서 아래와 같이 Message Map을 만든다.

WM_LBUTTONDOWN, WM_LBUTTONUP, WM_MOUSEMOVE 세 가지 함수를 추가한다.

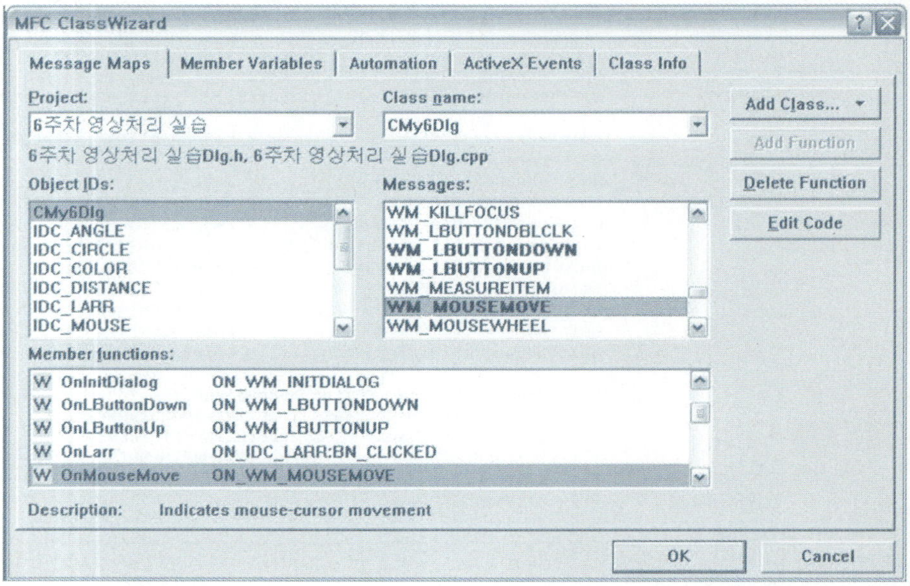

[그림 14-65] Mouse Event를 처리하는 Message Map 생성

위 그림과 같이 함수들을 생성한 후 각각의 함수에 다음과 같이 작성한다.

```
void CMy6Dlg::OnLButtonDown(UINT nFlags, CPoint point)
{
    if(point.y<m_Cap_Rect.top|| point.y>m_Cap_Rect.bottom) return;
    if(point.x<m_Cap_Rect.left || point.x>m_Cap_Rect.right) return;

    m_RectTrack.left = m_RectTrack.right = point.x;
    m_RectTrack.top = m_RectTrack.bottom = point.y;

    m_FlagMouse = TRUE;

    CDialog::OnLButtonDown(nFlags, point);
}
```

[그림 14-66] WM_LBUTTONDOWN 함수

```
void CMy6Dlg::OnLButtonUp(UINT nFlags, CPoint point)
{
    if(m_flagMouse==TRUE)
    {


        if(point.y<m_Cap_Rect.top|| point.y>m_Cap_Rect.bottom) return;
        if(point.x<m_Cap_Rect.left || point.x>m_Cap_Rect.right) return;



        m_RectTrack.right = point.x;
        m_RectTrack.bottom = point.y;

        m_flagMouse = FALSE;
        if(m_RectTrack.top>m_RectTrack.bottom) {
            int tmp = m_RectTrack.top;
            m_RectTrack.top = m_RectTrack.bottom;
            m_RectTrack.bottom = tmp;
        }
        if(m_RectTrack.left>m_RectTrack.right) {
            int tmp = m_RectTrack.left;
            m_RectTrack.left = m_RectTrack.right;
            m_RectTrack.right = tmp;
        }

        m_SelColor = m_CaptureColor(pImageBuffer);

        Process.R=GetRValue(m_SelColor);
        Process.G=GetGValue(m_SelColor);
        Process.B=GetBValue(m_SelColor);

        CClientDC pDC(this);
        CBrush Brush(m_SelColor),*OldBrush;
        OldBrush = pDC.SelectObject(&Brush);     // 출력 Color 영역 설정.
        pDC.FillRect(&m_RECT_mouse,&Brush);
        pDC.SelectObject(OldBrush);

        Invalidate(FALSE);
    }

    CDialog::OnLButtonUp(nFlags, point);
}
```

[그림 14-67] WM_LBUTTONUP 함수

```
void CMy6Dlg::OnMouseMove(UINT nFlags, CPoint point)
{
    if(m_flagMouse==TRUE)
    {

        if(point.y<m_Cap_Rect.top|| point.y>m_Cap_Rect.bottom) return;
        if(point.x<m_Cap_Rect.left || point.x>m_Cap_Rect.right) return;

        m_RectTrack.right = point.x;
        m_RectTrack.bottom = point.y;
        // 드래그 하는 것을 화면에 표시

        CPen pen;
        pen.CreatePen(PS_SOLID,2,RGB(255,0,0));
        CClientDC dc(this);
        dc.SelectObject(&pen);
        dc.DrawEdge(m_RectTrack,EDGE_ETCHED,BF_RECT);


    }

    CDialog::OnMouseMove(nFlags, point);
}
```

[그림 14-68]
WM_MOUSEMOVE 함수

영상을 실시간으로 화면에 뿌려주기 위하여 OnTimer() 함수를 이용한다. 클래스 위저드를 사용하여 다음처럼 함수를 추가한다.

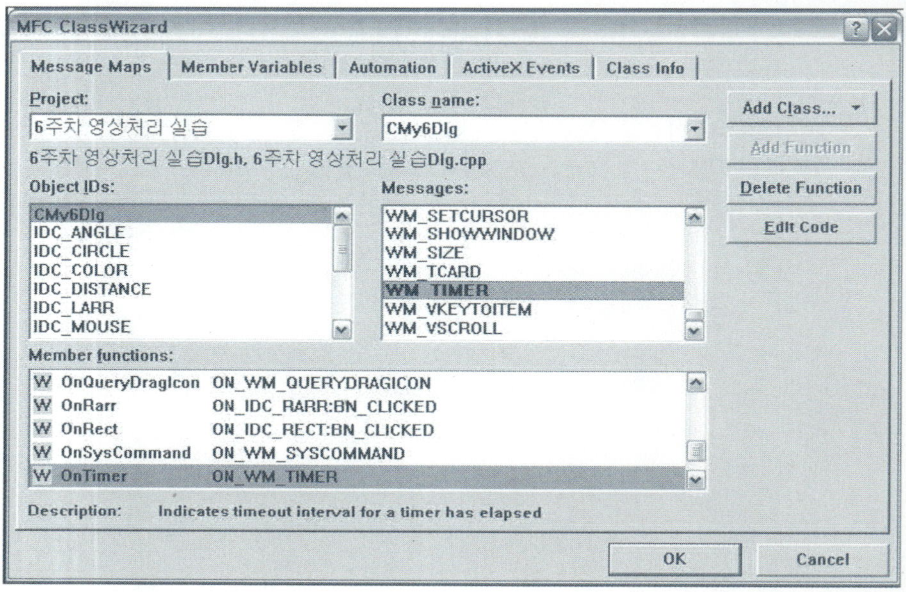

[그림 14-69]
OnTimer() 함수 추가

추가된 함수에 다음과 같이 작성한다.

```
void CMy6Dlg::OnTimer(UINT nIDEvent)
{
    OnPaint();

    CDialog::OnTimer(nIDEvent);
}
```

[그림 14-70]
OnTimer() 함수

실제 화면에 영상을 출력하기 위해 MFC 안의 OnPaint() 함수를 이용하여 Dialog에 영상과 영상처리된 결과물을 출력할 수 있다. 다음과 같이 OnPaint() 함수에 추가한다.

```
    // Draw the icon
    dc.DrawIcon(x, y, m_hIcon);
}
else
{
    /************************************************************************/
    /*                  processing 이미지 그리기                             */
    /************************************************************************/
    CClientDC dc(this);
    CDC MemDC;
    MemDC.CreateCompatibleDC(&dc);

    CBitmap bitmap;
    CString strPathname = "Org.bmp";
    bitmap.DeleteObject();

    bitmap.Attach((HBITMAP)LoadImage(NULL,strPathname,IMAGE_BITMAP, 0, 0, LR_LOADFROMFILE));

    CBitmap *oldbm = MemDC.SelectObject(&bitmap);

    dc.StretchBlt(  400,30,
        320,
        240,
        &MemDC,0,0,320,240,SRCCOPY);
    MemDC.SelectObject(oldbm);
```

[그림 14-71]
OnPaint() 함수

Chapter 15

MFC를 이용한 지능형 로봇시스템의 자율주행 및 기타 제어

15.1 자율주행

1) 목 적

앞서 배운 DC모터 제어와 센서 제어를 연동하여 로봇이 장애물을 회피와 주행을 동시에 하는 것이 이번 실습의 목적이다.

2) 준 비

지금까지 실습한 내용에(DC모터 제어, 센서 제어) 자율주행 알고리즘을 추가한다.

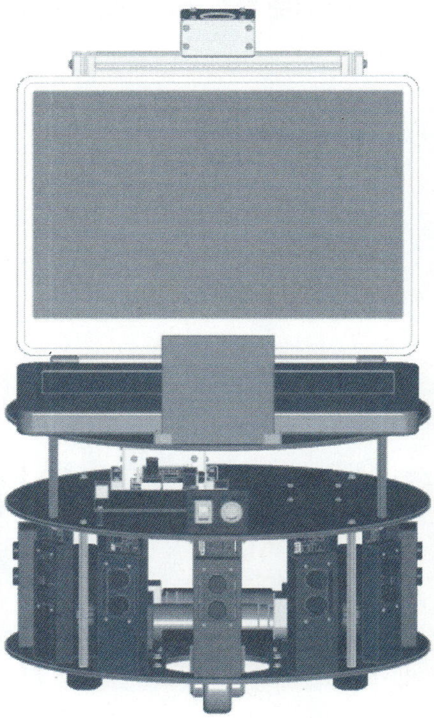

[그림 15-1]
노트북을 연결한
ED-7273로봇

3) 내 용

앞서 배운 DC모터 제어 프로그램과 센서 제어 프로그램을 연동시키기 위해 DC모터 제어 프로그램에 센서 제어 프로그램의 내용을 추가한다.

앞서 배운 내용을 바탕으로 다음과 같은 다이얼로그를 만든다.

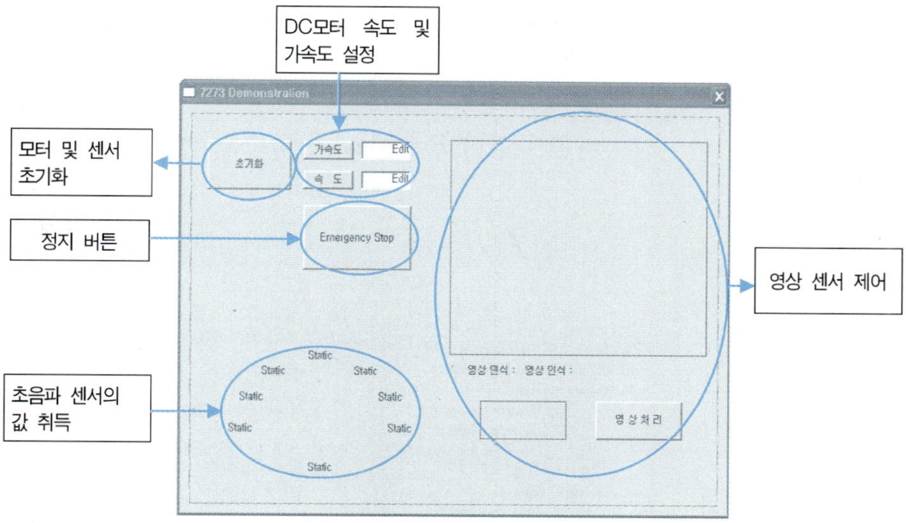

[그림 15-2] DC모터 제어와 초음파 센서의 제어를 연동한 다이얼로그

위의 그림에서 영상 센서 제어부분은 굳이 필요 없지만 다음 실습을 위해 연동시켜 주는 것이 좋다.

DC모터 제어와 센서 제어 프로그램을 연동시킨 프로그램에 자율주행 알고리즘을 접목시켜보자.

먼저 FreeMove()라는 함수를 만든다.

① 헤더파일에 FreeMove() 함수를 선언하여 준다.

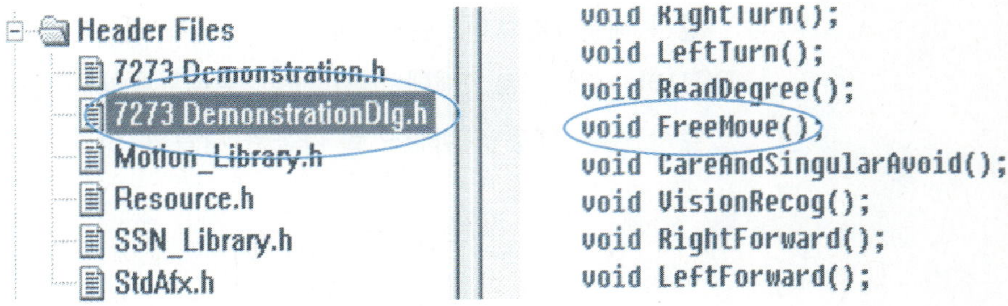

[그림 15-3]
FreeMove() 함수 선언

② 다음과 같이 FreeMove() 함수를 선언하고 코드를 입력한다.

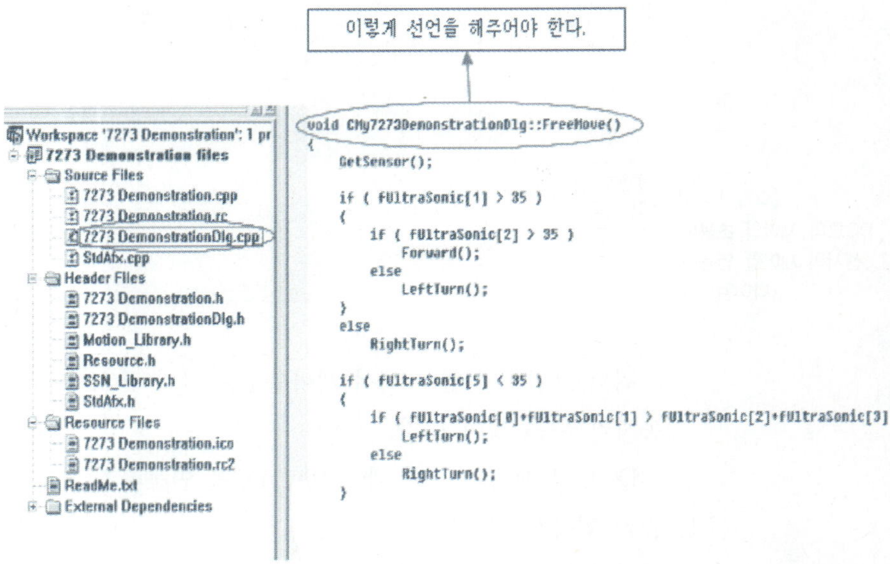

[그림 15-4]
FreeMove() 함수 안에
코드 입력

장애물을 회피하기 위해 CareAndSingularAvoid() 함수를 만든다.

① 앞에서와 마찬가지로 헤더파일에 CareAndSingularAvoid() 함수를 선언하여 준다.

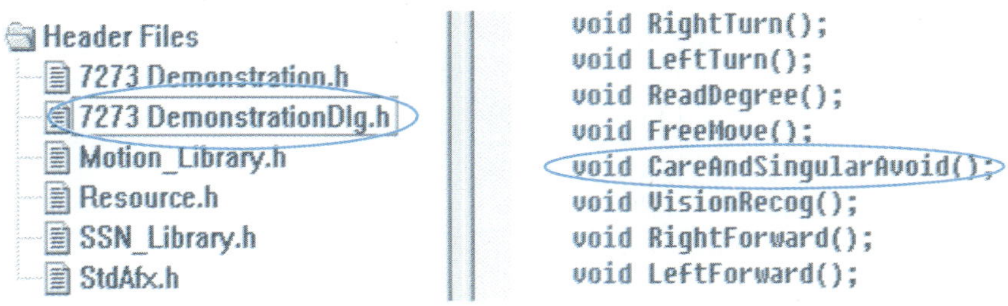

[그림 15-5]
장애물을 회피하기 위한 함수 선언

② 아래와 같이 CareAndSingularAvoid() 함수를 선언하고 코드를 입력한다.

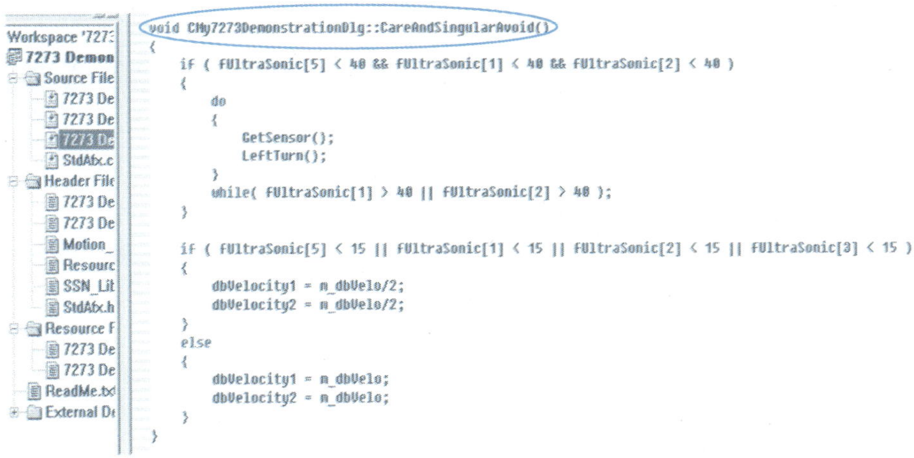

[그림 15-6]
장애물을 회피를 위한 코드 입력

OnTimer(UINT nIDEvent) 함수에 다음과 같이 선언한다.

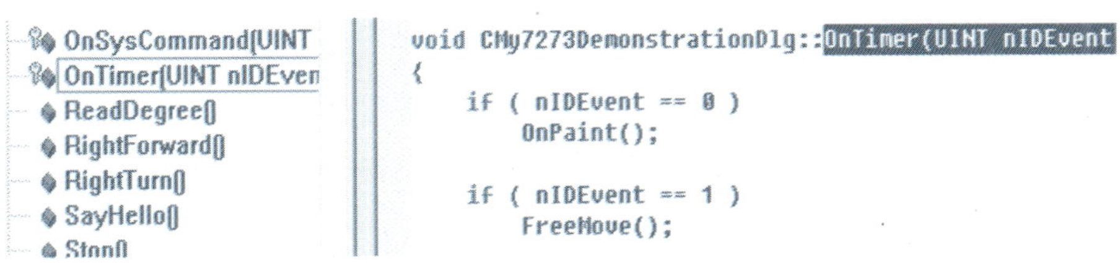

[그림 15-7]
OnTimer() 함수에 코드 입력

다이얼로그에 자율주행이라는 버튼을 만들고 아래와 같이 입력한다.

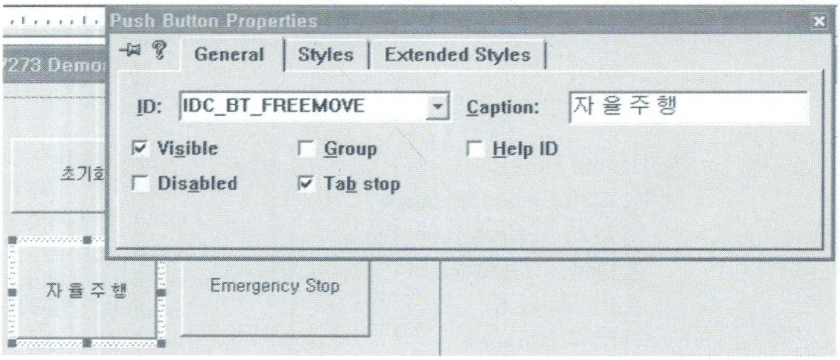

[그림 15-8]
자율주행 버튼 생성

생성된 버튼을 자율주행 함수에 연결(버튼 입력으로 임의의 동작을 실행)하기 위하여 클래스 위저드(Class Wizard, Ctrl+W)를 선택하고 그림과 같이 입력한다.

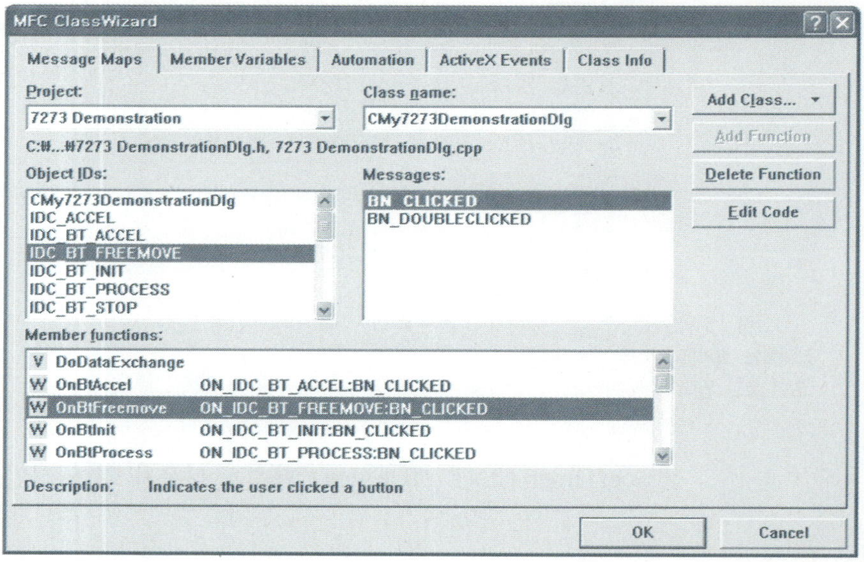

[그림 15-9]
버튼 동작으로
임의 동작

위와 같이 수행하면 코드를 입력할 수 있는 OnBtFreemove() 함수가 만들어진다. 만들어진 자율주행 버튼을 더블클릭하여 그 함수 안에 다음과 같은 코드를 입력한다.

```
void CMy7273DemonstrationDlg::OnBtFreemove()
{
    if ( bMoveFlag == FALSE )
    {
        bMoveFlag = TRUE;
        SetDlgItemText( IDC_BT_FREEMOVE, "Stop" );
        SetTimer( 1, 100, NULL );
        SetTimer( 2, 1, NULL );
    }
    else
    {
        bMoveFlag = FALSE;
        SetDlgItemText( IDC_BT_FREEMOVE, "Start" );
        Stop();
        KillTimer(1);
        KillTimer(2);
    }
}
```

[그림 15-10] OnBtFreemove() 함수에 코드 입력

이제 프로그램을 실행하여 자율주행이라는 버튼을 클릭하면 버튼에 Start라는 글이 나타나게 되고 로봇이 자율주행을 시작한다. 버튼을 다시 한 번 클릭하면 Stop라는 글이 나타나면서 로봇이 정지하게 된다.

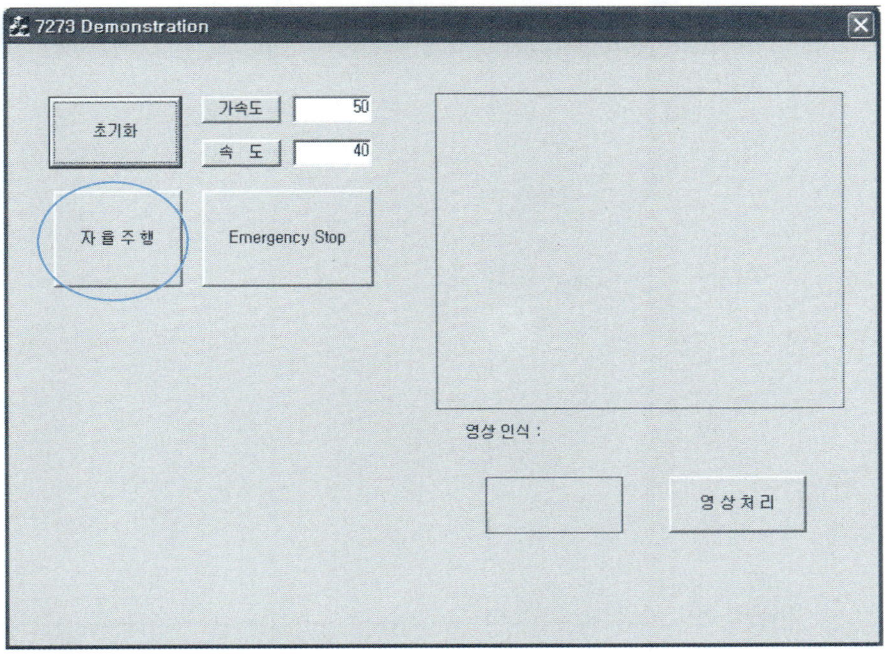

[그림 15-11] 자율주행 버튼 클릭

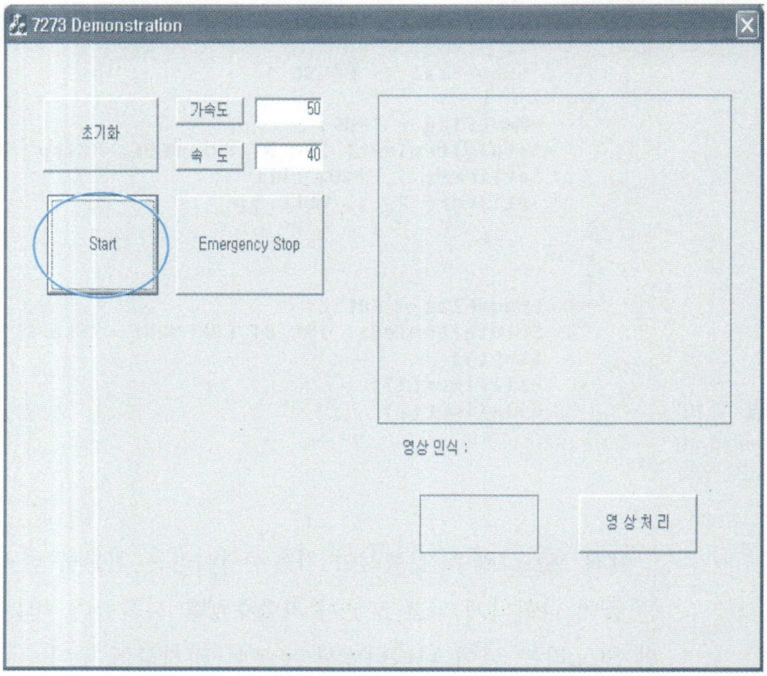

[그림 15-12]
자율주행 시작

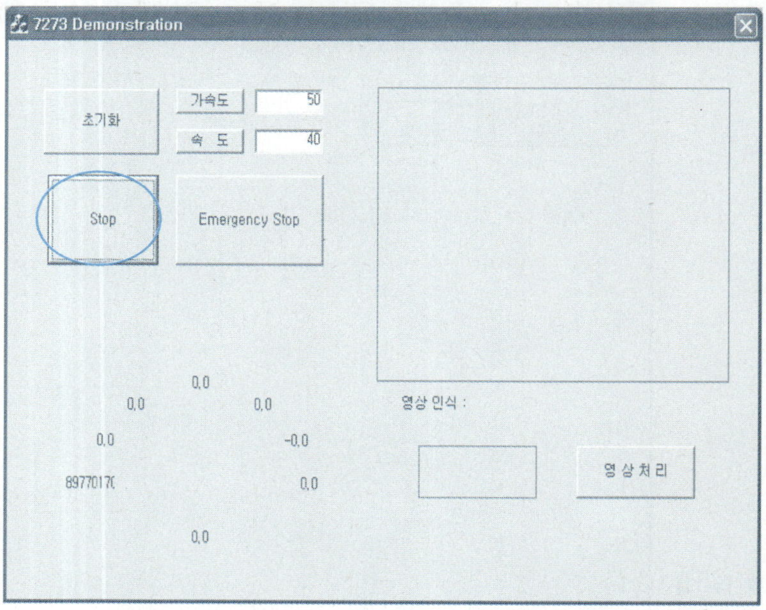

[그림 15-13]
자율주행 정지

4) 부연설명

자율주행 실습은 DC모터와 초음파 센서 간의 연동이 중요하다. DC모터 제어 실습과 센서 제어실습 때 배운 내용을 잘 숙지하고 있어야 한다.

다이얼로그에서 자율주행 버튼을 클릭하면 SetTimer() 함수가 동작을 하여 OnTimer() 안에 있는 FreeMove() 함수를 불러들여 작동을 하게 된다. 자율주행을 멈추려면 자율주행 버튼을 한 번 더 누르면 되는데 이는 자율주행을 할 때와는 반대로 KillTimer() 함수가 동작하여 로봇이 멈추게 되는 것이다.

Chapter

16

MFC를 이용한 지능형 로봇시스템의 응용실습

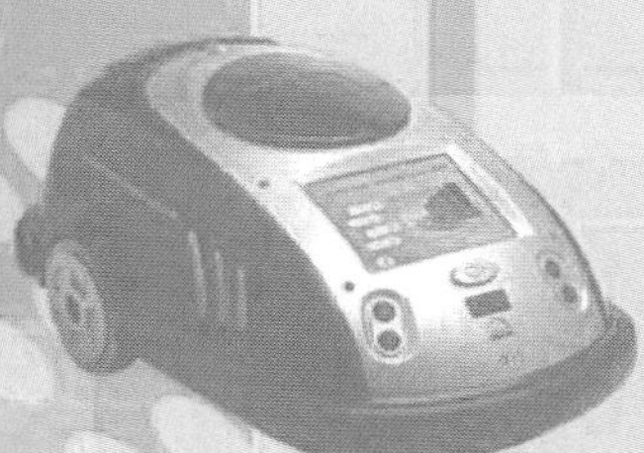

16.1 영상추적 응용실습

1) 목 적

지금까지 실습해온 여러 가지 모터와 센서들을 연동하여 새로운 하나의 프로그램으로 만드는 것이 응용실습의 목적이다.

첫 번째로 영상 센서 제어실습 프로그램을 기본바탕으로 하여 RC모터 제어프로그램을 연동을 시켜보자.

2) 준 비

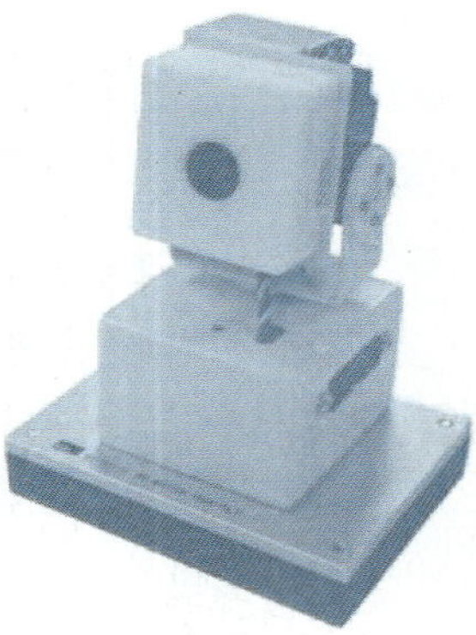

[그림 16-1]
RC Motor & Image Sensor

[그림 16-2]
Target Panel

3) 내 용

① 영상 센서 제어실습 프로그램을 실행시킨다.

② 아래 그림과 같이 영상 제어실습 다이얼로그에 RC Motor 제어 프로그램을 그대로 적용시킨다.

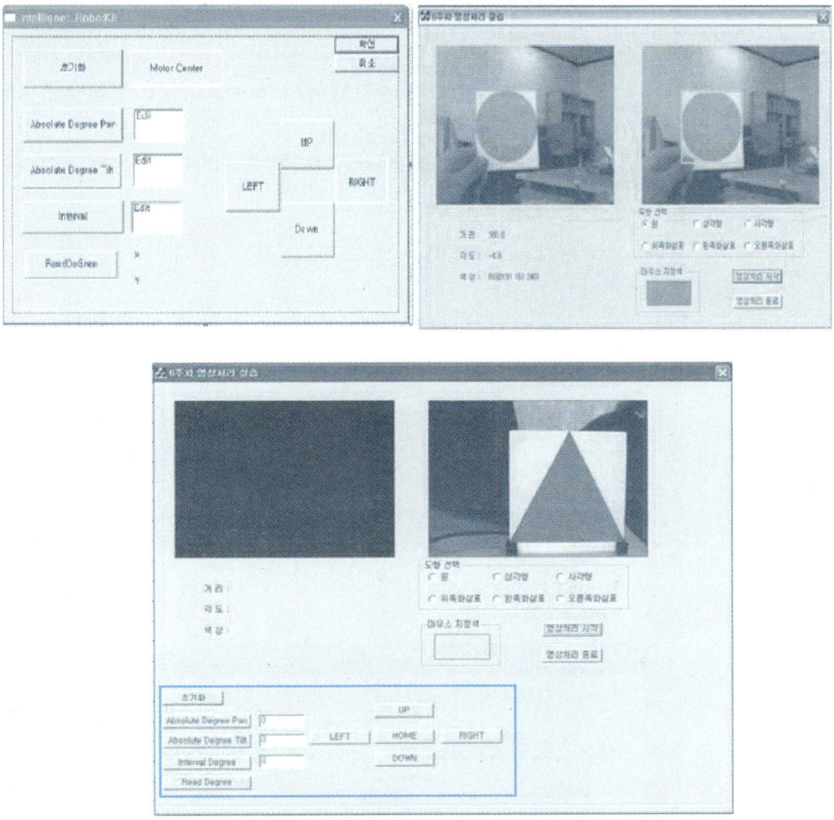

[그림 16-3] 영상센서 실습 다이얼로그에 RC Motor 제어실습을 적용

③ RC Motor의 움직임에 따라 화면이 움직이는 것을 확인할 수 있다.

④ 위치추적을 하기 위해서 아래의 코드를 OnTimer() 함수에 작성한다.

```
if( nIDEvent == 2 )
{

    int centerX=(int)((Process.Object_Left+Process.Object_Right)/2);
    int centerY=(int)((Process.Object_Top+Process.Object_Bottom)/2);


    int interval=3;
    int intervalY=1;

    if(centerX>0)
    {

        if(centerX>185)
            RC_IntervalStart( pMotion, 1, DIR_CW, interval);
        else
            if(centerX<135)
                RC_IntervalStart( pMotion, 1, DIR_CCW, interval);

    }

    if(centerY>0)
    {

        if(centerY>150)
            RC_IntervalStart( pMotion, 2, DIR_CCW, intervalY);
        else
            if(centerY<90)
            RC_IntervalStart(pMotion, 2, DIR_CW, intervalY);
    }

}
```

[그림 16-4]
위치추적 코드

⑤ 위의 다이얼로그에 위치추적이라는 버튼을 추가한다.

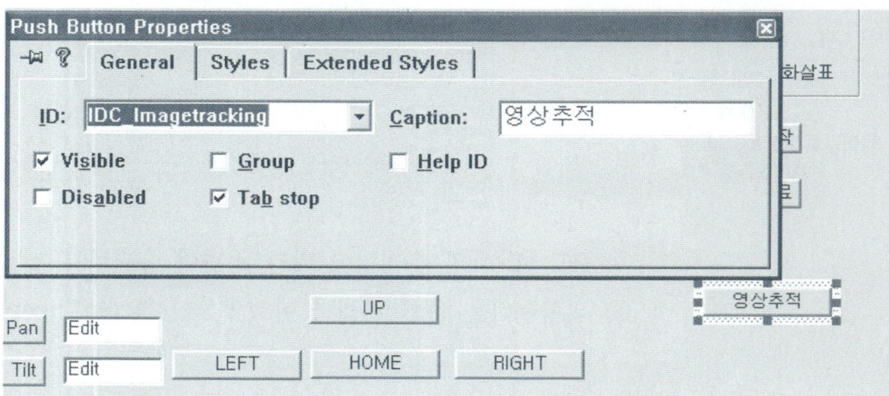

[그림 16-5]
영상추적 버튼 설정

생성된 버튼을 영상추적 함수에 연결(버튼 입력으로 임의의 동작을 실행)하기 위하여 클래스 위저드(Class Wizard, Ctrl+W)를 선택하고 그림과 같이 입력한다.

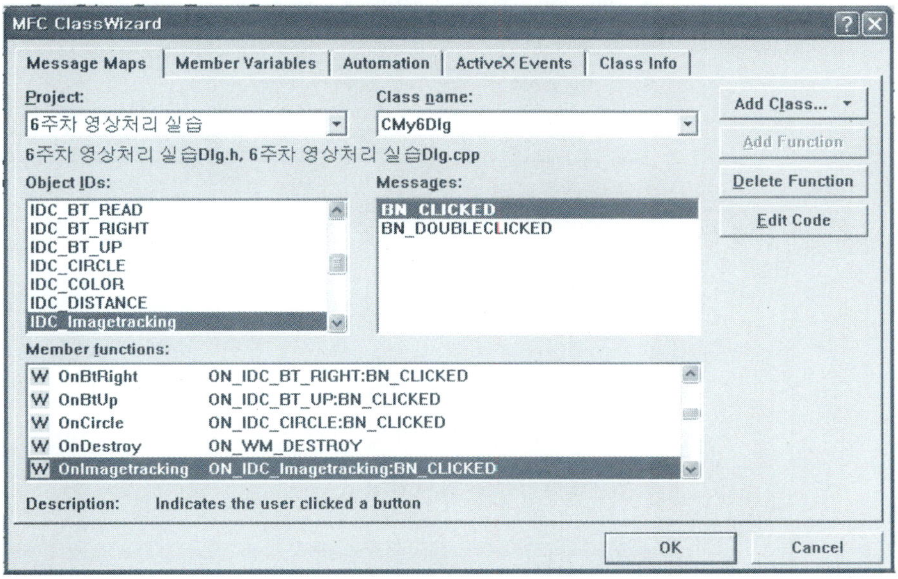

[그림 16-6]
생성된 버튼을 영상추적 함수에 연결

BN_CLICKED를 더블클릭하면 코드를 작성할 수 있는 함수가 생긴다.

⑥ OnImagetracking()이라는 함수에 아래의 코드를 작성한다.

```
void CMy6Dlg::OnImagetracking()
{

    SetTimer(2,100,NULL);

}
```

[그림 16-7]
영상추적 시간설정

16장

⑦ 영상추적을 정지하기 위해 영상추적 정지 버튼을 추가한다.

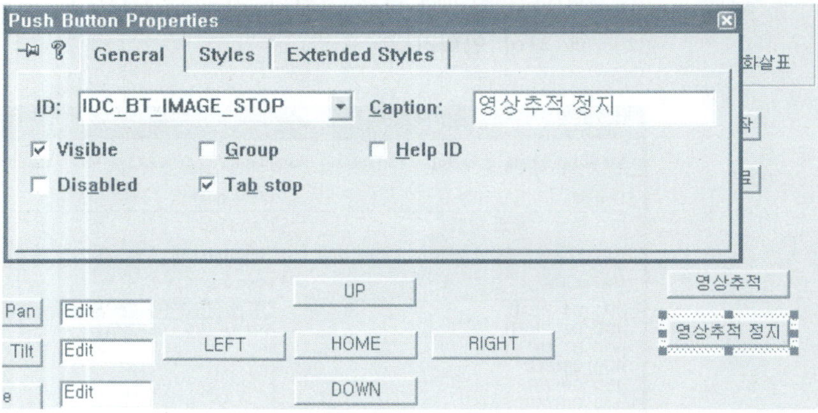

[그림 16-8]
영상추적 정지 버튼 설정

⑧ 생성된 버튼을 영상추적 정지함수에 연결(버튼 입력으로 임의의 동작을 실행)하기 위하여 클래스 위저드(Class Wizard, Ctrl+W)를 선택하고 그림과 같이 입력한다.

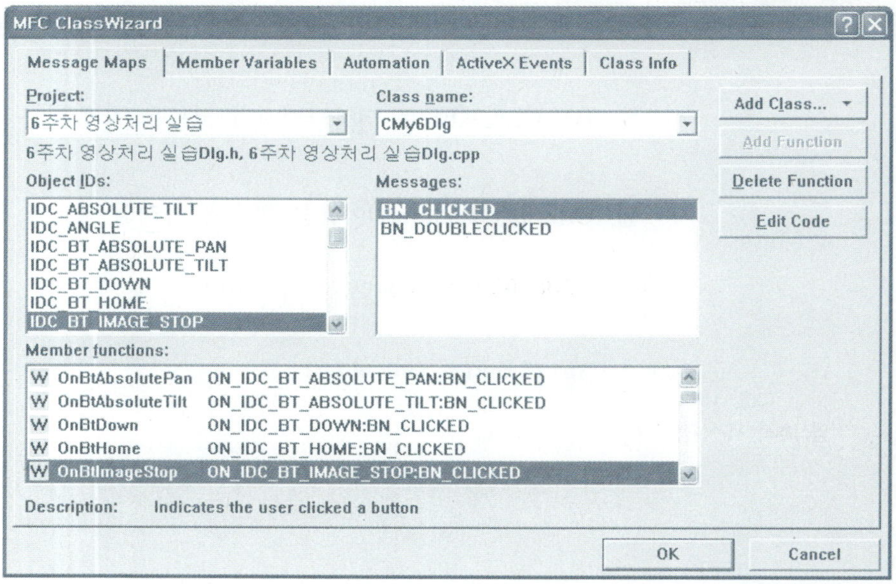

[그림 16-9]
생성된 버튼을 영상추적 함수에 연결

위와 마찬가지로 BN_CLICKED를 더블클릭하면 코드를 작성할 수 있는 함수가 생긴다.

⑨ OnBtImageStop() 함수에 아래의 코드를 작성한다.

```
void CMy6Dlg::OnBtImageStop()
{
    KillTimer(2);

}
```

[그림 16-10]
영상추적 정지 함수

4) 부연설명

위치추적이 실질적으로 이루어지는 코드는 Imagetracking() 함수 안의 코드가 아니라 OnTimer() 함수 안에 작성한 코드이다. Imagetracking() 안에 작성한 코드는 OnTimer() 안에 작성한 코드를 실행시키기 위한 코드이다. OnBtImageStop() 함수는 OnTimer() 안의 코드를 정지시키는 코드이다.

16.2 벽면주행 응용실습

1) 목 적

응용실습 과제로서 ED-7273로봇이 벽을 타고 진행하게 하는 실습이다.

2) 준 비

이전에 사용했던 자율주행 실습과제를 기본으로 하고 그 위에 벽면주행 알고리즘을 추가한다.

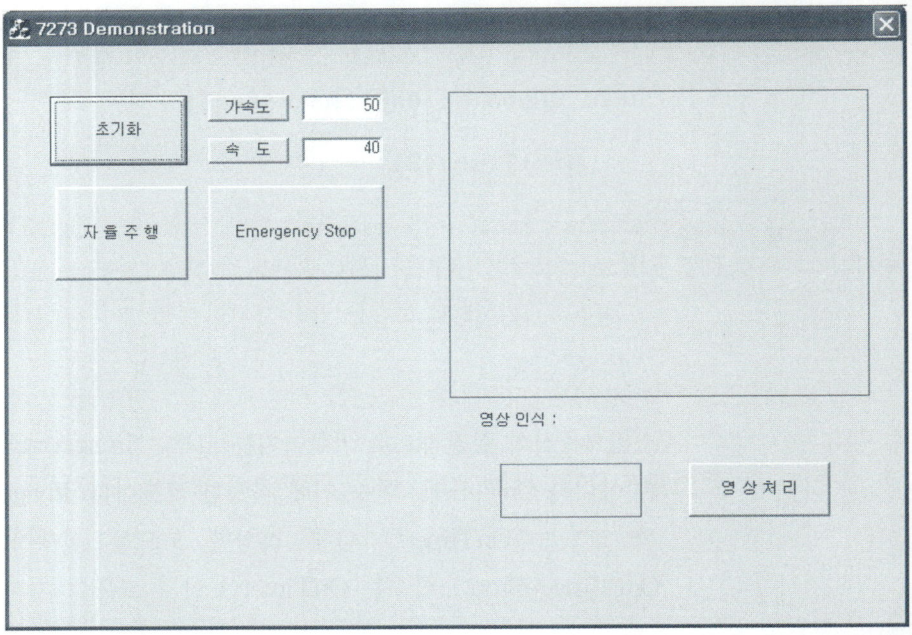

[그림 16-11]
자율주행 실습

3) 내 용

① 자율주행 프로그램을 실행시킨다.

② WallFollowing() 함수를 만든다.

- 헤더파일에 WallFollowing() 함수를 선언하여 준다.

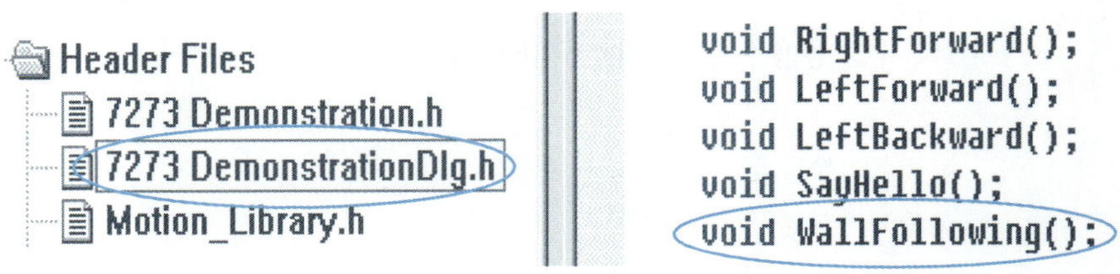

[그림 16-12]
함수 선언

• WallFollowing() 함수를 선언하고 다음과 같이 코드를 입력한다.

```
void CMy7273DemonstrationDlg::WallFollowing()
{
	GetSensor();

	if ( fUltraSonic[5] < 20 || fUltraSonic[2] < 15 )
		LeftTurn();

	else if ( fUltraSonic[6] == 13 || fUltraSonic[6] == 14 )
		Forward();

	else if ( fUltraSonic[6] > 25 )
	{
		dbVelocity1 = m_dbVelo+20;
		dbVelocity2 = m_dbVelo;

		Forward();
	}

	else if ( fUltraSonic[6] > 15 )
	{
		dbVelocity1 = m_dbVelo+10;
		dbVelocity2 = m_dbVelo;

		Forward();
	}
	else if ( fUltraSonic[6] < 12 ){
		dbVelocity1 = m_dbVelo;
		dbVelocity2 = m_dbVelo+15;
		Forward();
	}
	else if ( fUltraSonic[6] < 10 ){
		dbVelocity1 = m_dbVelo;
		dbVelocity2 = m_dbVelo+25;
		Forward();
	}
	CareAndSingularAvoid();
}
```

[그림 16-13] 코드 입력

③ OnTimer(UINT nIDEvent) 함수에 다음과 같이 선언한다.

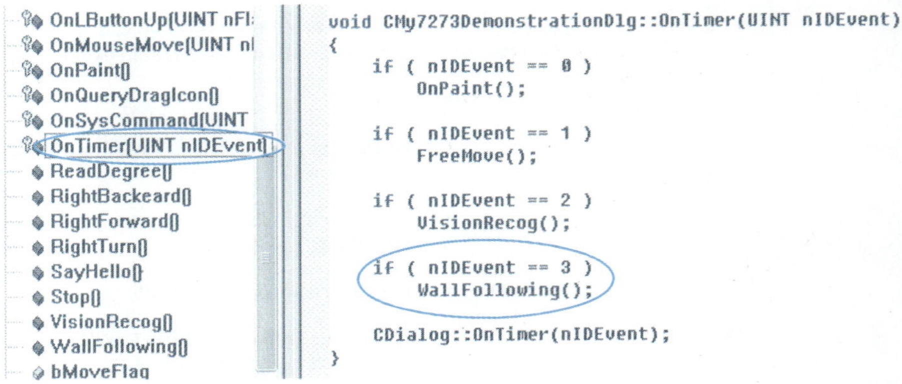

[그림 16-14]
OnTimer 함수에 입력

④ 다이얼로그에 벽면주행이라는 버튼을 만든다.

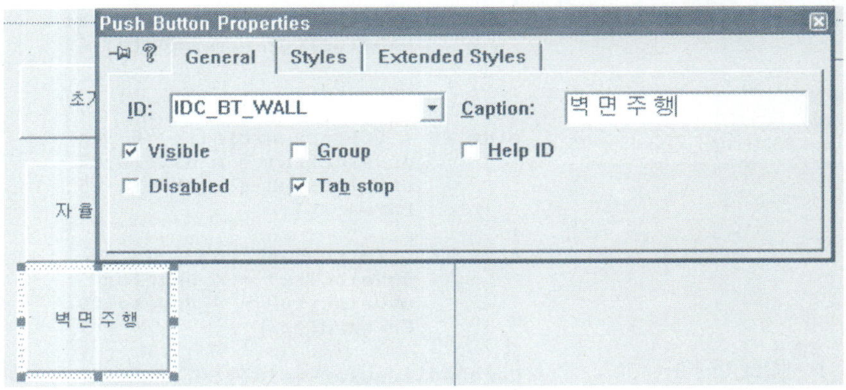

[그림 16-15]
벽면주행 버튼 추가

⑤ 생성된 버튼을 벽면주행 함수에 연결(버튼 입력으로 임의의 동작을 실행)하기 위하여 클래스 위저드(Class Wizard, Ctrl+W)를 선택하고 그림과 같이 입력한다.

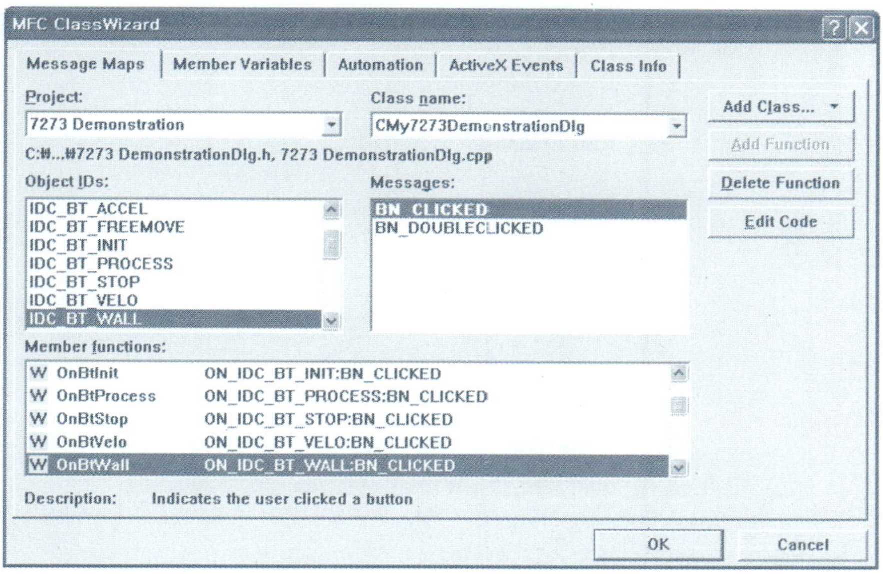

[그림 16-16] 버튼 입력으로 임의의 동작

⑥ 위와 같이 수행하면 코드를 입력할 수 있는 OnBtWall() 함수가 만들어진다. 만들어진 벽면주행 버튼을 더블클릭하여 그 함수 안에 아래와 같은 코드를 입력한다.

```
void CMy7273DemonstrationDlg::OnBtWall()
{
    if ( bWallFlag == FALSE )
    {
        bWallFlag = TRUE;
        SetDlgItemText( IDC_BT_WALL, "Stop" );
        SetTimer( 3, 100, NULL );
    }
    else
    {
        bWallFlag = FALSE;
        Stop();
        SetDlgItemText( IDC_BT_WALL, "Start" );
        KillTimer(3);
    }
}
```

[그림 16-17] OnBtWall() 함수에 코드 입력

16장

⑦ 이제 프로그램을 실행하여 벽면주행이라는 버튼을 클릭하면 버튼에 Strat 라는 글이 나타나게 되고 로봇이 벽면주행을 시작한다. 버튼을 다시 한 번 클릭하면 Stop라는 글이 나타나면서 로봇이 정지하게 된다.

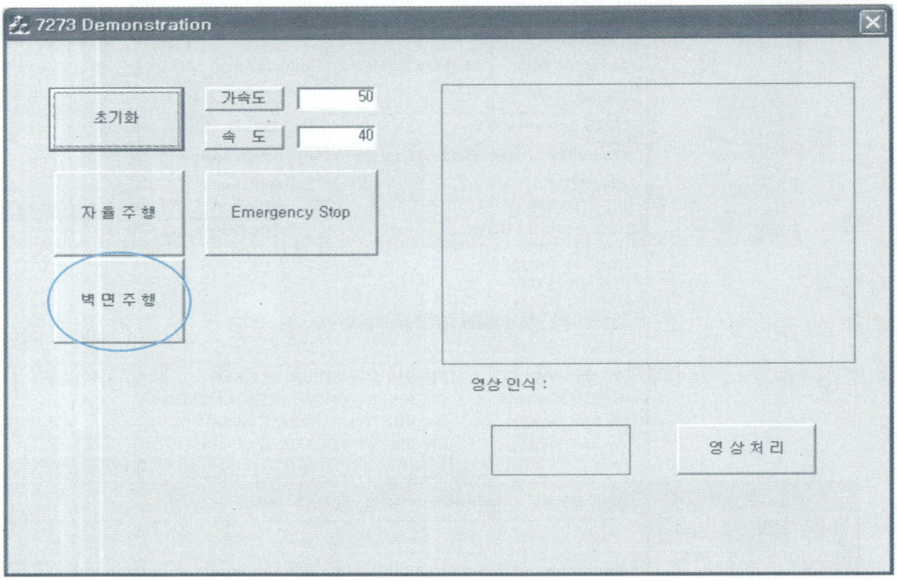

[그림 16-18]
벽면 주행 버튼 클릭

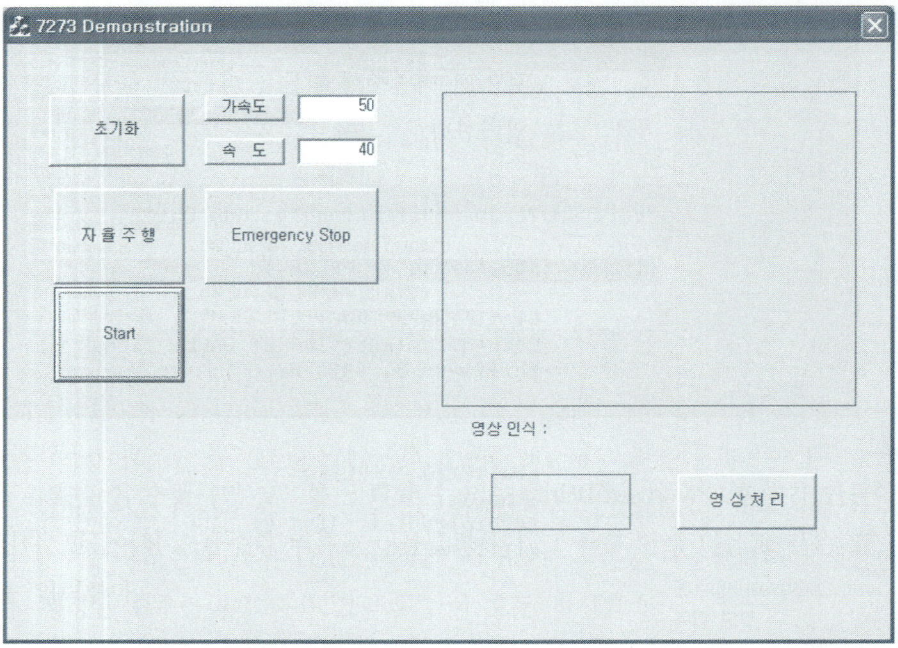

[그림 16-19]
벽면주행 시작

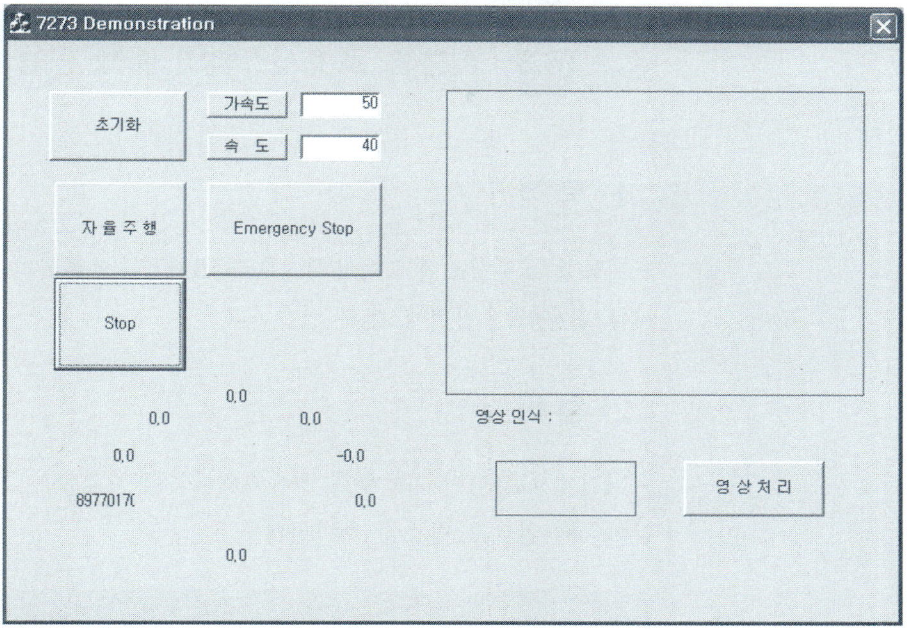

[그림 16-20]
벽면주행 정지

4) 부연설명

이번 과제는 자율주행을 기본으로 하여 벽면주행이라는 코드만 삽입하여 프로그램을 쉽게 작성할 수 있을 것이다. 자율주행과 마찬가지로 다이얼로그에서 벽면주행 버튼을 클릭하면 SetTimer() 함수가 동작을 하여 OnTimer() 안에 있는 WallFollowing() 함수를 불러들여 작동을 하게 된다. 벽면주행을 멈추려면 벽면주행 버튼을 한 번 더 누르면 되는데 이는 자율주행을 실행할 때와는 반대로 KillTimer() 함수가 동작하여 로봇이 멈추게 되는 것이다.

16.3 지능형 로봇시스템의 배틀 응용실습

1) 목 적

지능형 로봇시스템의 응용실습으로 ED-7273로봇끼리 배틀을 할 수 있게 센서를 활용하는 방법에 대해 실습한다.

2) 준 비

이전에 사용했던 자율주행 실습과제를 기본으로 하고 아래 빨간 네모상자와 같이 다이얼로그 박스에 추가한다.

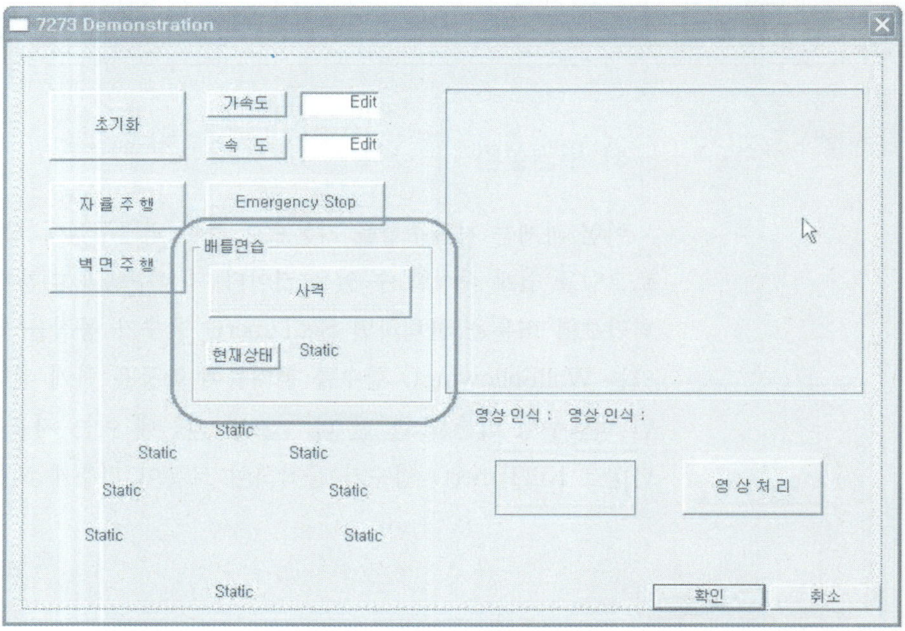

[그림 16-21]
배틀 실습

(1) 사 격

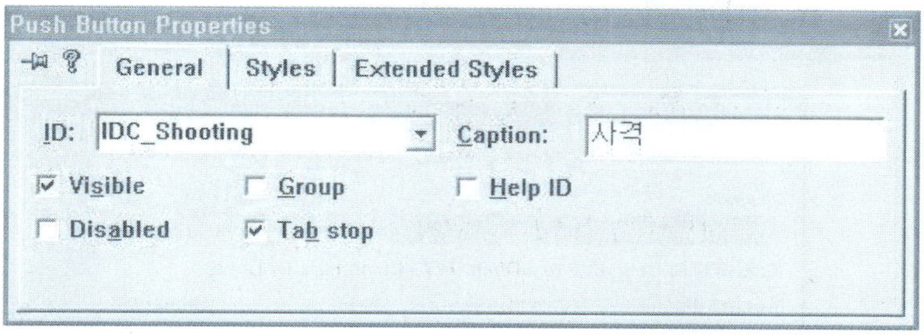

[그림 16-22]
사격 이름 추가

(2) 현재 상태

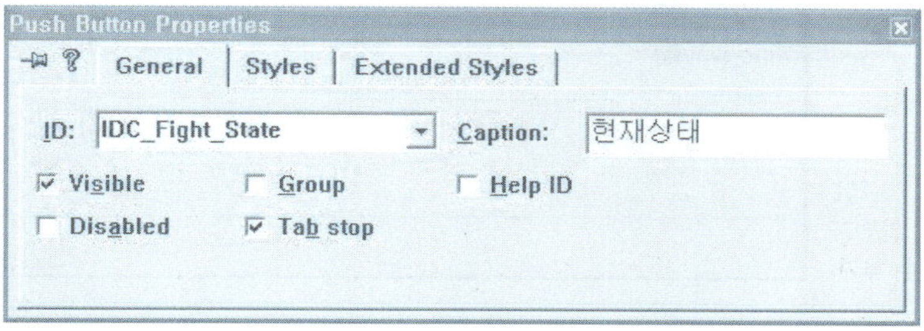

[그림 16-23]
현재 상태 이름 추가

(3) Static

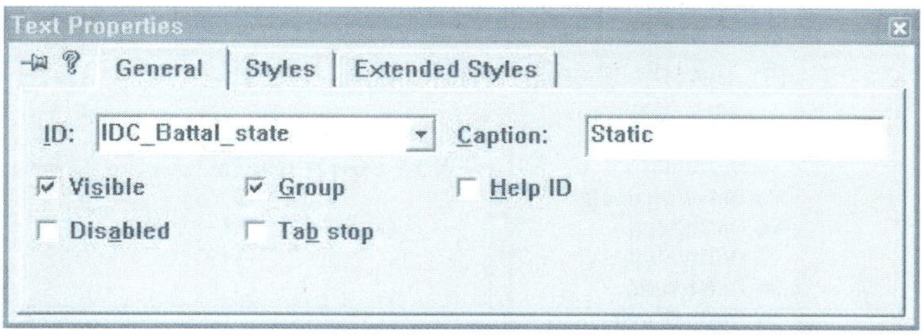

[그림 16-24]
상태 이름 추가

아래 그림처럼 클래스 위저드를 이용하여 IDC_Battal_state에 String형의 m_strDamRead 변수를 추가한다.

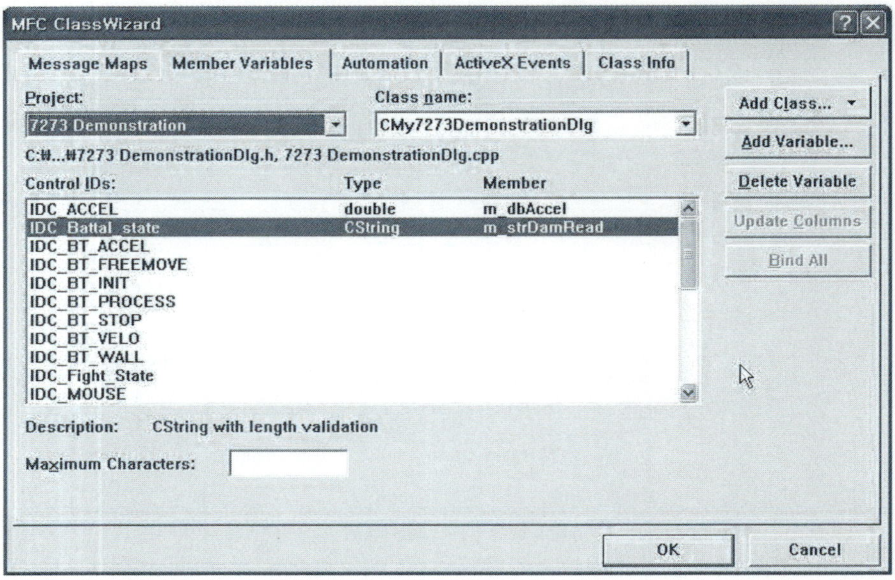

[그림 16-25]
클래스 위저드 변수 추가

3) 내 용

① 초기화 함수에서 Settimer(4, 300, NULL)를 추가한다.

② 타이머 함수에 아래와 같이 추가한다.

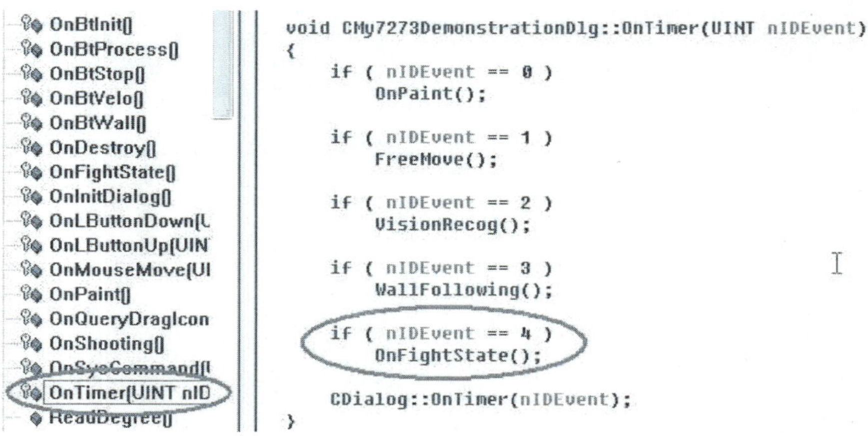

[그림 16-26]
타이머 소스

③ 사격과 현재 상태 버튼에 함수를 추가하여 아래와 같이 코를 입력한다.

```
void CMy7273DemonstrationDlg::OnShooting()
{
    SSN_SetBallteSystem( pSensor ); // TODO: Add your contro

}

void CMy7273DemonstrationDlg::OnFightState()
{


    char m_Data;
    SSN_GetBallteSystem( pSensor, m_Data );


    if(m_Data==0)
    {
        SSN_SetBallteSystemClear(pSensor);  // 배틀 초기화
        m_strDamRead.Format("명중" );
    }
    else{
        m_strDamRead.Format("%d", m_Data );
        }

    UpdateData(FALSE);
}
```

[그림 16-27] 현재상태/상태 소스 추가

4) 부연설명

이번 지능형 로봇시스템의 응용실습에서 배틀의 수신 센서와 송신 센서를 이용하여 배틀에 기본이 되는 센서를 활용하는 방법에 대해서 학습해 보았다. [그림 16-28]처럼 송신부에서 사격을 하면 수신부에 값이 들어오면서 5번이 맞으면 배틀이 종료되는 프로그램이다.

사용자는 이를 활용하여 자율 주행하면서 로봇 2대로 로봇이 움직이면서 송신부에서 발사하는 값을 피하면서 상대방에게 발사하여 배틀을 하는 프로그램을 개발할 수 있을 것이다.

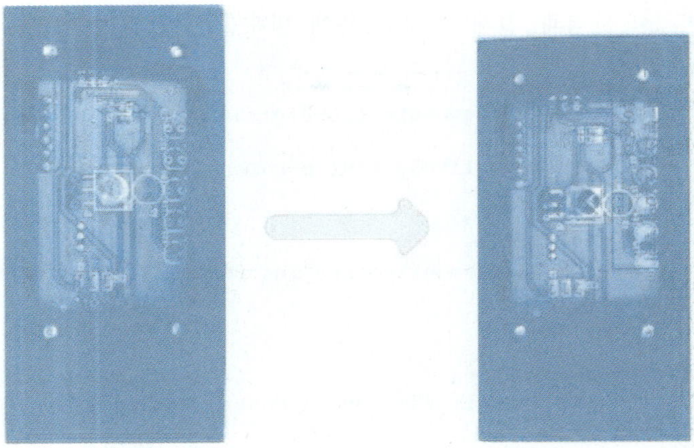

[그림 16-28]
배틀 센서

참고문헌

[1] 차세대퍼스널 로봇시장, 야노 경제연구소, 2004

[2] World Robotics 2004, IFR/UN ECE, 2004

[3] Technology Roadmap -로봇-, 한국산업기술평가원, 2001

[4] NTRM(인공지능 및 지능로봇 기술), 2002

[5] 국가 지능로봇 육성 기본계획 수립 방안 연구, 과학기술부, 2001

[6] 지능형 로봇 산업, 차세대 성장동력 실천계획안, 2003

[7] 지능형로봇, 산업기술혁신 5개년 계획 산업별보고서, 한국산업기술평가원, 2003

[8] 지능형로봇, 차세대 성장동력 국제산업기술협력지도, 한국산업기술재단, 2004

[9] 로봇, 국제산업기술협력지도, 한국산업기술재단, 2004

[10] 지능형로봇산업 비전과 발전전략, 산업자원부 산업기계과, 2005

[11] 로봇 산업의 육성 방안, 한국공학한림원, 2004

[13] 퍼스널로봇기반기술개발(차세대신기술개발사업 제2단계 수행을 위한 산업분석), 산업자원부, 2004

[14] 차세대 성장동력사업 인력 수급조사 결과 및 양성방안, 교육인적자원부, 2005

[15] 지능형로봇 발전전략 워크샵, 산업자원부/정보통신부, 2005

[16] 차세대 성장동력 산업기술로드맵 Kick-off 워크샵, 산업자원부/한국산업기술재단, 2005

[17] 지능형 로봇의 산업 유망성 평가 -자동차 제조용 지능형 로봇 시스템 등 16개 분야-, 한국과학기술정보연구원, 2005

[18] 21C에 다가오는 로봇사회창조를 위한 기술전략조사보고서, (사)일본기계공업연합회, 2002

[19] Entertainment + Health Care 로봇기술 개발에 관한 산업분석, 산업자원부, 2005

[20] 지능형로봇산업의 기반조성을 위한 종합지원체계 구축, 산업자원부, 2004

[21] 로봇의 신규산업분야에 관한 니즈 조사보고서, (사)일본로봇공업회, 1998

[22] 21세기에 있어서의 로봇산업 고도화를 위한 과제와 역할에 관한 조사 연구, (사)일본로봇공업회, 2000

[23] 네트워크로봇의 실현을 향해서, (사)일본로봇공업회/일본 총무성, 2003

[24] [이미지센서#3] 센서구조 및 Bayer/Interpolation에 대하여

[25] 월간로봇기술"지능형 로봇의 시각 시스템 기술",2008년 5월-7월호.

[26] http://www.3dtool.com/kor/menu01/down_07.htm, (주)이너텍 홈페이지

찾아보기

16장

저자 약력

남 상 엽

- 공학박사
- 삼성종합기술원 정보시스템연구소 근무
- 모토로라 반도체통신(주) 기술연구소 근무
- (현) 국제대학 IT계열 교수

정 완 균

- U.C.Berkeley 방문학자(1985 ~ 1986)
- Carnegie Mellon University, Robotics Institute 교환교수(1988 ~ 1989)
- 포항공과대학교 기계공학과 교수(1987 ~ 현재)
- 지능형이동로봇 연구실(국가지정연구실)
- 다수 로봇 관련 국제저널 편집인

김 진 현

- 포항공과대학교 기계공학과 학사, 석사, 박사
- 한국생산기술연구원 근무
- (현) 서울산업대학교 기계공학과 교수

홍 성 호

- (현) (주) ED 기술연구소 로봇팀장

지능형 로봇공학

2009년 3월 20일 1판 1쇄 발행

저 자 남상엽 · 정완균 · 김진현 · 홍성호
발행인 남 승 우

발행처 도서출판 상尙 학學 당堂
서울특별시 동작구 사당3동 220-43
TEL : 02) 595-1692~4
FAX : 02) 595-1394
E-mail : namdoo6@unitel.co.kr
신고 : 2-155호 (1968. 11. 29)

(CD 포함) **정가 29,000원**

ISBN 978-89-93383-39-3 93560

EMBEDDED SYSTEM

임베디드 시스템 구성도 EMBEDDED SYSTEM

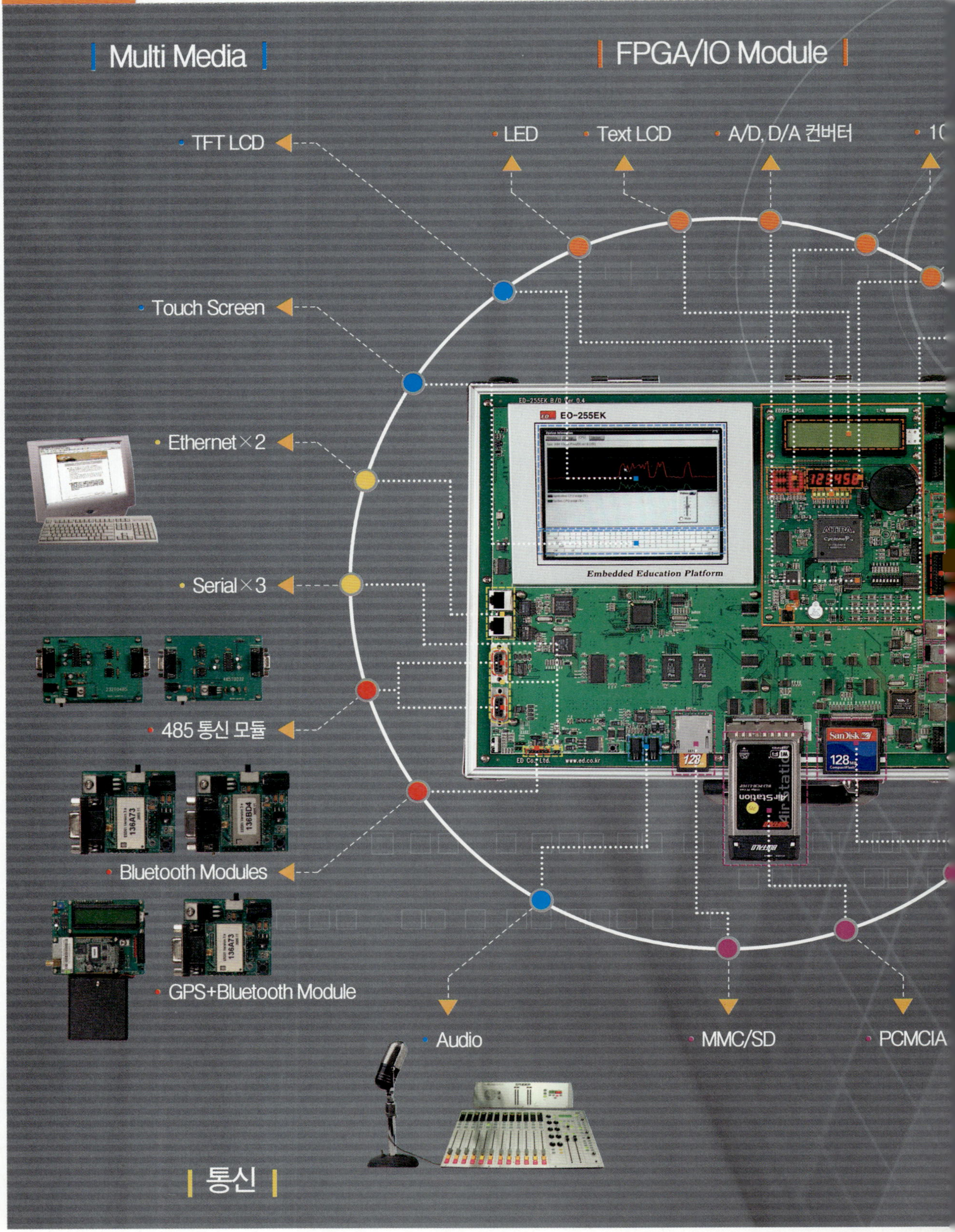

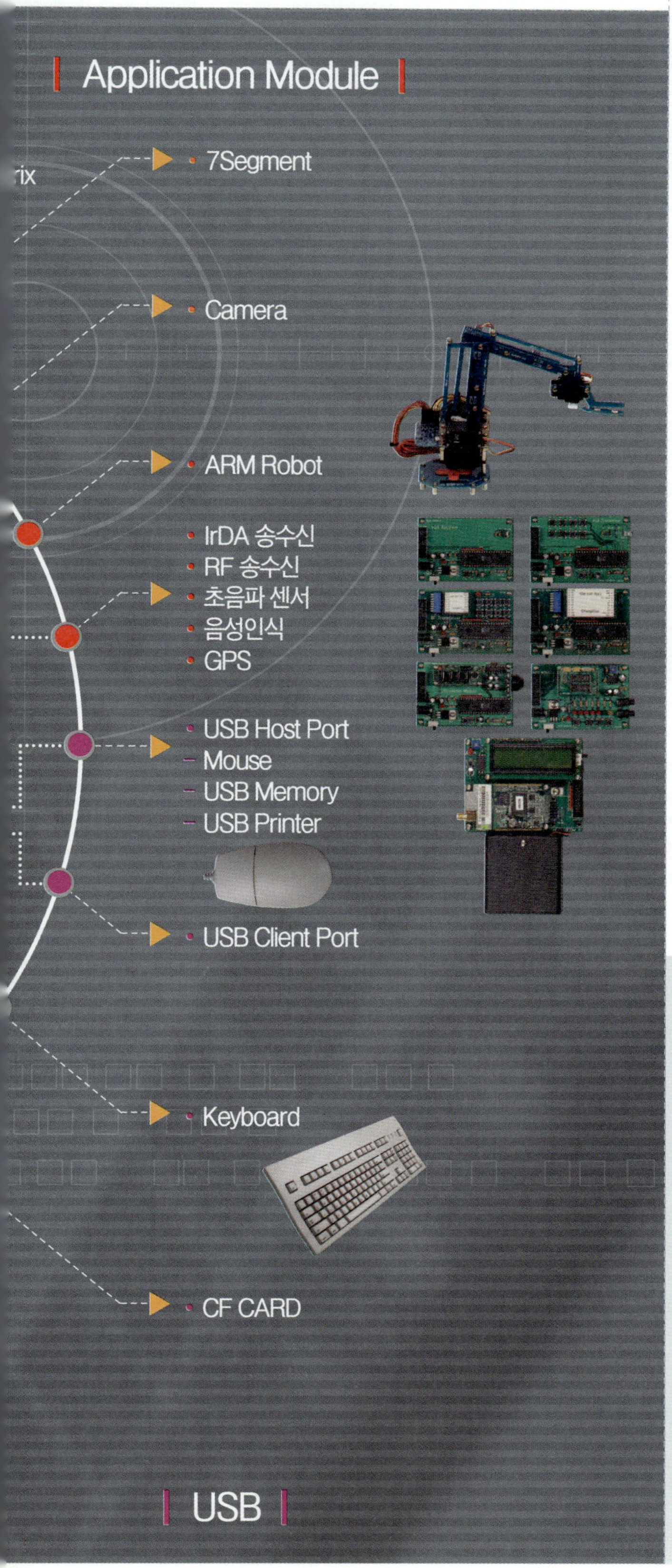

임베디드 응용 시스템 활용 구성 (Embedded System)

ED-255EK

Intel XScale PXA255 400MHz의 저전력 고성능의 프로세서를 채택하였으며 이 실습 장비를 이용하여 네비게이션, Bluetooth, PDA, 라우터, 웹 패드 등 보다 빠른 IT장비들을 개발하기 위한 임베디드 실습 및 개발 솔루션을 제공합니다.

풍부한 시스템 제원

Flash 32Mbyte, SDRAM 128Mbyte, 10Mbps Ethernet 포트와 10/100 Ethernet 포트, Wireless LAN을 지원하여 다양한 네트워크 디바이스를 경험할 수 있으며 USB 1.1/2.0Host/Client, UART, 6.4˝ TFT LCD, AC' 97 Codec, RTC와 Multi Media Card들인 PCMCIA, CF, MMC/SD Card를 지원하여 시스템 활용을 극대화 시켰습니다.

12만 Gate FPGA 지원

임베디드 시스템과 독립적으로 또는 병행하여 시스템을 운용할 수 있으며 직접 VHDL코드로 설계하여 LED, Text LCD, A/D, D/A 컨버터, 7-Segment, Dot Matrix, Step Motor, Buzzer, CMOS Image Sensor 등을 설계하고 응용할 수 있습니다.

확장 어플리케이션 시스템 지원

ED-255EK장비의 활용을 극대화하기 위해 다양한 어플리케이션 모듈과 이 모듈들을 설명하는 교재도 같이 제공하고 있습니다. 모듈은 GPS, 초음파, IrDA, RF, 485통신, Bluetooth, 음성인식, ARM Robot 등이 있으며 현재 필드에서 많이 사용되는 것들로 구성을 하였습니다.

임베디드 시스템 응용 모드

▶ Application Module
• 음성인식 • Robot • ARM로봇 • IrDA
• RF • GPS • Bluetooth • 초음파

▶ FPGA/IO(Option) Module
• FPGA/IO • 20X2 Text LCD • Key Pad
• AD/DA • Motor • Camera • LED • Buzzer

▶ 통 신
• 네트워크 장비 • 인터넷 • 홈 네트워크 • Webserver

▶ Multi Media
• Audio • Display • MP3 • 동영상 플레이

▶ USB
• 입력/저장/출력 • Multi Media • Webcam • Printer

임베디드 토탈솔루션

Embedded Training System

Model : ED-255EK, ED-27x MULTI

특징

- Embedded Linux의 기초에서 고급과정까지 다양하게 실험 실습
- 인텔 PXA255 (400MHz) 고성능 마이크로프로세서 사용
- PXA255/PXA270/PXA272를 이용한 시스템 설계 (ED-27x MULTI)
- 6.4″ TFT LCD, Ethernet 2Port, Serial 3Port, PCMCIA/CF/MMC등 다양한 인터페이스 지원
- FPGA Chip인 Altera Cyclone 120,000Gates를 탑재하여 SoC 과정까지 연동하여 교육
- 안정적인 하드웨어, 풍부한 실습 프로그램 및 이해가 쉽도록 구성된 실습 교재 제공

ED-255EK

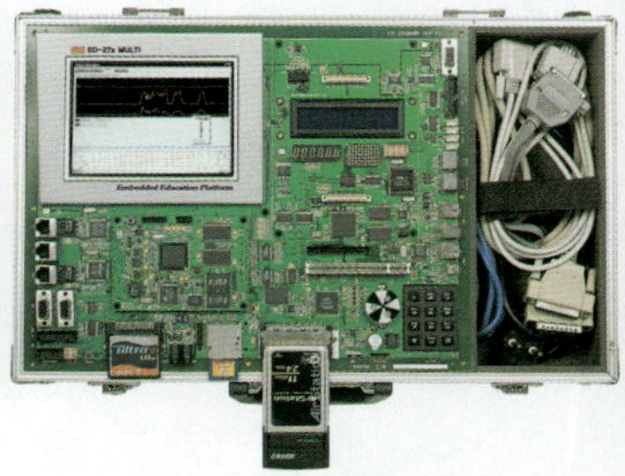

ED-27x MULTI

실험실습내용

- 개발환경 구축 실습, 부트로더 · 커널포팅 실습
- WinCE, Embedded Linux 등의 OS 포팅 실습
- Ramdisk 제작 및 파일시스템 구축 실습
- 다양한 입출력 Device Driver 제작 실습
- 멀티미디어, 네트워크 등 다양한 응용프로그램 개발 실습
- GUI 응용프로그램 제작 실습

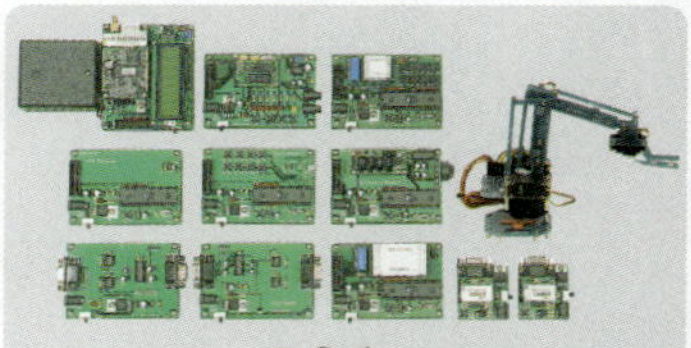

■ Options

ED-255EK 규격

CPU	Intel XScale P×A 255
Memory	FLASH (32Mbyte)
	SDRAM (128Mbyte)
	SRAM (1Mbyte)
Display	TFT LCD / Touch-Screen (6.4inch, 16bits Color, 640×480)
Interface	Ethernet (2port), Serial (3port), USB (Host, Client), PS/2 Port
	PCMCIA, CF, MMC/SD, RTC, IrDA, I²C
Control	Status LED
Audio	Stereo I/O (Cirrus CS4202)
확장 핀	Ext. I/O, App. I/O, Bluetooth I/O, Servo Motor, I2C I/O
Debug	Multi-ICE, JTAG
일반사양	외형크기 : 490(W)×160(H)×320(D)mm
Software	Boot Loader (uboot-1.0.0), Kernel (Linux-2.4.19)
	File System (Ramdisk : Image, Source)
	Application : Network Application Source, Qt/Embedded Image, Graphic & Text Display Control
	Device Driver : AC97 Audio Codec, ADS7846 Touch-Screen, PCMCIA, MMC/SD, CF Card, Ethernet
FPGA Module (기본) I/O Module (Option)	Altera FPGA Cyclone 120,000Gates (FPGA Module)
	CMOS Camera (FPGA Module), AD/DA 컨버터, Dot Matrix (10×7)
	8-Status LED, 4×4 Key Switch, 8P DIP Switch, 20×2 Line Text LCD
	Stepping Motor, Buzzer
Option Modules	Bluetooth Module, GPS, 음성 인식, Robot Arm, IrDA 송수신, 초음파, RF 송수신, 485 송수신

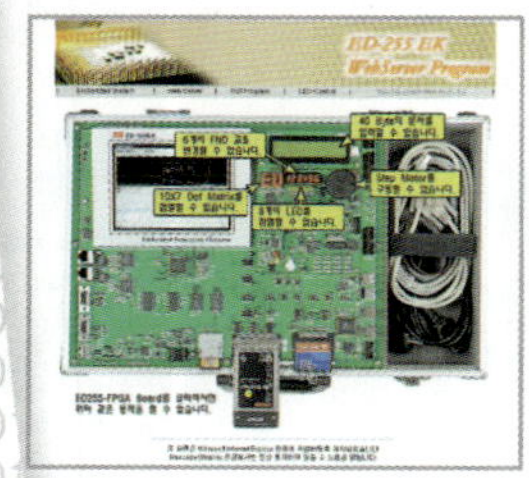

Web Server 프로그램

-Web Server를 통한 원격 제어
-Dot Matrix, LED, Text / Graphics LCD, 7Segment, 스텝 모터 제어

제품문의 : 031-730-7362 www.ed.co.kr

SoC 토탈솔루션

System on a Chip Training System

Model : ED-SoCwinner

특징

- 10만, 40만, 100만 Gates 모두 사용 가능한 통합 Platform으로 구성
- 마이크로 프로세서인 ARM922T를 내장, 쉽고 빠른 OS 탑재가 가능
- Ethernet, UART, IDE, VGA Port, USB, PCMAIA 등의 주변 장치들을 다양한 IP 검증 및 OS를 이용한 디바이스 제어가 가능
- PCI Master / Slave 설계 구현 및 테스트
- 640×480 6.4″ TFT LCD와 CMOS Image Sensor를 이용하여 멀티미디어 장비 구현 가능
- Xilinx Vertex II 3,000,000 ~ 8,000,000 Gate 디바이스가 장착된 확장 모듈을 지원

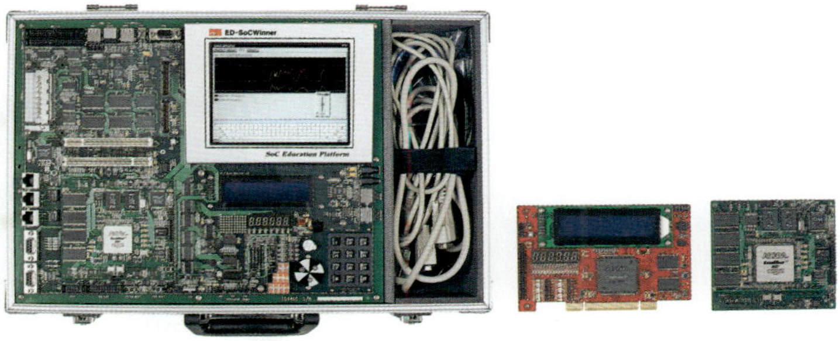

실험실습내용

- H/W와 S/W Co-Verification 및 알고리즘
- AMBA AHB Bus 설계 및 검증
- DMA 설계 및 실습
- CMOS Image Sensor를 통한 영상 처리 실습
- IDE를 이용한 대용량 HDD 제어 실습
- AC97 Codec을 이용한 MP3
- ARM 프로세서 구조 및 개념
- SDRAM Controller 설계 및 실습
- TFT LCD / VGA 포트를 통한 이미지 처리 실습
- Dual Ethernet 을 통한 네트워크 실습
- AD/DA 컨버터 제어 실습
- 다양한 주변기기를 활용한 IP 설계 및 제어
- 리눅스 디바이스 드라이버를 설계하여 주변 기기 제어
- 리눅스 OS 포팅

규격

Excalibur	Device (EPXA4F672C3, EPXA10F1020C2, EPXA1F672C3)
	CPU (ARM922T)
	FPGA 10만/40만/100만 Gates
	SRAM (128kbytes) / DPRAM (64kbytes)
Memory	Flash : 32Mbytes (Max. 64Mbytes), SDRAM : 256Mbytes (Max. 512Mbytes)
TFT-LCD	6.4″ TFT Color LCD
VGA	VGA Port
Serial	UART Port (2ea)
Ethernet	10/100Mbps Ethernet Port (2ea)
PS/2	PS/2 Port 2ea for Keyboard / Mouse
USB	USB 2.0 Host / Client Port (2ea)
RTC	Real Time Clock
Audio	AC97 Audio Codec
CMOS Camera	Hynix CMOS Image Sensor
Character LCD	20×2 Character LCD
ADC / DAC	12bit A/D Converter / 14bit D/A Converter
Dot Matrix	5×7 Dot Matrix (2ea)
7-Segment	6×7-Segment
Keypad	4×4 Keypad / DIP S/W (8 Input DIP Switch)
Step Motor	Step Motor
Buzzer	Buzzer
Expansion	Ubiquitous Sensor Network Board (Option)
	FPGA Daughter Board (Option)
	Application Module Port
Debug	JTAG Port, Multi-ICE Port

RFID 토탈솔루션

RFID Application Trainer
Model : ED-3100

특징

- RFID 리더기에 대한 F/W 프로그램 실습
- Air-interface 등의 실험이 가능하도록 다수의 Test Point 제공
- Anti-Collision 기능 지원
- Application Engineer를 위한 OCX Library 제공
- 범용으로 사용되는 13.56MHz I-CODE Type
- Tag에 Data를 Read / Write 가능
- 컨베이어와 연동되는 미니 플랜트 제공 (창고관리, 공정관리, 주차관리 등)
- 탈부착이 가능한 응용 모듈 (출입통제, 물류관리, 자판기 등)

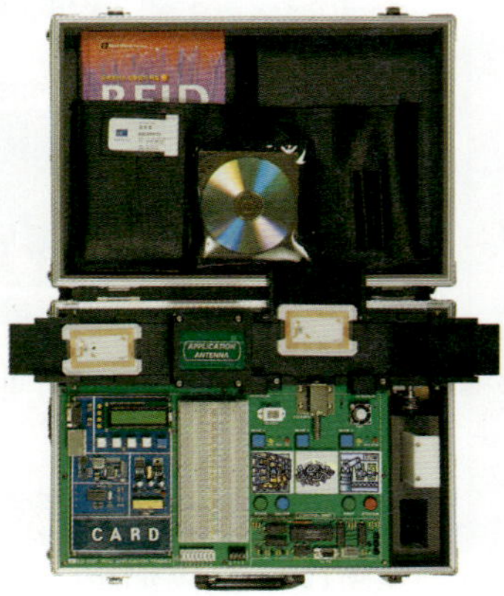

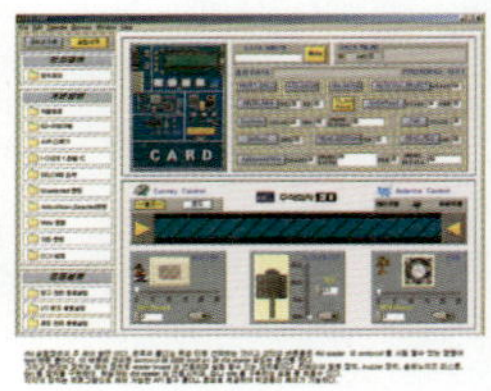

실험실습내용

- 개발환경 익히기 (AVR, JTAG, 컴파일러)
- ED-3100 구성 및 구동법
- 예제를 통한 AVR 장치 학습
- I-CODE1 라벨 IC 학습
- SLRC400 Reader IC 학습
- Unselected 명령어 학습
- Anticollision and Selected 명령
- Write, Selected, Addressed 명령
- 기타명령 (Selected Read, Halt, EAS/Quiet)
- OCX (예제)

규격

RFID Reader	Reader Control CPU	ATMEG128
	Carrier Frequency	13.56MHz ± 1kHz
	Protocol	I-CODE1
	Reading Distance	100mm 내외
	Display	4 Line Character LCD
	입력장치	모드설정용 입력 스위치 4ea
	Interface	RS-232, RS-422
RFID Antenna	2종 (PCB패턴, 플랜트 실습부)	
RFID Tag	13.56MHz I-CODE1 (R/W) : 10ea	
응용모듈	창고관리, 공정관리, I/O확장모드	

유비쿼터스 센서네트워크 토탈솔루션

Ubiquitous Sensor Network Trainer

Model : ED-3120, ED-3160

ED-3120 특징

- 유비쿼터스 센서네트워크 ZigBee (IEEE 802.15.4) 방식 원리 및 개념이해 가능
- 다양한 센서의 장착 및 확장성 확보 (조도센서, 온도센서, 습도센서, 가스센서, 초음파센서)
- 센서네트워크 시스템 교육 및 개발에 필요한 토탈 솔루션을 제공
- 다양한 적응 분야 (운영체제, 네트워크, Security, 로봇, H/W 개발, 센서 응용 등)
- PAN Coordinator에 접수된 화재, 가스누출 등의 경보상황을 PC를 통해 모바일 SMS로 수신 가능

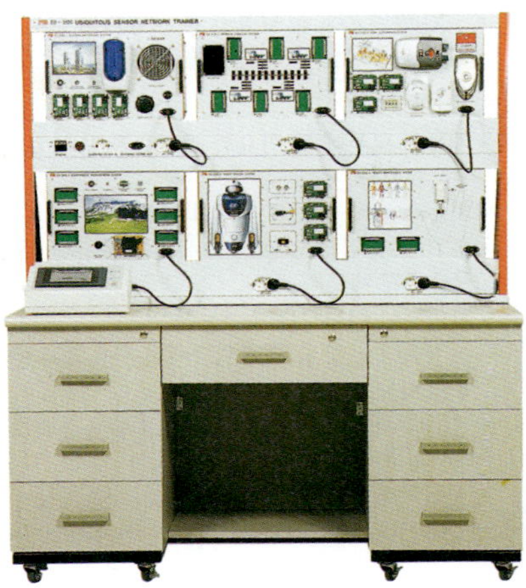

ED-3120

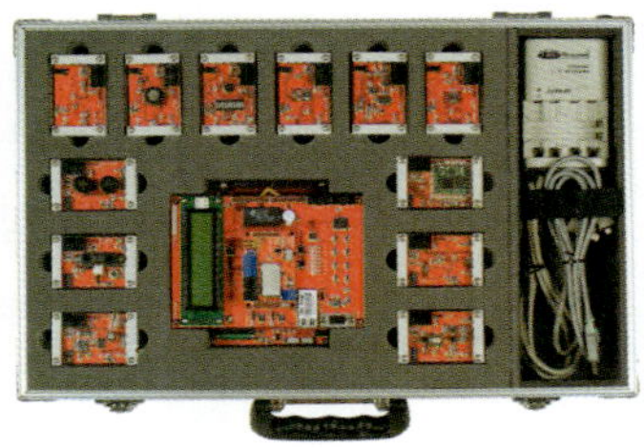

ED-3160

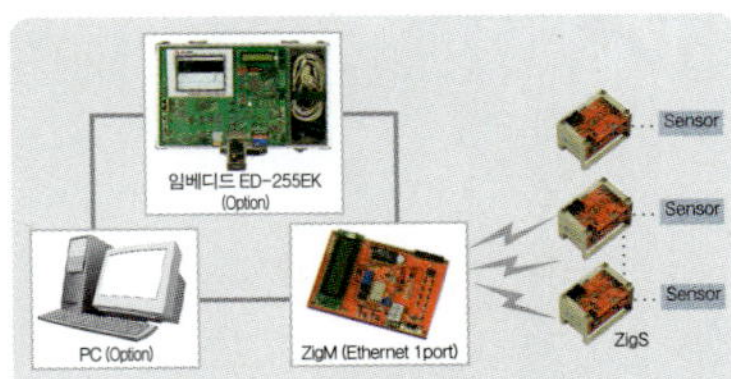

■ ED-3160 구성도

ED-3120 실험실습내용

- 센서 네트워크의 개요
- 센서 네트워크 모듈 하드웨어 이해
- 센서 네트워크 OS의 이해
- 센서 네트워크 환경 구축
- UART를 이용한 통신 프로그램
- 센서 기초 프로그램 (가스, 습도, 온도, 조도)
- 센서 기초 프로그램 (맥박, 체온, 기울기, 방위센서 등)
- RF 응용실습
- 센싱 및 제어 프로그램 및 Multi-hop Routing 프로그램
- Multi-hop을 이용한 제어 프로그램
- 센서네트워크 모니터링
- SMS 전송장치 연동 모니터링
- 센서 네트워크 구축 팀 프로젝트 제안서 작성
- 센서 네트워크 구축 팀 프로젝트 중간보고 및 프로젝트 수정
- 센서 네트워크 구축 팀 프로젝트 최종 보고 및 자료정리
- 팀 프로젝트 결과평가 및 보고회

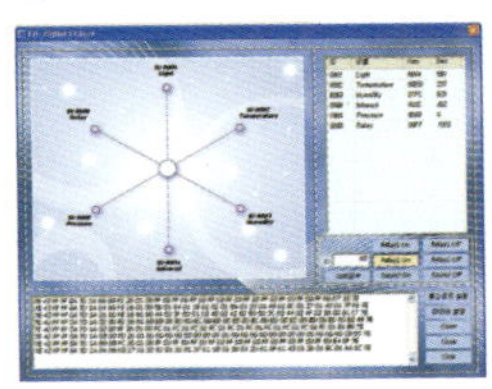

제품문의 : 031-730-7362 www.ed.co.kr